C 模式之五

弘扬传承与超越

——中国智慧生态城市规划建设的理论与实践（第二版）

仇保兴　著

中国建筑工业出版社

图书在版编目（CIP）数据

弘扬传承与超越：中国智慧生态城市规划建设的理论与实践/仇保兴著. —2版. —北京：中国建筑工业出版社，2020.3
（C模式之五）
ISBN 978-7-112-24805-6

Ⅰ.①弘…　Ⅱ.①仇…　Ⅲ.①生态城市-城市规划-研究-中国②生态城市-城市建设-研究-中国　Ⅳ.①TU984.2②X321.2

中国版本图书馆CIP数据核字(2020)第023470号

中国智慧生态城市规划建设涵盖生态文明时代的绿色城镇化之路、城市发展的核心要素、智慧生态城市的理论基础与研究方法、智慧生态城市发展的目标与思路、智慧生态城市和乡村发展新理念、智慧生态城市改造分级关键技术、既有城市的生态化改造与微循环重建等。

本书可供广大城乡规划建设管理者、城乡规划师、建筑师、风景园林师等学习参考。

责任编辑：吴宇江　朱晓瑜
责任校对：赵　颖

C模式之五
弘扬传承与超越
——中国智慧生态城市规划建设的理论与实践（第二版）
仇保兴　著

*

中国建筑工业出版社出版、发行（北京海淀三里河路9号）
各地新华书店、建筑书店经销
北京科地亚盟排版公司制版
北京中科印刷有限公司印刷

*

开本：787×960毫米　1/16　印张：29¾　字数：599千字
2020年8月第二版　2020年8月第二次印刷
定价：**89.00**元
ISBN 978-7-112-24805-6
(35114)

自 序 一

一般来说，大多数人会认为：生态城市、低碳城市、智慧城市等新概念一般都来自发达国家，是西方先进文明的有机组成部分。

当我国新型城镇化规划提出要将“集约、绿色、智能、低碳等新理念融入城镇化全过程”时，不少地方又掀起了一股出国学习生态、智慧、低碳城市技术的新高潮，国外的众多企业、设计咨询机构也纷纷打出“先行先试者”“先进技术的创新推广者”等旗号到中国开拓市场与掘金来了。

本书研究成果启示：作为农耕文明最为悠久的中国，自古以来就有着丰富的生态文明智慧和实践成果，弘扬与传承此类宝贵的文化智慧是超越西方国家积弊甚多的A模式之必由之路。

我国著名历史学家钱穆认为：“中国文化过去最伟大的贡献，在于对‘天’‘人’关系的研究。中国人喜欢把‘天’与‘人’配合着讲。我曾说‘天人合一’论，是中国文化对人类最大的贡献。

从来世界人类最初碰到的困难问题，便是有关天的问题。我曾读过几本西方欧洲古人所讲有关‘天’的学术性的书，真不知从何讲起。西方人喜欢把‘天’与‘人’离开分别来讲。换句话说，他们是离开了人来讲天。这一观念的发展，在今天，科学愈发达，愈易显出它对人类生存的不良影响。

中国人是把‘天’与‘人’和合起来看。中国人认为‘天命’就表露在‘人生’上。离开‘人生’，也就无从来讲‘天命’；离开‘天命’，也就无从来讲‘人生’，所以中国古人认为‘人生’与‘天命’最高贵最伟大处，便在能把他们两者和合为一。离开了人，又从何处来证明有天。所以中国古人，认为一切人文演进都顺从天道来。违背了天命，即无人文可言。‘天命’‘人生’和合为一，这一观念，中国古人早有认识。我以为‘天人合一’观，是中国古代文化最古老最有贡献的一种主张。

西方人常把‘天命’与‘人生’划分为二，他们认为人生之外别有天命，显然把‘天命’与‘人生’分作两个层次、两次场面来讲。如此乃是天命，如此乃是人生。‘天命’与‘人生’分别各有所归。此一观念影响所及，则天命不知其所命，人生亦不知其所生，两截分开，便各失却其本义。决不如古代中国人之

‘天人合一’论，能得宇宙人生会通合一之真相。

所以西方文化显然需要另有天命的宗教信仰，来作他们讨论人生的前提。而中国文化，既认为‘天命’‘人生’同归一贯，并不再有分别，所以中国古代文化起源，亦不再需有像西方古代人的宗教信仰。在中国思想中，‘天’‘人’两者间，并无‘隐’‘现’分别。除却‘人生’，你又何处来讲‘天命’。这种观念，除中国古人外，亦为全世界其他人类所少有。”

国学大师季羡林在其著作《中国精神·中国人》中写道：“东方的主导思想，由于其基础是综合的模式，主张与自然万物浑然一体。西方向大自然穷追猛打，暴烈索取。在一段时间以内，看来似乎是成功的：大自然被迫勉强满足了他们的生活的物质需求，他们的日子越过越红火。他们有点忘乎所以，飘飘然昏昏然自命为‘天之骄子’‘地球的主宰’了。

东方人对大自然的态度是同自然交朋友，了解自然，认识自然；在这个基础上再向自然有所索取。‘天人合一’这个命题，就是这种态度在哲学上的凝练的表述。东方文化曾在人类历史上占过上风，起过导向作用，这就是我所说的‘三十年河东’。后来由于种种原因，时移势迁，沧海桑田。西方文化取而代之。钱宾四先生所说的：‘近百年来，世界人类文化所宗，可说全在欧洲。’这就是我所说的‘三十年河西’。世界形势的发展就是如此，不承认是不行的。

东方文化基础的综合的思维模式，承认整体概念和普遍联系，表现在人与自然的关系上就是人与自然为一整体，人与其他动物都包括在这个整体之中。人不能把其他动物都视为敌人，要征服它们。人吃一些动物的肉，实在是不得已而为之。从古至今，东方的一些宗教，比如佛教，就反对杀牲，反对肉食。中国固有的思想中，对鸟兽表示同情的表现，比比皆是。最著名的两句诗：‘劝君莫打三春鸟，子在巢中待母归’，是众所周知的。这种对鸟兽表示出来的怜悯与同情，十分感人。西方诗中是难以找到的。孟子的话‘恻隐之心人皆有之’，也表现了同一种感情。

东西方的区别就是如此突出。在西方文化风靡世界的几百年中，在尖刻的分析思维模式指导下，西方人贯彻了征服自然的方针。结果怎样呢？有目共睹，后果严重。对人类的得寸进尺永不餍足的需求，大自然的忍耐程度并非无限，而是有限度的。在限度以内，它能够满足人类的某一些索取。过了这个限度，则会对人类加以惩罚，有时候是残酷的惩罚。即使是中国，在我们冲昏了头脑的时候，大量毁林造田，产生的后果，人所共知：长江变成了黄河，洪水猖獗肆虐。

从全世界范围来看，在西方文化主宰下，生态平衡遭到破坏，酸雨到处横行，淡水资源匮乏，大气受到污染，臭氧层遭到破坏，海、洋、湖、河、江遭到污染，一些生物灭种，新的疾病冒出等等，威胁着人类的未来发展，甚至人类的生存。这些灾害如果不能克制，则用不到一百年，人类势将无法生存下去。这些弊害目前已经清清楚楚地摆在我们眼前，哪一个人敢说这是危言耸听呢？

现在全世界的明智之士都已痛感问题之严重。但是却不一定有很多人把这些弊害同西方文化挂上钩。然而，照我的看法，这些东西非同西方文化挂上钩不行。西方的有识之士，从本世纪20年代起直到最近，已经感到西方文化行将衰落。钱宾四先生说：'最近五十年，欧洲文化近于衰落。'他的忧虑同西方眼光远大的人如出一辙。这些意见同我想的几乎完全一样，我当然是同意的，虽然衰落的原因我同宾四先生以及西方人士的看法可能完全不相同。

有没有挽救的办法呢？当然有的。依我看，办法就是以东方文化的综合思维模式济西方的分析思维模式之穷。人们首先要按照中国人、东方人的哲学思维，其中最主要的就是'天人合一'的思想，同大自然交朋友，彻底改恶向善，彻底改弦更张。只有这样，人类才能继续幸福地生存下去。”

季羡林老先生这两个“彻底”的确是对西方国家故步自封的A模式的扬弃与超越。但从另一角度来看，西方文明在理性主义的推动之下，攀上了工业文明的高峰，从而催生了大量先进的技术性工具和分析性知识体系，这又正是我国传统文化之短板。“取人之长，补己之短”是为了更好地传承和超越，是中国特色城镇化C模式的后发优势之一。

本书第一章为发展与转型——生态文明时代的绿色城镇化之路，阐述了我国城镇化面临的机遇与问题，城镇化健康发展的五类底线、三大陷阱。第二章为生态与智慧——生态文明时代城市发展的核心要素，对现存的生态、智慧城市和智慧生态城市的概念进行了分析。第三章为共生与永续——智慧生态城市的理论基础，探讨了生态城市的基础——共生城市的主要协同集和自演化成长机制，以及共生理念在城市系统中的应用。第四章为传承与超越——中西方传统生态文明观的比较与启示，辨析了中西方古文化中的自然观、古建筑美学、古代城市空间结构、园林文化的差异及其文化成因。第五章为复杂与细节——智慧生态城市的研究方法，探讨了城市作为复杂自适应系统的特征、他组织与自组织的共存以及对智慧生态城市解读。第六章为幸福与增长——智慧生态城市发展的目标与思路，研究了生态城市的目标、类型、特点与发展思路，以及两者均衡的范例。第七章为紧凑与多样——智慧生态城市和乡村的发展新理念，指出紧凑与多样是智慧生态城市的发展理念，探讨了智慧生态城市和绿色生态村庄的规划原则以及中国特色农业现代化的主要策略。第八章为低碳与生态——生态型城市建设的形势与任务，分析了我国低碳生态城（镇）的主要特点与类型、现状及存在的问题，以及发展战略和实施策略。第九章为产业与环境——生态安全运行模式初探，介绍了低碳生态城市社会经济与产业发展方向分析以及环境本底认知和生态安全模式的研究方法。第十章为策略与规划——城市绿色规划要点，介绍了低碳生态城市发展策略构想与编制规划的基本方法。第十一章为场所与建筑——绿色城市设计的核心环节，介绍了低碳生态城市场所营造与绿色建筑的设计方法。第十二章为信息与智慧——智慧型城市建设的推进思路，研究了智慧城市的发展目标与内涵，以及智慧城市的推进策略。第十三章为集成与创新——智慧生态城市改造分级关键技术，重点介绍了建筑节能、绿色交通、水生态系统、垃圾处理、城市绿化、城市规划等关键技术。第十四章为改造与循环——既有城市的生态化改造与微循环重建，阐述了微循环变革趋势是城市发展思路的转型，以及城市微循环重建技术体系和重建策略，并分析了筑波生态科技城对北京疏解非首都功能的启示。第十五章为融资与监控——生态城市实践过程的财政与评估，介绍了低碳生态开发的融资方法、建设流程，以及监控与评估模式。第十六章为韧性与安全——基于韧性城市的安全城市策略初探，阐述了发展韧性城市的必要性与基于复杂适应理论的韧性城市规划思路。第十七章为深度与质量——我国城镇化中后期面临的挑战与对策建议，分析了我国城镇化中后期的“新常态”与要解决的主要问题，并提出了基本对策建议。

自 序 二

城市规划学发展过程中有一个长期被规划师们忽视的问题——即对城市所固有的复杂性的研究。在现代城市规划学诞生的一个多世纪中，学者们普遍受到传统理性主义思潮的影响，崇拜经典物理学所取得的巨大成就，不惜将活生生的城市“肌体”定义为“居住的机器”，从而陶醉于从缤纷多样的城市细节中寻找作为本质规定的统一性，追求繁杂现象之中蕴含的简单性。然而，这貌似科学的思维模式，却造就了众多城市的功能性缺陷，引发了后人难以纠正的众多城市病……规划师们常常感到迷惑：在应用工程学领域有着巨大解释能力的经典物理学及其派生的功能主义，居然在现实的城市问题面前体无完肤。因而，不少研究者将注意力转向“后现代主义”——遵循萨特的足迹对一切传统的学科概念都进行解构、抛弃，这不仅不能解决任何城市的现实问题，而且，也使不少年轻的城市规划师陷入了无能为力、迷惑痛苦的泥潭。❶

其实，传统理性主义的缺陷在于忽视这样一类常识：任何生命有机体自身及其演化规律都不能通过其构成要素的简单相加来正确理解，以经典物理学的方法仅仅对城市构成的层次和要素进行功能性剖析是无效的，而必须以不可分割的整体观、相互联系的有机观、每个要素的能动观等方面来重现城市的复杂性。这就是一种范式的转换——新理性主义的提出。

如果将以现代物理学为核心，包括系统论、信息论、控制论等研究无机复杂系统方法论之于旧理性主义（功能主义）的话，那么从耗散结构、突变论和协同论等进化而来，能对有机复杂系统开展研究的复杂自适应系统（Complex Adaptive System，CAS）就可称之为新理性主义的重要支柱。

复杂自适应系统理论是1994年圣菲研究所成立10周年时，由该所创始人之一霍兰（J. H. Holland）教授正式提出的，该理论与传统理性主义的重大区别之一就是：把系统中的成员称之为具有适应性的主体（Adaptive Agent）。所谓具有

---

❶ 简单地说，后现代主义是一种以批判、怀疑和摧毁现代文明的科学理性标准为目标，强调所有文化和思想平等自由地并存发展、对现代文化加以批判和解构的文化运动，多元性、差异性是后现代主义一再强调的主旋律。

适应性就是指它们能够与其他主体进行相互作用。主体在这种持续不断的相互作用过程中，持续“学习”或“积累经验”，并根据学到的经验与知识改变自身的结构与行为方式，从而主导系统的演变进化。霍兰在其名著《隐秩序》一书序言中提醒旧理性主义者：“由适应性产生的复杂性极大地阻碍了我们去解决当今世界存在的一些重大问题。”

那么，是不是复杂的事物就具有复杂自适应系统特征呢？不是。例如，现代大型客机的构造很复杂，由上百万个零部件所构成，但飞机仅是一个复杂的组合体，而不是一个自适应体系，因为把飞机的所有零部件拆开后，再组装起来其功能没有改变，仍然还是一架飞机；但是，蛋黄虽小却是一个复杂自适应系统，一旦切开分解成个体以后，再拼装起来就不再是原来那个有生命力的可以孵成小鸡的蛋黄了。简单地说，能分解拼装的就是简单系统或者是复杂组合体，不能拼装的就是复杂的自适应系统。城市就是这样，如果把城市里边的人全请出去，留下一个空城就是一个简单系统，城市有了市民及其带来的生活、生产、生态系统之后就成了复杂系统。这也佐证了霍兰的著名论断“适应性造就复杂性”，城市是为了人及其群体间相互作用而成长进化的。这恰恰成为功能主义规划为什么遭遇困境的主要原因。

1. 城市作为复杂自适应系统的基本特征

城市作为人类与众多其他有机系统共生的复杂自适应系统（CAS），具有该系统的一般特征。

（1）市民能够通过处理信息从经验中提取有关客观世界的规律性内容

新理性主义认为，城市的大脑——政府部门，甚至每个成员都可以借助大数据、物联网和地理信息系统（Geographic Information System，GIS）等新技术，比以往的决策者更能从周边环境和历史经验中提取有用的信息和决策模式，并将它们作为制定城市自身发展战略、城市规划和公共政策的参照或依据。诺贝尔物理学奖获得者、复杂科学的开拓者之一盖尔曼（Murray Gell-Mann）教授在谈到复杂自适应系统的共同特征时说：CAS系统的适应过程是系统获取环境及自身与环境之间相互作用的信息，总结所获信息的规律性，并把这些规律提炼成一种“图式”或模型，最后以此为基础在实际行动中采取相应行动的过程。在每种情形中，都存在着不同的互相竞争的图式，而系统在实际过程中将所采取行动而产生的结果反馈回来，将影响那些图式之间的竞争。[1] 例如，公众从四川汶川大地震中了解学习了许多抗震防灾的经验教训，包括建筑的抗震标准、逃生地和避难场所的设置、柔性连接的供水系统等，并以此对城市未来的规划建设提出要求，

[1] 盖尔曼. 夸克与美洲豹——简单性和复杂性的奇遇［M］. 杨建邺，李湘莲，等，译. 长沙：湖南科学技术出版社，1999：17.

从而形成城市各构成要素的自适应能力。对于CAS系统来说，这就是所谓的“系统的选择保存原理”，即系统构型不同的突变体具有不同的对环境的适应性。而且这种选择的过程能使一些不适应环境的系统突变体、可能性与替代方案被排除，这与适者生存、不适者淘汰的原理是一致的。这对于生命大分子来说，是自我复制（进化）机制；对于一般生物物种来说，被称之为遗传机制；而对于城市系统来说，则是通过其发展战略、城市规划、文化资本、产业结构、历史文化习俗的传承创新与政治体制和管理制度等“城市结构基因”的优化来实现的。

这些发展战略、规划、政策的实践活动中的反馈，不仅能改进和深化决策者和市民对外部世界及自身发展的规律性认识，改善规划决策和行为方式，而且城市规划过程本身就是规划编制、实施、修改、再实施的动态反馈过程。这样一来，城市就具有能动性，城市发展轨迹就能够主动地适应环境，成为人类和自然界共同创造的最具能动性的系统。

（2）市民的集体决策往往是结合外部环境的变化和城市自身的发展目标而进行的

这一过程是通过探索研究、掌握生存发展之道，并力求在城市间和城乡间的互动过程中实现进化的。生物学上也存在集体决策，如一个池塘里面有一群小鱼，这群鱼始终聚在一起，对外来掠夺者进行有效回避，对浮游生物集体捕猎，每一个成员的一小点聪明本能汇聚起来就形成了“大智慧”。市民的集体决策在日本体现得很充分，该国许多城市都处在地震断裂带上，那里的市民从长期实践中获得的抗震减灾经验十分丰富。市民在地震第一波到的时候就可以根据“口口相传的经验性常识”判断出震源，以及多长时间以后会出现比较强的震动，甚至可推测出本次地震会不会对房子产生破坏性影响等。市民们对怎样进行地震避灾物资储备、怎样减少灾害损失等了如指掌，从而大大减少了地震发生时的损失。另外一个例子是在城市交通中推行实时交通拥堵信息传播，使每个驾车出行者动态地了解交通拥堵状况，从而在时间和空间上能主动避开这些时段和路段，结果是这些个体的“自适应”行为导致城市整体交通状况的改善。正因为城市是由这些学习型和可适应性的市民组成的，城市本质上就具有了“学习”与“适应”的能力。

（3）城市与周边的社会及自然环境具有共生、共同进化的关系

城市是社会、自然环境的具体展现和浓缩，城市与周边的环境密不可分，并且后者是城市本身健全与存续发展的基础，是可持续发展的主要依托。每一个城市均与其周边城市以及整体社会自然环境是相互依存的。过去我们对这种依存关系理解不深，特别是在功能主义盛行的时候，以为城市规划可以主观地调控一切或单向度地改造自然，因此经常会犯下大的错误，其中一个著名的错误就是20世纪中叶以来美国发生的城市蔓延。城市蔓延摧毁了城市周边许多生态系统，使

得城市人均能耗和污染排放要比紧凑式的欧洲城市居民高出许多倍。因此，区域和城市发展必须适应城市与农村、城市与城市、城市与环境都具有“共生”的关系这一客观规律。而优化这种“共生”关系，必须充分结合“自上而下”的决策控制与“自下而上”的分散协调机制，从而达到强势“物种”城市的发展（特别是超大城市），尽可能少地干扰周边中小城市、农村和生态环境。后一种城市规划管理模式的成效来源于市民和基层组织——因为只有这些构成城市的最基础的元素是有意识、有目的、能积极活动的主体。正是他们之间及与城市其他元素的交互作用形成了城市的活力和发展动力。

（4）城市作为一种组织，成长的关键在于其所占的“生态位”

城市作为一种自适应的复杂组织，其生存发展之道在于不断地深化，为最能发挥其功能的形态以及找到最佳的“生态位”。例如，法国地中海南部的尼斯、格拉斯、戛纳、索菲亚等城市就组成了一个功能互补、和谐共荣的群体：尼斯是国际著名的旅游城市；戛纳是国际著名的电影城；格拉斯是著名的香水城市，目前世界上85%的香水原料都产自该地，有许多电影都在这里拍，其建筑、街道、格局保持着200年前的样子；索菲亚-安蒂波利斯实际上是一个现代化的高科技新城区，松散分布的高科技企业、现代建筑隐藏在绿树丛中，完善的生活配套区景色优美宜人。在那里，每个城市都找到了它自身的生态定位、产业定位、城市形象定位和城市发展定位，城市群的持续发展依靠各成员城镇的互补协调。找到城市这种定位并且持续地做出改进非常重要，这是每一个城市的梦想，也是城市的全体市民、城市规划工作者必须要考虑的问题。那些拒绝进化、拒绝与周边城市、周边环境变迁相适应的城市都已经成了历史文化遗迹。自组织的复杂系统都有记忆，这种记忆承载着一个城市的市民和城市作为一种组织与大自然奋斗的历史智慧，这对于现代历史文化名城保护与利用和对后来的城市建设具有非常重要的指导作用。

再如，地处秘鲁山区的马丘比丘是古印加帝国一个著名的城市，大概800年前被废弃了。这个城市建在海拔近3000m的高原上。因为缺水，它所有的水系统修建得非常精致，雨水利用比现代城市还要高效。我们从中可以得到启示：千年以前人类就发展了非常精细的雨水灌溉系统，把城市的雨水和生活污水收集起来，然后灌溉周边的梯田。可见，自组织（自然生长发育）的城市比他组织（上级政府为开发油田、矿山而设立的）的城市更具生命力。这也是为什么城市能成为人类文明史中唯一能长时期生存并持续发展的人造物的原因之一。

（5）城市的运行发展遵循“自发的隐秩序”

在传统理性主义那里（城市）系统中单独个体的行为活动与秩序是由指挥中枢发布的指令决定的，因而它是明显的、可意识到的。而在新理性主义者看来，城市作为多中心或无中心复杂系统，秩序是由无数个体相互作用的关系中无意识地自发实现的。因而被称之为“隐秩序”。霍兰在《隐秩序》开篇中就提出城市存在的“自发隐秩序”。“……形形色色的纽约人每天消耗着大量的各种食品，全然不必担心供应可能会断档。并非只有纽约人这样生活着，巴黎、德里、上海、东京的居民也都是如此。真是不可思议，他们都认为这是理所当然的。但是，这些城市既没有一个什么中央计划委员会之类的机构来安排和解决购买与配售的问题，也没有保持大量的储备来发挥缓冲作用，以便对付市场波动。如果日常货物的运输被切断的话，这些城市的食品维持不了一两个星期。日复一日，年复一年，这些城市是如何在过剩和短缺之间，巧妙地避免了具有破坏性的波动的呢……我们再一次提出前面的问题：是什么使得城市能够在灾害不断而且缺乏中央规划的情况下保持协调运行?”❶

任何一个CAS系统成长发展的过程中（不是指退化）一般都遵循其结构功能、行为性状等方面的多样性、自发性的增加，这就是所谓的“适应性造就复杂性”，CAS系统在适应生存环境的过程中在结构与功能上会变得日益复杂，其运行的秩序也就会越隐蔽。对生态系统的观测也表明：系统的多样性越高，结构越复杂，其中包含适应环境变化的概率也就越大，从而越能对抗环境的干扰和捕捉发展的机遇。这就说明了为什么城市规模越小，就必须在产业结构和服务功能方面越“专精”、讲究“核心竞争力”，并争取其他城市功能组合互补，才能健康发展。而日后发展成为大城市之后，其产业结构服务功能会自然趋向多元化，决定其发展的秩序与动力结构也会越发隐蔽，因而必须更系统地强调“综合竞争力”。

(6) 城市的本质是“连接”的总和

如果将城市看成是一张复杂的网络，每一个节点可看成一个主体，每个节点都与别的节点（甚至别的城市）发生“连接”。尤其是个人的手机成了智能的“连接终端”、自媒体爆炸性扩张的今天，错综复杂的连接呈几何级数式增长，有强的连接，也有弱的连接，有直接的连接（基于血缘关系、家庭关系、同事关系等），也有间接的连接（朋友圈、老同学、老战友等），有链条很长的连接，也有链条很短的连接，从而构成千丝万缕的复杂关系。马克思说过：“人的本质不是单个人所固有的抽象物，在其现实性上，它是一切社会关系的总和。”城市正是这样一种由各种连接构成的社会关系总和，故被称之为“文化的容器”。城市规划、建设、管理的目标也必须“以人为本”。城市的形象和内在精神的塑造也体现为市民的归属感、自豪感等方面。每当城市遭受灾害或外敌侵袭的危难时刻，城市内节点的各种连接会产生“突变”，要么齐心协力、同仇敌忾，产生很强的凝聚力和整体战斗力；要么谣言四起、人心涣散，诱发混乱、瘫痪的失控局面。

---

❶ 约翰·H. 霍兰. 隐秩序——适应性造就复杂性［M］. 周晓牧，韩晖，译. 上海：上海科技教育出版社，2000.

从任何自然生育进化而成的生态系统来看，相同物种和不同物种之间发生着极为繁复的连接，以至于它们之间发生着“共生”“协同”和“竞合”等多种关系。正因为它们之间存在着复杂的连接，其生产、消费、降解等三大必需的功能是呈现处处、时时平衡的，而且物种多样性越好、连接交流越频繁，系统的自稳定性就越高。但在传统理性主义者眼中，与自然界共生的城市被改造成简单连接的人工化和功能区块化；废弃物处理被设计成长距离搬运、流水线处理、中心化控制；能源供应系统也被统一规划为集中式布局和外部强硬输入……而恢复城市的生态特征，其实就是将人工式简单连接变为模仿自然的复杂连接，例如土地混合使用、分布式能源、分布式水处理、分布式垃圾处理等。

2. 新理性主义：从传统思维的缺陷中进化

以新理性主义的视角来分析现代城市就可以得出一系列与传统观点有明显区别的新图景。

（1）从单一连续性转向连续性与非连续性并存

传统的功能主义考虑问题是单一的、连续的，认为城市的发展是连续的，历史的演进是无跳跃性的，系统是沿着平滑曲线变化的，即整个变化过程没有断裂，相应的方程是简练对称的。在这种指导思想下，城市规划中经常会出现同心圆式的环线交通路网和摊大饼式的城市发展模式，而错过跳出原有空间发展路径有机疏散式建立卫星城、建设多组团田园式城市的机会，由此形成了城市中心交通拥堵日益严重、热岛效应加剧、环境恶化、人居环境退化、老城衰败、郊区蔓延等一系列问题。

与传统的功能主义不同的是，新理性主义认为在城市快速变化的过程中，既要关注连续性，同时还要关注非连续性。一个城市的发展速度、发展形态、发展规模达到某个临界状态时，即人口达到一定规模，或者房价达到一定水平，或者人口增加速度达到一定程度时，必须要跳出老城建设新城，要用非线性思维考虑城市的规划。另外，城市系统本身由多个主体构成，主体之间相互作用，主体自身没有独立生存的可能，主体间通过集聚相互作用而自动生成具有高度协调性和适应性的有机整体。而主体间相互作用是非线性的，不是平等的或者是指向一个方向的，所以复杂系统与简单系统的运行结果会截然不同。复杂系统可以由几个简单元素拼凑而成，但是由于简单主体之间的作用是非线性的，所导致的结果会完全出乎意料，即会出现涌现（Emergence），从而生成非常复杂的大尺度的变化。

著名科学家凯文·凯利（Kevin Kelly）就指出：“蜂群就是一个较好的例子，蜂群中没有一只蜜蜂在控制蜂群，但是它有一只看不见的手，一只从大量愚钝的成员中涌现出来的手，控制着整个群体。它的神奇之处还在于，量变引起质变。要想从单个虫子的机体过渡到集群机体，只需要增加虫子的数量，使大量的虫子

聚集在一起，使它们能相互交流。等到某一阶段，当复杂度达到某一程序时，‘集群’的特征就会从‘虫子’中涌现出来。”❶

城市作为CAS，其涌现的特征和标识有以下四点：首先，涌现是CAS的一种整体模式、行为或动态结构；其次，涌现是一个自组织的层次跃迁过程；再次，涌现具有非迭代模拟的不可推导性或迭代模拟的可推导性，即不能根据其组成部分及其相互关系的行为规律、加上初始条件进行演绎地推导；最后，涌现具有宏观层次解释的自主性和不可还原性。❷

从我国城市规划历史来看，改革开放初期，邓小平同志在华南“画一个圈”，在短短十几年时间内，深圳从一个小渔村变成了500万人口的大城市。但是如果当时他在渤海湾“画一个圈”，估计到现在也难以出现与深圳同样的结果，这是因为条件和环境都不允许。深圳的成功是因为有香港的存在，且当时香港正处在资本、产业扩散的阶段，也就是香港城市本身正处在临界点，恰好那时邓小平同志做出了建设深圳特区的决策，香港的人才、资金得以迅速大规模地转移到深圳，促使小渔村迅速蜕变成一个大城市。因此，同样一个决策，在不同的地点和条件、不同的自组织状态下，其呈现的结果是不一样的。也就是说，深圳的土地资源、地理位置，香港的产业特征，改革开放的政策等看起来平淡无奇的事物，在某个历史的时空点上，却能孕育出一场空前的大涌现。

(2) 从注重确定性转向确定性与非确定性并存

传统的理论认为，机械决定论和其他多种形式的决定论是规划学的唯一证明，目前的规划学原理基本上就是遵循着这些理论的。在实践方面，勒·柯布西耶（Le Corbusier）的“光辉城”展示的摩天大楼再加大片绿地，整个构造非常清晰、简洁和宏伟，空间视觉呈现出高度对称的技术美，这对决策者产生了巨大而持久的影响，到现在都难以消除，而且还有加剧的趋向，其结果是无数历史文化街区和城市的文脉被无情地摧毁，有着悠久传统的城市变成了无法记忆的陌生地。

将CAS用于化学反应研究的科学家索夫曼（Sofman）感悟道：“任何事物聚集成群都会与原来有所不同：聚合体越多，由一个聚合体触发另一个聚合体这样的相互作用就越有可能会呈指数级增长。在某个点上，不断增加的多样性和聚合体数量就会达到一个临界值，从而使系统中到一定数量的聚合体瞬间形成一个自发的环，一个自生成、自支持、自转化的化学网络。只要有能量流入，这个网络就会处于活跃状态，此环就不会垮掉。”

霍兰提出一个“受约束生成机制”。他揭示：“低层次的系统行动主体之间通

---

❶ 凯文·凯利. 失控——全人类的最终命运和结局 [M]. 北京：新星出版社，2010：21.

❷ 范冬萍. 突现论的类型及其理论诉求 [J]. 科学技术与辩证法，2005 (4)：51-52.

过局域作用向全局作用的转换、行动主体之间的相互适应性、进化产生出一种整体的模式，即一个新的层次，表现为一种涌现性质。这些新层次又可以作为‘积木’通过相互汇聚、受约束生成更新的模式，即更高一层的新系统和新性质，由此层层涌现，不仅产生了具有层级的系统，而且表现出进化涌现的新颖性：新事物、新组织层出不穷。”

这些涌现的不可推导性和难以预测性主要源于系统的复杂性，即 CAS 是基于微观层次大量非线性因果相互作用和语境相关性（Context-dependent）复杂关系的总和。

新理性主义认为城市的发展充满着随机性和偶然性。伦敦举办 2012 年奥运会就是一个生动的例子。2006 年初，伦敦市长在会见我国的一个代表团时，兴高采烈地谈到 2012 年的奥运会；而 2008 年金融危机之后，他会见另一个代表团时，却说奥运会如果不在伦敦办就好了，因为在金融危机下，奥运会已经成为伦敦沉重的负担。由此可见，城市的发展具有很大的随机性和偶然性。

普里高津（Ilya Prigogine）认为，我们已经进入了一个“确定性腐朽”的时代，必须表述把自然和创造性都囊括在内的新的自然法则，这种法则不再是基于确定性，而是基于偶然性。有人提出，当前的经济环境下“不确定性”是唯一可确定的因素，即便是诺贝尔经济学奖获得者也没有能够预测到此次经济大危机的来临。但是，普里高津等人这一观点有些绝对，就城市规划来说，应该要强调确定性与非确定性共存，因为，作为 CAS 系统之一的城市实际上是一种严格受到地形地貌、资源环境、经济能力等方面约束的自适应复杂系统。例如，对需近期建设的区域和约束性极强的资源保护性地区，确定性的规划办法并没有过时。

（3）从突出城市的可分性转向可分性与不可分性并存

传统规划理论强调事物的可分割性、还原论和构成论，从而容易导致对复杂的城市组织进化发展进行错误的简单化处理。例如，传统规划理论认为城市的每一个部分都是可分割的、可还原的和可构成的，所以在被功能主义占据头脑的城市规划工作者看来，城市只是一座放大的居住机器，城市所有的元素都可以拆装和改变。在功能分区的倡导下，许多事关百姓日常生活的商业设施被远远地隔离在居住区之外。城市生活区、工作区的分离使得很多开发区、CBD 在夜间成为“鬼城”，或成为无业游民聚集的场所，并引发了严重的交通问题。许多决策者包括规划师并不了解有机更新的内涵，城市在历史上积累的不可再生的文化遗产资源在他们眼里都变成了可“无机”推倒重来的垃圾，导致许多历史街区、自然斑痕（如森林、湿地、河流湖泊等）和城市文脉有机的构成被破坏殆尽。

新理性主义认为，自然界没有简单的事物，只有被人简化的事物。城市规划学是围绕着城市的人来展开的，城市规划无论从细节的设计还是从城市风貌结构的整体方面都要尊重一般市民的需求和代际公平，决不能被某些利益集团所绑架。譬如一些城市取消或压缩自行车道与人行道、盲目拓宽机动车道、取消电动自行车出行，等等，其结果不仅明显弱化了交通的多样性，而且加重了交通拥堵，还造成空气污染、绿化破坏、原有街区风貌和活力被摧毁。因此，城市规划工作者永远不要使自己的观念被功能主义封闭起来，要及时修正那些“习以为常”的错误思维，要在被分割的东西之间重建联系，因为很多事物之间天然具有看不见的联系。应该学会多角度思考，要考虑到城市内部所有事物的特殊性、地点、时间，永远不要忘记“起整合作用的整体”，因为由简单的单体组成的城市系统实际上会生成极其复杂的发展模式。

彼得·圣吉（Peter M. Senge）在其著作《第五项修炼》中说：“某种新的事情正在发生，而它必然与我们都有关——只是因为我们都属于那个不可分割的整体。”《第五项修炼》是针对管理学的缺陷而展开论述的，该书提出我们应该推翻原来的功能主义式的管理，从而走向自适应、自学习的体系，并且不要忘记整体的功能，这对于将城市看成组织并促使其有序健康发展的城市规划学变革来说也是有启示意义的。

（4）从严格的可预见性转向可预见性与不可预见性并存

传统的城市规划学理论以可预见性来否定城市发展的突变与生成性，而不考虑随机性和偶然性。不少城市管理者认为：城市规划的蓝图一旦完成就成了法律，甚至声称能管 100 年，这种时间上的刚性其实是违背科学的。城市作为典型 CAS 系统应动态地适应各种内外的干扰和机遇。但现实中，传统城市规划对随机性和偶然性的忽视，再加上从规划、开发和管理方面出发而形成的纯而又纯的城市功能分区，肢解了城市空间的有机构成，造成了城市空间结构的不合理和巨大的浪费，直接影响了城市整体的功能发挥和可持续的发展效益。其实，从空间上来看，城市的财富以及对未来的适应性就隐藏在合理的空间结构之中。城市空间资源极为有限和宝贵，该资源不仅应在各种服务功能间合理分配，还要体现不同收入人群和交通方式之间的合理配置，更重要的是要在可知的现实需要与不可知的防灾和发展机遇之间合理分配。

新理性主义一方面承认未来是不可知的，即未来不在历史的延长线上，未来只是一系列不连续的事件。只有承认和适应这种不可预见性，城市才有机会在 21 世纪获得成功。如果编制的规划和发展战略不能捕捉这些偶然的机遇和回避适应不可预料的灾难，那么城市的发展就会遇到真正的难题。

从另一方面看，CAS 理论在认识论上坚持涌现现象是可认识和可解释的，即混沌的另一面是其生成的必然性和稳定性，在特定条件和意义上具有一定程度的可推导性和可预测性。正因为如此，复杂现象中的某些区域也能被准确地预测到，即存在“局部的可预测性”。换句话说，不可预测性在整个系统中的分布并不是统一的，绝大多数时间、范围内的大多数 CAS 演变路径也许都难以预测，但其中一小部分是可以进行短期预测的。正如CAS专家戴维·拜瑞比曾经在1993年3月刊发的《发现》杂志上用一种常见的现象来说明寻找可预测性范围的过程："看看市场中的混沌，就像看着波涛汹涌、浪花四溅的河流，它充满了狂野的、翻滚着的波涛，还有那些不可预料的、不断盘旋着的旋涡。但是，突然之间，在河流的某个部分，你认出一道熟悉的涡流，在这之后的5～10s内，你就知道了河流这个部分中的水流方向。"

当然，CAS理论坚持客观世界是多元涌现的观点，即认为世界上CAS是具有多元层次结构的和涌现进化的。显然这种观念与传统理性主义所熟悉的还原论世界观是不相容的。

以上四个方面的"并存"说明：正在经历快速变化的城市，其发展路径并不都是必然的和有规律可循的。影响发展的偶然性事件并不是"没有被发现"的必然性。连续性、确定性、可分性和可预见性等主宰传统城市规划学的概念，只有在城市发展处于平衡态（城市化前期或后城市化阶段）才是"绝对"正确的。除此之外，在城市化高速期，或信息化、全球化、民主化、市场化等深刻影响人类社会进程的转型期，固守传统的概念就会导致错误的规划决策。在此时（即城市系统远离平衡态时），非连续性、不确定性、不可分性和不可预见性将起主导作用。

作为自适应系统（CAS），越远离平衡态，演化过程的分叉就会越多，确定性与非确定性的运行轨迹交替变化越快，甚至出现混沌现象。而且，城市在远离平衡态的分叉临界点上，任何内外部的事件（偶然性）都会对城市的未来形态和组织结构产生难以预测的变化（巨涨落）。新理性主义与传统功能主义一个根本性的区别在于：前者承认任何理论与学说都有自己的边界条件。正如前面所述，现代物理学中相对论和量子力学的发现就对经典力学做出了有效性限制，找出了其适用的范围边界。在这种意义上说，新理性主义本质上是包容传统城市规划学的功能主义，并不是抛弃它，只是对其适用范围做出限制。但在后现代主义那里，一切概念都被解构、抛弃，年轻的城市规划者就变成了"失去的"一代了。

3. 小结：传统理性主义、后现代主义和新理性主义的异同

理性主义是西方文艺复兴之后的最大遗产，也是"现代性""科学""实证主义"以及一切功能主义空间规划的核心。正因为如此，著名规划学家、普林斯顿大学教授弗里德曼（J. Friedman）总结道："原则上说，所有的规划都是理性的，规划即以理性对非理性的掌控。理性主义思想贯穿于现代城市理论与方法论的始终。"[1] 但随着城市规划实践的不断深入，将经典物理学及工具理性思想作为

---

[1] Friedman J. Planning in the Public Domain [M]. Princeton，NJ：Princeton University Press，1987.

自身内核的传统理性主义日益捉襟见肘。尽管后现代主义思潮有时也给自己戴上“价值理性范式”或“沟通理性范式”等理性桂冠，但这些逻辑上杂乱无章、提法上难以自圆其说，又缺乏内在坚固理论内核的思想，已经与韦伯（Max Webber）所定义的“人类历史是一种不断理性化、祛魅的过程”的理性主义日益遥远。而本书提出的新理性主义是对传统理性主义和后现代派的超越和包容。表1展示了这三种主义异同。

各类管理模式的特点及弊端　　表1

	传统理性主义	后现代主义	新理性主义
1	形式（显性秩序、封闭的）	反形式（杂乱、开放的）	结构/混沌并存 呈现“隐秩序”
2	目的性明确	随机的、目的性不明确	目的性/随机性并存
3	被设计为主	强调偶发因素为主	自适应为主，他组织与自组织并存
4	等级制	无政府状态	有限智慧政府
5	艺术或工程对象/完成了的作品	过程/表演/机缘	共生、共同进化
6	创造/极权/综合	破坏/结构/对立	协同/重构/包容
7	精英决定	个体自由发挥	精英与个体协同
8	距离	参与	从上而下与从下而上结合
9	确定性	不确定性	确定性/不确定性并存
10	可分性、还原性	不可分	可分性/不可分性并存
11	可预见性	不可预见性	可预见性/不可预见性并存
12	单一连续性	非连续性	连续性/非连续性并存
13	规划范围受限 主题明确	规划范围发散 无所不包	规划范围适中

部分摘自：哈维. 后现代的状况——对文化变迁之缘起的研究 [M]. 北京：商务印书馆，2003.

简言之，在传统理性主义者眼里，城市可简化为一系列秩序，在这些秩序中的人明显被忽视了；而在后现代主义者眼里，城市是由各种“自由人”构成的，秩序则被视而不见了；只有在新理性主义者眼里，城市中的显秩序与市民及其组成的团体活动所形成的“隐秩序”都被列为研究对象，这样一来，城市的复杂性及其演化规律才有可能被揭示。

目　录

第一章　发展与转型——生态文明时代的绿色城镇化之路

一、我国城镇化与文明转型机遇

1. 人类文明与城镇化发展的轨迹和趋势

从人类文明史来看，城镇化从农业文明开始形成雏形，到工业文明加速推进的时期，城镇化开始起飞，但在这一过程中也伴随产生了大量的资源和环境问题，文明需要转型。农耕文明与人类伴生至少有十万年的历史，但由于农耕文明本质上是一种循环的经济模式，从总体上说在此阶段人类活动对生态、资源和环境没有多大的影响。但是仅仅经历不到300余年的工业文明，人类就已消耗掉地球上几乎全部易开采的能源和矿藏，生态系统已经濒临崩溃，大气层中的二氧化碳浓度也已达到极限，所以人类文明进化模式需要转型。要转向生态文明，就要在工业化的基础上转向后工业文明。我国现阶段工业化又正好伴随着城镇化和机动化，而这一过程必然要消耗大量的能源资源，并形成后人难以改变的人居聚居区——城镇。

由此可见，离开了城镇化的转型，就不可能有文明的转型。城镇化既是实现扩大内需、促进创新、提升国力的基础条件，更是优化城乡关系、促进可持续发展和实现文明转型的巨大机会。我国恰逢崛起的过程中有这么一个机会窗口，我们一定要把握和利用这个千载难逢的机会，顺利实现文明转型、民族的复兴和和平崛起。

至今为止全球共发生了三次城镇化浪潮：第一次浪潮发生在欧洲，用了200年左右的时间；第二次浪潮发生在美国，用了约100年时间；第三次浪潮发生在拉美以及其他发展中国家，用了40～50年的时间。

以英国城市规划学家彼得·霍尔（Peter Hall）的观点来评价，全球范围内的城镇化现象呈现出三种不同的模式：第一类是以拉美、非洲为代表的混乱的城镇化，劳动力转移在先，但进城之后因找不到常规性就业而沦为贫民；第二类是以欧洲为代表的衰退的城镇化，即社会进入老年化而经济低迷，每年还有一些人迁往生活成本较低的农村居住；第三类是包括中国在内的东亚各国的健康的城镇化，其特征是人口转移与就业安排基本同步，因而他盛赞中国的城镇化模式为成功的“长江范例”。

我国的城镇化现在已经进入了高速发展期，按照城镇化的一般规律，我国目前的城市化率已超过50%，预计还有25～30年的城镇化的路要走。我国的城镇化与此前的三次城镇化浪潮相比有自身的特点：

第一，我国城镇化的时间要比第一次城镇化时间短得多，我国在未来的20～30年时间内要基本完成城镇化。一旦完成城镇化，城市的布局形态、建筑的框架就已经基本确定了，到那时如再要在城市、建筑、交通方面实施节能减排改造为时已晚，所以要从现在开始推进城市、建筑节能减排工作。

第二，我国是世界上第一个关起门来进行城镇化的大国。我国不可能向全世界敞开大门输出人口来减少因城镇化所导致的环境压力。而国际上第一次、第二次、第三次城市化都是在城市化的高潮期输出大量的移民，减轻了城市化所在国的资源环境压力，或者从殖民地掠夺了大量的资源来支撑所在国城市化。

第三，我国的城镇化过程中正好遇到了各种特殊环境，比如高粮价、高油价、国际社会对环境的严格控制等，同时还面临着二氧化碳温室气体减排的巨大压力。所以对我国来讲是非常不幸也非常有幸，有幸的是要被迫走一条前人从未探索过的新型城镇化道路，不幸的是，我国城镇化的年龄在还只有30岁的时候，城市病已经缠身，温室气体排放量已居全球首位，国际上就要给我们吃减肥药了。

我国在快速城镇化进程中也出现了不容忽视的问题。例如一些地方城乡发展不协调，区域的资源利用和开发建设缺乏统一规划；城镇发展方式粗放，环境污染严重，资源约束凸显；突破城市总体规划的各类开发区和新区不断出现，土地浪费严重；城乡文化内涵和地域特色缺失，风景名胜资源过度开发；城乡防灾减灾设防标准低，应急安全保障能力薄弱；地下管线投资不足、管理混乱，存在安全隐患；部分大城市交通拥堵加剧，停车难等问题日趋突出；城市管理粗放，群众诉求不能得到及时解决等问题。

我国要做到和谐、有序的城镇化，就必须把每年的城镇化率控制在1%左右，避免非洲、拉美国家出现的4%～5%过高的城镇化率（图1-1）。更重要的是，从二氧化碳气体排放看，美国人口仅占全球人口的5%，但其排放量与我国相当，而且城市占地规模巨大。而我国目前尽管人口数量非常大，而且城镇化主要是由工业化来推动，但人均排放仅为世界的平均水平，如果我国采取美国式的城市化发展模式，未来的总排放量将是一个巨大的数字。这种前景是非常可怕的，从这个意义上说，我国决不能步美国城市化模式的后尘。

2. 城市发展转型的必然性与迫切性

我国目前正值城镇化的中期，中央不失时机地提出建设生态文明，克服和纠正我国前一阶段城镇化快速发展中遗留下来的问题，实现城市的精明增长是城市发展模式的重要转型。生态文明本质是人类文明发展模式的转型。城市是文明的重要载体，创立生态文明首先就需要实践城市发展模式的转型，其转型路径的确

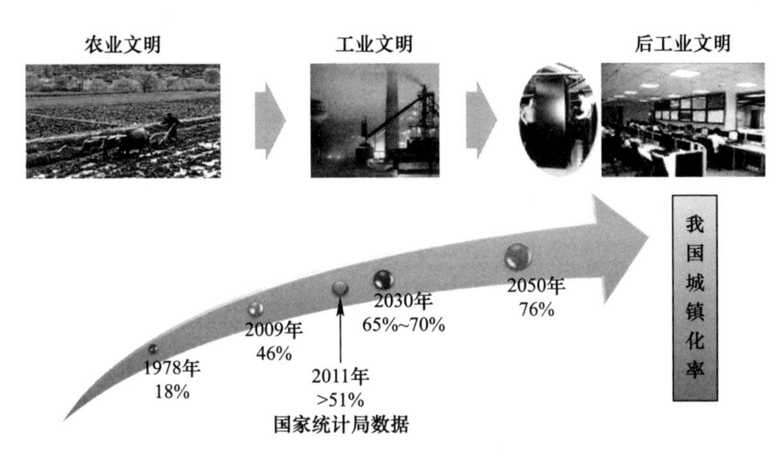

图 1-1　我国城镇化发展方向

定要从 300 年工业文明发展的深刻教训中来汲取智慧。人类几万年的农耕文明过程中能始终与地球和谐相处，但仅 300 年的工业文明就把地球资源消耗得差不多了，大气层中温室气体浓度已达临界，生态环境也濒临崩溃的边缘。由此可见，工业文明是一条不可持续的道路，人类社会发展模式必须转向生态文明，核心在于城市转型。

现阶段我国城市发展转型具有必然性：一是我国大城市的城市空间格局和基本框架，经过 30 年快速城镇化的发展和规划建设已经基本定型，城市的扩张边界也已清晰可见。所以，中央有关文件要求“十二五”期间要初步确定城市的边界，这在 10 年前是不可想象的。二是城市大型的基础设施已基本建成或完成规划。例如城市主要道路框架、给水排水管网、城市能源系统、城市轨道交通等都已基本建成或正在规划建设。三是城镇化初期大拆大建的弊端已经充分显现。这既是不人性化的，也是造成建筑短命、资源能源浪费的重要原因，更不符合和谐社会的要求。立法机构已通过新的拆迁条例，地方政府的强制拆迁权也正式被取消了。四是市民对人居环境质量改善的愿望日益提升。过去人们的基本住房需求是居住空间的需要，现在则是居住质量和生活品质的需要。所以质量型的城镇化就成为时代的要求，应因势利导。未来我国追求的应是质量型的、以人为本的新型城镇化。五是以城市作为单元来实现节能减排应对气候变化的要求日益明确。这也是我国作为负责任的大国不可推卸的责任，因为城市产生了约 80％的废物、废气、二氧化碳气体。2000 多年前，古希腊哲学家亚里士多德曾经说过：“人们聚集到城市，是因为城市生活更美好。”但是被工业文明绑架的城市已经成为地球毁灭最大的罪魁祸首。解铃还须系铃人，这些问题的解决还是要回到城市转型去寻找答案。

我国城市发展不仅需要转型，而且具有紧迫性。第一，美国在城镇化中后期出现了严重的城市蔓延，导致一个美国人所消耗的汽油相当于5个欧盟人。而且这是刚性的错误，即使奥巴马倡导的绿色革命也无法纠正，这类的错误在我国一定要避免。城市发展模式是千变万化的，但紧凑是第一要义，因为一旦出现过度郊区化，后人难于纠正。当前我国正处在这样一个关键时刻，防止城市低密度蔓延是当务之急。第二，大多数决策者仍迷恋于巨大尺度的构筑物和“大变”的政绩观，这在城镇化初期有其一定的合理性，但是到城镇化中后期仍然这样做就不合适了，是与以人为本对立的，更与和谐的自然观相冲突。第三，工业文明遗产的影响难以消除，如追求城市清晰的功能分区和让城市规划适应汽车等当时看似正确的策略，已造成日益严重的石油危机、空气污染、交通拥堵等，这种单一的功能主义的方法已经被历史证明是无效的。第四，集中式处理对应于福特式大规模工业生产体系，已成为城市废弃物处理的基本模式，“3R”❶ 式处理方式难以启动。福特式工业体系所形成的观念力图将所有的城市“动脉”和“静脉”产业活动都纳入大型流水线，而且这种集中式城市废弃物的处理模式形成的利益集团过于强大，产生了思路和利益“锁定”，使得“3R”这种与自然和谐的废物处理模式迟迟不能广泛应用。更重要的是，基于“规模效益”的废弃物、污水处理厂、核电站、煤气厂等集中式处理设施，在处理的过程中往往加入或产生有毒、易燃、腐蚀性强的化学物质。这些中心式的巨大设施一旦失效或受到人为破坏，就会使城市的运行陷入瘫痪。以至于有人将其比拟为“大规模杀伤性武器”❷，并认为那些人口密集、工业发达的国家，因为广泛存在此类大型设施而格外脆弱。第五，我国前期城镇化的成就巨大，使得部分规划师满足于“精英式决策”。威下达斯基和亚历山大针对西方城市规划师的狂妄症所作的批评对我国规划师仍有启示作用，他们认为：“如果规划是无所不包的，也许它一钱不值；如果规划不是无所不包的，也许它还有点用。”（If planning is everything，maybe it is nothing. If planning is not everything，maybe it is something.）因为城市规划不应成为无所不包的行动方案，唯有如此才能为规划创新留下空间，以工业为本的传统城市才有条件演变为以人为本的发展模式，规划自身也才能成为一种注重过程的科学规划。

二、我国城镇化面临的十项难题

1. 机动化和燃煤引发的城市空气污染日渐严重

近些年，细颗粒物（PM2.5）引起的空气重度污染事件频发。最严重的是

❶ 3R，是Reduce、Reuse、Recycle的简称，即减少原料（Reduce）、重新利用（Reuse）和物品回收（Recycle）。发展3R技术，是2002年10月8日举办的“能源·环境·可持续发展研讨会”上发出的呼吁。循环经济也要求以“3R原则”为经济活动的行为准则。

❷ 俄罗斯战略文化基金网站2011年3月15日文章《工业技术或成为“大规模杀伤性武器”!》。

2013 年初，我国 74 个具有 PM2.5 监测能力的城市中，33 座城市的空气质量已达到严重污染的程度。当时，我国 130 万 km^2（占国土总面积的 13.5%）被雾霾所覆盖，北京、天津、河北、河南、山东、山西、江苏、合肥、武汉、成都等省份和城市空气污浊程度显著，影响人口约为 4.4 亿（约占全国总人口的 32.6%）。2013 年 1 月 23 日凌晨 1 时，北京市车公庄站 PM2.5 监测点的瞬时浓度值高达 1593$\mu g/m^3$，比国家标准高出 21 倍，超过 WHO 推荐标准 100 倍之多。

随着工业燃煤使用比重的逐步下降，机动车尾气排放已成为我国大中城市越来越主要的污染源。2018 年 5 月 14 日，北京市发布了新一轮的 PM2.5 来源解析最新研究成果，从当前本地大气 PM2.5 来源特征看，机动车等移动源占比最大，达 45%，而在 2014 年上一轮 PM2.5 来源解析结果中，机动车只占 31.1%。另一方面，由于我国所有的城市都属于空间紧凑、密集型城市，光污染、空气污染造成的危害将会比西方国家的城市更加严重。

形成这种局面的直接因素是汽车保有量的急剧上升（图 1-2）。虽然汽车尾气排放标准近年来不断提高，但是由于不恰当的城市交通战略，我国城市私人汽车的拥有量呈现出强劲的快速增长势头。据统计，我国汽车保有量从 2003 年的 2421 万辆增加到 2017 年的 21743 万辆，增长了 7.98 倍，由此带来汽车尾气污染在城市大气污染中的贡献率不断提升。当然，国际经验表明，国民人均收入一旦提高到 3000 美元就有可能导致汽车进入家庭消费。而作为中国人的“新面子工程”，有的消费者在购车时存在攀比心理，邻居买了他也要买，客观上推动了汽车拥有量的增加。同时，在城市道路规划建设方面，盲目拓宽道路和修建高架桥，仅从工程措施上提高交通空间的供给，缺少科学的交通需求管理，也导致一些城市的汽车数量上升过快，也就是说，汽车“绑架”了城市规划。由于空气污染加剧，越来越多的民众不再选择自行车出行或者步行，这反过来又诱发了私家

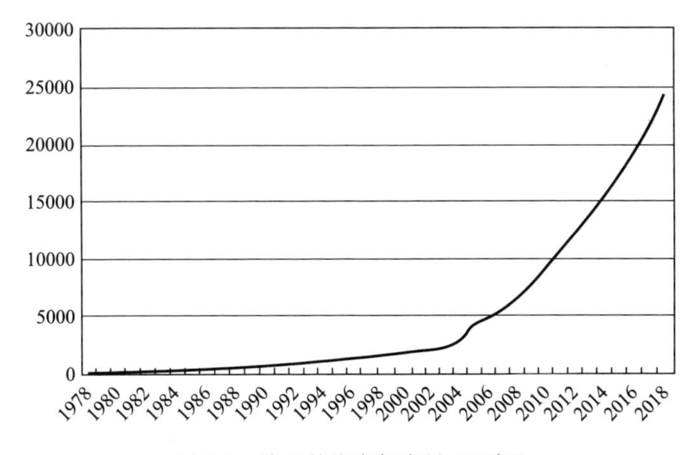

图 1-2 我国的汽车保有量（万辆）

车的增加。再加上公交车换乘站设计不合理、换乘距离远，公交车舒适性差、准点率低等问题，也促使部分消费者选择私人小汽车出行。如此形成了恶性循环，再加上燃油品质问题，使得机动车数量上升成为我国城市最主要的空气污染源之一。

2. 城市郊区化及其带来的问题

先行城市化国家的经验表明，郊区化是城镇化达到一定水平后出现的一种现象，主要表现为城市产业和人口以机动化为载体向郊区扩散，城市空间向周边急剧膨胀，有时还引发城市中心区的衰退。同样是城市化过程已经基本完成的欧洲和美国，城市化空间结构为什么出现明显的差异？两者城市的空间形态和城市的密集度为什么差别很大？笔者认为，主要原因在于城镇化与机动化两者交互作用时间与强度的不同造成的。在欧洲，城镇化首先蓬勃发展，机动化出现在城镇化之后，因而城镇空间结构相对比较紧凑，郊区化的问题不是十分突出。而在美国，机动化和城市化同步发展，所以美国城镇化被称之为“车轮上的城镇化”，因而美国的城镇人均占地明显较大，空间结构日趋分散，城市蔓延至今仍没有停止。

对于我国来说，在城镇化的中后期，同样面临着城镇化和机动化并行推进的挑战。传统的中国城市空间是相当集约的，机动化是否会带来美国式郊区化，我们应该有所警惕。过去 60 年，我国的城市建成区人口密度大约为 1 万人/km^2，基本上维持在这个水平上（图 1-3）。但是，美国 100 年的城市化进程中，城市空间人口密度降低了 1 倍多，出现了严重的郊区化，并且因此带来了一系列社会经济问题，诸如生态破坏、空气污染、富人居住区日益独立化、一个美国人消耗的汽油相当于欧盟五个人的消费量等一系列问题。这显然不是我国应该走的城市化道路。

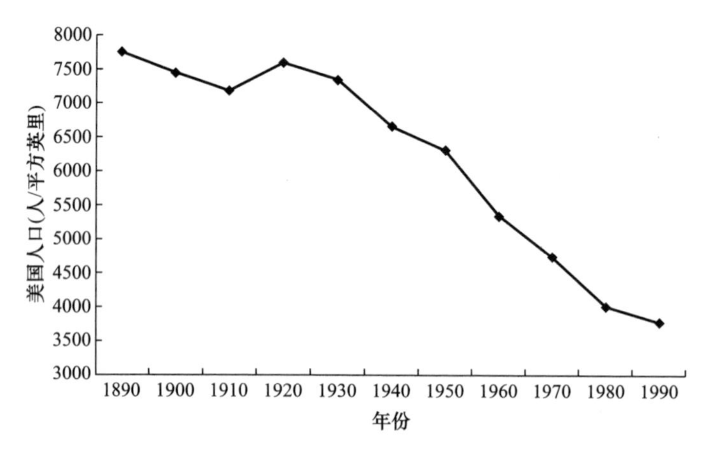

图 1-3　中美人口密度变化（一）

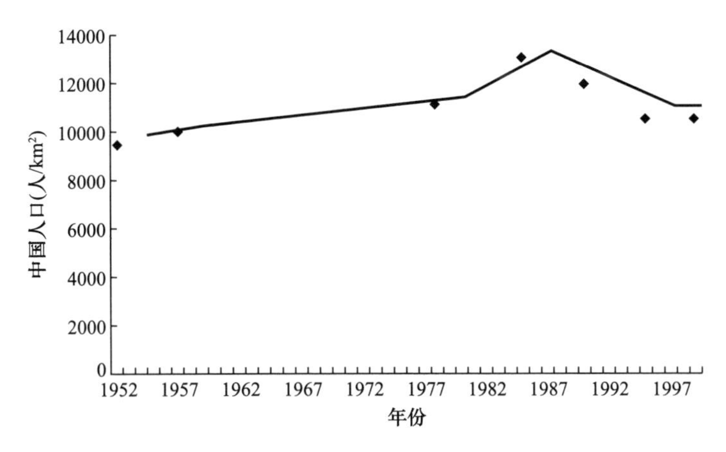

图 1-3 中美人口密度变化（二）

近年来，我国的一些城市已经出现了郊区化的趋势。产生郊区化的诱因是多方面的，一些城市实行所谓的“土地新政”，在部分基层政府默许下，郊区存在大量“小产权房”等非法建设用地项目；有的地方盲目修建高速公路和封闭式的高架桥，推动了机动化的加速进行；还有的城市新区开发失控，盲目扩大新区规模，甚至提出用十年时间使原有的城区总面积翻番等不切实际的口号；再加上一些地方盲目跟风，撤并村庄和集镇，实行“农村城镇化”。这些都会导致或加快郊区化的步伐，由此可能重蹈美国城市化的覆辙。

3. 东西部地区城镇化和经济发展失衡

地理学上有一条著名的黑河—腾冲人口地理界线，在这条线以东的地区面积占全国国土面积的 43%，但集聚了全国 94% 的人口，人口自然密度一般在 100 人/km^2 以上，不少地区达到 400 人/km^2 以上；在这条线以西的地区占国土面积的 57%，而人口仅占全国总人口的 6%，大部分地区人口自然密度低于 50 人/km^2，不少地方小于 1 人/km^2（图 1-4）。

由于西部地区经济发展水平相对落后，城镇化滞后。尽管国家制定了一系列促进西部大开发的政策，但是西部主要的 6 个省区无论是城市化率，还是人均收入水平，都明显低于东部地区。与此同时，西部地区城市的服务功能、收入水平和人居环境质量与东部地区存在较大差距。“孔雀东南飞”，人口向东部地区迁移的现象较为明显。加上西部地区没有寻求到适合自身特点的城镇化路径与产业支撑模式，西部大开发到底应该走什么样的道路？很多地方仍然在探索之中。从制度安排和实施层面来看，缺乏与东部城镇化差别化的新型城镇化战略，也缺乏优化西部人居环境的系统战略与实践，城市规划与产业发展策略内容不科学，不少情况下尚处于头痛医头脚痛医脚的状态。

4. 水污染引发的水资源短缺尚未缓解

我国是一个水资源匮乏的国家，全国 600 多个城市中有 400 多个面临着不同

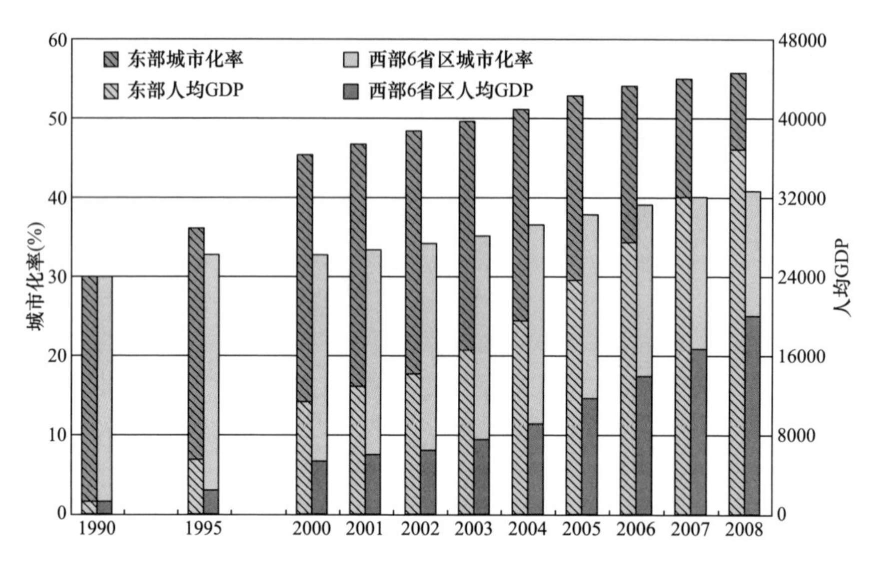

图 1-4　我国东部和西部 6 省区城市化率与人均 GDP 变化

程度的缺水，其中 200 多个城市严重缺水。如果说能源短缺还可以考虑进口，水是断然不能靠进口解决的。我国城镇化在前一个时期主要集中在沿海地区，60%的流动人口涌向沿海城市群，造成沿海城市群规模急剧扩大，但是沿海城市群同时也是缺水严重的地区。

与传统意义上的缺水不同，沿海地区缺水最主要的原因就在于水污染事件的频繁爆发和水生态的恶化，导致许多地区已经没有干净的饮用水源，从而导致日益严重的“水质性缺水”。在流经城市的河流中，有 60%由于污染的原因不符合作为生活饮用水水源的水质要求，长期积累的地表水和地下水污染，使得城市水源的净化难以在短期内缓解。

理解我国水生态问题有以下三个要点。

第一，城市与自然界最大的差别在于城市的降解功能过弱，而生产和消费功能过强，所以城市对周边环境尤其水生态的冲击极大。在这方面，城市的“生态脚印”就是一个重要指标，它是指一个城市需要多少空间资源来支撑它的生存与发展。发达国家城市的“生态脚印”一般比自身面积大出几百倍甚至上千倍，而发展中国家有些以传统的服务业为主的城市其“生态脚印”只有 10 倍甚至几倍。

第二，水危机实质上是因城市发展模式不恰当，导致对原有水生态环境冲击过大而产生的水生态危机。水生态有其自身的自净化规律，一旦污染程度超过临界点就难以恢复。而我国流经城镇的河流中有 70%经常发生断流，80%是劣Ⅴ类水体，完全丧失了水生态的功能。

第三，人类社会要学会与自然和谐相处，前提就是要使人类历史上最宏大的人工构筑物——城市与自然和谐共生，这就是低冲击开发模式的理念，这一开发模式是20世纪90年代以来生态学家与规划师的共识。实际上，我国滇池、淮河就是用单一工程思维来治理，反而损害了水生态。

长期以来依靠跨流域调水解决城市供水问题的“大工程思维”定势更加剧了水资源的危机。不少调水工程违背自然规律，实践证明是错误的，比如黄河的引黄济青、引黄济淀、引黄入晋、引黄入冀等一系列引黄工程，建成后曾经一度发挥作用，但最后的教训却是黄河长时间断流或污染严重导致这些引黄工程不同程度上作废。与此同时，大量超采地下水，造成华北、华东地区地下水位的大范围大幅度下降。50年前不少城市地面以下几米深就可以见到地下水，现在这些城市挖下去100～150m才可能找到地下水。地下水位的下降不仅加剧了水危机，而且带来土地承载力的变化，造成了市政工程和建筑物的毁坏。当然，全球气候变化以及工农业用水的粗放使用模式，也使得水资源短缺的矛盾更加尖锐。目前这种城镇化进程中水资源传统使用模式已经难以为继。

5. 能源危机与二氧化碳排放限制

我国正面临着能源消耗与排放限制双重制约。由于目前我国正处在城镇化高潮期，每年我国消耗的钢铁占世界钢铁产量的35%，消耗的水泥占世界水泥产量的42%，每年各级政府要为1500万移民提供足够的住房、生活设施和相关的城市基础设施。所有这些都意味着我国在相当长的时间内煤炭、建筑材料和水泥的消耗量还要维持在较高的水平上。

由于经济的快速增长，特别是由于机动化的加速发展，我国已经由石油出口国转变为目前消耗的石油中67%以上需要进口，2017年原油净进口达4.2亿t。由于机动化正处于迅猛增长的初期，我国石油、天然气消费对于国际市场的依存度不断提高的趋势难以避免（图1-5）。

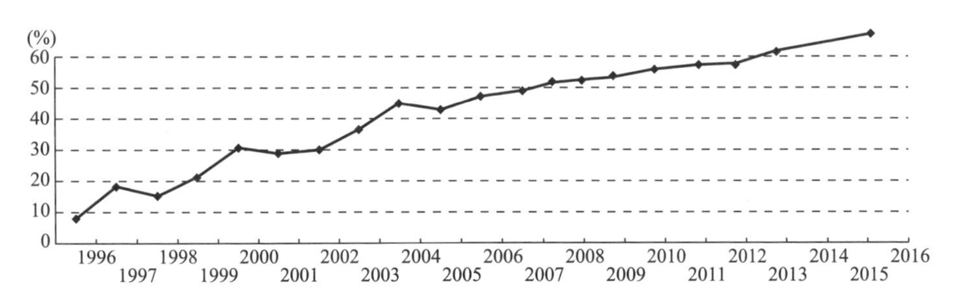

图1-5　我国石油对外依存度变化趋势

理解我国能源问题有以下四个要点。

第一，我国资源中，即使是储量最丰富的煤炭，人均储量也只有世界平均值的55%，而人均石油和天然气储量分别只有世界平均值的7.4%和6%，所以，我国资源的现状是“富煤少气贫油”，“以煤代气”是我国为保障能源安全不得不推行的长期战略性选择。

第二，如果要达到发达国家水平，即使按照日本这个最节能、能效最高的国家的标准（人均年消费石油约17桶），再乘以我国现有人口数量，每年所需石油仍将高达36亿t，而国际上每年石油贸易量仅20亿t。2015～2016年，全球石油总产量保持在39亿t左右，无法满足未来我国对石油不断增长的需求。因此，我国的发展道路必须要超越日本的节能模式。

第三，当前，我国已经超过美国成为全球第一温室气体排放大国（图1-6）。更重要的是，数据表明，世界上如德国、俄罗斯等国的能源消耗和排放均为负增长，美国的排放年增长率为1%，而我国为4.7%，增长速度非常快。我国目前的排放中30%为转移排放，即通过国际贸易实质上为满足发达国家的高浪费而排放。

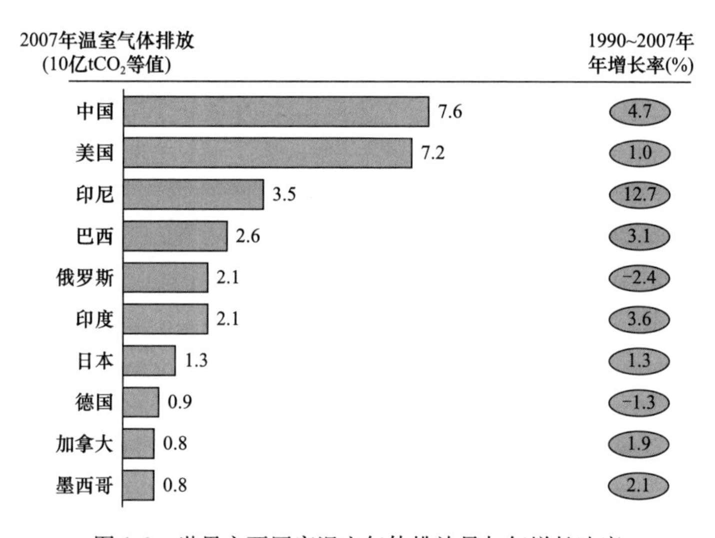

图1-6　世界主要国家温室气体排放量与年增长速度

第四，能源消耗的三大板块分别是工业、交通、建筑。从世界平均水平来看，能源消耗结构中工业占37.7%，交通为29.5%，建筑为32.9%。而我国现在建筑能耗占26%，交通能耗为10%，工业占60%～70%，但按照目前的发展趋势，工业能耗占比随着经济社会发展将会降到总量的1/3左右。城镇化的两个板块，即交通和建筑是刚性的结构，也就是说未来我国的能源安全是由现在的城镇化模式决定的。这是因为，我国的主要交通工具如果不是轨道交通而是高速公路，城市建设模式如果选择的不是密集型城市而是美国式的蔓延型城市，那么城镇化的结果将像美国一样，仅汽油消耗量就会等于全球的产量。更重要的是，交通布局和城市密度一旦形成，就无法再进行调整，这也是美国至今解决不了美国人能源消耗过高问题的根本原因。

与此同时，国际社会对二氧化碳气体排放的限制已经迫在眉睫，过去美国拒绝在《京都议定书》上签字，无形中为我国挡了驾，其后奥巴马政府对于减排采取了较为积极的姿态，我国已签署《巴黎协定》并承诺二氧化碳排放到 2030 年达到峰值，并尽早达峰。然而，西方国家已经完成了城镇化和工业化进程，目前大气中累积的温室气体主要是由发达国家排放的。随着这些国家能源结构的调整和高能耗产业的转移，它们的社会总能耗已趋稳定，面对全球减排的呼声，可以通过产业和能源结构转型以及各种技术手段来实现总额减排。而我国现在还处在“青少年”的成长期，未来还有 20 多年城镇化的路程，这个时候如果让我国来吃过分减排的“减肥药”，像对待发达国家一样限制我国的发展，那既不是合理可行的，也是缺乏公平正义的。

但是，温室气体减排已经成为国际社会的共识，有关国际组织也提出了具体的减排目标。按照 IPCC（政府间气候变化专门委员会）的设想，到 2050 年全球二氧化碳气体排放必须在现在的水平上降低一半以上（图 1-7）。

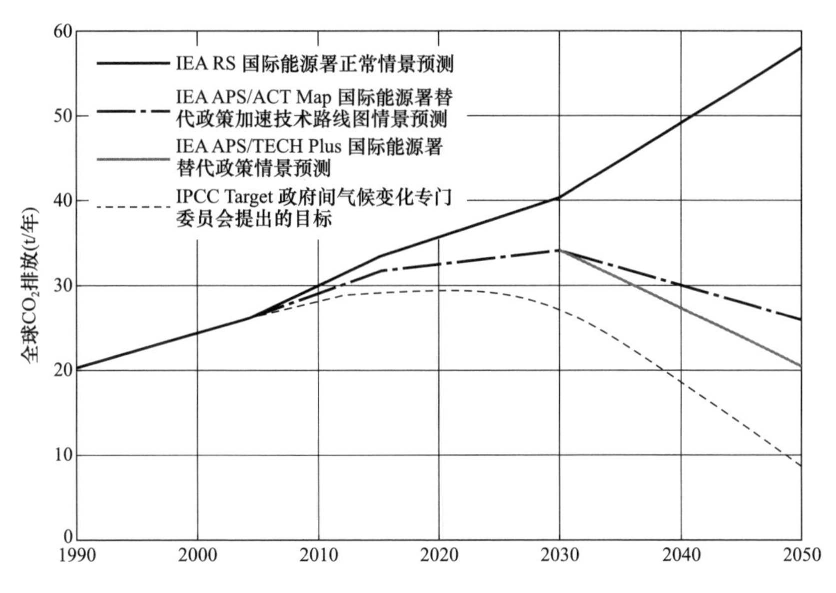

图 1-7　国际机构对碳排放的预测与减排目标

目前世界各国的二氧化碳排放量中，发达国家是处于负债状态的，我国排放总量上很大，从 2007 年开始我国超过了美国，但因为人口基数非常大，人均二氧化碳排放水平目前仍在世界平均水平附近。而美国人口虽仅占全球 5%，但人均排放量却是世界上最高的（图 1-8）。所以，如果我国走上美国式的城市化道路，二三十年后将非常可怕。正如美国生态经济学家莱斯特·布朗（Lester

Brown）说的那样，“到时候需要 3 个地球来供应能源”。造成这种困境的原因，除了我国正处在城市化的中期，更重要的是我国的能源结构是以煤炭为主，天然气和石油储量极少，再加上我国的机动化正在与城市化同时发生。同时，出口拉动型的经济结构也使得污染和原始的消耗与排放指标都留在了国内，而大部分利润却被发达国家或跨国企业所享受。

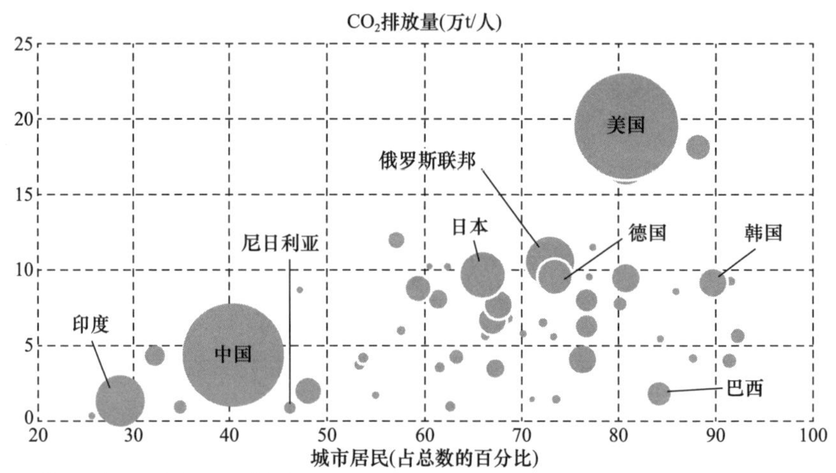

图 1-8　2005 年世界各国人均二氧化碳排放比较

来源：世界发展指标数据文件

6. 城市应对灾害和突发事件的风险管理薄弱

进入 21 世纪以来，发达国家在美国“9・11”事件之后，开始普遍重视城市突发安全事件的应对问题。此后发生在我国的 2003 年 SARS 事件、同年美国发生的大规模停电事件、2005 年恐怖分子在英国伦敦制造的公共汽车爆炸事件、2011 年日本福岛核泄漏、我国 2013 年青岛中石化输油管道泄漏爆炸，以及 2015 年天津滨海新区爆炸事故等，均表明人口稠密的特大城市在人为袭击或突发事件的破坏损失是巨大的，如不能迅速有效地进行处置，就有可能酿成更为惨烈的人间灾难。

除此之外，人们更为耳熟能详的城市安全问题无疑为各类自然灾害的影响。例如 2008 年发生在我国四川的“5・12”大地震，8 万多死亡人口中绝大部分是城镇人口；2010 年海地遭受 7.3 级地震，首都太子港基本被毁，由于后继公共安全处理跟不上，又导致大量的人口死于传染病，全国约有 30 多万人丧生。同年巴基斯坦遭遇特大洪灾，多个城市全面瘫痪，大约有 2000 多人丧生，1100 万人无家可归。

2012年发生在我国北京的“7·21”特大暴雨，24h累积降雨仅120mm，但却造成全城交通停运、死亡近百人的大灾害。

瑞士再保险机构报告对全球616个中心城市内17亿市民面临的自然灾害风险进行了对比分析发现，全球范围内受到水灾威胁的人数超过任何其他自然灾害；从面临的灾害威胁人数来看，亚洲城市风险最大。

由于我国正在经历前所未有的城镇化，城区人口超过100万的大城市数量从1978年不到30个，迅速增加到2010年140个（据第六次全国人口普查数据整理），而且这些城市城区人口密度也高达1万人/km^2左右，属国际上较高空间密度的城市，再加上地方排水防涝等公共安全管网投资不足，极易在洪涝灾害发生时遭受巨大的灾害。

7. 巨量的农民工流动带来的远程交通和社会管理难题

由于我国土地制度的特殊性，以至于我国正在经历国际上任何一个国家都未曾出现过的“候鸟式”的农民工转移潮，现在的规模已经超过了1.2亿，而且每年都以1000万的数量在增长。因为农村的土地是集体所有的，个人不能买卖。这种土地制度虽然不利于农产品的规模经营，但却起到了基础性社会保障作用。2008年国际金融危机来袭时，曾使我国沿海各省农民工失业人数最高峰的时候达到了6000万人。在任何一个国家，突然增加这么多的失业人数都将是灾难性的，当时绝大多数临时失业的农民工回乡种地了，当危机平息、经济复苏后，许多农民工又重新回到城市工作岗位。

与此同时，在我国各个大城市郊区，不约而同地涌现出大量的城中村，这些城中村容纳了70%以上的农民工。但是，这些城中村带有一些中国特色贫民窟的色彩，这里的卫生、治安居住环境较差，公用服务也不配套。更重要的是，农民工的流动分布是十分不均匀的，70%跨省转移的农民工是流向沿海12个大城市。目前，这种趋势越来越明显。

春节前后，由于巨量农民工回家探亲，往往会发生全国性的交通拥堵。在许多外国人看来不可思议。近些年来，没有任何减缓的迹象。所以，我国的远程交通系统应与之长期相适应来规划建设。

8. 自然和文化遗产受到破坏

我国使用了约占全球42%的水泥建设了人类历史上规模最为巨大的建筑群和基础设施。在城镇化的热潮中，如果不注重保护，一些著名的自然景观和文化遗产就会变成水泥建材的原料了。联合国教科文组织的专家曾说，中国有太多的世界遗产，不必再申请了，先将已申请的遗产保护好再扩大名录。笔者认为与广阔多变的国土和人类历史上最悠久的农耕文明相比，我国的遗产数量一点都不多，如不将其及时列入遗产名录得到妥善保护的话，全人类最精彩的、大自然鬼斧神工的创作和杰出的文化遗存就有可能变成水泥。所以，我国多申报世界自然与文化遗产就是愿意接受世界上国际组织的监督，全力保护人类这批共同的资产，也是为了在城镇化的过程中为下一代留下可持续发展的宝贵资源。再加上我国不少城市的规划和建设确实在崇洋媚外风气的影响之下，本地的建筑师受到了压抑，成为外国建筑师追求新奇特建筑物的试验场。除此之外，为索取级差地租而过度进行旧城开发；为追求建设用地指标，利用“建设用地增减挂钩”的政策大量进行村庄合并建设所谓的“新社区”，为取得乡村巨变的政绩观而盲目撤销偏远山区村落，进行所谓“生态移民”等，都严重破坏了脆弱而又不可再生的历史文化名城名镇名村。

国家重点风景名胜保护区作为我国国家公园的代表，其主要的保护模式、制度和国外是不一样的。美国只要是国家公园其土地所有权就是国家所有，但是我国除城市之外的土地属于集体所有，也就是农民主要的生活资料，所以管理起来难度非常大。

9. 贫富分化、收入差距扩大与充分就业三问题并存

我国城镇化过程中伴生的主要社会问题有以下三个：

第一，收入不均等危及社会公平。城镇化不能只关注经济效益，中后期更要侧重于社会效益。最近世行报告指出，美国5%的人口掌握了60%的财富。我国有的省区如新疆最富裕地区的人均GDP与最贫困地区相差10多倍，成为影响社会稳定的重要因素之一。

第二，城市某些行业垄断性正在强化。我国行业之间的工资收入差距目前已达15倍。另有调查表明，我国收入最高的10%群体与收入最低的10%群体的收入差距，已从1988年的7.3倍上升到2007年的23倍，我国的基尼系数一直呈快速上升的趋势，2008年后开始逐步回落，但仍处于较高水平（图1-9）。

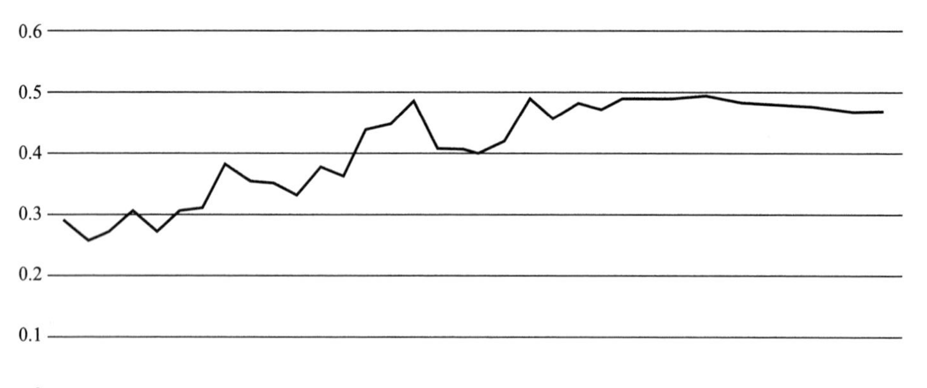

图1-9 中国历年基尼系数变化情况

尽管这个数据中国不是最危险的，但是任由它发展就会给社会稳定带来问题。

第三，我国三大人口高峰相继来临，解决就业问题具有紧迫性。劳动力的高峰在2016年出现，有10亿的劳动力；65岁以上的老龄人口将在2020年达到高峰，将达到11.2%；人口总量高峰是2033年，将达到15亿左右。所以，我国在资源那么短缺的情况下，人口老龄化却加速来临，这就意味着城镇化最大的挑战还没有来临，还在不远的将来。

10. 城市交通拥堵加剧

尽管我国城市及城市群交通建设取得了可观的成就，但还存在交通供需失衡，特大城市和大城市交通拥堵严重并在时间与空间上持续扩展蔓延。近年来，我国城市交通拥堵不断加剧，随着城市交通需求的不断增长和机动车交通量的迅猛增加，城市交通拥挤已经从高峰时间向非高峰时间，从城市中心向城市周边，从一线城市向二、三线城市迅速蔓延，交通拥堵已呈常态化。许多特大城市和大城市中心城区高峰期间的行车速度已由原来的40km/h下降到目前的15～20km/h。2009年调查结果显示，上海市中心城204个主要交叉口中，44%的交叉口交通负荷达到饱和状态（90个），40%的交叉口接近饱和状态（81个），仅有16%的交叉口处于畅通的状态（33个）；内环线主要干道早晚高峰普遍处于拥堵状态（图1-10）。

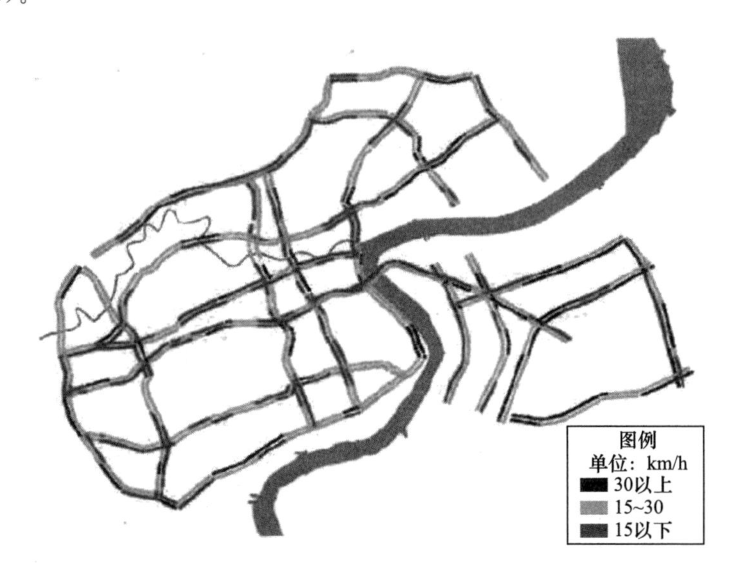

图1-10　上海市2009年内环内主要干道高峰车速图

来源：上海市城乡建设和交通委员会，上海市城市综合交通规划研究所等. 上海市第四次综合交通调查报告［R］. 2010.

除北京、上海等特大城市外，我国其他城市的交通拥堵问题也十分突出。例如，2010 年长沙市二环内河东城区共有主要拥堵点 60 个，主要道路晚高峰社会车辆运行速度仅为 16km/h，其中中心城区主要道路晚高峰平均车速为 14km/h（图 1-11）。2009 年南京市老城区道路网络平均负荷已经达到了通行能力的 82%，主要干道高峰时段车速大多在 20km/h 以下。2009 年武汉市三环线内高峰时段平均车速为 20.4km/h，其中汉口仅为 18.0km/h。重庆市 2010 年城市干道流量比 2009 年平均增长 7.1%，部分干道流量增长超过 30%，交通流量的快速增长导致高峰时段车速明显降低，2010 年高峰时段干道平均车速比 2009 年下降 6.8%，晚高峰拥堵持续时间日渐延长，常发拥堵区域也在逐渐扩展。

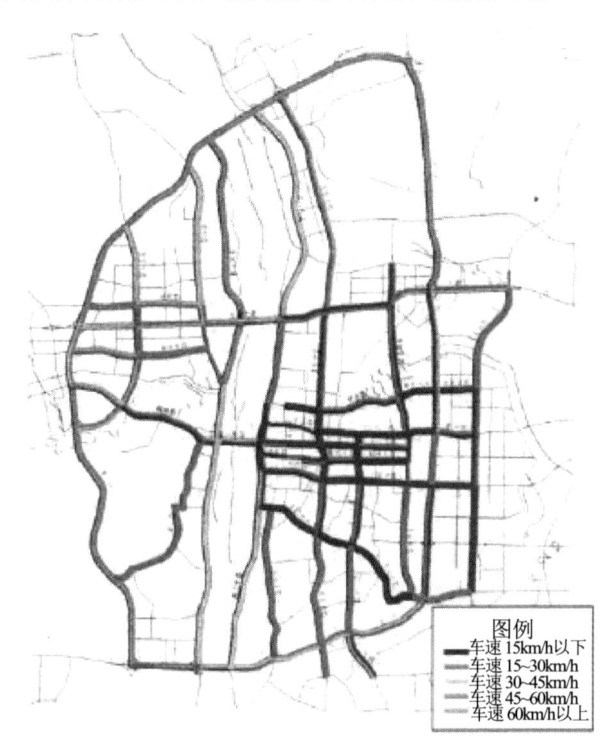

图 1-11　2010 年长沙市二环内主要道路晚高峰车速分布图

首先，机动化能够为城市化“塑型”。我国机动化与城镇化同步发生（与美国一致），极有可能出现城市蔓延。美国在 100 年间的城市化进程中，城市人口空间密度快速下降，不仅大量耕地受到破坏，而且一个美国人因依赖私家车出行所耗的汽油比欧洲多出 5 倍。我国目前城市人口密度基本维持在平均 1 万人/km^2 左右，属于紧凑式发展模式。防止我国出现郊区化是城镇化后期的决策要点，安全畅通的绿色交通是确保紧凑型城市的不二法门。

第二，机动化有“锁定效应”，一旦人们习惯于使用私家车出行，再投资公共交通就可能“无人问津”。

第三，仅靠增加道路供给不能解决大城市日益严重的交通拥堵问题，所以必须转向需求侧管理，这是一个共识。城市特别是大城市的交通空间是一种稀缺资源，而且越是城市中心空间越稀缺，空间资源应该得到公平的分配。一个很重要的理念是，与自行车相比，私家车占用的空间完全不同，静止时相差已经很大，运动时所需空间还将成倍提高。所以，城市交通中有一个出乎众人意料的现象，即单位时间内六车道的主干道通过的人数常常还不如仅 3m 宽辅道上自行车道的通过人数。

以上这些城镇化进程中出现的问题和挑战，对于我国的城市健康发展和经济的可持续增长的影响都是十分严峻的，如果没有及时科学的应对措施，必然会成为自身发展的瓶颈，影响我国城镇化中后期健康发展的进程。如何应对这些挑战，需要综合的战略研究，从城市规划的角度来说，应该发挥本学科历史积累的优势，通过科技和制度创新，促使城市空间结构向节能、低碳方向转变，向国际社会展示中国的努力与成效。

三、确保城镇化健康发展的五类底线

习近平总书记在中央城镇化工作会议讲话中曾谈到，我国要在红线和底线的基础上推进城镇化。那么，实践健康城镇化，必须要抓住红线与关键的底线。红线即为 18 亿亩耕地，而何为底线则需要深入分析。

在笔者看来，实践健康城镇化的底线由具有两类特征的决策所决定：其一，刚性错误。即此类决策在城镇化进程中所造成的不良结果是后人难以纠正的。其二，恶性循环。即此类决策将严重妨碍可持续发展，或者带来社会、经济甚至政局的动荡。也就是说，由一个错误，引发一连串的错误。

故而，只要城镇化进程中所做出的决策杜绝以上两类特征的“底线错误”，就基本可以保证城镇化的健康发展，即在不触碰红线和底线的基础上实现健康的城镇化。

如果用以上两类特征界定城镇化远期发展的底线，主要涉及以下五项内容：大中小城市和小城镇协调发展、城市和农村互补协调发展、紧凑式的城镇空间密度、防止空城的出现、文化遗产和自然遗产的保护。

1. 大中小城市和小城镇的协调发展

特大型城市的过分膨胀是一个全球通病，因此，中央领导非常担忧我国的特大型城市会出现过分膨胀的趋势。

城市规模越大，商品生产的效益就越高，所创造的就业岗位越多、公共服务的品种越多，人们也就越趋向于到这样的城市里来生活工作。所以，超大城市在自动吸收人口的同时，也引发规模膨胀的恶性循环。这样的问题在世界城市化历史上屡见不鲜。

第二次世界大战以后，欧洲国家的注意力从战争转向经济发展。当时，城市规划学领域著名的芬兰规划学家伊利尔·沙里宁（Eliel Saarinen）已经敏感地意识到了城镇化的问题。他认为，所有的世界级大城市都必须走一条“有机疏散”（Organic Decentralization）的道路。

“有机疏散论”是当时城市规划学领域的重要理论。在第二次世界大战期间，时任英国首相的丘吉尔对参与战争的500万精英（当时英国全国仅有3600万人口）的战后生活、就业去向表示关切。因为如果这些人全部涌入伦敦，伦敦将会“爆炸”。故而，受沙里宁城市规划理论的启发，丘吉尔聘请一批规划学家制定了“新城计划”，在英国伦敦之外布局了30多个卫星城镇。具体实施方式是，由政府组建新城开发公司后，通过向国家财政借款一次性地把农地征收进行新城规划和基础设施投资，然后再把土地卖出进行资金回收以实现滚动发展。此后，英国的“新城计划”发展成“新城运动”，开辟了城市建设的一个时代。紧随“大伦敦”新城规划之后的“大巴黎”新城规划也遵循了伊利尔·沙里宁的“有机疏散论”。

我国大城市的建设本应未雨绸缪，在出现无序扩张先兆之前进行有机疏散。但由于普遍的理论认知较晚，并对新城的成长机制心存疑虑，导致真正开始实践时已属亡羊补牢。实际上，英国在新城规划的探索上也经历过许多痛苦，在具体实践上主要经历了第一代、第二代和第三代新城三个阶段。第一代新城人口规模2万～5万，新城区里很少有就业岗位，新城居民需要去市中心工作，从而形成了钟摆式城市交通（图1-12）。第二代新城人口规模在20万人以上，新城内解决50%本地劳动人口的就业需求。此类新城能够至少减少50%的城际交通。丘吉尔时代的规划学家已经意识到了本地就业岗位对新城建设的重要性。第三代新城继第二代新城实践后迅速退出，人口规模约为30万，就业基本在新城内实现以保

图1-12　钟摆式交通

证职住平衡。这既有利于新城的经济活力，又大大减少了对老城市的交通压力（图1-13）。如是，英国规划学家逐步探索出了新城规划和建设的正确路径，即新城开发成功的关键在于其人居环境应该比老城更舒适、公共服务质量更优质、人与自然更和谐，如此才能形成对老城人口的反磁力，以促使有机疏散的实现。

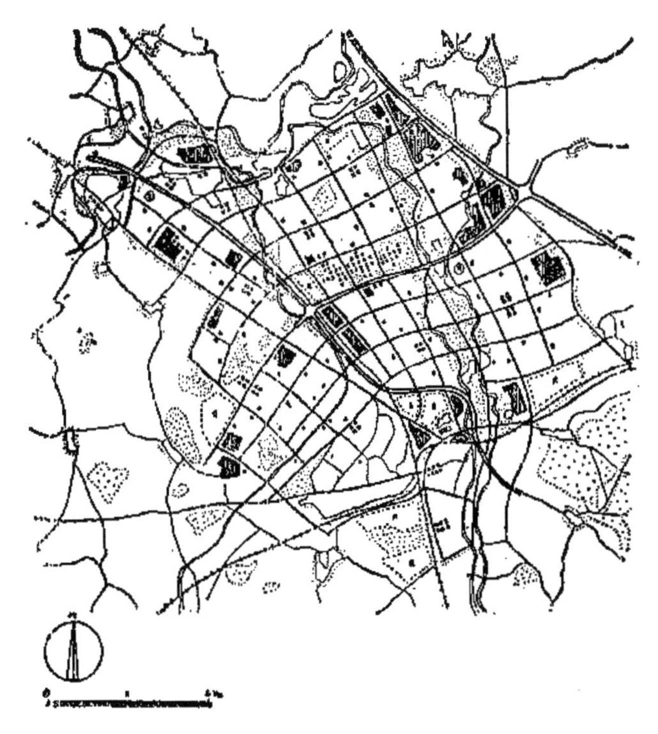

图1-13　米尔顿凯恩斯（Milton Keynes）新城

反观我国很少有良好的新城开发规划足以承担老城重要功能的分流。大多数新城建设不但没有吸取先行国家的经验，而且在规划建设时把标准起点定得太低，最终造成人口从新城不断涌进主城。从更广的角度来看，我国小城镇的基础设施投资、人居环境改善，一直未受到各级政府财政的青睐。近20年来，人居环境的相对退化造成我国小城镇人口占城镇总人口比重减少了10%，这是一个危险的“数字鸿沟”。

我国小城镇人居环境与先行城镇化国家的小城镇人居环境之间的差距正越来越大。而这种巨大的差别是如何造成的呢？原因一，政府的注意力和公共财力没有投向小城镇，而且几乎所有的支农补贴和扶植政策都是绕过小城镇直接投向农村；原因二，小城镇本身缺乏土地出让金，没有城市维护费，税收体系不能支撑公共项目投资而且缺乏人才；原因三，城乡之间基础设施投入和公共服务差距较大。例如，2010 年城市和村庄的人均基础设施维护资金投入比达 25∶1。

当前，在编制新一轮城镇化中长期规划的过程中，各方几乎都认识到小城镇是我国健康城镇化的一个命脉。如果没有小城镇的健康发展，健康的城镇化是无法保证的。拉美、非洲等地城市化的历史教训已证实：没有小城镇作为“拦水坝”，人口的洪流就会大量地涌入大城市；没有小城镇提供的就地城镇化，农民进入城市就易引发“贫民窟病”（图 1-14、图 1-15）；没有小城镇对区域生产力合理布局的贡献，内地与沿海地区的发展差距会越来越大。因此大城市与小城镇如果不能协调、健康地发展，即便将来形成城市群，在经济上也会是低效率的。

图 1-14　非洲城市边缘贫民窟

图 1-15　印度贫民窟

因此，今后城镇化建设需杜绝此类错误，相当一部分财政投资应当投向小城镇。概括而言，须明确以下四个小城镇建设的重要先行方向：一套从事城镇规划的管理机构；一套必要的基础设施，如供水、污水和垃圾处理等；一套地方化的绿色建筑建设和规范管理体系；一套基本的公共服务设施，比如学校、医院和超市等。这“四个一套”是对小城镇人居环境最基本的要求。

2. 城市和农村要互补发展

健康城镇化与“三农”问题密不可分。而有些经济学家习惯简单地认为，只要把农村人口搬到城市就完成了城镇化，生产效率会自动提高、社会分工会自动推进、科技水平会自动发展。实际上，这是一个错误的认识。任何一个国家的农业现代化，必须是健康城镇化和生态安全的底板。另外，随着城镇化率超过50%，传统农村的乡土文化、“一村一品”、农业景观、田园风光会变成稀缺资源，带动农村超越工业化的阶段，走向一条绿色、可持续发展的现代农业发展道路。

哪些事或错误的决策可能会触碰“城市和农村要互补发展”这条底线呢?

错觉一：过高的城镇化率预期。

当前，各省城镇化规划所设定的城镇化率目标可以不断地随时间攀升到60%、70%、80%……而从科学规划的角度分析，其合理性有待商榷。

世界上的国家大致可分为两类。一类是“新大陆国家”，人口以外来移民为主，且土地辽阔、地势平坦，如美国、澳大利亚等。这类国家的城镇化率可以达到85%以上，甚至90%。另外一类是具有传统农耕历史且历史悠久的国家，人口大都以原住民为主，地形大多崎岖不平、人多地少，如法国、意大利、德国和日本等，城镇化率峰值一般只能达到65%左右。由于这些国家很多市民的祖先来自农村，一般容易发生“逆城市化”现象。

实际上，“回归田园”的现象在我国浙江已经发生。浙江省60%的人口居住在城市，40%的人口居住在农村。其中，住在农村的居民，60%的人并不务农，只是居住在农村。由此可见，住在农村的人，未必以务农为生。现在大量城市中的老年居民拿了养老金后到农村租房、养老，呼吸新鲜空气，种菜、养禽畜……随着农村生活条件的改善，此类现象将日益普遍。

错觉二：迷信私有化的土地政策。

现在有不少学者主张，农民应该把自己的承包地、宅基地和农房卖掉，然后带着所获得的资本到城市中去。这样的先例实际上在拉美、非洲早就出现过，农民因为土地私有化，把土地和房产变卖之后举家迁入城市。但根据联合国人居署的统计，在这一过程中由于大量土地出售而导致土地价格低廉，会形成资本对土地的廉价掠夺，因此农民获得利益并不多甚至可能非常少。在强大的资本面前，农民的权益遭受漠视已成定局。

健康的城镇化应当建立在城乡居民双向自由流动的基础之上。从经济稳定的角度来看，这种城乡互通的人口流动也是应对全球金融危机最好的办法。2008年，全球性金融危机曾导致我国沿海城市数千万农民工失业，后因这些农民工可以返乡务农才使危机伴生的副作用被削弱。故而，可以假设如果让农民“裸身”进城，国家整体经济结构很可能就此失去弹性。

错觉三：盲目的“生态移民”。

丘吉尔曾经说过，“政治家有个偏好，就是在地球上留下自己的痕迹，这个痕迹有的时候是盲目的，甚至是摧毁性的”。这类偏好就是与GDP崇拜、大工程崇拜相联系的“极端现代主义”。这种“极端现代主义”在基层干部的有限任期内会表现出极大的能动力。历史表明，那些持极端现代主义倾向的官员们往往以简洁的美学观点来改造农村、农业。在他们看来，一个有效率的、被理性地组织起来的村庄、农业生产体系，是一个在几何学上显示出标准化和有秩序的村庄或农场。他们所热衷的农村改造计划、“农业现代化”方案，往往与基层干部在有限任职时间内尽快出“政绩”的强烈愿望和自身利益密切相关。但他们忽视了市场机制的引导作用，无视老年化后部分人返乡养老的需求，忽视已有村庄人口已大部分进城、生态负荷已大为缓解的事实。同时造成农民进城后就业困难，生活成本上升，而国家对原有村庄几十年的投资亦被浪费。故而，要科学、理性地进行村庄规划与建设，杜绝盲目的“生态移民”。

错觉四：将城乡一体化变成城乡“一样化”。

当前，由于许多基层干部梦想一步把农村变成城市，希望变卖村庄迁并过程中获得的富余土地指标，导致大量的村庄被整体拆迁，村庄数量急剧减少。如今，不少所谓“农村里的‘城市社区’”由于离开农民的承包地太远而被空置，成了人为的“二次空心化”，这是一种巨大的资源浪费。其所造成的结果不是城乡一体化发展，而是“城乡一样化”。“城乡一样化”不仅可能导致宝贵的乡土旅游资源的丧失，也不利于现代化农业的建立。

错觉五：把农业现代化看成单纯的扩大土地规模。

目前，世界上有两种现代化农业规模经济模式：一是土地规模型的农业现代化，追求每一户种几百亩甚至几千亩农地。此类模式以地域广阔的移民国家为主。二是在人多地少的原住民国家，一般采取以适度规模的社会服务来实现农业现代化（图1-16）。在该模式下，农户耕种的土地可能只有几十亩甚至更小，但是产前、产中、产后的服务都可以分包给提供低成本服务的专业企业。因此，尽管每户农户拥有的土地不多，却还是可以形成经济效益。这种规模服务型的现代化农业在荷兰、法国、意大利、日本等国很普遍（图1-17）。

在我国，这两种模式可以并行不悖。绝大多数省比较适宜采用第二种模式，在自然村落和小城镇中建立规模服务型现代农业模式的基地。而河南、黑龙江、辽宁、吉林等地则较为适用第一种土地规模型的农业现代化发展路径。

图 1-16 法国农村

图 1-17 日本农村

3. 城镇空间务必保持紧凑

为确保我国 18 亿亩耕地的红线不被突破，须坚持城市空间密度的紧凑式发展，达到 1 万人/km^2。这样的土地利用密度在全世界都属于比较高的。如果我们所有的城市，包括卫星新城的建设都符合这个空间人口密度要求，同时再考虑新增建设用地（最好是非耕地或者少用耕地），那么耕地保护、紧凑发展等方面的目标就实现了。

为什么要在城镇化中期提出城镇空间的密度问题？城镇化与机动化高度重合的大国一个是美国，另一个就是中国。人们在欧盟国家旅游时走出城市就是美丽的田园风光。而在美国，走出城市还是城市，连绵不断的低密度城市。一般而论，美国的城市破产有两类：一类就是如同底特律一样的产业枯竭型；一类是由于城市蔓延，造成基础设施和公用设施建设费用成倍提高，久而久之导致城市破产。

美国、欧盟在文化上同种同源，但城市化的形态为什么会不一样呢？因为欧盟是城镇化时期在先、汽车进入家庭在后，城市基本保持了紧凑的空间格局。而在美国，是城镇化和机动化同步发生，即“车轮上的城市化”，如火如荼的高速公路投资和郊区购房优惠信贷计划愈发加剧了城市的蔓延。而对于我国来说，城镇化和机动化若同步发生将是非常危险的，决不能走美国式的所谓“车轮上的城市化”道路。

保持紧凑式的城镇空间密度，需要注意以下几个方面：

第一，严格控制单一功能区。在城市规划中尽可能不出现各种功能单一的“区”，而要建设交通引导、功能复合的新城。对于新城的数量、选址和规划也须严格把关（图 1-18）。

图 1-18　土地利用低效的工业开发区

第二，防止无序的农村建设用地审批。不少地方农村建设用地管理极为粗放，但仍有建议提出农村的建设用地要与国有土地同权、同价。如果推行此类政策，原规划中农业生产配套服务的建设用地很可能会被资本市场扭曲，另谋他用。

第三，防止工矿建设用地粗放。前几年，各级政府热衷于各类开发区的扩建，造成工矿用地成倍增长，已成为滥占耕地、粗放用地的主要推手之一。此类问题应及时予以调控。

第四，纠正小产权房问题。实际上，小产权房就是占用农地盖房，即农民不种粮食而改“种房子”以争取收入（图 1-19）。小产权房的诱惑力很大，尤其是在地价高的城市。这种小产权房的建设不但违反了城市规划的要求，建筑质量也无法保证。如果城市在一重又一重的小产权房建设浪潮中不断蔓延，很可能成为一种失控的摊大饼运动，导致城市低密度蔓延持续加剧。

图 1-19　正在开发的小产权房

第五，防止私家车引导式基础设施过度建设。如果中国走美国式的城市蔓延发展道路，那么把所有耕地拿来作停车场、交通道路都不能满足需求，而耗用的汽油将是 3 个地球的石油供应量（图 1-20）。这样的错误一旦形成，后人是无法纠正的。美国总统奥巴马在任时力图纠正大城市的过度蔓延，发起“绿色革命”号召美国人回到城里居住，但应者寥寥。

图 1-20　车满为患的高速出入口

4. 防止出现空城

一般而言，空城有两种类型。第一类是因产业转移而没落的空城，如美国的底特律。2013 年 7 月 18 日，这座曾经辉煌的“汽车之城”正式申请破产保护，成为美国历史上最大的破产城市。第二类是人造空城。近年来一些地方兴起大量的造城运动，如内蒙古某城市（图 1-21）。一座新城镇建造得美观整洁，但居住区里却人迹罕至，这种情况已在我国多地出现。

图 1-21　人造空城

空城形成的原因主要有以下三种：一是地方官员为追求政绩而出现的造城冲动。部分领导干部以追求所谓政绩为导向，大搞面子工程和形象工程，盲目投资、重复建设。这种行政指令下的新城由于不顺应经济发展规律最终沦为空城。二是我国独特的财政制度下，政府不能破产。三是错误的城镇化率预期导致新城盲目建设。普遍观点认为，中国城镇化率还不够高，还有很大空间，城镇化率可以无限提高。目前不少地方存在城镇化路径依赖，部分省已达到 60%的城镇化率，仍旧期待 90%的城镇化率，将持续增长的城镇化率视为地方经济增长的动力。但根据研究，我国的基本国情决定了在 2030 年前城镇化率将保持在 65%左右的峰值。错误城镇化率预期导致大家认为不管到什么程度都可以继续城镇化，盲目建设新城。

应当规范各级城市盲目建新城、新区的行为，杜绝各类“空城”“鬼城”“债城”。一方面新区建设应依托老城，加强产城融合，防止新区功能和产业过于单一，严控远距离、飞地型的新城开发。清理整顿各类开发区、工业园区和低效使用的工业用地，建立工业用地集约利用指标体系，制止以工业发展名义大规模圈地占地。

5. 保护文化遗产和自然遗产

保护自然与文化遗产，展现地域特色风貌，弘扬优秀的传统文化，使之与当代社会相适应，与现代文明相协调，保持民族性，体现时代性，是时代的要求和历史的使命。

按照中国传统文化，先民们逐水草而居，对城市的选择，对城市与自然的关系，中国人发明了一整套“天人合一”的关系。这种关系在城市的表达上是西方规划学家梦寐以求的。当今，为实现这种梦寐以求的关系，中国的规划师与管理者应当采取以下举措：其一，加大历史文化名城、名镇和名村保护的投入。其二，整合现有风景名胜区、自然保护区、森林公园、国家地质公园、湿地公园等资源，强化各类自然型保护区的统一保护和建设。启动《风景名胜区法》立法工作，编制全国风景名胜区体系规划。其三，提升城市文化品位，保护城乡特色风貌。改变大规模旧城改造模式，推进有机更新方式。结合水系环境、绿地系统建设，优化城乡空间形态和环境，传承人文风貌特色，鼓励城乡文化多样性发展。建设大城市环城绿带和区域性绿道网，鼓励各城市制定地方法规，保障实施。其四，要加强城乡规划管理。划定城镇建设用地增长边界，完善“三区”“四线”等强制性内容管理制度，将各类开发区、新城纳入城市总体规划统一管理，强化城乡空间开发管制。健全国家城乡规划督察制度，继续加强对规划实施的事前、事中监督。探索建立城市总规划师和乡村规划师制度。

通过上述几个方面的分析，可以看到，健康和谐的城镇化是由市场这只无形的手和政府有形的手相互合理作用的结果。政府如果在大的决策上出现错误或者触碰了上面所讲的几条底线，那错误后果将难以纠正。以人为本的城镇发展是长久之计。这里所说的“以人为本”，不仅是要满足现代人的需要，还要关心不会发声的下一代的生活发展空间和资源的需要。若是只顾当代人的“寅吃卯粮”，社会的发展将难以持续。

总之，如果把城镇化看成火车头，城乡规划就是轨道。轨道要修得比较精密、合理、方向正确，如此才能促进城镇健康发展，才能避免发生上述几类底线式的严重错误。

四、警惕城镇化步入“三大陷阱”

我国城镇化进程已进入中期，人们在享受城镇化带来的进步成果之外，更要警惕其发展陷阱。近年来城市人口膨胀、资源短缺、交通拥堵、环境恶化、雾霾锁住北京、华北，甚至整个中国，这是人人都感同身受、身处其中的发展困境。而事实上，同样存在于人们身边的水污染、房地产泡沫和因土地制度改革失误可能引发的系统性风险，却没有引起外界的足够关注。从短期看，我国急需亡羊补牢；从远期而言，要改变一直持有的“人定胜天”的潜意识，进而深刻反思传统工业化和城镇化发展道路的科学性，从而科学合理地采取对策来避免影响城镇化健康发展的三大新陷阱形成的可能性。

1. 尽快治理复合性环境污染

在雾霾之外，长期工业化发展带来日益严峻的水污染的困境，从而引发复合性污染陷阱，当务之急是应该摒弃一贯的“人定胜天”的意识，建立起科学的“海绵城市”的思维以有效纾解危机。

应该重点关注水的污染问题，是因为这个问题不像大气污染般更容易被民众和决策者们察觉。事实上，伴随着我国经济的快速发展，环境污染问题已经体现出系统性和复合性，需要统筹地去处理（图 1-22）。

图 1-22　2006—2013 年我国部分水污染事件

水污染比空气污染的后果更为持久，因为空气污染是飘浮的，严重污染的空气遇到大风天气有可能很快就晴空万里；水的污染则不同，是会长期存在的，地表水的污染会变成地下水的污染，地下水的污染会造成土壤的污染，从而引发农作物的污染，又进而造成食品污染。这是一条极为危险的污染链，这一代污染了，子子孙孙还要受其影响，重新治理成干净的水体周期漫长。

工业经济发展的特征是有放大效应的，一个制造业工作岗位会产生 0.8 个服务业的就业岗位，0.8 个服务业的岗位又会产生相当量的高技术产业工作机会，这是工业经济发展的“塔式效应”，是由工业化推动城镇化的好处。

但这一推动力也带来了能源危机和环境污染。能源问题我国意识得相对比较到位，现在正在积极应对；但是污染的问题认识比较晚，不少人认为这类问题会随着经济的发展自动解决，这就是学术界经常谈论的“库兹涅茨曲线”[1]。但对该曲线的解读使人误认为，随着人均收入的提高，虽然污染会加剧，但一旦越过峰值，污染就会逐步减弱，持这样的想法就可能吃大亏。我们应该尊重国际城市化一般规律——当一个国家的城镇化率到了50%～60%的时候，复合型的污染就会进入最严重的阶段，而我国现在的城镇化率已经进入这个临界区间。

当前我国衡量饮用水安全的指标已扩展到106项，其中多数是污染物指标。严格意义上说，标准之外可检测到的有机污染物多达几千种，欧盟过去也监测100多项污染物指标，最近认为“测不尽测”退了一步，也有70多项指标。

我国的饮水标准看似比欧盟还高，但这不代表更多的安全意义，因为目前正在使用的人工合成化学品有10万多种，并以每年1000种左右的速度增加，现在说的自来水达标，仅是考虑这100多项指标不超标。所以所谓的“达标”也是很局限的，现在对此没有深入的研究，会带来一定的潜在风险（图1-23～图1-25）。

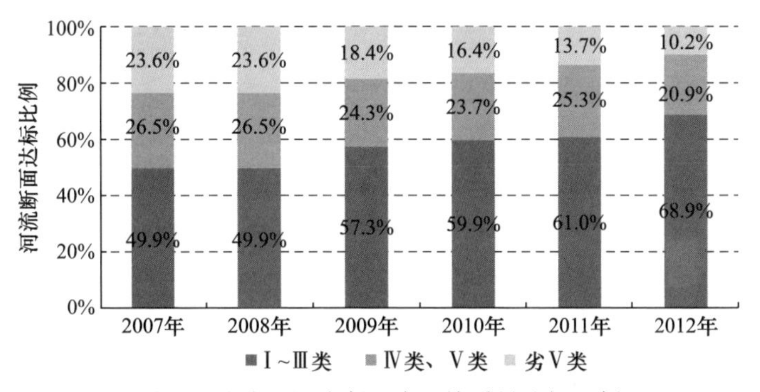

图1-23 我国河流断面水环境质量达标比例

我国的空气污染带来了呼吸系统特别是肺癌发病率的快速上升，但也应该看到当下的癌症发病率在全面上升。最近某国际组织通过数据统计，欧洲癌症的发病率增速为20%，非洲是8%，中国则是50%以上，可以看到我国癌症增长率和死亡率是发达国家的3倍，是非洲等新兴市场的5～6倍。癌症高发背后的重要原因其实是复合型污染，而不仅仅是因为空气污染。

---

[1] 库兹涅茨曲线（Kuznets Curve），又称倒U曲线、库兹涅茨倒U字形曲线假说。美国经济学家西蒙·史密斯·库兹涅茨（Simon Smith Kuznets）于1955年所提出的收入分配状况随经济发展过程而变化的曲线，是发展经济学中重要的概念。库兹涅茨曲线表明：在经济发展过程开始的时候，尤其是在国民人均收入从最低上升到中等水平时，收入分配状况先趋于恶化，继而随着经济发展，逐步改善，最后达到比较公平的收入分配状况，呈颠倒过来的U的形状。

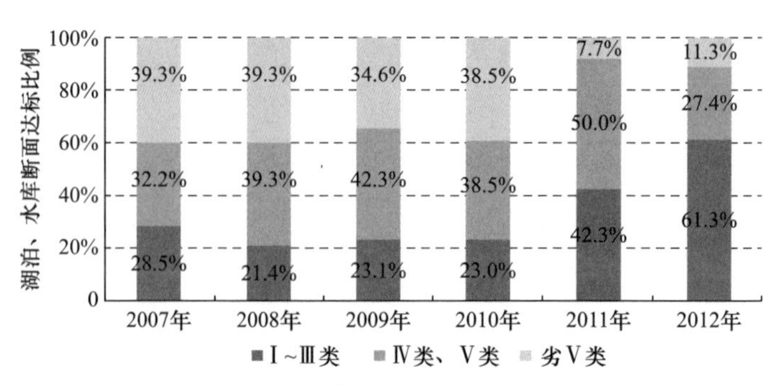

图 1-24　我国湖库断面水环境质量达标比例

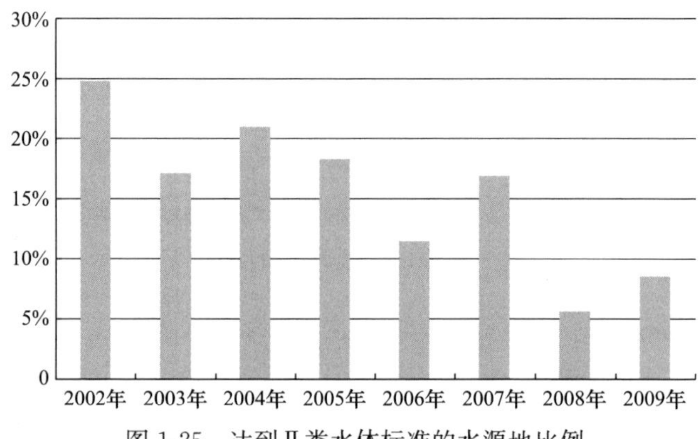

图 1-25　达到Ⅱ类水体标准的水源地比例

癌症等慢性病的治疗长期来讲可能会形成国家的债务危机。癌症的治疗可能持续很多年，需要大量的社会资金的投入，会带来更多的社会和经济问题，而且这正呈现不断增加的趋势，还有很多人还没有意识到这个问题的严重性。

这一方面是因为上报数据程序的局限性，不少人总觉得水污染已基本得到控制，某些地方的决策者可能一直吃的是“空心汤圆”，实际上这个问题正日趋严重；另一方面与我们的一个传统意识有关——总是迷信我国的举国力量可以远距离调水，这种小事难不倒中国人，这就助长了犯错误的机会增加，有可能会在这个陷阱中陷得更深（图 1-26）。

我国的水资源本不充足，分布不均，若从富裕的地方调水，整个流域的取水量包括调水量不能超过流量的 30%，否则该河流的水生态就会发生破坏性改变，造成水源地的生态危机。

远程调水工程本身花费巨大，而且可能带来一系列污染问题。比如从地表调走的水，到达目的地之后可能成了污染水。在济南有一个国家一级水质检测分站，发现黄河调来的水除了各种各样的污染物外还有很危险的寄生虫卵，只有烧开才能杀死虫卵。现在各种各样的肺囊肿、肝囊肿等可能都与此类虫卵有关。

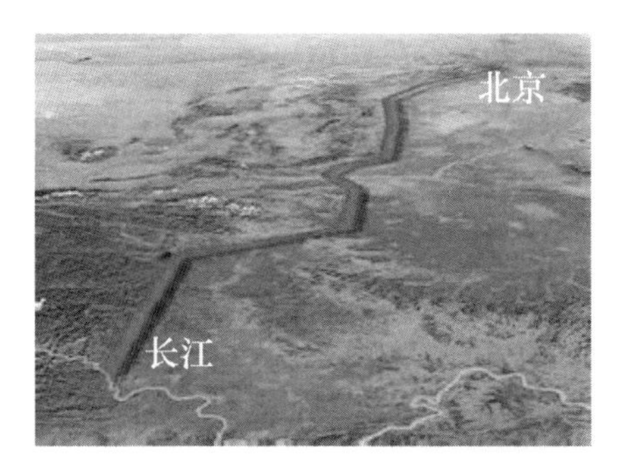

图 1-26　我国部分调水工程

此外还有一类新情况是水调过来以后，跟原有的输水管网“水土不服”。一个地方的水在自来水管结成的水垢是稳定的，其他地方的水调入之后，酸碱度或其他成分发生改变，与原来的水垢发生反应，造成了难以治理的二次污染。

北京就曾经出现过这样的现象。几年前引河北水进京后就出现自来水清水进黄水出的情况，就是因为外调的水和北京当地水质是不一样的，这个问题至今还没有完全解决，现在已成为国家一个重大科研课题。

当前不少南方水乡也积极设法远程调水。我国的水乡以前到处都是可饮用水，但是水都污染了，造成水质性缺水，也在设法远距离调水。调水在某种意义上成为各方的一种利益博弈。

例如，素有天堂之称的杭州市有着江、河、湖交融的丰富的水自然环境，但令当地政府颇感压力的是各方都要从新安江水库调水。应对这一调水的“决策依赖”只有一个办法——应该调来后在百姓家中流出来就是饮用水，用不锈钢的管道输送，价格高达 7～10 元钱/m^3，可以直接饮用，而且富含矿物质，如果想要的话就可以接上。绝对不能把有损原生态、损耗巨额公共资金调来的水去搞工业或者其他产业，要用杠杆机制把调水量严格控制住。

再以南水北调工程为例，南水北调过黄河的成本很高，要穿黄河底前，应该再对南水北调工程进行一次科学性的论证，根据计算，并不需要每年调 35 亿 t 水，只要十几亿吨就可以满足需求，每年十几亿吨水完全可以用管道输送，不需要占良田，这样成本就省下来了，如果将来实际用水量高于预估的水需求量可再启动第二条管道建设也不迟。

习近平总书记在城镇化工作会议重要讲话中提出：解决城市缺水问题，必须顺应自然，比如，在提升城市排水系统时要优先考虑把有限的雨水留下来，优先考虑更多利用自然力量排水，建设自然积存、自然渗透、自然净化的“海绵城市”（图 1-27）。

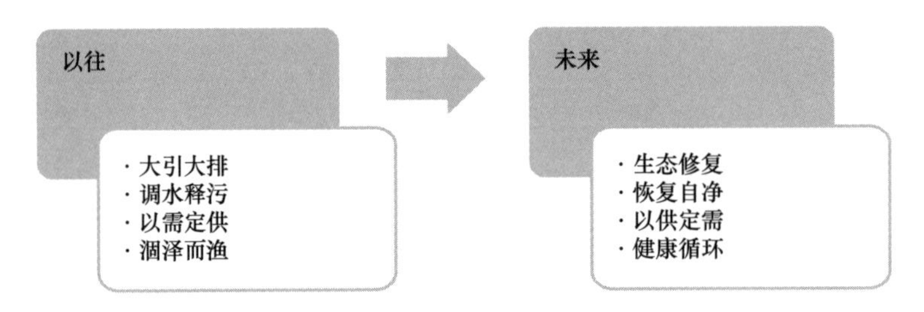

图 1-27　科学治水新理念

国际上公认的“海绵城市”的典范是新加坡，其原理就是学习大自然，把雨水层层截流后再利用。假如某地原来没有建筑的时候，是一片森林或草甸，下暴雨时树叶吸水、树干吸水、树根吸水、土壤吸水，雨水被层层地吸收并进行过滤，一般要过 7～30h 以后，降雨形成的水才渗透出来到小溪里变成清澈的溪水。但建成水泥钢筋的城市之后，同样降水量的暴雨下来，由于缺乏大自然那样层层渗水的过程，雨水会汇流成巨大的径流量，全部涌到街道上，就会造成北京 2012 年发生的“7·21”内涝袭城这样的后果。

在这个“海绵城市”的机体中，雨水的利用可以满足饮水的 30%以上，中水回用、污水重新处理成干净水也可以解决 30%，然后海水淡化解决 30%，海水淡化每吨 5 元钱，污水处理成再生水只有 2 元钱，从而实现所有的水自给自足。污水处理后的净水，新加坡称为“新水”（Newater），新加坡人受儒教影响，扭转风尚习惯要上级先行，李光耀先喝新水给国民看，居民再学着喝。

以前新加坡的用水都是长期依靠马来西亚调水，现在他们能做到淡水基本自给就是一个长期坚持实施战略的成果，新加坡都能够成为“海绵城市”，我国的城市为什么还要执着于长距离调水？

总之，对大气污染治理，只要坚持对偷排的企业进行严厉处罚、全面提高燃油质量和改变能源结构之外，开拓需求侧的减排，让民众成为禁放烟花、煤改气、绿色出行的践行者，持之以恒就能奏效。但面对水资源短缺陷阱，必须坚持“节水优先、治污为本、生态循环和保障安全”的方针，才能最终解决复合型污染的难题。

2. “房地产泡沫”破裂可避免

近些年，我国少数几个超大城市房地产确实正在形成泡沫，由于这几个城市的金融资产加起来占据全国的半壁江山，从而会形成系统性金融风险的压力。但我们有办法和机会来克服房地产泡沫破裂带来的危害。从世界经验看，我国现在还不到房地产泡沫破灭的时候，但如不采取措施，可能在我国城镇化率达到65%左右时引发系统性危机。

这是一个大概的“时间表”，我国要做的是在此之前想明白并采取微调的办法，不要像日本一样，到了65%的时候还一味地吹，许多日本人当时都被迷惑，所有的人都去炒房，造成当时一个东京都房地产的价值比美国加利福尼亚全州还大，所有日本房产价值加起来的钱可以把美国的国土买2遍。房地产居然会产生那么大的价值，这个价值哪里来的？许多日本人没有细想，只陶醉在财富易得的兴奋中。这引发了日本当年的房产投机热潮，几乎所有的大企业都参与房产投资，所有的银行都将“永不降价”的房地产看成是贷款的优质抵押品。在现代金融高杠杆的撬动下，上至名人巨富、下至菜市场售货员全民涌入房产投资潮之中。随着日本城镇化进入末期，进城人口急剧减少，再加上人口老龄化，实际的住房刚需急转直下，此时积累已久的房地产泡沫不可避免地破裂，直接铸成国民经济20年停滞增长的冰寒期（图1-28）。

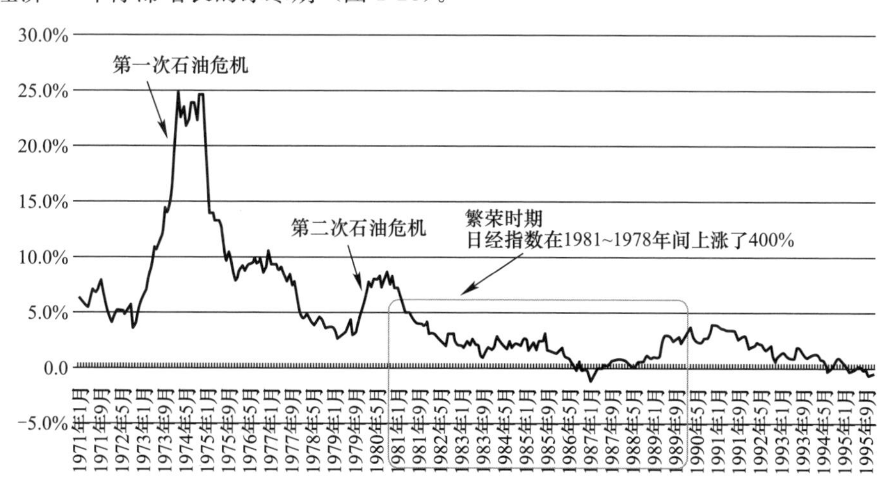

图1-28　日本土地价格指数变动表（1971—1995年）

现在我们许多国人心态也与当年的日本惊人的相似。如果一个国家从个体、企业到社会，大多数人都陶醉在财富从天而降，人人都迷上投资房产发快财，这才是可怕的。朴实单纯的百姓从身边的投资房产致富的实例中得出："在大城市投资一套房子，靠其升值就能拉开一个收入档次，一套房买对了就能省去几十年的奋斗。"老百姓的财富 80%在房产里面，GDP 很大一部分由房地产决定，这极易产生一种对泡沫财富的幻觉。更危险的是，投资房地产就能发大财，那为何要冒风险去搞技术创新和艰苦创业呢？这样一来极大影响了实体经济的发展机会和动力，实业兴国就会落空。值得一提的是，日本独特的"终身雇用"的用工文化，在危机中起到挽救该国制造产业的作用。泡沫破裂后，虽然各大企业的流动件陷入困境，但宝贵的人力资源并未受损失，挽救了该国制造业的实力。但此事如发生在我国危害性会更大。

如果放任泡沫膨胀，再过 10 来年城镇化动力减弱后突然发生泡沫破裂，单个百姓的房产价值从 1000 万元突然变成 100 万元，百万富翁则变成"负"翁了，房地产市场特有的"越降价越无人购买"的怪圈会引发相关的 70 多个产业大衰退，整个国民经济都会走下坡路，随后金融系统崩溃，从而形成系统性风险，国家的经济社会结构就会陷入危机状态。

事实上，早在 20 世纪 90 年代，我国海南省就曾为房地产泡沫破裂付出过沉重的代价。当时该省决策者正是有着房地产泡沫可避免的幻想，放任海内外机构和个人在海南炒房，房地产无序升值导致过度开发，土地资源被大量占用，而脱离实际需求的房地产供应使其无法被真正有效利用，不仅造成资源的闲置浪费和对环境的破坏，也使资金流几乎全部脱离实业。泡沫破裂后，海南全省"烂尾楼"高达 600 多栋、1600 多万平方米，闲置土地面积达 18834hm^2，海南 95%的房地产公司倒闭，给占全国 0.6%总人口的海南省留下了占全国 10%的积压商品房（图 1-29）。积压资金 800 亿元，仅四大国有商业银行的坏账就高达 300 亿元。银行成了最大的房产商（房产和地产抵押品持有者），不少银行的不良贷款率一度高达 60%以上。为处理房地产泡沫后遗症，海南省于 1995 年 8 月成立海南发展银行。但仅仅 2 年零 10 个月，该行就出现了挤兑风波，中国人民银行于 1998 年 6 月宣布关闭海南发展银行，该行成为新中国首家因支付危机关闭的省级商业银行。由于积压的房地产产权不清，债权债务纠纷普遍，严重影响了海南经济的健康发展和对外开放形象。GDP 增速一度在全国名列前茅的海南经济也随着泡沫的破灭应声而落。从 1995 到 1997 三年间，海南 GDP 增速两年略高于西藏，一年低于西藏，位居全国末位。

在 2008 年金融危机之后痛定思痛的美联储主席艾伦·格林斯潘（Alan Greenspan）曾表示："对于无杠杆的泡沫，就算所有的债务出现违约，也不会触发大规模的金融危机。只有带杠杆的泡沫破灭，才是一个更加危险的信号，比如房地产。"这就道明了我国房地产泡沫化的危险程度实际上远大于地方债务。

图 1-29　海南房地产泡沫期间随处可见的烂尾楼

一般来说，观测某地房地产泡沫的问题可以看两个数据，一个是“房价与收入比”，如果这个数字稳定低于 10 基本是没有问题的；另一个是“租金和房价比”，如果这个数字稳定略高于银行的利率也能可持续，但如果明显低于银行利率，比如 1000 万元价值的房子年租金仅 1 万～2 万元，就有很大的问题了，前几年温州就是这种情况。

我国离这个陷阱的边缘时间段可能还有十多年的时间，我们不能被有无泡沫的争论迷惑了头脑，应该未雨绸缪采取微调的办法把泡沫压下来，则可完全可以避免这个泡沫破裂带来的损失。

由于房地产的不可移动性，某种意义上房地产市场只是一个区域性的市场，而且冷热日趋不均，地方政府对房地产的调控起着决定性的作用。这样一来，问题就成了如何明确地方政府对房地产市场调控的责任并提高它们的调控积极性。

笔者认为，这个问题应从 5 个方面考虑着手去解决：

一是明确地方政府对住房市场的监管和调控结果承担责任。由于住房市场与土地出让直接相关，以及当前地方债务高企的情况下，地方政府不可避免存在期望房价上涨的冲动。因此，应当明确提出：住房保障和稳定房地产市场工作实行省级政府负总责、城市政府承担主要责任，国务院有关部门将制定住房市场监管和调控奖惩具体办法。

二是明确城市政府应及时制定当地住房市场调控目标。该目标应包括：房价上涨幅度，公共租赁住房（包括政策性商品住房）竣工和动工数量、各类棚户区改造数量（后两类部分中小城市可缺），以及房价下行不能引发当地系统性金融风险。该目标应在当地人代会政府报告中阐明，或单独公开发布。年度房价上涨幅度不应超过当地民众实际收入增长幅度。省级人民政府、国务院有关部门应及时对各城市政府制定的年度目标及其合理性进行检查，对不合理的应及时指出并督促其纠正。

值得一提的是，“一地的住房价格只是传递住房稀缺程度的信号”，政府政策和市场机制都可以影响价格的高低与变动趋势。理论上说，地方政府有责任也应有能力确保当地房地产市场价格平稳。

三是明确对地方政府公布的住房市场调控目标的监控和责任追究。对不能完成年度调控目标的城市政府，可由国务院授权部门或省政府对城市政府进行约谈和问责。具体而言，对当地实际平均房价超过原定目标30%，或因房价失控引发金融风险，或未能完成公租房、政策性商品住房、棚户区改造计划80%以上的城市负责人，都应接受约谈和问责。对个别因调控不力引发系统性风险，使群众利益严重受损，造成恶劣影响的，应给予相应的党政纪处理。

房价数据以国家统计局公布的数据为准。公租房、政策性商品住房、棚户区改造计划完成情况和是否符合质量标准由住房城乡建设主管部门公布的数据为准。是否造成系统性风险由人民银行、银监会提供的报告为准。

四是明确对未完成年度调控任务的地方政府负责人约谈问责的程序。国务院授权建设主管部门会同监察部门对未完成住房市场调控目标的直辖市分管领导进行约谈或问责；由省级政府主要负责人对省会城市、计划单列市负责人进行约谈或问责；由省政府分管领导会同当地监察、组织部门对地级市政府主要负责人进行约谈或问责。约谈问责过程应全程录像，并以适当的方式公开，接受人民群众与社会舆论的监督。

五是明确扩大地方政府监管调控当地住房市场的权限。进一步放宽地方政府在制定和实施住房限购政策、住房信贷政策、公积金贷款政策、土地投放和房地产税负的调控权限。房价上涨压力较大的城市，应建立政府主要负责人为组长，分管市长为副组长，规划、房产、建设、土地、金融、税收等部门负责人参加的房地产市场协调小组，并定期进行分析研究协调。

此外，允许有经济实力的个人或企事业单位发起组建住房合作社，依法取得土地后所建的住宅可实行企事业单位与购房人共有产权或长期低租金租用（据国内外试点经验，此举一方面能使房地产回归居住功能，另一方面也可减轻用政府财政建设公租房的负担）。

总体来说，要尽快以“三去”的差别化调控办法来逐步消除房地产泡沫的威胁。一是以差别化信贷来“去”杠杆化，即对除首套房贷款继续采取低首付和优惠利率之外，两套房以上的购房贷款应全面提高首付比例和利率。二是以足额建设保障房和棚户区改造来“去”住房市场供应的单轨化，尽快形成“低收入者有保障，中低收入群体有优惠，高端人群靠市场”这样稳定的住房供应结构。三是以房地产税来“去”住房市场的投机化。对“三去”政策中最后一项完全是个新课题，要慎之又慎地决策。从国际经验来看：要对投机性房产买卖精准调控，先可推出两个工具：一是住房消费税，另一个是空置税。也就是说在持有环节房产税逐步推广的过程中，优先推出这两个税种，就可实现让大部分老百姓与房地产调控脱钩，调控的对象局限在投机性的新购多套房产。消费税从源头控制，同时用空置税把既有的空房源挤出来，而且这两类新税收都可进可退，并完全由地方来操作和收益。

中国香港地区就是用了这两个“辣招”把房价控制住了，香港地区的资本市场完全暴露在国际资本的冲击下，其人流量和购买力都比大陆同等规模城市更甚，这样的环境都能把房价控制住，这说明大陆的大城市房地产泡沫也是可控的。事实上，我国少数大城市房价没有控制住，一方面是因为政策设计不尽合理，应该用的工具没有授予，更为重要的是城市政府没有足够的积极性真心实意地去调控。

3. 土地制度改革不能犯颠覆性错误

土地不仅是财富之母，也是社会公平之基、生态环境的底板。土地制度改革一旦存在设计缺陷或推行实施过急等问题，就易发生连锁性的错误叠加。故而，土地制度的改革必须设立非常明确的目标，并分析利弊、去伪存真、有条不紊地先试点后推行。

任何制度改革只是手段，是为目标服务的。我国土地制度改革大目标分 3 个层次。首先，是确保城镇化健康发展，保护节约耕地和促进社会公平正义。其次，是促进农业规模化经营和有利于增加村集体收益。再次，是提高农民土地资产性收益和减少土地征用拆迁纠纷。在改革方案选择过程中，如果出现目标间的冲突，低等级层次目标要服从于高等级层次整体性目标，不能本末倒置。

早在 2005 年，笔者曾撰文分析小产权房的多种危害性，并提出了禁止、规范的办法。笔者认为，由于大城市郊区不同类型土地巨大的收益差，导致农村“小产权房”正在我国部分大城市郊区快速蔓延，并已经成为当地滥占和毁坏耕地的主因，如不加以严肃处理，再加上对新政策的误读，将会引发大量的城郊农民由以种田为业转为“种房子”。这将会使上述 3 项高层次大目标毁于一旦。实际上，几乎所有的小产权房项目都有当地基层党政干部暗中入股牟利。建议严令各级党政干部及其亲属不得参与或购买小产权房，并严肃处理违规违纪违法者。

另外，自改革开放以来，我国农村的土地制度在珠三角与其他地方（尤其是以严格区分农村城市土地管理的长三角）之间存在明显差异性。改革开放初期，由于我国香港、台湾等地区的产业转型扩散，引发了大量“三来一补”项目进入珠三角。而当地政府苦于无足够“用地指标”，只得将农民承包地出租建成厂房。这一浪潮奠定了珠三角经济繁荣的基础，但也造成土地使用粗放、环境污染严重、贫富差距悬殊等问题，并形成了特区内外差异极大的城市环境。也就是说，在深圳、珠海等特区因为沿用了类似于长三角严格的土地和规划管理制度，市容整洁、空间合理、环境优良、土地使用紧凑。而特区外则是违法小产权房遍地，村干部拥有几千平方米违法建筑司空见惯，结果单位 GDP 占有土地比特区内多出数倍（据向相关部门了解，21 世纪以来珠三角地区多用了 600 多万亩耕地）。由此可见，如果全国照搬特区外的珠三角土地制度，无疑会延滞高层次“三大目标”的实现。

从长三角地区基层土地制度改革的长期实践来看，较为成熟的做法是：如果征用城郊农村土地（扣除永久性基本农田），一般会留给当地农村合作组织7%～10%的“自用地”（约相当于政府征收拍卖土地总量的1/4），用于修建农贸市场、商场和宾馆，或出租给企业。不少地方还将这部分土地转为国有后股份化到村民，使他们有一份城里人羡慕的股东收益，客观上也实现了这部分农村土地与城市建设用地的同价同权。除此之外，不依靠地租持续致富的长三角农民拥有自主创业的积极性，成就了一大批民营资本，而珠三角却鲜有此现象。如果我国能从顶层完善法律法规，使这一来自基层的创造性土地制度模式——农村土地征用新制度合法化、透明化、管理民主化，并推而广之，不仅能有助于三大目标的实现，也能使农村土地制度改革走上一条稳妥的道路。因为，这一模式在不改变基本土地征用制度的前提（不需修改宪法）下，实现了三中全会提出的征地制度改革和农村经营性建设用地同权同价进入城市建设市场的基本要求，而且可根据市场化和城镇化的进展平稳扩大此比例。

关于农用地的改革，应在完善所有权、承包权和使用权“三权分离”的基础上把握三个方面的要点。一是坚持最严格的土地用途管制制度。如果农业用地用途可以轻易改变，大量耕地将被侵占，就会导致18亿亩耕地红线迅速被突破。更不可设想的是，如农民通过卖地或“种房子”快速积累财富，谁精心种粮以确保丰收？非洲、拉美等地土地私有化历程也证实：土地大规模兼并反而造成了主要农产品的大面积歉收。二是防止资本下乡大量圈占农地。当前我国财富的总规模已达百万亿元之巨，比改革开放初期增加了几千倍。一旦发生资本圈地浪潮，就可能导致大量因失地致富的农民涌向大城市，同时可能会引发城市工商业资本大量流出，从而发生经济紧缩。我国由于独特的建设用地征用制度，限制了资本掠地——在工业化、城镇化快速发展时期避免了大规模的城市贫民窟化，全球发展中人口大国仅此一例。三是允许进城农民工宅基地和承包地自由流转。这是因为，从农村人的发展角度来看，进城农户的“两地一房”不强制收回，任由农户自行转租转包。这一做法不仅能促进农村市场机制的培育，而且能调动农户自力更生、个人创业的积极性和能动性，总体上利大于弊。从农业现代化的经验来看，农民自主将“两地”流转给种粮大户，虽然不利于将零碎的土地行政化以整理成大田，但有利于充分发挥市场机制配置农地资源的作用，也有利于农业现代化模式的多样化发展。从城镇化政策连续性来看，如强制收回进城农户的“两地一房”，不仅会造成政策断裂，而且也会增加进城农民融入城市生活的成本，无助于保持原有的城乡弹性就业结构。

不少人简单地认为，地方政府这些年正在走向地方财政的死循环，形成了一时难以解决的地方债务问题。而因为推动土地私有化的呼声甚嚣尘上，更具危险性的是可能会发生土地制度改革失误。

事实上，对土地财政要“一分为二”地来看。早在改革开放初期，国外许多学者对中国的城镇化能否健康持续表示怀疑。因为城镇化的过程就是公共财政消耗的过程，农民进城需要高额的城市公用设施配套投资（简单匡算，人均需要20万元以上的公共开支）。当时西方经济学家曾普遍预言：不依靠殖民地掠夺的中国，在城市化过程中肯定会因基础设施投资不足而引发拉美式城市病。但事实上，我国这些年就是靠土地财政补足了城市基础建设资金的不足。我国土地公有制及其特有的征地制度，不仅能将因基础设施投入产生的土地升值收归公有，实现基础设施投资良性循环，也因只有将农村集体土地征为国有才能取得完整的不动产产权，从而起到了限制资本圈地的拦水坝作用，防止了机动化时代常见的城市低密度蔓延恶果。

现在社会上确有很多人批评土地财政，片面认为有了土地财政地方政府才有钱，而有了钱就会办坏事、贪污受贿、搞形象工程，进而将房价推高。进一步推论：过度依赖土地财政会诱发地方性财务风险和房地产泡沫。所以，他们依据这个因果链条提出了一个药方——立即终止土地财政。但笔者认为这种说法只讲对了一半，有钱就会做坏事吗？市场经济使老百姓致富，也造成了贪官污吏，中国就要从市场经济退回计划经济吗？

解决土地财政问题不能简单地将“脏水和孩子”一起泼掉。从某种意义上来看，取消“土地财政”就等于取消了城镇化健康发展的财政基础。因为土地财政客观上挽救了地方政府投资不足，使我国城镇化避免国际主流经济学家所说的财政陷阱——我国经历了30余年的城镇化，不但没有向国外借钱，反而借钱给美国，我国的城镇化客观上是在以土地养土地。

科学的态度是应对土地财政进行存利除弊式的改革。土地财政是把双刃剑，不应简单粗暴地将其取消，而应把土地财政的支出规范化。例如，可以通过建立“地方土地基金”实行比一般预算更为严格的开支，以此控制风险。土地基金的支出主要是管理长远项目。以香港为例，土地基金只能在修桥、填海、生态保育等重大基础工程建造时使用，其他类项禁止支出。中国香港地区土地出让金的支出比预算内的资金管理更加严格。土地基金成功实践案例有新加坡、中国香港等地。

由此可见，精心设计改革路径，谨慎稳妥推进我国农村土地制度改革，应着眼于前述三大高层次目标的实现。从而将“土地私有化”的负面影响装进“笼子”，切实防止因误读政策引发某些“声势大、力度猛”但有损于长期整体目标的极端做法发生。

总之，在城镇化进程中，我国只要通过精心设计的政策法规避免触及18亿亩耕地红线，以及坚持大中小城市和小城镇协调发展、城市和农村互补协调发展、紧凑式的城镇空间密度、防止出现空城、保护文化遗产和自然遗产等五方面的底线，再加上坚决慎重地采取措施来避免上述的三大陷阱，我国城市顺利实现转型，健康和谐的城镇化才能实现。

第二章　生态与智慧——生态文明时代城市发展的核心要素

一、背景：生态文明下的智慧生态城市发展

1. 生态文明的国际背景

早在2005年，联合国人居署就提出：现在，世界上已有超过50%以上的人口居住在城市，世界已经进入城市时代；在未来，城市人口仍将不断增加，城市在为人类创造丰厚物质财富的同时也将深刻地改变着人类的家园。

气候变化已经成为全球关注的焦点问题，严重威胁着自然界和人类的安全，如何应对这一问题成为全球共同的责任。作为全球碳排放的主要源头，城市首当其冲成为解决这一问题的关键之处。城市在为人类积聚财富、实现美好梦想的同时，也占用着地球80%的资源与能源消耗总量，排放着同等规模的温室气体，并由此引发了气候变暖、臭氧减少、海平面上升、碳平衡失调、生物多样性丧失等一系列生态环境连锁性问题。这些不容忽视的生态问题已经引起了全球碳平衡的失调，同时生态环境问题的全球化使得当前城市竞争也在日趋生态化，探求城市的可持续发展之路成为新一轮城市竞争的关键。

21世纪以来，愈演愈烈的全球城市生态问题使得以往基于工业文明的传统城市发展模式已举步维艰、难以为继，因而，主张人与自然和谐共处的生态文明理念成为全球的共识和时代的主题。人类在经历了原始文明、农业文明和工业文明之后，已进入到崭新的生态文明时代。生态文明理念的提出，不但是对工业文明以牺牲环境为代价获取经济效益进行深刻反思的结果，更是人类文明发展理念、道路和模式的一次重大进步。

2. 中国城镇化背景下的生态文明建设与智慧城市建设

我国的城镇化目前正处于关键的中期阶段，并呈现以下的鲜明特色：

一是基本上避免了其他发展中国家城市化过程所经历的错误。例如：大城市首位度（集中度）过高，贫民窟日益扩大，农业特别是粮食产量下降引发饥饿问题，城市蔓延导致基础设施巨额浪费，小城镇衰败，土地私有化导致的农村破败和大规模的土地兼并潮等方面的刚性缺陷，被著名英国规划学家彼得·霍尔称为“长江范例”。

二是城镇化的动力基本来自工业化的推动，制造业勃兴和服务业的滞后。这

一方面使中国在大部分初级产成品（如钢铁、水泥、家电、家具、纺织品等）的生产制造和国际贸易方面已占全球首位。但由于工业企业环保投入不足、污染物排放持续增加，单位工业增加值能耗物耗过高，从而造成区域性复合型大气污染加剧、城镇水系生态恶化，危及城市安全供水，过多施用化肥、农药及城市工业废水也使得土壤污染，地下水污染持续加重。

三是沿海与西部、超大城市与小城镇、城市与乡村存在发展不平衡现象，有的地区此三种矛盾仍在加剧。中央经济工作会议提出，要把生态文明的理念和原则全面融入城镇化的全过程，走集约、智能、绿色、低碳的新型城镇化道路。结合“四化”的各自功能，来探索四化融合的具体模式：新型工业化是发展的动力，是创造就业岗位的主途径；农业现代化是民族复兴的基础，无农不稳；信息化是协调、组合各类生产要素和系统集成创新的工具，是推动各方面有机融合和可持续发展的新途径；而新型城镇化是机会平台，离开了这个机会平台自身的健康发展和协同发展，其他“三化”就有可能成为无本之木、无源之水，“四化”必须相互促进、协同发展（图 2-1）。通过智慧地建设城市就可把“四化”的各自优势充分发挥和有机融合在一起，并可创造出更好的可持续发展的结果。近代史已证实：城市是区域发展的核心和火车头；城市是绝大部分现代科技成果的诞生地；城市是 90%社会财富的诞生场所。由此可见，如果能使城市智慧地进行规划、建设与管理，也就意味着抓住了“四化”融合的总龙头。

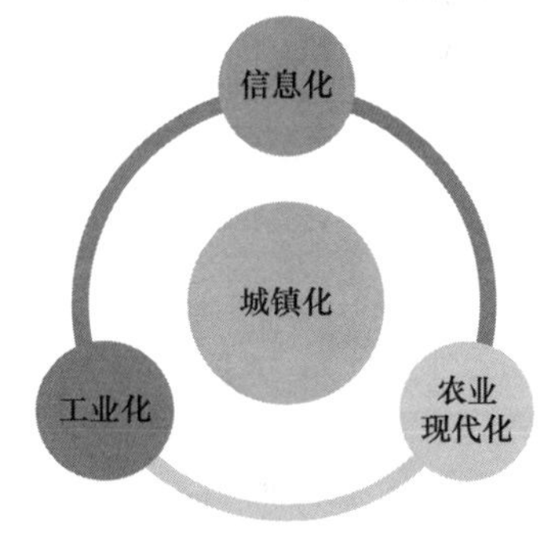

图 2-1　“四化”同步发展

3. 相关理论背景

1）可持续发展理论背景

可持续发展理念于 1987 年联合国世界环境与发展委员会递交报告《我们共同的未来》中正式提出，自此以后世界各国分别积极响应和贯彻可持续发展理念。可持续发展是注重长远发展的经济增长模式，指既满足当代人的需求，又不损害后代人满足其需求的能力[1]。1992 年 6 月，联合国在里约热内卢召开的“环境与发展大会”，通过了以可持续发展为核心的《里约环境与发展宣言》《21 世纪议程》等文件。随后，中国政府编制了《中国 21 世纪人口、资源、环境与发展白皮书》，首次把可持续发展战略纳入我国经济和社会发展的长远规划。1997 年的中共十五大把可持续发展战略确定为我国“现代化建设中必须实施”的战略。

[1] World Commission on Environment and Development（WCED）. Our Common Future [M]. Oxford：Oxford University Press，1987.

可持续发展主要包括社会可持续发展、生态可持续发展、经济可持续发展。它们是一个密不可分的系统，既要达到发展经济的目的，又要保护好人类赖以生存的大气、淡水、海洋、土地、森林等自然资源和环境，使子孙后代能够永续发展和安居乐业。可持续发展的核心是发展，但要求在合理控制人口数量、提高人口素质和保护环境、资源永续利用的前提下进行经济和社会的发展。由于可持续发展涉及自然、环境、社会、经济、科技、政治等诸多方面。1991 年，由世界自然保护同盟（INCN）、联合国环境规划署（UN-EP）和世界野生生物基金会（WWF）共同发表《保护地球——可持续生存战略》（*Caring for the Earth*：*A Strategy for Sustainable Living*），将可持续发展定义为“在生存于不超出维持生态系统涵容能力之情况下，改善人类的生活品质”。

巴比尔（Edivard B. Barbier）在其报告《自然资源在经济发展中的作用》（*The Role of Natural resource in Economic Development*）中，把可持续发展定义为“在保持自然资源的质量及其所提供服务的前提下，使经济发展的净利益增加到最大限度”❶。皮尔斯（David W. Pearce）认为，“可持续发展是今天的使用不应减少未来的实际收入”❷，“当发展能够保持当代人的福利增加时，也不会使后代的福利减少”❸。

1989 年联合国环境发展会议（UNEP）专门为“可持续发展”的定义和战略通过了关于可持续发展的声明，认为可持续发展的定义和战略主要包括四个方面的含义：①走向国家和国际平等；②要有一种支援性的国际经济环境；③维护、合理使用并提高自然资源基础；④在发展计划和政策中纳入对环境的关注和考虑。

经过 30 多年的曲折历程，可持续发展的理念终于超越了文化、历史和国家的障碍，逐步成为全球性的发展共识。这关系到全人类，各国在遵循公平性、协调性和持续性原则之下，各国根据自身的国内及国际政策环境制定可持续发展的经济社会模式及其演进方向。

在 1992 年联合国环境与发展会议之后不久，我国政府就组织编制了《中国 21 世纪议程——中国 21 世纪人口、环境与发展白皮书》。议程共 20 章，可归纳为总体可持续发展、人口和社会可持续发展、经济可持续发展、资源合理利用、环境保护 5 个组成部分，70 多个行动方案领域。它的编制成功，不但反映了中国

---

❶ Barbier E B. The Role of Natural Resources in Economic Development [R]. Joseph Fish Lecture，09. 2002：7.

❷ Pearce D W，Markandya A，Barbier E B. Bluepring for a Green Economy [M]. London：Earthscan Publications，1989.

❸ Pearce D W，Barbier E B. Blueprint for a S u stainab le Economy [M]. London：Earthscan Publications，2000.

自身发展的内在需求，而且也表明了中国政府积极履行国际承诺、率先为全人类的共同事业做贡献的姿态与决心。1994年7月，来自20多个国家、13个联合国机构、20多个外国有影响企业的170多位代表在北京聚会，制定了“中国21世纪议程优先项目计划”，用实际行动推进可持续发展战略的实施。1995年9月，中共十四届五中全会通过的《中共中央关于制定国民经济和社会发展“九五”计划和2010年远景目标的建议》明确提出：“经济增长方式从粗放型向集约型转变”。1998年10月，中共十五届三中全会通过的《中共中央关于农业和农村工作若干重大问题的决定》指出：“实现农业可持续发展，必须加强以水利为重点的基础设施建设和林业建设，严格保护耕地、森林植被和水资源，防治水土流失、土地荒漠化和环境污染，改善生产条件，保护生态环境。”2000年11月，中共十五届五中全会通过的《中共中央关于制定国民经济和社会发展第十个五年计划的建议》指出：“实施可持续发展战略，是关系中华民族生存和发展的长远大计。”党的十六大报告把“可持续发展能力不断增强，生态环境得到改善，资源利用效率显著提高，促进人与自然的和谐，推动整个社会走上生产发展、生活富裕、生态良好的文明发展道路”作为“全面建设小康社会的目标”之一，并对如何实施这一战略进行了论述。2012年6月1日，对外正式发布《中华人民共和国可持续发展国家报告》。报告概述了中国近十年来在可持续发展领域的总体进展情况，客观分析了中国在可持续发展方面面临的挑战和存在的压力，明确提出了我国进一步推进可持续发展的总体思路，围绕可持续发展的三大支柱——经济发展、社会进步、生态环境保护，详尽阐述了在可持续发展各个领域所做的工作和取得的进展❶。

总之，可持续发展是注重经济、资源、环境等各方面协调发展，要求这些方面的各项指标组成的向量的变化呈现单调递增，至少其总的变化趋势不是单调递减。可持续发展是人类对工业文明进程进行反思的结果，是人类为了克服环境、经济和社会问题，特别是全球性的环境污染和生态破坏，以及它们与经济发展之间关系所做出的理性选择❷。

2）生态经济理论研究综述

第二次世界大战结束之后，以美国为首的西方发达国家充分利用全球霸主的地位，广泛掠夺资源和市场，使自身经济发展进入了一段黄金时期，但因霸权主义所致的低廉的能源成本和市场扩张主义所致的隐性的环境成本不可能长期持续，20世纪70年代初，严重的环境与能源危机接踵而至，迫使人们开始严肃对

---

❶ 参见：杜鹰．中华人民共和国可持续发展国家报告［R/OL］．［2012-06-04］．http://www.gov.cn/gzdt/2012-06/04/content_2152296.htm.

❷ 参见：可持续发展［EB/OL］．http://baike.so.com/doc/1413580.html.

待生存空间和反思西方人自身的生活方式。《寂静的春天》（*Silent Spring*）、《增长的极限》（*The Limits to Growth*）和《封闭的循环》（*The Closing Nature*）等一系列著作直指工业化发展和城市化所造成的危及人类生存和全球性环境问题。

生态经济学是研究自然界管理和人类社会管理之间关系的一门学科，将人类经济作为自然经济的一部分的学科。生态经济学就是研究生态系统和经济系统间的相互作用。经济系统与环境系统是相互依赖的，在经济系统中发生的事情会影响到自然环境，与此同时，自然环境反过来对经济系统产生影响。经济和环境是一个交互系统❶。

3）绿色经济

1989年出版的《绿色经济蓝图》是针对资本的可持续发展方式与绿色经济的关系的早期研究成果之一。皮尔斯等人认为由于当今经济不惜耗竭自然资本以确保其增长，所以可持续发展是不可实现的。通过评估环境资产，采用价格政策以及法规调整引入市场激励，以及基于环境损失而调整国内生产总值的经济措施，绿色经济对保证当代和后代的福祉是至关重要的❷。

在2012年，联合国里约+20会议发布了《迈向绿色经济，实现可持续发展和消除贫困的各种途径》。根据联合国环境规划署的定义，绿色经济是指可增加人类福祉和社会公平，同时显著降低环境风险与生态稀缺的经济。换言之，绿色经济可视为一种低碳、资源高效型和社会包容型的经济。在绿色经济中，收入和就业的增长有以下特征的公共和私人投资驱动：降低碳排放及污染，增强能源和资源效率，并防止生物多样性和生态系统服务丧失❸。

从绿色经济报告的模拟结果可知，经济绿色化不仅能够增加自然资本，还能加快国内生产总值的增长。GDP是衡量经济效益的常规指标，绿色经济对GDP的贡献将在十年内赶超常规经济。绿色经济可以实现对资本进行先进的集成管理。从中长期看，绿色经济能够增加就业机会，并保持增强生态系统服务功能❹。

总之，向绿色经济过渡的经济政策是实现可持续发展的必经之路，绿色经济

---

❶ Common M，Stagi S. 生态经济学引论［M］. 金志农等译. 北京：高等教育出版社，2012.

❷ 联合国环境规划署. 迈向绿色经济：实现可持续发展和消除贫困的各种途径［R/OL］. 同济大学译. 2012：18. http://www. unep. org/greeneconomy/GreenEconomyReport/tabid/29846/language/en-US/Default. aspx.

❸ 联合国环境规划署. 迈向绿色经济：实现可持续发展和消除贫困的各种途径［R/OL］. 同济大学译. 2012：17. http://www. unep. org/greeneconomy/GreenEconomyReport/tabid/29846/language/en-US/Default. aspx.

❹ 联合国环境规划署. 迈向绿色经济：实现可持续发展和消除贫困的各种途径［R/OL］. 同济大学译. 2012：468-469. http://www. unep. org/greeneconomy/GreenEconomyReport/tabid/29846/language/en-US/Default. aspx.

认为可持续发展的目标是在环境条件的限制下提高人类生活质量，包括与全球气候变化、能源紧缺和生态稀缺做斗争❶。

4）低碳经济

“低碳经济”的概念 2003 年起源于英国，在美国称其为“低碳能源技术”；韩国把低碳经济与环境保护融合，称为“低碳绿色增长战略”日本则将低碳发展方向定位为“低碳社会”❷。“低碳经济”最早出现在 2003 年的英国能源白皮书《我们能源的未来：创建低碳经济》，是指以低能耗、低污染为基础的绿色生态经济。

我国学者也指出：低碳经济是指在生态环境危机日趋严重的 21 世纪，人类以可持续发展观、科学发展观、生态学、环境学、生态哲学原理为指导，以人与自然、人与社会和谐发展为原则，以绿色高科技为手段，将生态环保与科学发展的理念渗透于人类社会经济、科研、生产、生活的各方面，使人类的社会发展表现为以低能耗、低物耗、低排放、低污染为特征的生态经济❸。

但更多的工程技术界人士则愿意将低碳经济狭义地定义为：低碳经济是一种将新能源、新技术运用于生产发展和产业结构调整，减少高碳能源消耗和温室气体排放，以达到经济发展和环境保护双赢效果的一种增长方式❹。

伴随着“低碳经济”概念的普及，“低碳城市”也应运而生，其内涵主要包括三个方面。首先是低碳能源，即开发推广应用各种可再生能源、清洁能源等。倡导采用“碳中和”的理念和技术在建筑、小区、各个行业，乃至整个城市实现能源使用中的碳排放和回收利用的“中和”状态。此类的“中和”常常会超越地理和时间的限制。其次，是在经济社会系统的运行环节，强调建筑、交通和生产环节三大领域的低碳发展或消费模式。例如，通过紧凑混合的空间布局将城市各个子系统整合成高效率协同运转的复合体系；通过低碳基础设施支撑城市可达性良好，能源系统的高效运行；各种物质消耗能顺利实现减量化和高效循环利用；通过虚拟空间的建立和高速无线网络的普及，尽可能利用即时的通信交流替代交通客运，并利用信息化、软件技术使城市能源系统高效运行，实现城市硬件、软件设施与城市能源网络之间建立反馈机制；最后是在碳排放环节增加碳汇，包括加强城市周边森林绿地、湿地等自然生态系统的保护利用和培育，利用低碳有机农业技术减少碳排放等。

---

❶ 联合国环境规划署. 迈向绿色经济：实现可持续发展和消除贫困的各种途径 [R/OL]. 同济大学译. 2012：19. http://www.unep.org/greeneconomy/GreenEconomyReport/tabid/29846/language/en-US/Default.aspx.

❷ 参见：薛进军. 低碳经济学 [M]. 北京：社会科学文献出版社，2011.

❸ 参见：李鸣. 生态文明背景下低碳经济运行机制研究 [J]. 企业经济，2011 (2).

❹ 参见：施恬. 从低碳经济的特点看我国经济发展的路径选择 [J]. 企业经济，2011 (3).

二、生态城市综述

1. 生态城市文献回顾

1971 年，联合国教科文组织发起了“人与生物圈”计划，提出了“生态城市”的概念，生态城市是“从自然生态和社会心理两方面去创造一种能充分融合技术和自然的人类活动的最优环境，诱发人的创造性和生产力，提供高水平的物质和生活方式”，并在人与生物圈计划的报告中提出了生态城市规划的原则❶。自此至今，绿色低碳城市和生态城市已经成为全球城市规划界持续议论的热点之一。生态城市最主要的目标就是使生活更美好❷。

1975 年，美国城市设计专家和生态活动家理查德·瑞吉斯特（Richard. Register）在成立“城市生态组织”的时候将该组织的活动宗旨定为“重建城市与自然的平衡”，随后又对生态城市给出了一个简明的定义：生态城市追求人类与自然的健康与活力❸。生态城市即生态健康城市，是紧凑、充满活力、节能并与自然和谐共存的聚居地❹。理查德·瑞吉斯特在《生态城市——建设与自然平衡的人居环境》中指出“紧凑—便利—多样性原则是生态城市建设的关键”❺。

1987 年，苏联生态学家雅尼斯基（O. Yanitsky）将生态城市看作是一种理想城市模式，其中技术与自然充分融合，人的创造力和生产力得到最大限度的发挥，而居民的身心健康和环境质量得到最大限度的保护，物质、能量、信息高效利用，生态良性循环的一种理想栖境❻。他把生态城市设计和实施分为 3 个层次和 5 个行动阶段：时-空层次、社会-功能层次和文化-意识层次；以及基础研究、应用研究、规划设计、建设实施和有机组织等 5 个阶段❼。

罗斯兰德认为生态城市应包括健康的社区、适宜的技术、社区经济的发展、社会生态、绿色运动、生物地方主义、本土的世界观、可持续发展、以及环境正

---

❶ 杨荣金，舒俭民. 生态城市建设与规划［M］. 北京：经济日报出版社，2007：39.

❷ 仇保兴. 生态城市使生活更美好［J］. 城市发展研究，2010（2）.

❸ Register R. Eco-city Berkeley：Building Cities for a Healthier Future［M］. CA：North Atlantic Books，1982：13-43.

❹ Mcgranahan G，Satterthwaite D. Urban Centers：an Assessment of Sustainability［J］. Annual Review Environment Resource，2003（28）：243-274.

❺ 理查德·瑞吉斯特. 生态城市：建设与自然平衡的人居环境［M］. 王如松，胡聃译. 北京：社会科学文献出版社，2002：18.

❻ Yanistsky. Social Problems of Man's Environment［J］. The City and Ecology，1987（1）：174.

❼ Yanitsky ON. Cities and Human Ecology［M］//Social Problem of Man's Environment：Where We Lie and Work. Moscow：Progress Publishers，1981.

义、稳定的政府（政策）、生态产业、生态女权主义、深层神态学、盖亚假设等❶。

1992年在澳大利亚阿德莱德（Adelaide）召开的第二届国际生态城市会议上，组织者唐顿（Paul F. Downton）提出："生态城市就是人类内部、人类与自然之间实现生态上平衡的城市。它包括了道德伦理和人们对城市生态修复的一系列计划。"他也给出生态城市的定义：生态城市是市区环境下一个发展阶段：以最适合当地生态环境的方式建筑，与自然相辅相成没有冲突；以最适合人们生活的方式设计，同时保持空气、水、养分及生物达到健康的平衡与循环；使弱者强、饥者饱、无家者皆能得到庇护；在每一寸土地上建立一个永久适合每一个人的地方❷。

欧洲生态委员会在《生态城市手册》中这样定义生态城市：生态城市是依赖于较小的居住单元的，可持续的、宜居的城镇。并认为生态城市工程是生态城市从理论向实践迈出的重要一步❸。

我国系统学大师钱学森在其《山水城市》论述中将理想城市看作是人工环境与自然环境协调发展，其最终目的在于建立"人工环境"（以城市为代表）与自然环境相融合的人类聚居环境❹。

1984年，我国生态学家马世骏、王如松提出了"社会-经济-自然复合生态系统"理论，认为城市是这种典型的复合生态系统。王如松在1987年提出的"生态城"概念，"就是社会、经济、自然协调发展，物质、能量、信息高效利用，生态良性循环的人类聚居地"❺。2009年王如松从生态经济学原理和系统工程学角度对生态城市做出了诠释，认为生态城市是在生态系统承载能力范围内，通过改变城市的生产和消费方式、决策和管理方法，挖掘市域内外可利用的资源能力，建设起来的一类经济发达、生态高效的产业，生态健康、景观适宜的环境，体制合理、社会和谐的文化，以及人与自然和谐共生的充实、健康、文明的生态社区❻。

黄光宇教授认为："简单地说，生态城市就是社会和谐、经济高效、生态良

---

❶ 王崇锋．生态城市产业集聚问题研究［M］．北京：人民出版社，2009：7-8.

❷ Downton P E. EcoCity Definition [EB/OL]. http://ecopolis.com.au/cgi/blosxom.pl/?flaw=eco.

❸ Gaffron P，Huismans G，Skala F. Ecocity Book I，A better place to live [Z]. 2005.

❹ 中国21世纪议程管理中心，可持续发展战略研究组．发展的基础——中国可持续发展的资源、生态基础评价［M］．北京：社会科学出版社，2004.

❺ 王如松．高效·和谐：城市生态调控原则与方法［M］．长沙：湖南教育出版社，1988：268.

❻ 王如松．建设生态城市急需系统转型——"2009国际生态城市建设论坛发布宣言"发言［N］．中国环境报，2009-06-11（02）.

性循环的人类住区形式，自然、城、人融为有机整体，形成互惠共生结构。”❶ 李文华先生在第五次国际生态城市研讨会上提出：生态城市可以理解为具有经济高效、生态友好的产业，系统可靠、社会和谐的文化以及环境优美、功能完善的景观的一类行政单元。

笔者曾将生态城市简洁归纳为那些能有效运用具有生态特征的技术手段和文化模式，实现人工-自然生态复合系统良性运转、人与自然、人与社会可持续和谐发展的城市❷。

金国平等学者认为，生态型城市的本质是人类活动符合自然客观规律，追求环境、资源与社会经济协调、可持续发展，物质、能量和信息高效利用，生态良性循环的理想人居环境，其核心是要用可持续发展理论、生态学原理和系统工程方法来规划、建设和管理城市，目标是建设“人与自然高度和谐”的环境友好型社会❸。

达良俊等学者认为生态城市的定义应从生态系统自身结构、功能及各组分的关系出发，可将生态城市简洁定义为：结构合理、功能高效、关系和谐，且存在与发展状态皆优的、可持续发展的现代化城市❹。

黄肇义对生态城市的定义：生态城市是全球或区域生态系统中分享其公平承载能力份额的可持续子系统，它是基于生态学原理建立的自然和谐、社会公平和经济高效的复合系统，更是具有自然人文特色的自然与人工协调、人与人之间和谐的理想人居环境❺。屠梅曾教授定义生态城市为：“一个以人的行为为主导、自然环境系统为依托、资源流动为命脉、社会体制为经络的‘社会-经济-自然’复合系统。”❻ 宁越敏教授认为：“生态城市，即城市要建成一个生态有机体，成为供养人和自然生存与发展的优质环境系统，其核心思想主要是两个方面：一是有机整体性；二是自然生态与人类社会的融合性。”❼

2. 生态城市概念与内涵

丁健关于生态城市内涵的阐述是：“生态城市是一个经济发展、社会进步、生态保护三者保持高度和谐，技术与自然达到充分融合，城乡环境清洁、优美、

---

❶ 黄光宇，陈勇. 论城市生态化与生态城市 [J]. 城市环境与城市生态，1999 (12).

❷ 仇保兴. 加快实施生态城市发展的总体思路 [J]. 城市规划学刊，2007 (5).

❸ 中国城市科学研究会. 中国低碳生态城市发展报告（2010）[R]. 北京：中国建筑工业出版社，2010.

❹ 中国城市科学研究会. 中国低碳生态城市发展报告（2010）[R]. 北京：中国建筑工业出版社，2010.

❺ 黄肇义，杨东援. 国内外生态城市理论研究综述 [J]. 城市规划，2001 (1).

❻ 屠梅曾，赵旭. 生态城市：城市发展的大趋势 [N]. 经济日报，1999-04-08.

❼ 宁越敏等. 上海城市地域空间结构优化研究 [M]//谢觉民主编. 人文地理笔谈：自然·文化·人地关系. 北京：科学出版社，1999.

舒适，从而能最大限度地发挥人的创造力、生产力并有利于提高城市文明程度的稳定、协调、可持续发展的人工复合系统。它是人类社会发展到一定阶段的产物，也是现代文明和发达城市的象征。建设生态城市是人类共同的愿望，其目的就是让人的创造力和各种有利于推动社会发展的潜能充分释放出来，在一个高度文明的环境里造就一代胜过一代的生产力。”❶

陈勇认为，生态城市是现代城市发展的高级形式，利用生态学原理，凭借先进的科学技术创建生态文明时代的可持续发展城市。其中社会、经济、自然协调持续发展，经济高效，人类满意，人与环境和谐，从而道法自然，城市、人共生共荣共存❷。

吴人坚认为生态城市的基本内涵应包括以下的内容：生态城市是一类人与自然和谐发展、人的建设与自然的建设相统一的人居形态综合。生态城市不再将传统城市发展赖以维持的自然条件作为外部因素来考虑，而是作为城市的基本构成部分；发展和建设的对象不仅是人，也包括非人性的生物和物理化环境的发展和演进。生态城市中的人、生物和环境的发展之间具有整体上的不可替代性，三者相互依赖，一方的存在和变化以其他方为基础。一方的发展也与其他方的发展为条件，生态城市中任一组分的单独发展是不可能的。生态城市的基本内涵以生态城市的建设目标表述，即要创造一类经济高效、产业结构健全、基础设施完善、制度健康公平、生态意识浓厚、社会安康、自然与人造资本融通、景观整合、构成组分的相互服务功能（生态服务功能）强的地表层人居形态，即实现一个生态经济、生态服务与生态人文相统一的地标层人居形态的发生与发展❸。

2002 年 9 月，第五届国际生态城市大会正式通过了《生态城市建设的深圳宣言》，该宣言认为生态城市应具备以下几个层次的内涵：首先，必须运用生态学的原理，全面系统地理解城市环境、经济、政治、社会和文化间复杂的相互作用关系。其次，运用生态工程技术设计城市、乡镇和村庄，以促进居民身心健康、提高生活质量、保护其赖以生存的生态系统。再次，开展翔实的城市生态规划和管理促使有关受益者集团参与规划和管理过程。最后，系统整体论的系统方法，促进综合性的行政管理，建设一类高效的生态产业、人们的需求得到满足、和谐的生态文化和功能整合的生态景观，实现生态、农业和人居环境的有机结合❹。

彭晓春等认为，生态城市的内涵包括三个层次的内容：第一层次为自然地理层次，这是城市人类活动的自发层次，是城市生态位的趋适、开拓、竞争和平衡

❶ 丁健. 关于生态城市的理论思考 [J]. 城市经济研究，1995 (10).

❷ 陈勇. 生态城市：可持续发展的人居模式 [J]. 新建筑，1999 (1).

❸ 吴人坚等. 生态城市建设的原理和途径——兼析上海市的现状和发展 [M]. 上海：复旦大学出版社，2000：43-44.

❹ 生态城市建设的深圳宣言 [J]. 城市发展研究，2002 (5)：78. 分段系笔者所加。

过程，最后达到地尽其能，物尽其用；第二层次是社会功能层，重在调整城市的组织结构及功能，改善子系统之间的冲突关系，增加城市有机体的共生能力；第三层次即文化-意识层，旨在增强人的生态意识，变外在控制为内在调节❶。

冯端翊认为生态城市应包括8个方面的内涵：确立可持续发展的城市发展目标和城市规划；严格控制城市人口规模，提高人口素质；大力推行清洁生产，发展环保产业，倡导清洁消费；建立城市清洁交通体系；搞好市区立体绿化；发展生态农业，改善城区周边环境，缓解中心城市的生态压力；控制区域城市密度，保护绿色城市间隔；改进和完善城市发展考核办法及指标。

王建廷等认为：从系统学的角度看，生态城市是一个由社会、自然、经济组成的复合生态系统；从经济学的角度看，生态城市是一个以生态技术为基础、以建立生态产业为手段、以发展循环经济为目的的理想经济运行系统；从地理学的角度看，生态城市是一城市化区域、城乡二重体，是全球或区域生态系统中分享其公平承载能力份额的可持续子系统；从社会学的角度，生态城市是一个以生态价值观、生态伦理观、生态意识观主导观念，社会公正、平等、安全、舒适的人居环境。沈清基认为生态城市的内涵体系可从语义内涵、哲学内涵、经济内涵、社会文化内涵、技术内涵、空间内涵、功能内涵等多层面来构建。生态城市的核心属性，则包括生态性、自律性、正向演替性、可持续性、理想性等方面❷。

三、智慧城市展望

1. 智慧城市的建设背景

1）从数字地球到数字城市

1998年美国副总统戈尔发表的演讲《数字地球：在21世纪认识我们的行星》（*The Digital Earth: Understanding our Planet in the 21st Century*）中提出数字地球的概念，陈幼松在文章中指出数字地球是信息化的地球❸。数字地球的概念进入我国之后，专家学者开始提出数字城市的概念。李德仁在“从数字城市到智慧城市的理论与实践”中认为数字地球是把遥感技术、地球信息系统和网络技术与可持续发展等社会需要联系在一起，为全球信息化提供了一个基础框架，并从数字地球引申到数字城市，并对其进行了定义：数字城市是城市地理信息和其他城市信息相结合，并存储在计算机网络上的、能供用户访问的一个将各个城市和城

---

❶ 中国城市科学研究会．中国低碳生态城市发展报告（2010）[R]．北京：中国建筑工业出版社，2010.

❷ 中国城市科学研究会．中国低碳生态城市发展报告（2010）[R]．北京：中国建筑工业出版社，2010.

❸ 陈幼松．数字地球——认识21世纪我们这颗星球[J]．百科知识，1999（1）：24-25.

市外的空间连在一起的虚拟空间，是数字地球的重要组成部分❶。

2）从智慧地球到智慧城市

随着互联网技术的发展和普及，2008年11月，在纽约召开的外国关系理事会上，创立于1911年的最大信息技术和业务解决方案提供商国际商业机器公司IBM提出了“智慧的地球”这一概念❶，2009年IBM公司（International Business Machines Corporation）首席执行官彭明盛建议建设智慧城市中新政府投资新一代的智慧型基础设施❷。

由此引申出“智慧城市”的概念，其作用是通过对城市的地理、资源、环境、经济、社会等系统进行数字网络化管理，构建政府、企业、市民三大主题的交互、共享平台，用数字化、智能化手段统一、高效处理城市问题。

2. 智慧城市的概念

1）狭义的智慧城市只“智”不“慧”

巴蒂（M. Batty）等学者在“未来的智慧城市”中对智慧城市的构成要素，智慧城市7个主要目标，规划智慧城市应分析的5个方面，并用欧美城市作为案例进行分析，分析了智慧城市的起源及发展过程，认为智慧城市从最初的有线城市（Wired City）发展到数字城市（Digital City），经历了智能城市（Intelligent City）等众多概念，最后发展为智慧城市（Smart City）❸。

李德仁院士在“从数字城市到智慧城市的理论与实践”中提出，智慧是城市数字城市与物联网相结合的产物，包含智慧传感网、智慧控制网和智慧安全网。他认为智慧城市的理念是把传感器装备到城市生活中的各种物体中形成“物联网”，并通过超级计算机和云计算实现物联网的整合，从而实现数字城市与城市系统整合❶。换言之，智慧城市＝数字城市＋物联网＋云计算❹。

巴蒂在“未来的智慧城市”中定义智慧城市为将信息通信技术联合新数字技术，并融入城市基础设施中的城市❺。

美国独立研究机构Forrester这样定义智慧城市：智慧城市就是通过智慧的计算技术为城市提供更好的基础设施与服务，包括使城市管理、教育、医疗、公

---

❶ 李德仁，邵振峰，杨小敏. 从数字城市到智慧城市的理论与实践［J］. 地理空间信息，2011（6）：1-5，7.

❷ Palmisano S J. CEOs Deliver Remarks on the Economy and Stimulus Package［EB/OL］. 2009-01-28［2012-08-08］. http://www.ibm.com/ibm/ideasfromibm/us/news_story/20090130/index.shtml.

❸ Batty M，Axhausen K W，Giannotti F，et al. Smart Cities of the Future［J］. The European Physical Journal Special Topics，2012，214（1）：481-518.

❹ 李德仁. 数字城市＋物联网＋云计算＝智慧城市［J］. 中国新通信，2011（20）：46.

❺ Batty M，Axhausen KW，Giannotti F，et al. Smart Cities of the Future［J］. The European Physical Journal Special Topics，2012，214（1）：481-518.

共安全、住宅、交通及公用事业更加智能、互通与高效❶。

丁国胜等在《智慧城市与“智慧规划”》中将智慧城市分为狭义和广义两种，认为狭义智慧城市强调城市发展的信息化过程，将其视为无线城市、数字城市和智能城市的延续。而广义智慧城市则强调城市发展的全方位智慧状态而不是将信息技术利用作为智慧城市的核心❷。

智慧城市是运用物联网、云计算、人工智能和通信等技术，将政务、城市管理、医疗、商业、运输、环境、通信、水和能源等城市运行的各个核心系统加以整合，形成基于海量信息和智能处理的生活、产业发展、社会管理等模式，构建面向未来的城市形态，从而使整个城市以一种智慧的方式运行。

智慧城市是新一轮信息技术变革和知识经济进一步发展的产物，是以互联网、物联网、电信网、广电网、无线宽带网等网络的多样化组合为基础，把城市里分散的、各自为政的信息化系统、物联网系统整合起来，提升为一个具有较好协同能力和调控能力的有机整体，以智慧技术、智慧产业、智慧人文、智慧服务、智慧管理、智慧生活等为重要内容的城市发展的新模式。

《国家智慧城市试点暂行管理办法》指出，智慧城市是通过综合运用现代科学技术、整合信息资源、统筹业务应用系统，加强城市规划、建设和管理的新模式。建设智慧城市是贯彻党中央、国务院关于创新驱动发展、推动新型城镇化、全面建成小康社会的重要举措。

智慧城市是通过综合运用现代科学技术、整合信息资源、统筹业务应用系统，加强城市规划建设和管理的新模式。智慧城市的建成可以平衡社会、商业和环境需求，同时优化可用资源。智慧的城市使命就是要提供各种流程。智慧城市的概念可以分为技术层面和管理层面两类。

从技术层面来讲智慧城市是数字城市的高级阶段，是将物与物通过互联网相连，通过超级计算机和云技术将其整合，实现虚拟社会与物理世界的融合，形成基于海量信息和智能过滤处理的生活方式、产业发展、社会管理的全新模式，是面向未来构建的全新的城市形态。

另一方面是管理层面的概念，它是指通过对城市的地理、资源、环境、经济、社会等系统进行数字化网络化管理，构建政府、企业、市民三大主题的交互、共享平台，用数字化、智能化手段统一、高效处理城市问题❸。

这一类的智慧城市概念定义仅仅局限于技术特征、信息化的内涵和物质、物理系统的角度。某种意义上说，以上各类“智慧城市”概念实际上概括描述

❶ 吴伟. 企业技术创新主体协同的系统动力学分析［J］. 科技进步与对策，2012（1）：91-96.

❷ 丁国胜，宋彦. 智慧城市与“智慧规划”——智慧城市视野下城乡规划展开研究的概念框架与关键领域探讨［J］. 城市发展研究，2013（8）：34-39.

❸ 泛华集团. 智慧生态城市规划技术集成［Z］. 2012.

的是信息城市、数字城市或互联网城市，仅仅是“物联网＋互联网”“公共信息平台＋物联网”“数字城市＋物联网＋云计算＋移动互联网”等。这类仅从信息物理系统和数字技术应用层面来定义“智慧城市”，只是将信息化时代的新城市模式变成一个高度智能化的运行系统或精密庞大的机器。这只能说是18世纪法国建筑师勒·柯比西耶的“建筑是居住的机器”的扩大化和数字化版本。

该类只“智”缺“慧”的新城市构建模式偏重于信息技术和电子硬件设施的组合，不具备务实解决城市实际问题、促进城市可持续发展的“悟性”。据王思雪等学者的研究❶，我国大陆智慧城市指标体系中占比较多的是硬件设备指标，几乎是其他指标的几倍，而欧盟智慧城市指标体系更注重技术和硬件设施带来的结果。这说明相当多的决策者将“智慧城市”的理解局限在某些设备供应商的灌输和信息工程技术人员片面的理解上，缺乏从“问题导向”来解决实际的城市问题的能力，成了“两张皮”。

2）广义的智慧城市：“智”与“慧”的有机整合

任何新的电子信息技术，也仅仅只是灵巧的工具，只有在将此类工具应用在有效解决城市具体问题的过程中，才能让城市民众和政府机构真正“智慧”起来。

维基百科这样定义智慧城市：是把新一代信息技术充分运用在城市的各行各业之中的基于知识社会下一代创新云计算的城市信息化高级形态。被广泛认同的定义是，智慧城市是新一代信息技术支撑、下一代知识社会创新环境下的城市形态，强调智慧城市不仅仅是物联网、云计算等新一代信息技术的应用，更重要的是通过面向知识社会的创新2.0版的方法论应用，构建用户创新、开发创新、大众创新、协同创新为特征的城市可持续创新生态❷。

迪金（M. Deakin）和阿里·韦尔（H. Al Waer）在文章“从智能到智慧城市”中认为智慧城市具有丰富的意义内涵，例如技术使人们更加分离，同时也由于各种无线媒体作为桥梁将我们的物理距离拉近。因此，最智慧的城市就是结合物理世界与精神世界，在特殊的地方将面对面与电子联系相结合。作者指出了在智慧城市建设过程中的智慧导致的人与人之间越来越远的主要问题，并提出了针对这一问题的智慧城市建设方法❸。

吉芬格（R. Giffinger）等欧洲学者在欧洲智慧城市建设的文件“欧洲中等城市的智慧城市排序”中对智慧城市的概念进行了总结，认为智慧城市的概念应该

---

❶ 王思雪，郑磊. 国内外智慧城市评价体系比较［J］. 电子政务，2013（1）：92-100.

❷ 维基百科. http://zh.wikipedia.org/wiki/智慧城市.

❸ Deakin M，Al Waer H. From Intelligent to Smart Cities［J］. Intelligent Buildings International，2011，3（3）：140-152.

包含各个领域的智慧，具体而言，包括产业、教育、公众参与，专门的基础设施以及各种软设施等方面。这几个领域主要可概括为六大特征：智慧经济、智慧人群、智慧政府、智慧交通、智慧环境和智慧生活。智慧经济主要体现出智慧城市竞争力，包括创新的思维、企业家精神、经济形象与商标特征、生产力、劳动市场的灵活性、国际嵌入及变革能力。智慧人群体现出智慧城市的社会人文中心特征，具体包括智慧城市资质定级，坚持学习的动力，社会种族多元化，灵活性、创造性、包容性及公众参与。智慧政府主要体现出智慧城市的参与性，具体包括决策制定的公众参与、公共社会服务、政府执政的透明度及政治决策与观点。智慧交通体现在交通和信息通信技术，具体包括本地的可达性、国内的可达性、信息通信系统基础设施的实用性，可持续、创新和安全交通系统。智慧环境体现在智慧城市的自然资源的利用，具体包括自然环境的吸引力、污染情况、环境保护和可持续资源管理。智慧生活体现在智慧城市的生活质量，具体包括文化设施、健康环境、个人安全、居住质量、教育设施、旅游吸引力和社会凝聚力❶。

3. 智慧城市的本质

如果仅将智慧城市的本质看成是“通过综合运用现代科学技术整合信息资源、统筹业务应用系统、优化城市规划建设和管理的新模式，是一种新的城市管理生态系统”❷。

沈清基将我国学者对智慧城市的本质误读和实际推广中的不足之处归纳为6个方面：一是技术化倾向；二是与信息化城市混淆；三是单纯作为投资的增长点；四是未考虑智慧本质意义与内涵，缺乏完善的智慧城市理论体系；五是未充分考虑生态环境因素；六是未将智慧城市与生态城市进行关联思考和融合研究。而欧洲学者则趋向于明确地将“智慧环境”作为智慧城市的要素之一❸。

其实智慧城市建设的本质意义应概括为：充分利用信息化作为载体，融合新型工业化、集约机动化来智慧地推进我国城镇化，以问题导向切实有效解决各地面临的城市病，使百姓生活更便利、更美好，使城镇投资环境更宽松、更公正，使经济和社会发展更加和谐、更加低碳节能和环保，使生态环境更加可持续，生态资源得到更好的保护和修复，城市对周边自然环境影响干扰更小，从而有利于顺利实现民族复兴与和平崛起。

---

❶ Giffinger R，et al，Smart Cities Ranking of European Medium-Sized Cities. Centre of Reginal Science [R/OL]. Vienna University of Technology，Vienna，Austria，2007. http://www.smart-cities.eu.

❷ IBM关于智慧城市的定义。

❸ 沈清基. 智慧生态城市规划建设基本理论探讨 [J]. 城市规划学刊，2013 (5)：14-22.

4. 智慧城市的特征与发展机遇

李德仁在文章中总结，根据智慧地球的特征，智慧城市具有4个特征：首先，智慧城市是以物联网为基础的智能城市。其次，智慧城市以应用与服务为主要特征。再次，智慧城市与物理城市融为一体。最后，智慧城市可实现自主组网、自我维护❶。

约万诺夫（Gregory S. Yovanof）和哈扎比（George N. Hazapis）分析了智慧城市新的生态系统，提出智慧城市关联本社区的增长、效率、生产力及竞争力等❷。

阿尔温克尔（Sam Allwinkle）和克鲁克尚克（Peter Cruickshank）分析了建设智慧城市对城市发展的重要意义，认为城市所面临的挑战是智慧化的驱动器❸。

IBM公司岳梅樱在《智慧城市实践分享系列谈》一书中提出了为智慧城市应用项目建设设计的解决方案❹。

巴蒂（M. Batty）和阿克斯豪森（K. Axhausen）描述了智慧城市未来愿景所要实现的7个目标，预测了可能面临的留个方面的挑战，提出了重点建设的7个领域❺。

施米特（Gerhard Schmitt）认为智慧城市建设的目标是在未来实现城市的可持续性和弹性，他基于空间维度，从定型和定量两个方面，提出未来城市的几何模型❻。

当前，国内外的经济形势要求尽可能扩大投资和启动内需，但经历了前几轮大规模投资刺激之后，传统的“铁、公、机”等项目的边际效益正在迅速下降，无论是对生态环境的保护修复，还是对能源资源的节约利用，都亟须开拓新的投资和消费领域。应运而生的智慧城市，实际上基于三方面的发展趋势：一是集成电路芯片的信息处理能力和储存能力，每年都在快速地成倍增长，而且价格也成倍下降。这意味着“摩尔定律”现在仍然在起作用。二是我国现阶段是工业化和

---

❶ 李德仁，邵振峰，杨小敏. 从数字城市到智慧城市的理论与实践［J］. 地理空间信息，2011（6）：1-5，7.

❷ Yovanof G S. Hazapis G N. An Architectural Framework and Enabling Wireless Technologies for Digital Cities & Intelligent Urban Environments［J］. Wireless Personal Communications，2009，49（3）：445-463.

❸ Allwinkle S. Cruickshank P. Creating Smarter Cities：An Overview［J］. Journal of Urban Technology，2011，18（2）.

❹ 岳梅樱. 智慧城市实践分享系列谈［M］. 北京：电子工业出版社，2012.

❺ Batty M，Axhausen K W，Giannotti F，et al. Smart Cities of the Future［J］. The European Physical Journal Special Topics，2012，214（1）：481-518.

❻ Schmtt G. Spatial Modeling Issues in Future Smart Cities［J］. Geo-spatial Information Science，2013（1）：7-12.

后工业化并列发展、工业化和信息化相互融合的时代，应该用信息技术来装备城市的时代。三是城镇化进入中后期城市病频发，生态环境恶化、空气、水等污染加剧，都必须采用新技术积极应对和解决，使市民生活更便利、城市更美好。这三方面需求正推动着智慧城市的创新和发展。

四、智慧生态城市

1. 智慧生态城市的概念

从对国内外流行的智慧城市概念、特征的归纳来看，众多的智慧城市定义，基本上不考虑“生态环境”因素。沈清基统计了来自学者、机构等的研究报告、技术文献等32种智慧城市的定义，发现只有7种定义出现了“环境”“低碳”“绿色”“智慧的环境”等字词[1]。这表明众多研究者和决策者仅仅关注现代信息技术对经济社会运行效率的提高和民众生活的便利性改善，从而忽视其对生态环境的保护和培育功能，这就需要我们将智慧城市的概念与生态城市相融合。

智慧生态城市的城市系统与自然系统将建立起新型的关系，这个关系不是建立在对自然系统不断扩大的索取上，而且尽量减少对自然系统的影响，做到在保护自然生态环境的同时，尽可能以快速发展的互联网、物联网、无线宽带网、大数据、云计算等新技术的推广应用来确保城市可持续的发展和民众的生活质量不断提高。在城市系统与自然系统和谐融合的这种新型关系下：首先，城市运用“系统思维”的办法将交通、给水排水、园林绿化、能源供应、环境保护等传统上独立的功能充分利用物联数据驱动等技术手段从源头上减少从自然系统的输入，从空间规划上、开发理念上减少对能源和资源的消耗；其次，在城市运行，尤其是具体的生产及生活过程中，通过现代信息技术手段，使城市各个核心功能系统得到优化，使其更高效、便捷地为市民服务。而且做到能源与资源的高效、循环利用、废物循环利用处理；最后，通过智慧管理、控制输出、监管到位，不仅做到减量输出废弃物，减少废弃物对自然生态的环境破坏，而且能大量储备各种应急预案，有效应对城市面临的突发性事件，例如恐怖袭击、地震、洪水、极端气候影响时能有条不紊地引导政府和民众做出正确反应，从而大幅度减少损失。

2. 建设智慧生态城市的意义

但以上三方面的解释仍然是粗浅片面的。原因在于解释的思路没有脱离将城市看成以人类聚居最高形式的“单边主义”思维，仅仅把大自然看作是保证城市顺利发展和安全运行的辅助工具，这就难免在智慧生态城市建设过程中会“惜本

---

[1] 沈清基. 智慧生态城市规划建设基本理论探讨 [J]. 城市规划学刊，2013（5）：14-22.

求末”。

沈清基等人正是基于这样的思考给出了智慧生态城市的定义：智慧生态城市是将智慧核心特征与生态核心特征融为一体并予以升华，包含所有自然与人类文明精华的智慧与生态主题，顺应城市发展规律和自然生态系统保育规律（笔者所加）。利用综合手段，从能力、结构、系统、关系、环境、心理艺术与美学、美德等方面构建以人类与自然和谐共生境界为目标的城市发展模式和城市类型❶。

研究和建设智慧生态城市能借助现代信息技术和网络通信工具来深刻揭示城市作为人类生态系统和自然生态系统存在发展规律，以及更透彻地了解这两者之间的融合与相互作用的结果而提出对策。与此同时，现代信息技术和快速发展也正改变人类自身的观念与行为，尤其是群体行为共生利益，集体智慧生境反馈等方面都对城市运行发展和自然生态系统的影响巨大。从狭义的需求来看，智慧生态城市是城市应对气候和环境恶化的必要手段。目前国际社会对于应对节能减排都有较大的压力已达到空前的地步，智慧生态城市的建设可以从源头上解决减排的路径和措施。

建设智慧生态城市也是保障国家和地区能源安全所必需的措施，智慧生态城市在城市能源利用方面提高效率，提高能源利用的安全。建设智慧生态城市可避免城市增长对高碳路径的依赖和锁定效应，提高城市的综合竞争力，提高城市生产生活效率，提供良好的生活环境。建设智慧生态城市还能够创造新型产业机会，提高城市的经济实力，增强民众幸福感。

3. 智慧生态城市的理论研究

我国智慧生态城市理论研究主要涉及以下几个方面：理论框架及技术、数据支持系统研究，规划技术方法和指标体系研究，空间结构及交通模式研究，规划制度、实施机制研究等。

智慧生态城市的理论研究成果显示对政府和相关主体决策的影响，如：政府部门碳排放目标的制定及在国际社会有关碳排放指标的谈判，国家、各级省市“十二五”规划相关内容，在理论指导下试点城镇、社区建设的政策支持等。

但更为重要的是，应超越人类自身利益的局限研究生态智慧的本源。在这一意义上看，“生态智慧”是指生命体在长期与环境相互作用过程中积累形成的各种能使环境更适应与人类生存的生存策略和生存理念的总和❷。生态智慧来源于

---

❶ 沈清基. 智慧生态城市规划建设基本理论探讨 [J]. 城市规划学刊，2013（5）：14-22.

❷ 格雷·格基夫指出：“这个星球上只有一样东西是可持续的，这就是生命本身。”转引自：赵继龙，徐亚琼. 源自白蚁丘的生态智慧——津巴布韦东门中心仿生设计解析 [J]. 建筑科学，2010（2）.

生物对环境的适应，而这种“对环境的适应是一切智慧最原始和最深刻的根源”[1]。

生态智慧是人们对事物复合生态观点和生态规律的认识和结晶[2]。从人类对其传统聚落的不同营造模式角度，生态智慧的表现主要分为两方面：一是生态性的思想智慧，这是人们在理解聚落周边的气候、地理、人文等生态关系后得出的生态和谐理念；二是智慧性的生态对策，人们在实践中充分利用自身智慧、技能和手段，合理规划布局，运用朴素的措施，使环境要素充分为人所用[3]。

由此可见，生态智慧具有鲜明的地域性、民族性和时代性，也具有一定的普适性。地域性和民族性体现了人类不仅用趋利避害的本能去适应环境的结果，更重要的是作为智慧生物的人类能够运用“文化”创造一系列重塑人与自然的关系。这从每个民族的“原始生态文明”和古代宗教传统文化中得到充分的体现，正如德国哲学家黑格尔所说“生存即是合理”，一个能传承数千年而生生不息的民族，自然与掌握这种“生态智慧”有关。而普适性则表明，无论地域、民族、宗教信仰和时代如何不同，生态智慧的内涵与知识内核都具有稳定不变和相似性的内容。这就是现代人类如何充满激情去研究不同种类远古文明生存模式的根本原因，文明间差异程度越大，越能提炼出更具普适性的生态智慧。

4. 智慧生态城市的主要问题

当前，智慧生态城市在发展的过程中遇到各种各样的问题，主要体现在：

第一，智慧生态城市建设缺乏系统的理论指导，缺乏统一规划，缺乏相应的技术标准和法律规范，在建设过程中没有可以运用的详尽的指标体系来监测和支持，各自为政的研究和建设不利于智慧生态城市未来的良性发展。

第二，智慧生态城市建设受制于设计之初就脱离城市自身问题的有效解决，以至于基层实际工作者对“智慧”“生态”之类的新技术新概念产生反感情绪，错误认为它们只是一些华而不实的、只花钱不解题的“花架子”。由此带来技术和资金瓶颈，投入不利导致方案设计上更缺乏解决实际问题的必要的支持，从而形成恶性循环。

第三，智慧生态城市建设需要坚实的产业基础作为支撑，但目前相关的产业基础还很缺乏，智慧生态城市的发展没有可以依赖的产业链条和行业部品标准规范，缺乏坚实的产业基础。

---

[1] 梅军．黔东南苗族传统农村生产中的生态智慧浅析［J］．贵州民族学院学报：哲学社会科学版，2009（1）．

[2] 吴兴率．试论武夷山区苗族民居中的生态智慧［J］．怀化学院学报，2008（4）．

[3] 沈清基．智慧生态城市规划建设基本理论探讨［J］．城市规划学刊，2013（5）：14-22．

第四，智慧生态城市建设需要充分的智力支撑，但至今仍缺乏相关的大专院校、研究机构专业设置、学科布局方面的支持，能整合“生态”和“智慧”两个方面的人才奇缺，这与实际城市问题的高发频发形成鲜明的对照。

第五，从已经开始的生态智慧城市建设来看，分门别类点状发展的较多，还未形成全面覆盖的智慧网络和系统解决实际问题的科学方案和试点成果。

第三章　共生与永续——智慧生态城市的理论基础

一、城市与自然共生：人类五千年的梦想

1. “共生”是大自然最普遍的现象

众所周知，远在人类出现之前，地球上的万物生长无处不在发生着共生现象，无数的生物之间构成紧密无间的共生系统（Symbiosis），物种之间相互频繁地交换能量、信息和一切可利用的资源，从而形成高效利用有限的资源来获取生存和壮大自身的共生系统，“共生”[1] 是大自然最普遍的现象，也是大自然演进和多样化的摇篮（图 3-1）。但是对这种普遍存在的现象却长期被忽视，迄今为止，“共生效应”方面的研究正如火如荼地展开，但还远远未见到终点。实际上，人类身体的肠道就是一个与千千万万的微生物共生的系统。科学已经证明：人体内肠道的微生物不仅决定着此时此刻人的生理健康，而且会影响人的基因变异，从而影响下一代。无比复杂、丰富多彩的共生现象无时无刻不在我们的身边和身体内部展现其奇特的效应，但许多人并没有感觉到。

图 3-1　生态学中的“共生”

[1] 共生又叫互利共生，是两种生物彼此互利地生存在一起，缺此失彼都不能生存的一类种间关系，是生物之间相互关系的高度发展。共生的生物在生理上相互分工，互换生命活动的产物，在组织上形成了新的结构。地衣是众所周知的共生实例，它是藻类和菌类的共生体。除了地衣以外，在生物界的很多门类可以举出许多共生的例子来。昆虫纲等翅目的昆虫和其肠道中的鞭毛虫或细菌之间的关系就是共生关系。

2. 中西方历史上的理想城市观

中西方历史上有不同的理想城市观。我国作为与农耕文明历史最悠久的文明古国，中华民族理想的人居环境就在持续不断的“桃花源”这类图景中反复展现，这就是中国人的理想城市梦（图 3-2）。而以古希腊、古罗马为主的西方文明由于狩猎文明与商业的发展，较早形成挑战自然的理念，进而促进自然科学技术的创新，发展出一套能够快速建设城市，快速占领一个地方来普及自己的文明的理念。因此，两千多年前，快速扩张的古罗马军队到处建设方格型的城市，千城一面，这种基本的城市建设格局至今还在沿用（图 3-3）。而基于文艺复兴的现代科技进步和工业文明的兴起，又放大了人类轻视自然的雄心壮志，这种藐视自然、逢山开山、遇海填海的方式，尽管挑战和“战胜”了自然，但最终却受到了自然的报复，也把地球的生态环境破坏得濒临崩溃，资源濒临枯竭，连大气层中的二氧化碳浓度也濒临极限了。所以，人类文明需要转型，城市更需要转型。

图 3-2　中国文人画中的“桃花源”

我国古代的风水理论，其科学合理的部分是古人类通过观察自然现象和生活经验，研究城市和建筑的人居环境如何与自然共生。大到城市、小到村庄的规划，人们都在追求一种共同的理想环境，那就是“枕山、环水、面屏”“洞天福地”和“藏风聚气”的图景，这是人类在长期的农耕文明生活经验积累中发现能够繁育后代、保障安全、风调雨顺的微环境（图 3-4）。经验表明，凡是生物多样性越好的环境，人类就越容易满足自身的繁育需求，生活舒适度也更好，并由此形成尊重自然、顺应自然、师法自然等“天人合一”的理念。早在春秋时期管仲就提出，城市的建设应该“因天才、就地利，故城郭不必中规矩，道路不必中准绳”（《管子》）。

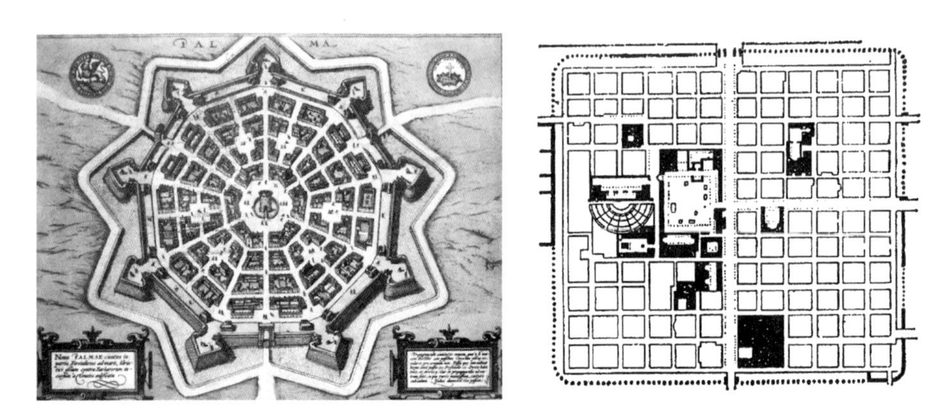

图 3-3　西方古罗马的方格式城市

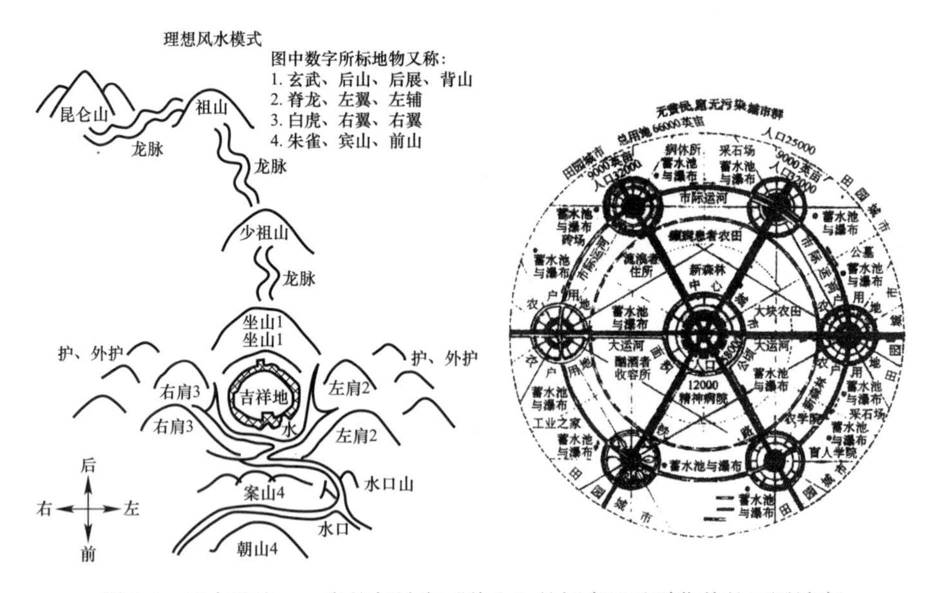

图 3-4　风水理论——自然与城市“共生”的探索以及霍华德的田园城市

尽管以古希腊、古罗马为代表的西方文明体系在早期也经历了“自然中心阶段”，但其以人类为中心的“两分法”思维模式逐渐兴起，形成了“挑战自然”

的行为模式，催生了人类史上空前的工业文明。以最早进入工业化和城市化的英国为例，工业文明以前所未有的威力创造巨额财富的同时，也带来了空气污染、疾病丛生、生态衰退、贫富悬殊等严峻的问题。这在当时英国著名作家狄更斯（Charles Dickens）的《双城记》一书中有详尽的描述。正如他在该书扉页上所写的那样："这是一个最好的时代，这也是一个最糟的时代。"[1] 19世纪末，英国规划师霍华德（Ebernezer Howard）提出人类要抛弃那种乌烟瘴气的城市建设模式，而应追求一种自然乡村共生的田园城市。他认为城市规模不必太大，中心城市应该由若干的卫星城围绕，卫星城之间以农田绿地分隔，并通过快捷的交通连接起来，而且把人的生活和就业岗位的安排紧密结合在一起，在城市的土地利用上要追求公正公平等，在他撰写的《明日的田园城市》一书中展现了他对工业文明以及相应的城市发展观的全面深刻反思。

中华民族在数万年的农耕文明和几千年的文明史中，学会了城市怎样与周边山水和谐共处（图3-5）。明末清初的杰出剧作家李渔就提出过："何为山水？山水者，才情也，才情者，心中之山水也。"正因为受"天人合一"思想的影响，我国许多历史文化名城在过去几千年建城史中，没有改变城市与周边环境和谐共处的格局，山、水、城依然是这样的协调。

图3-5 山水城市

但是西方国家在进入工业文明时代之后，不断膨胀的"人类中心论"和"挑战自然"的偏见所致的工业暴力却力求将城市变成机械式的居住机器。比如巴西的首都巴西利亚，第一眼往往让人感觉到这是一个令人震撼的充满机械美的城市，但是很快就会让人感到视觉疲惫，这是因为在这里人与自然关系被分割，城

[1] 查尔斯·狄更斯. 双城记［M］. 石永礼译. 北京：人民文学出版社，1993.

市不是一个连续流动的空间（图 3-6）。所以，古人说，什么叫山？什么叫水？“山者，万物之瞻仰也，草木生焉，万物殖焉，走兽休焉，飞鸟集焉，吐生万物而不私焉”（《韩诗外传》）；“水者，万物之本原也，诸生之宗室也，美恶贤不肖愚俊之所产也”（《管子·水地》）。在这样的思维模式基础上，中国古代把城市与山水之间的共生模式，至少分为九种：山环城、水抱城；山环城、水穿城；山环城、水含于城；城包山、水抱城；城包山、水穿城；城包山、水含于城；山是城、水抱城；山是城、水穿城；山是城、水含于城。这么丰富多彩的分类在 1500 年前就已经奠定，这是一种何等丰富的文化遗产啊！我们应该向古人学习，只有传承和弘扬这种与大自然休戚与共持续数千年的文明，体会到“天人合一”理念的精妙，才是创建现代生态文明可贵的精神良药。

图 3-6　工业文明时代的机械式城市

3. “共生城市”与“机械城市”的比较（表 3-1）

第一，共生城市必然是资源能源节约的城市、物质循环利用的城市、遵循生态学原则发展的城市；而机械城市以经济效益置上，必然是掠夺自然资源、低成本排放、遵循物理学原则。第二，共生城市必然是功能混合的、高度紧凑的、相互之间能共生的空间结构、多样化的，因为多样化能够持续繁荣，是尊重地方文化、尊重自然的，但是又是包容的；而机械城市往往是严格的功能分区，是标准化、同质化、千城一面的。第三，共生城市是扁平化、组团式集群、新陈代谢性、内部基因传承为主的；而机械城市是层级制、服务于中心、平等性、外部设计强加为主。第四，共生城市系统内各元素是共生的、感性和理性共存、对异质文化是包容的；而机械城市是二元论、非黑即白的，是欧美文化占主导地位。第四，共生城市是生态文明的依托，以信息化服务业为主动力的；而机械城市是工业文明的依托、以工业化为主动力。由此可见，共生城市或者共生理念基础上建设的生态城市是今后人类社会生生不息的摇篮，是城市可持续发展的必由之路。

“共生城市”与“机械城市”的比较　　表 3-1

共生城市	机械城市
资源能源节约 物质循环利用遵循生态学原则	经济效益至上低成本排放 遵循物理学原则
混合用地空间多样化 尊重地方文化与自然	严格的功能分区 标准化、同质化千城一面
扁平化、组团式集群新陈代谢性 内部基因传承和自演进为主	层级制、服务于中心平等性 外部设计强加为主
系统内各元素共生（自组织）感性和理性共生 异质文化包容	二元论（他组织） 理性主义为中心的人本主义欧美文化占据
生态文明的依托 信息化服务业为主动力	工业文明的依托 工业化为主动力

4. “共生”设计是生态城市规划的核心

“共生”基于丰富的“多样性”，源于无数的“微循环”，是任何物质能源都可以相互利用的高效循环。“共生”所产生的协同作用能够使能效和物效的提高有可能超越物理学定律。“共生”是自组织系统最重要的本质特征，而自组织系统（Self Organizing System）是一切生命演化基本模式，这种城市必然是向自然索求最少的一种城市发展模式，而“阴阳互补”是“共生效应”的最高层次。不同生物和基础设施之间是功能互补的，不是相互排斥和抵消的，而是互相在贡献着自己的信息、能力和资源，是一种高层次的“共生”关系，这种“共生”关系就是“阴阳互补”，中华民族五千年前就有了这个智慧，但是现代人很少能够领悟和应用。

二、“共生城市”的三个主要协同集

1. 能源和资源的协同集

可再生能源与建筑一体化设计、施工和运行，把太阳能、风能、地热能、电梯下降能、废弃物转化为沼气能，都在一个建筑内完成协同转化利用，使建筑不仅是人类居住的空间，也是能源的发生集（图 3-7）。如果城市的基本单元——建筑可以与能源共生，那么城市也就可能实现与自然生态环境共生。

图 3-7　可再生能源与建筑一体化

如果把垃圾回收利用按对大自然不同的干扰程度分类，从传统的垃圾填埋一直到好氧和厌氧堆肥，垃圾利用越接近图 3-8 所示的三角形高端，浪费的资源就

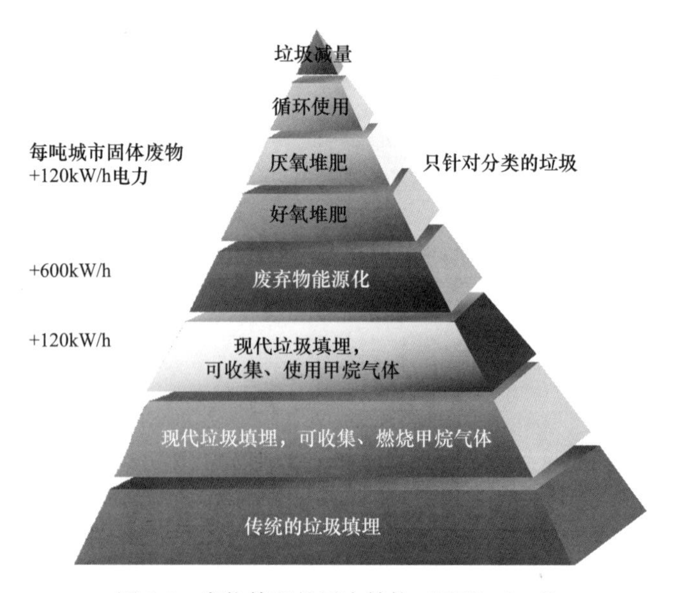

图 3-8　废物管理的层次结构（EEC，2008）

越少。最后，没有东西会浪费，一切来自土壤，再回到土壤中去，垃圾就变成了燃料和肥料、变成了自然生态所需的养料，这样一种循环利用方式就是我们所追求的人类与自然间的共生模式之一。

再者，在城市中一切可再生的能源资源都得到均衡分配，在空间、时间上均衡地分布、循环利用。雨水收集与水循环利用理想的状态实际上就是200年前的西方世界或30年前的我国各地的状态，当时所有的城市河流都是清澈见底、鱼虾成群的，这就意味着水体有着很强的自净能力（图3-9、图3-10）。由此可见，只要修复城市水生态，水的循环利用，人、城、水和谐也就为期不远了。

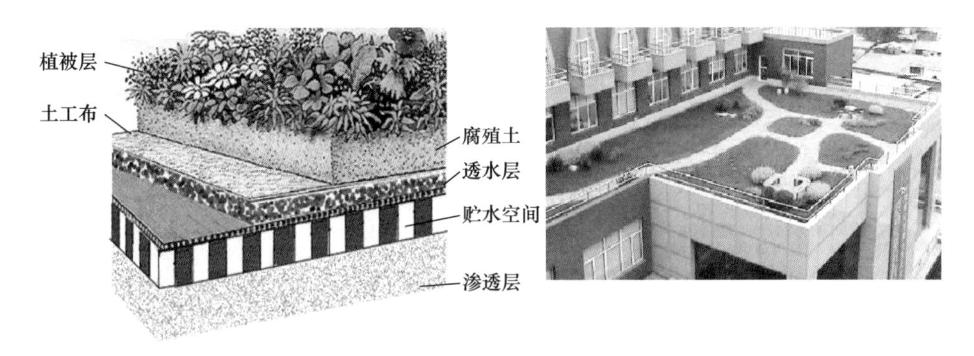

图3-9　雨水收集利用

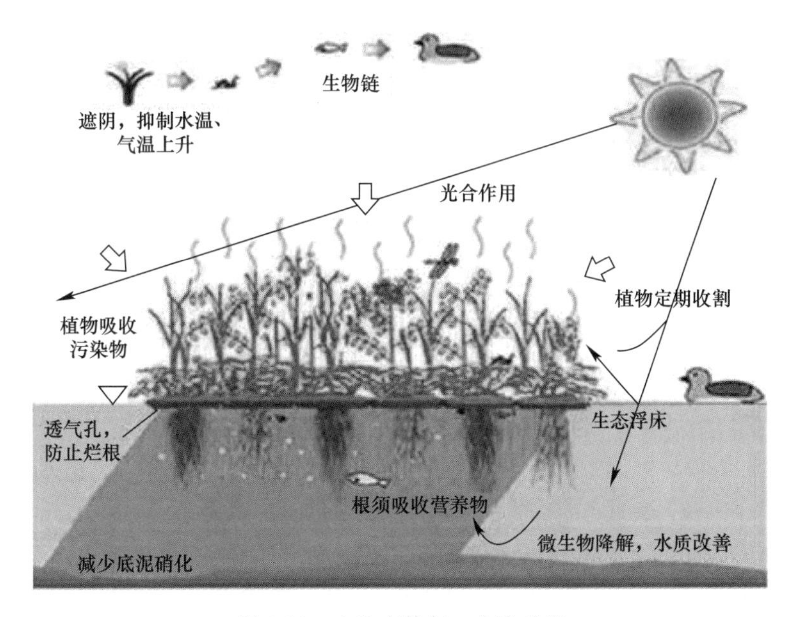

图3-10　水生态修复、自净功能

在城市建设中采取低冲击开发模式，也就是模仿大自然的共生理念，使城市各类构建物、各个层面都能收集雨水，使城镇水体能够和千万种生物相互之间共存、共生、循环利用水资源（图 3-11、图 3-12）。这种模式是西方发明的，但是却贯穿着东方的智慧。

图 3-11　低冲击开发（LID）

图 3-12　街头小型湿地

可再生能源应用和景观协同。通过一体化和多样化的设计，使建筑与可再生能源巧妙利用组成一种新的城市景观，能将建筑上安装的太阳能光电板所产生的单一景观和光污染减少到最低状态的同时，又能增加独特的现代形象，从而使分布式能源产生器与城市的建筑和基础设施和谐相处（图 3-13）。

图 3-13　可再生能源应用与景观协同

再者，不同产业的企业间资源共生。即前面一个工厂所产生的废物变成后一个工厂的原料，这样就能实现废水、废弃物的零排放。

2. 城市服务功能与产业协同

首先要追求土地混合使用。只有把各种各样的功能分区多维度混合布局，使得稀缺的空间能够高效利用，使得城市能够紧凑型发展，居住和就业能够共生。即把居住、就业和各种不同的产业布局之间共生起来，这种新规划模式就必然会打破现代规划师们熟悉的明确分区的规划，然后就能创造出立体型的不同结构的混合单元，这种新单元可称之为集约式的城市综合体，这类基于共生理念的城市单元实质上是使用功能混合的大型绿色建筑，其居民“足不出户”就可以找到工作与休憩的机会。采用这种单元组合起来的城市当然就是一种共生的生态城市，但需要城市规划和管理模式的变革与之相适应，澳大利亚率先推行的绩效规划（Performance Zoning）就代表了这类进展（图 3-14）。

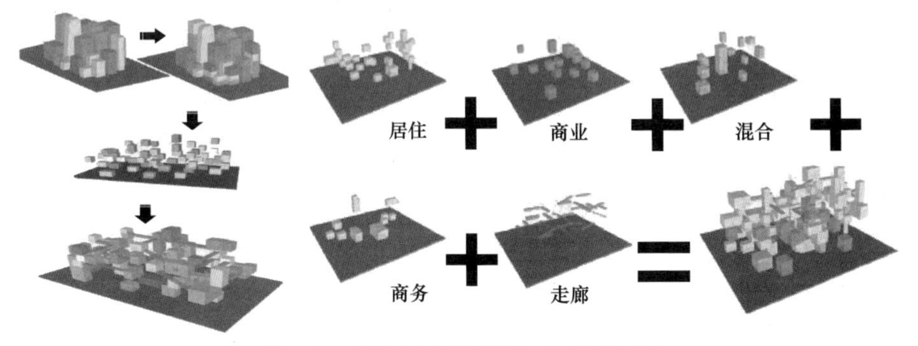

图 3-14　不同功能建筑混合与绩效规划

例如南方有一些大学园区内的学生只有两三万，校区占地面积却有好几个平方公里，相比地处老城区的紧凑式校园，用地明显偏大。例如，香港理工大学是一个有近 4 万学生的大学，它的校区仅占地 176 亩，校园和周边有像蜘蛛网一样的步行道，仅 6m 宽的步行过道，却能够承受最高峰时的人流量，因为一辆汽车占用的空间相当于五六十个行人占用的空间，所以，这种未经事先规划，但基于交通流量变化而自组织延伸建设的微型交通步道既是以人为本、便利民众的，又是环境友好的，与建筑也能高度协同（图 3-15）。

图 3-15　高密度街区与人行步道

通过在轨道或快速地面公交 BRT 交通站口设置自行车停放点，实现快交通和慢交通的协同（图 3-16）。从城市规划历史来看，西方城市最典型的空间结构是广场，而中国城市最典型的空间结构是街区。从现实效果来看，凡是将人性化的街道与休闲、交流、购物、步行等功能协同起来，从而满足市民与游客的需求，这类功能的协同就会产生宜人的场景（图 3-17）。

图 3-16　轨道交通站的自行车停放点、BRT 站点

3. 气候、自然与景观的协同集

如果把城市中建筑归于“阳”，那园林绿地就属“阴”，这种阴阳共生观造就了中国五千年园林发展的原动力，我国传统园林设计的原则是：一切都源自模仿自然，力求展现自然美的精妙境界，园林与建筑往往是高度融合、相互包容的，如建筑的回廊、屋檐、门台等都是面向园林和水体的开放空间，而亭、榭、假山、廊道等建筑小品又自然地点缀在园林绿地和水体之中，这就是中国园林文化的“阴阳互补”精髓（图 3-18、图 3-19）。

图 3-17 人性化的步行街区

图 3-18 中式园林与建筑的阴阳互补协同

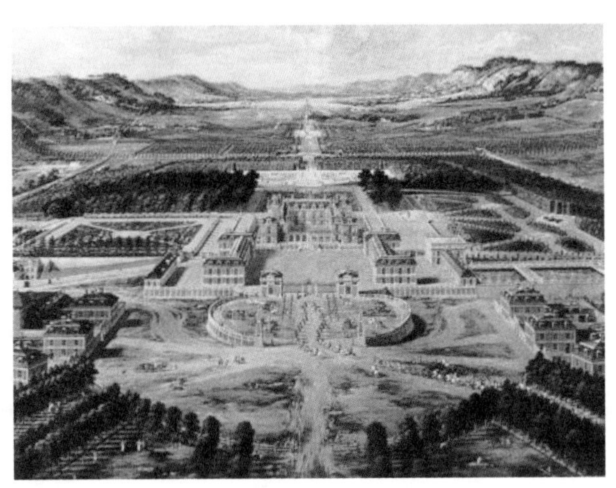

图 3-19 西方园林与建筑的分离

而西方的园林与建筑却是分开布置的，园林仿佛就是一个被征服、被奴化了的假自然，这种“自然”在建筑面前就像一个臣服的奴隶，其空间结构是机械的、对称的，是不自然的。这种园林景观远远没有我国园林与建筑的共生来得和谐与亲切。

在我国，从北到南，各地的四合院空间结构差异极大。如将四合院中的建筑划为“阴”、空地归为“阳”，南方的四合院往往是充分利用建筑物占地较大，形成蔽阳、阴凉的效果；而北方的四合院则空地多、建筑少，并讲究坐北朝南、呈围合空间模式，适宜于多利用阳光能形成宜人的小环境。这样的不同“阴阳”组合就使得我国的传统四合院式建筑是适应当地气候的和适合人类居住的。在建筑群里，充分利用园林和建筑物的协同来极大地减少热岛效应（图 3-20）。

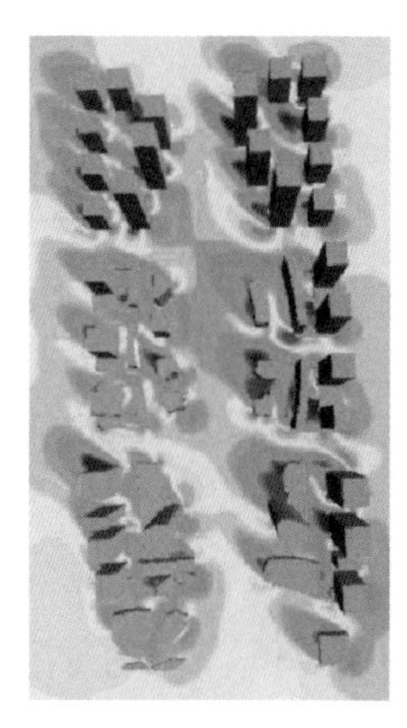

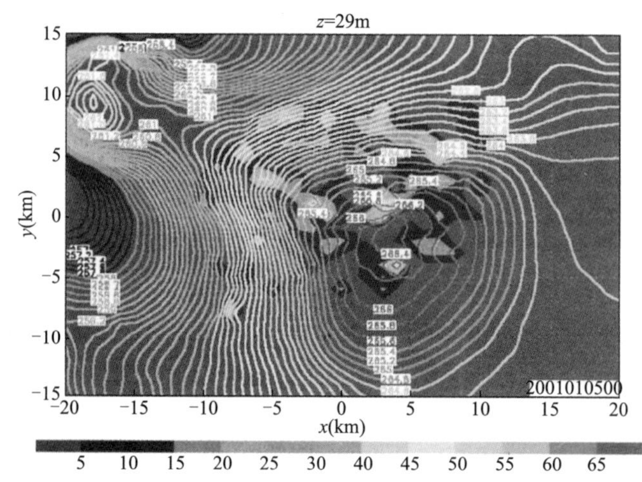

图 3-20　树林、通风与热岛效应

可再生能源应用与景观的多样化也是匹配共生的。城市与周边山水的协同，那更是我们要领悟的精华。中国的城市始终把山水与人居环境看成是共存、共荣、共雅的。滕子京认为：“天下郡国，非有山水环异者不为胜，山水非有楼观登览者不为显，楼观非有文字称记者不为足，文字非出于雄才巨卿者不为著。”[1] 通过把城市规划成为一个园林与建筑的复合体系，我们的祖先早就给出了如何发展、如何规划人类聚居点的智慧（图 3-21、图 3-22）。

城市与市郊农村的协同。如果城市是“阳”的话，那么农村就是“阴”，城乡间“阴阳互补”才能协调发展。现代城市规划学的奠基者霍华德曾经说过，城市与农村应该像夫妇那样得到结合，这样才能萌生出新的希望和新的文明。但是现在有的地方把农村建成像城市那样，那就是阴阳不调和，或者叫“同性恋”（图 3-23）。

[1] 引自滕子京的《岳阳楼记》。

图 3-21　可再生能源应用与景观多样性

图 3-22　城市与山水

图 3-23　农家乐与欧洲的郊区酒吧（一）

图 3-23　农家乐与欧洲的郊区酒吧（二）

三、培育“共生城市”的自演化成长机制

1. 作为自组织体系的生态城市“共生”演化的基本规律

首先，共生城市必然是具有自组织特征的系统，其自我演进所产生的生态效果远胜于一次性科学规划。从简单到复杂，从低级到高级，从不共生到高度共生，通过对这类演进规律的认识，我们才能领悟到大自然的智慧。生态城市的规划要为具有新陈代谢能力的城市空间结构自演进奠定良好基础，而不是设置障碍，如果盲目地按照开发区这种方格型方式来设计城市，那么对城市发展的可持续特性带来的是障碍。因而所有的城市规划，从开始设计时就应考虑到如何有利于终极的共生关系的自演进，考虑到城市高度演进以后的复杂共生体形态，这样就有可能为城市未来的演化铺设了一条正确的轨道。

“共生城市”是他组织与自组织两种机制相结合的结果。作为他组织形式的主要承载体的生态城市的规划，从起步阶段就不应该有结构性的错误来妨碍城市自组织功能的发挥，如果有了结构性的错误，而且妨碍甚至破坏了共生关系，那就说明这个规划有硬伤。这种硬伤往往表现在对三个协同集的共生性造成破坏。

生态城市作为自组织系统的重要节点，其交通结构、可再生能源应用、水循环等这些节点越强大、越自主，系统整体就越能够应付外来的干扰，城市空间的复杂性和共生效益就能够顺利地形成，这些自然的演进过程对整个系统的演进会产生重大的影响。比如，某生态城原来的道路结构就像一个开发区，这样不利于交通系统和街区活动的共生，后来就进行了设计改进，将路网加密，这样使得步行、机动车能够和谐共生（图 3-24）。

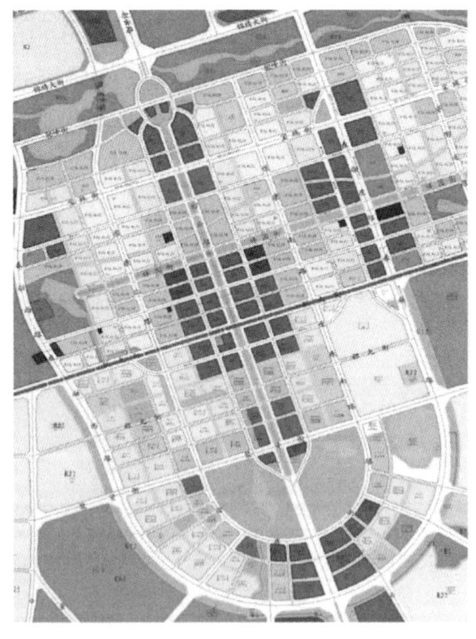

图 3-24　两种路网类型

共生系统演进的主体、主动力在于市民。市民、企业、社会团体和政府及由他们组成的能动性、创造性是城市朝着“生态化方向”演进的最基本动力。以著名的德国生态城“弗赖堡范例”为例，该市从可再生能源应用开始，到资源循环利用，再到绿色环保，一步一个脚印地推向前进，完全是基于共生理念。

工业文明时代的集中化、大型化、刚性化城市基础设施规划与城市设计旧思路，非常容易形成城市的“共生陷阱”（图 3-25）。资源循环利用越微距化，共生系统的自组织特性和复杂性就越容易得到高度演化，越容易达成生态城市的目标。传统基础设施建设模式往往迷恋于把一个城市的污水处理系统集中到一起，或盲目崇拜巨大无比的集中式的能源系统，这样就会妨碍城市的能源和资源与其

图 3-25　工业文明时代的集中化、大型化的城市基础设施

他功能的共生，更为重要的是，此类集中式、中心式的污染处理和能源系统也将风险高度集中了，一旦受到损坏或人为破坏，就无疑在人口稠密的城市中启动了“定时炸弹”，这是工业文明带给人类的认识缺陷所造成的恶果。

2. 生态修复——让城市生态系统自我演化

通过截污、扩大湿地、培育水生动植物、增强水动力、建设生态驳岸（去除传统的三面光）、减轻初期雨水污染冲击等，使水生态能够恢复到原来具有自净功能的状态，水循环利用就能够取得成效（图 3-26、图 3-27）。所以，水生万物、水容万物，但关键在于人怎么对待水。

图 3-26　雨水花园

图 3-27　城市湿地

在景观设计中强调把自然生态引入到城市空间中去，十分注意保留城市中的自然斑块，这就是为什么那些在城市规划区范围内有国家重点风景名胜区的城市生态景观更好的原因（图 3-28）。因为《风景名胜区条例》限制了这类城市不能以开山和填湖来建设开发，无意中就为城市和自然和谐相处创造了条件。

图 3-28　杭州西湖

新建的城市公园绿地，也应该通过愿景性规划（Scenario Planning），来引导人工工程以正确的方式促进生物多样性和景观多样性的生成，而不是相反。这就是中国传统园林的精妙之处，也就是为什么园林能和建筑“阴阳互补”，师法自然，虽为人工，宛若天成（图 3-29）。如果我们的公园也像西方的公园那样呈现阳刚之美，那就不能实现阴阳互补之美。

图 3-29　师法自然，虽为人工，宛若天成

城市社区小块绿地的乔木和藤本植物为社区的生态景观和小气候改变带来持续性的改进，从而产生市民参与社区治理的积极性、能动性的正循环（图 3-30）。

3. 持续优化——过程性的景观设计

比如多伦多的“树之城”（Tree City）方案，这种方案以持续成长的树木来取代持续开发的建筑物，不断丰富的绿色景观逐步形成反混凝土化的自然力量，随着它们之间共生关系的建立，建筑物与园林的互补协同性就会越来越好（图 3-31）。

图 3-30　城市社区小块绿地的乔木和藤本植物

图 3-31　多伦多“树之城”的 Downsview 公园

政府通过精心的绿街规划与建设，例如改建和新建 1000 条步行绿道计划，诱发了市民由下而上的自发性参与行动，这种共生活动就产生了城市多样化和共生复杂性的自动演进路径，逐步形成人在绿荫中步行或骑车的绿道网络（图 3-32）。

图 3-32　步行绿道

城市空间景观的形成并不完全由规划师的空间设计来决定，后者只是提供一个不阻碍自发演进的框框，它最终的构成理想与否在于过程和市民参与机制的设计，这种机制的设计有利于人与自然、人与植物、人与水景观之间丰富多彩的互动关系的展现和深化。作为开放性景观形成结果的设计跟终极的设计常常是完全不一样的，只有把所有东西都看成是有生命的、相互联系作用的，最终就会形成高度复杂的共生系统（图 3-33）。

图 3-33　高雄 2009 世运会开放性场馆的演进

历史表明，当一个国家的城镇化率超过了 50%，也就是进入后城镇化的时期就会涌现出美丽城市建设的强烈需求，或者叫“社区魅力再造计划”。杭州开展的最佳社区与最差社区的评选，使市民了解“绿”和“美”在何处，如何改进，调动了市民参与美化社区的积极性，结果“集腋成裘”，渐渐地使城市的基本单元日益美丽，从而促进了城市整体的共生性。这种共生系统的复杂性和自组织特性与日俱增就导致了城市生态效益和发展的可持续性的大幅度提高（图 3-34）。

图 3-34　日本的“社区魅力再造计划”

四、共生理念在城市系统中的应用

1. 共生理念的应用原则

第一，自然界无处不在的“共生理念”是生态城市规划编制的新基础知识。

第二，“细节决定成败”，城市生态系统各节点的微循环特性决定了生态城市自组织特性和共生关系塑造的成败。

第三，生态城市往往是他组织与自组织、基于“共生理念”的组织机制两种系统相互耦合的结果。

第四，“共生城市”效能的提高实际上是基于系统的自我演进，而不是一次规划定终身。

第五，“自我演进的共生效应”源于市民、政府和企业的积极性、创造力和进取精神。

第六，现代智慧信息网络是各自系统的协同整合的纽带。它用赛博（Cyber）空间把各个子系统的空间整合在一起，使得它们之间能够共生，这种虚拟空间和实体空间共生的关系，是智慧城市建设的主要思路。

只要掌握了以上这些应用原则，我们就懂得如何把传统的城市设计或者改造成为一个共生的生态城市，这就为城市的可持续发展奠定了关键性的基础。

2. 共生理念在城市中的应用——以瑞典城市为例

埃斯基尔斯蒂纳（Eskilstuna）位于瑞典首都斯德哥尔摩市以西 200km，是环首都经济圈的一个卫星城，该市常住人口为 9.8 万人，长久以来，其作为著名汽车品牌沃尔沃（VOLVO）的发源地一直是以工业发达而著称，该市集聚了瑞典诸多的制造业品牌，属于典型的工业型城市。近年来，随着重工业在瑞典的衰退，埃斯基尔斯蒂纳另谋出路，打出了共生城市的发展理念，其产业类型也多向环保产业方向倾斜，走出了一条持续发展之路。

纵观埃斯基尔斯蒂纳的发展，其城市建设是围绕能源、水、垃圾处理、交通、建筑等重要城市要素而组成一个循环系统，在系统内，各物质之间不断流动，循环往复，构筑起一个可持续发展的“环”，形成共生城市的核心。

埃斯基尔斯蒂纳的共生“环”主要集中在污水、垃圾、公共交通、沼气、建筑和农业方面，例如污水经过处理之后的固体物质用于发酵，发酵产生沼气供给公交车使用，发酵后的残渣含大量的氮和磷，又作为农田的化肥施用到周边的田野中；同时，生活垃圾经分类处理后燃烧产生热能，热能经回收后进入热电厂，从而进入中央供暖系统（图 3-35）。正是利用物质之间转换能量守恒的原理，建立起了一个由不同物质要素组成的循环圈，从而极大地节约了资源，降低了碳排量。

总结起来，埃斯基尔斯蒂纳的城市建设在以下 4 个方面突出反映了共生理念，构筑了低碳生态的循环系统（图 3-36）：

1）垃圾分类处理

（1）能源的提供者

埃斯基尔斯蒂纳城市中最大的一座垃圾处理厂 LILLA 位于城市南部，占地

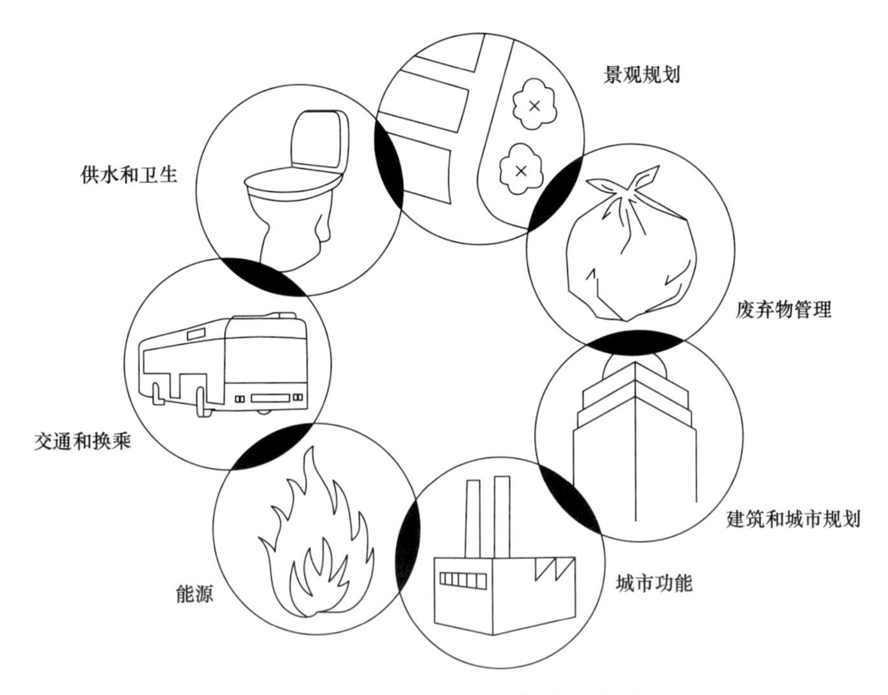

图 3-35　埃斯基尔斯蒂纳的共生“环”

图 3-36　埃斯基尔斯蒂纳的低碳生态循环系统

面积 33000m²，平均每年处理垃圾量为 6 万～10 万 t。LILLA 在城市中的功能不单单是一座垃圾站，同时也是能源的提供者，可以说，它既是这个循环系统中的“清道夫”，又是一个“加油站”。每天都可产生 8000m³ 甲烷气体，用以提供给新能源汽车使用。

（2）垃圾回收处理

埃斯基尔斯蒂纳的垃圾回收系统也分为 3 个层次，在社区中有大型垃圾的回收站（图 3-37），这些回收站一般不会每天清理，而是根据周边人口的多少定期回收；每个居住小区都有垃圾暂存点（图 3-37），这些垃圾桶会按照不同的垃圾类型一字排开，在垃圾桶的上方明确标示了这个桶是存放何种垃圾的地方。此外，在每个家庭或者一个公寓单元的楼下都会有一个透明垃圾盒，垃圾盒内存放着每户丢弃的不同种类的垃圾，此类垃圾是靠颜色予以区分的，垃圾袋是可降解材料，同时被封闭好，作为一个整体进入垃圾回收系统中（表 3-2）。

图 3-37　埃斯基尔斯蒂纳的垃圾分类

瑞典分类垃圾颜色标志　　**表 3-2**

垃圾类型	垃圾袋颜色
食物垃圾	绿
金属垃圾	灰
塑料垃圾	橙
纸张垃圾	黄
废旧报纸	蓝
其余垃圾	其他

（3）居民垃圾分类

在瑞典，垃圾分类做得异常出色，尤其是居民自身的垃圾分类意识较强，每种垃圾该丢入哪里有清楚的认识。同时，政府为了鼓励这种垃圾分类，为每户配发了不同颜色的垃圾袋，每种颜色代表一种垃圾类型。当上游的垃圾分类做得比较好时，可大大降低下游的垃圾处理难度，从而提高垃圾转化为能源的效率。

图 3-38 是一户典型的瑞典家庭的橱柜，橱柜表面是操作台，打开橱柜会见到不同颜色的垃圾袋，不同的垃圾就是这样在第一个环节就被分类整理。通常来说，餐厨垃圾的袋子会每天被丢弃一次，而装废旧纸张的垃圾袋也许几天被丢弃一次。

图 3-38　瑞典居民家庭垃圾分类方式

（4）垃圾自动分拣

LILLA 垃圾站建立了世界上第一条 6 种颜色的垃圾自动分拣系统（图 3-39）当各种类型的垃圾由垃圾车集中运往处理站时，先是第一步分拣将餐厨垃圾分拣出来直接进入沼气池进行发酵，其余的垃圾进入主传送带，依靠传统带上方的感光器，再将垃圾分为冷暖两个色系，冷色系的垃圾是金属品或者玻璃等不能燃烧的固体物，暖色系的垃圾继续在传送带上运行，进一步进入不同的副传送带（图 3-40）。

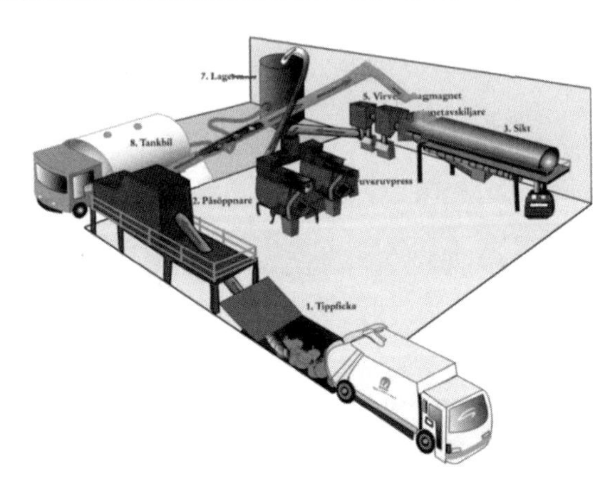

图 3-39　垃圾自动分拣系统

正是依靠一层层的自动分拣，将不同的垃圾用于不同的处理方式，大大提高了转化效率，同时节省了人力成本。经调研，该垃圾站只有员工 30 余人，却解决了 10 万人城市的绝大多数的垃圾处理任务（图 3-41、图 3-42）。

依靠感光器将不同颜色的垃圾袋送入不同副传送带，实现垃圾自动分拣

图 3-40　垃圾分拣设备

2）污水处理及能源转化

埃斯基尔斯蒂纳市最大的污水处理厂 Ekeby 污水厂位于该市以西 20km，是一片结合生态湿地建设的综合性水处理基地（图 3-43）。该污水厂的最大特点仍然是对资源的循环利用，水经净化后排入河流，而处理后产生的废渣再次进入发酵池，用于产生沼气，为城市能源提供帮助（图 3-44）。

图 3-41 在城市中运行的垃圾车

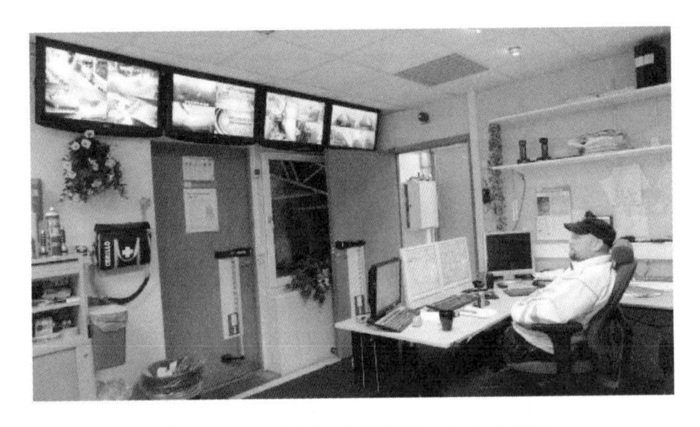

图 3-42 一个人对垃圾处理全程监控

图 3-43 埃斯基尔斯蒂纳市水处理

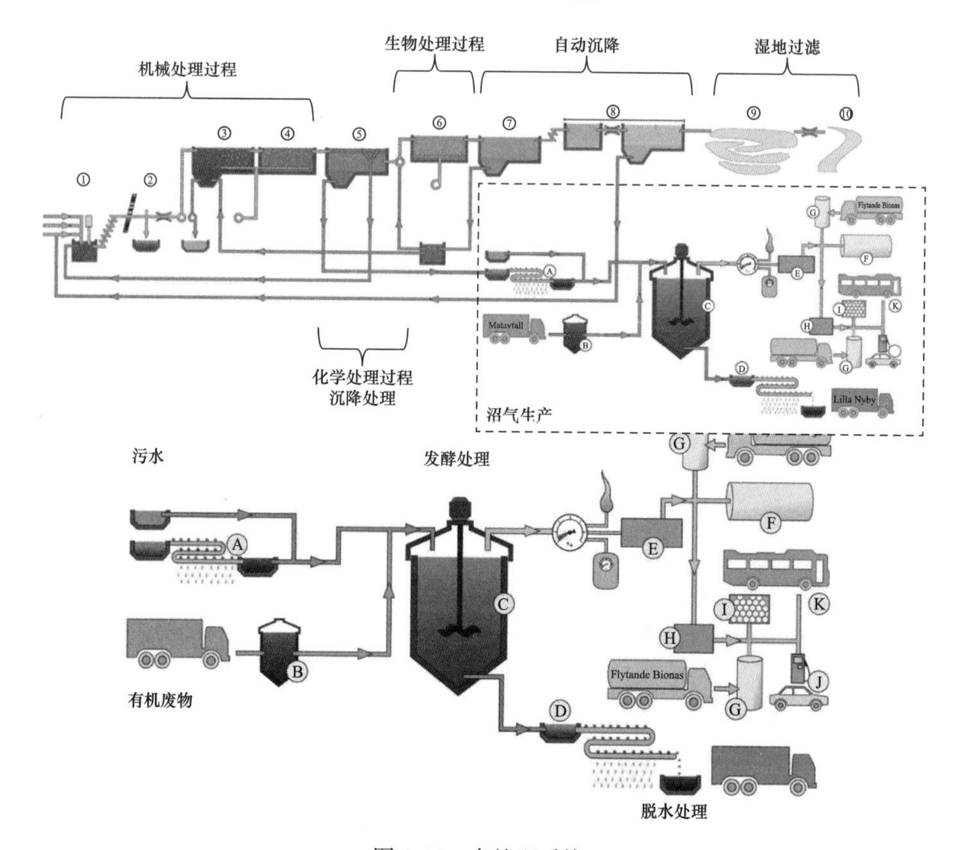

图 3-44　水处理系统

Ekeby 污水厂总占地面积约 60hm²，包括 20hm² 的处理厂和 40hm² 的湿地。湿地中的水经层层净化，最后进入附近河道，水经过湿地的自然循环过程约为 7 天时间。

该水厂的年处理量为 1800 万 m³，平均每天有 5 万 m³ 的废水进入 Ekeby。自 2003 年开始，该厂建成了废水残渣的二级处理系统，即将水处理之后的剩余物用于发酵产生能源，此举每年为该厂带来 9500t 的沼气产量，每年仅此就支持了 50 辆城市公交全年运行的所有耗能，经济效益愈发可观。

沼气生产的全过程：

由于污水厂经处理后的固体残余物含大量有机物，将其同城市中运来的食物垃圾等一同进入发酵池，进行厌氧处理，处理后产生的沼气经提纯从浓度 65%升为 95%，这样便可供汽车燃烧使用。发酵池底部的固体残渣又经脱水处理进入农田当中（图 3-45、图 3-46）。

图 3-45　提纯之后的储存甲烷的沼气罐

图 3-46　污水厂旁边的汽车加气站

3）生态社区建设

(1) 生态社区改造

埃斯基尔斯蒂纳的生态社区和保障房建设亦有诸多借鉴之处。在市政府的统一管理下，该市成立了专门负责社区生态改造和绿色建筑改造的公司，其在全市范围内选取了 17 个居住社区进行改造，基本思路是政府投入进行前期的节能和绿色改造，节约的能源（以供电和采暖为主）用来反哺公司的营收，即用市场化的手段全面推进绿色生态建设（图 3-47、图 3-48）。

同时，由于老工业城市的原因，该市在工业厂房的改造中也积累了大量经验，例如大量的工业厂房并不是集中拆除重建的，而是进行了多轮评估和研究，一些有保留价值和历史记忆的老厂房被重新翻新用作新的功能。某些工业厂址被改建成开放空间或者绿地，逐渐赋予了城市的功能（图 3-49）。

图 3-47　城市社区的绿色改造

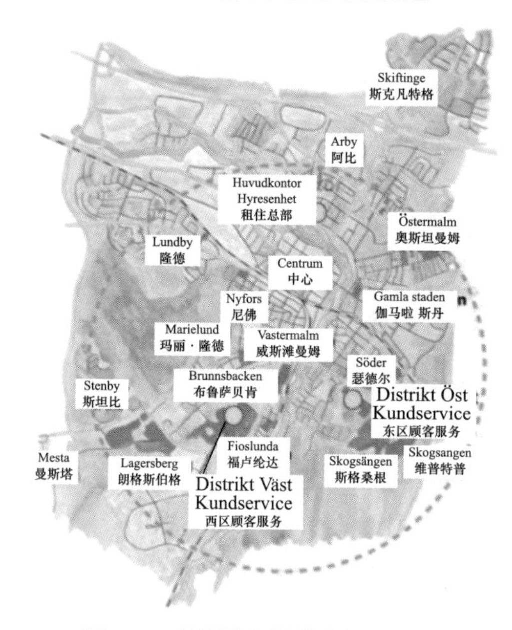

图 3-48　埃斯基尔斯蒂纳的生态社区

（2）低收入住房改造

某些建于 20 世纪 70～80 年代的低收入者住房，由于历史原因其房屋质量较差、建筑能耗很高，在新一轮的改造中，又限于这里的居民大多为移民或者低收入者而不能完全推行生态改造，因此政府负责对其进行修缮，其主要内容便是外墙保温处理和屋顶太阳能板的安装（图 3-50）。

小区的内部环境也被整治一新，原来只是作为停车场的空地被改造成绿地，并加入了健身设施和儿童活动设施。

图 3-49　埃斯基尔斯蒂纳老工业区的改造

图 3-50　埃斯基尔斯蒂纳低收入住房改造

(3) 保障房建设

可持续城市的一个重要内容便是让“居者有其屋”，埃斯基尔斯蒂纳在城市保障房建设上采取了大量措施，从而使得低收入者能够“有其屋”。尤其对于瑞典而言，由于倡导自由民主和人道主义的国家理念，近年来瑞典接受了大量来自中东和北非国家的移民，这些移民在进入国家之后收入水平较低，住房问题更是困扰他们的核心，基于此，大量的保障房拔地而起，这些保障房并无奢华的外表，但是房屋的建筑质量很高，尤其是建筑保温和低碳节能方面与其他的商品房并无不同（图 3-51）。

建筑立面朴实，然而却采用了诸多节能和生态技术，使得每一座保障房都是一座绿色建筑

图 3-51　埃斯基尔斯蒂纳保障房的建设

4）中央集中供暖

埃斯基尔斯蒂纳作为一个北欧小镇，其供暖是城市运行中的重要一环，在该市采用了中央集中供暖的方式，全市共设有 7 个热炼厂，满足了 10 万人的供暖需求（图 3-52）。

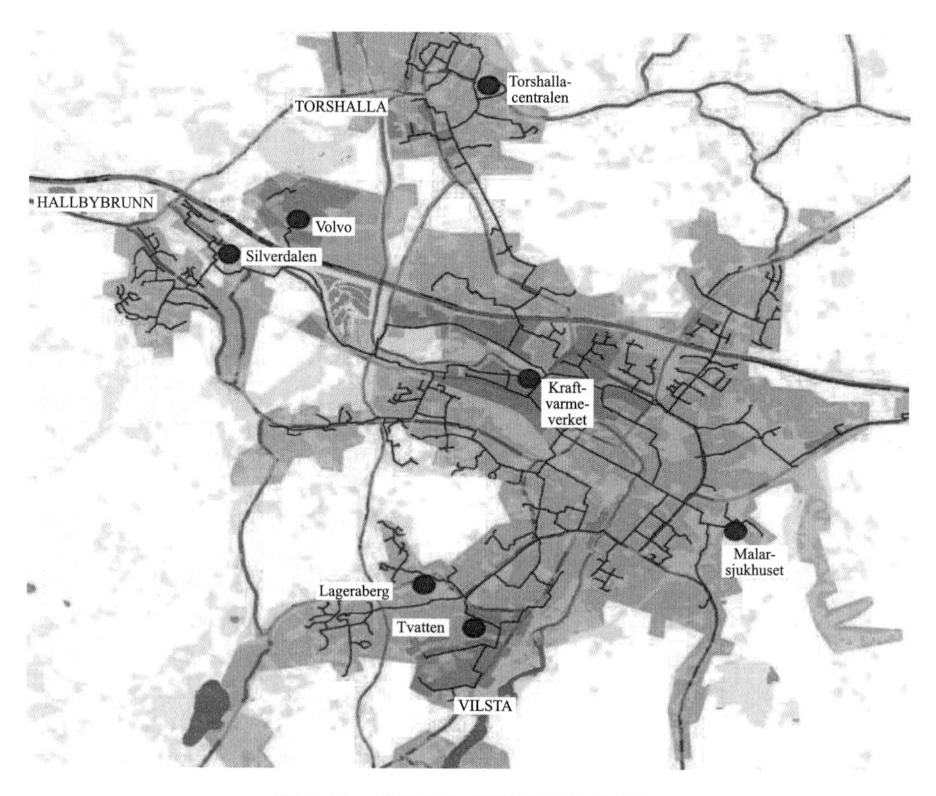

图 3-52　埃斯基尔斯蒂纳的供暖系统

其中，为主城供暖的热炼厂名为 Kraftvärmeverket，也是 7 座热炼厂中最大的一座（图 3-53）。该厂最大的特点是其燃烧原料的选取，所有燃烧的原料均不采用化石能源，例如煤或石油等。其原料主要构成为周边森林中的木屑以及前文所述经废物处理之后的沼气。

图 3-53　埃斯基尔斯蒂纳的热炼厂

正是由于其非化石燃料的选择，从而大大降低了二氧化硫等污染气体的排放，因此该热炼厂可以更加接近城市的内部，也大大缩小了管道的长度，节约了长距离输送过程中的能源消耗，有效地践行了低碳生态的城市理念（图 3-54）。

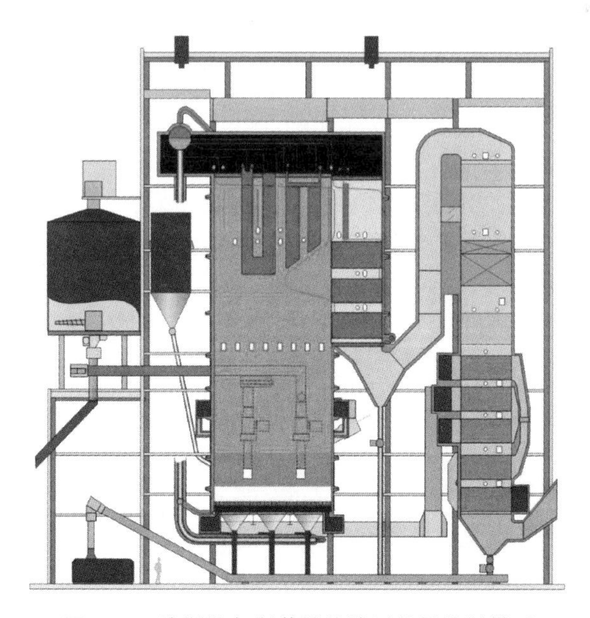

图 3-54　埃斯基尔斯蒂纳热炼厂的低能耗供暖

综上所述，埃斯基尔斯蒂纳作为共生城市的典范，正在走向一条低碳生态的发展道路，城市建设者和规划者都在努力寻找各要素之间的相互联系，从而使得整个城市构成一个循环网络。能源在任何一个环节都不是终止的，而是积极留向下一个系统，在技术上不断改进的同时，埃斯基尔斯蒂纳还致力于对市民的教育，将低碳的生活理念广为传播，正是由于每个市民都行动起来，埃斯基尔斯蒂纳在共生发展道路上才越走越好。

第四章　传承与超越——中西方传统生态文明观的比较与启示

从人类文明史来看，生态城市是全新的城市发展模式。生态城市规划对于现有的城市规划知识体系、行业标准规范与规划设计理念来说都是一场前所未有的变革。为了引导全国各地如火如荼的生态城建设热潮健康发展，使我国的生态城更符合生态环保和群众宜居的需求，就要从人类历史的长河中汲取营养，尤其要汲取我国原始生态文明的精华，同时采用创新技术使其再生复兴，只有这样城市规划建设才能更符合节能减排的要求和当地民众的需要，创建成富有中国特色和竞争力的生态城市发展新模式。

一、中西方传统文化中的自然观之差异

任何一种早期文明对自然的解释都有泛神论（Polytheism）特征，而且这类解释方式总是与其特定的生存环境与人类的原始思维方式直接相关。在古希腊，人们把影响人类生命的各种自然事物视为神圣，从中幻化出人类可以通过一定方式与之对话的、代表自然界方方面面的各种神灵，甚至把人类的思维、情感和活动也视为自然神性存在的一部分，并通过神来表达。例如，自然界的雷电是宙斯、海洋是波塞东、太阳是阿波罗、火是赫维斯托斯、人类的智慧是雅典娜、爱是阿佛洛狄特、战争是阿瑞斯等。然而，公元前4世纪以后，希腊哲学家们不再关注自然现实了，柏拉图、亚里士多德等更注重通过思维寻找世界的本体，走向形而上的哲学。柏拉图把形而上的“理式”当作世界的本体或现实世界背后的本原性模型。他们认为：在现象世界中，“人是万物之灵、天之骄子，因为人有理性灵魂，……万物都是为人类而创造的，植物和动物都是为人类供给食品的，有的动物则是为供堕落的灵魂寓居之用”[1]。这样一来，西方哲学的核心人类中心论就逐步形成了。杰出的科学家阿基米德曾发出“神”一般的呼号：“给我一个支点，我就能撬动整个地球。”

在罗马人统治西方的时代，神被认为像人一样只是自然的产物，而不是世界的创造和支配者。人们不必敬畏神灵，但尽可以以他们为榜样，在改造自然的过程中充分享受自然。古罗马时期与我国的两汉时期相对应，中华古文化的科技和

[1] 全增嘏. 西方哲学史［M］. 上海：上海人民出版社，2000.

文化在两汉时期曾都达到鼎盛。古罗马帝国也是西方文明鼎盛时期的一个标志期，罗马帝国的缔造者恺撒在征战中自豪地向周边的世界宣布："我来了，我看见了，我征服了！"恺撒试图对各种各样的外力进行抵抗，对各种外来的文明进行藐视和征服。在罗马人看来，自然环境只是为了建立罗马人的王国而施展实用技术的场所和对象。扩张中的罗马人自负地认为自己的都城位于宇宙中央，并从自然对人的智力、体力等影响力方面得到最好的协调。同时代的建筑师维特鲁威在其名著《建筑十书》中对恺撒大帝献媚道："神意把罗马市民的国土布置在极好并经过调和的地区，以便能够获得统治大地的权力。"成功征服异族的不可一世的心理，在文化人的著作中暴露无遗，又如罗马时代文人郎吉努斯（Longinus）在他的著作《论崇高》中写道："作为庸俗卑鄙的生物并不是大自然为我们人类所规定的计划；它生了我们，把我们放在某种竞赛场中，可我们既做它丰功伟绩的观众，又做它雄心勃勃力争上游的竞赛者……当我们观察整个生命的领域，看到它处处富于精妙、堂皇美丽的事物时，我们就会体会到人生的真正目标是什么了。"❶ 在这种观念的支配下，罗马时代公共建筑的尺度往往是空前巨大的，即所谓神的尺度。从宗教式的感情与信念出发，罗马人肯定国家和人的力量。罗马皇帝被尊为神，公民也因作为征服者的特殊民族身份而自豪。建筑也常被设计成展示国家力量的地标，像大型巴西利卡斗兽场和浴场那样的建筑都拥有超人的尺度，充分表达了人类征服自然的雄心壮志和强大的建造能力（图 4-1）。

图 4-1　罗马斗兽场遗址

中世纪（13～15 世纪）西方哲学认为，本体的存在——上帝是人升华衍变而成，并成为全能的造物者，这一时期的宗教势力非常强大。但到了文艺复兴时期，西方哲学观发生了剧烈的变化，一系列科学技术的突破进一步更新了人们的

❶ 转引自：伍蠡甫. 西方文论选［M］. 上海：上海译文出版社，1979.

观念。正是由于哥白尼解剖了太阳系，达·芬奇解剖了人类，牛顿解剖了宇宙，但丁解剖了“神圣”的教宗，经院哲学的神话空间秩序破灭了，人格化的全能主神转变为近代的人，理性主义的狂涛开始涌动，由此产生的科学性思考、实证主义的手段、分析的手法，使工业社会和资产阶级得以迅速崛起。用大工业生产能力以及现代科学技术武装起来的人类，改变自然、挑战自然的野心从而空前增大。

伴随着工业文明的诞生和西方国家日益强大富足，挑战并征服自然欲望也随之提高，上层社会追求享乐之风潮开始蔓延。这其中功利主义的开山祖师边沁（Jeremy Benthan，1748～1832）的影响最为源远。他为功利主义下定义：“大自然把人类放在两个绝对的主人之下：痛楚（Pain）与享乐（Pleasure）。”只有这两个主人才可以指引人类应该做什么，会做些什么。也就是说，对与错的衡量，因与果的关联都以它们为依据。它们支配我们所有的行为、言语、思想。我们做出的所有努力去摆脱它们，只不过是说明和证实了它们。一言蔽之，人类可以假装抗拒它们的统治，但事实上永远是它们的子民。

上一次工业革命（1780～1820 年）之后，大英帝国的成就“证明”了自由贸易就是“神”。这位神给予人类美好和进步的边界。自由（追求享乐）会激励竞争（优胜劣汰）；竞争会带来进步（更多人更大的享乐）。先是工业家取代了商人。这是 18 世纪末到 19 世纪上半期的事。到了 19 世纪下半期，金融家支配工业家，金融资本主义取代工业资本主义。挑战和征服自然的工具落入不直接生产的金融家手里。[1]

由此可见，在传统西方文明中，人化自然，把自然纳入人类思维理性的抽象和人为艺术加工的范畴之中，逐渐成为贯穿城市设计、建设过程之中的哲学理念。人与自然的关系已经演变成如同于君主与奴隶之间的关系，从而诞生出工业文明和现代科技。一旦现代科学技术成为人类能够挑战自然的武器，现代工业的扩张能力与“技术决定论”就会相互强化，最终使“人类至上论”坚不可破了。

图 4-2　IFLA 苏州大会标识中隐含的“天人合一”观

与过早进入工业社会的西方文明相比，中国的农耕文明非常悠久。中国作为精细的农耕文明发育最早的国家之一，长期以来，人们对自然充满着崇敬、顺从的态度。儒家倡导“天人合一”观，认为人类活动准则应“顺道应人”“成己成物”，人类有“参赞化育”的生态使命（图 4-2）。“中庸”讲“能尽其性，则能尽人之性；能尽人之性，则能

[1] 梁鹤年. 西方文明的文化基因 [M]. 北京：生活·读书·新知三联书店，2014：282.

尽物之性；能尽物之性，则可赞天地之化育；赞天地之化育，则可与天地参矣”。道家认为天、地、人之间应该可以和谐相处，人的活动方式要遵循自然生态，不能超越生态系统阀值底线。冯有兰推崇道家“无为”，他认为“无为”的真正含义在于：“人不应该有违天道的运行法则、破坏自然物本来的天性，扰乱自然界正常的秩序；从而达到人法地、地法天、天法道、道法自然的境界。”总而言之，人类的活动必须有一个限度，不能超过自然的底线，只有这样人类的活动及其构筑物才能与自然和谐共处。精细化的农耕文明在中国从水稻种植开始算起，至少有一万多年的历史❶，至今生产方式也没有大的变化，一直能够与自然和谐相处，这就是因为传统农耕文明本质上是一种循环的经济发展模式，一切来自土地又能回到土地中去，没有什么浪费或成为毒害环境的垃圾。

人与天地在中国古代文化中并列为三才，这个观念自古以来一直没有改变。而文艺复兴之后的西方文化则包含着挑战自然的内涵，这一思潮在工业文明萌发以后越演越烈，最终成为压倒性的主流思想。中国古代的《哲学史说》曾经说过，“非天地无以见生成，天地非人无以赞化育”，说明人与天地是和谐共生的关系。所以在中国古代文明中不注重思维理性对形式的参照，而是崇敬万物自然而然的状态。

著名的道学家庄子说过：“天地有大美而不言，四时有明法而不议，万物有成理而不说。圣人者，原天地之美而达万物之理。”由此可见，古代中国式审美观跟西方完全不同，西方的审美观是把有缺陷自然彻底进行人工改造，认为那样才是美。中国的审美观是将“师法自然”作为美的客观标准，并把人类社会当作自然机体的部分，自然生机使人类追求“乐”，自然秩序使人类服从“礼”（图 4-3）。自然秩序是人类顺从的理，这个理就是天道。儒家把人排列成不同的阶层秩序，所以中国是一个礼教、礼制的国家，形成了数千年不变的宗法等级和礼制关系社会。正因如此，中国古代文明也避免了西方文明那种征服自然、无限度使用科学技术所造成的弊端。

图 4-3　清初大造园家李渔设计的北京弓弦胡同半亩园

❶ 2001 年在浙江北部发现的古代水稻种子，经碳 14 测定，属 1 万年前的先民遗物。

中西方古代文明的区别在于，中国的农耕文明比西方的历史更悠久。如果说西方文明是一种狩猎文明加农耕文明，中国则是以农耕文明为主导。我国各民族的聚居部落往往都在同一个地方生存发展延续几百年甚至几千年，同时也创造了能与自然和谐相处的社会规则和文化习俗。比如古老的纳西族奉行不杀生、不砍树善待自然万物的习俗，这是从几千年的生存规则中磨炼出来的经验总结。

中西方古代文明关于神的特点也不一样。希腊的神有某些人类属性，但仍属自然事物或现象背后神性重合或强大意志。西方古代文明既然认为宙斯创造了自然、创造了人类，人类和自然就受到“神”的支配。在中国古代文明当中，炎黄二帝、女娲、大禹等都是修复自然，而非创造自然，如女娲补天、大禹治水等，都是流传千古的故事。他们都是人类的血亲或祖先，而非创造者，跟现代人没有什么本质差别。与西方古代文明不同，在中国的原始文明中没有一个主宰自然的全能的神。西方宗教从自然神学到希伯来-基督教，体现了创世者与主世者的融合，引发长达数千年的宗教统治和各宗教分支派别之间的争斗。中国的文明从未形成全民宗教，独尊儒学，辅之以佛教、道教，造成社会超稳定态，未发生工业革命，直到改革开放之后才产生了工业文明的高潮。

西方古代文化中，实体自然两分导致挑战自然观念形成的同时，也催生了现代科技的进步，后者更使人类自大起来。西方文艺复兴后所诞生的工业文明距今仅300多年，却使地球上的能源和资源几乎都消耗殆尽。300年的工业文明使人类演绎了几万年的农耕文明所建立起的人与自然和谐关系骤然变化，导致了过度消费、生态衰败、气候变化等一系列致命的弊端。我们只有深刻地了解中西文明的演变历程，正确汲取古代文明与自然和谐相处的智慧与创造，拒绝西方工业文明中藐视自然和改造自然的理念、福特式大生产体系“华盛顿共识”等所谓的“主流”意识。以生态文明时代的新观念来促进循环经济、可再生能源、绿色交通、绿色建筑等方面的创新与推广，才能使中国生态城市蓬勃健康发展（表4-1）。

中西方古代文明之区别 **表4-1**

文明种类	西方：狩猎文明＋农耕文明	中国：农耕文明为主导
神的特点	希腊神有某些人类属性，但仍属自然事物或现象背后神性重合或强大意志；创造自然，创造人类，自然充分受到“神”的支配	炎黄二帝、女娲、大禹等修复自然（而非创造），如女娲补天、大禹治水等；是人类的血亲或祖先，而非创造者
宗教	从自然神学到希伯来-基督教（全民宗教）——创世者与永恒的主世者，引发长达数千年的宗教统治，黑暗期后的文艺复兴产生工业革命	从未形成全民宗教，独尊儒学，辅之以佛教、道教，造成社会超稳定态，未发生工业革命，直到改革开放之后才产生工业化高潮

二、中西古建筑的美学之差异

“那些能够在世上繁殖后代，并且能有效地生育和抚育它的后代的生物，往往是因为它们的行为已经适应了环境。”[1] 所有延续的文明都是“适应的文明”。从这一意义上来理解建筑美学具有普适性。英国地理学家杰·埃普利顿把石器时代古人类躲避寒冷、雨雪和曝晒等自然力侵害的原始居所叫作避难所（Refuge）[2]。正因为如此，全球各地的古人类住所都具有自然的属性和质朴的美感。但进入农耕文明之后，东西方的建筑就开始分道扬镳了。

古希腊的建筑成就对于西方世界有着决定性的影响。由于希腊所处的地域不是那种巨大的、单调的广袤平原，而是多样性丰富的山岳与山谷平原的交替。希腊人将那些有着显著特征的地景描绘成特定神祇的显灵之处。如自然景色占主导的地点被献给古老的冥神墨忒耳和赫拉，而在那些人类智慧与力量能与冥神互补和对抗的地方，则献给阿波罗。有些场所，生命的体验能形成和谐整体的，献给宙斯。而人类高度聚居形成社区的地方，也就是城邦，献给雅典娜。这样一来，古希腊神庙的共同之处就是它们外形概念清晰的富于雕塑般的形体及与环境的密切联系。毕达哥拉斯（公元前5世纪古希腊哲学家）认为，“美是数的和谐”。积极地从人体构成等方面来寻找数字或比例的韵律之美，构成了西方建筑学一以贯之的美学基础。在建筑用材方面希腊于公元前1000多年就进入了石时代。

意大利有两本建筑学名著相隔了千年，分别是维特鲁威（公元前14年）的《建筑十书》和阿尔伯蒂（公元1485年）的《论建筑》。这两本书都详尽分析了阳光、空气、雨水、气候、土壤、植物等对建筑和人居环境的影响。都不将这些因素当作一种自然存在，更没有因而去探求有利于人类居住的综合性自然环境模式。这两本相距千年的西方建筑学名著，几乎是一致强调建筑平面、立面设计、空间安排、建材选用等满足人类需要，将内部空间作为建筑功能设计的主要对象。阿尔伯蒂还为“美”制定了三条标准：①数字（Numberus）；②比例（Finitio）；③分布（Collocatio）[3]。而这三方面的综合就是和谐（Concinnitas）。他认为：“美是存在于整体之中的各个局部的呼应与协调，就如数字、比例与分布彼此协调一致一样，或者说这是自然所呼唤的一种规则。”[4] 阿尔伯蒂在这里所使用的“自然”与维特鲁威所处时代人们将人的形体解释为宇宙的镜像是一致的。维特鲁威本人为人体确定了一些基本的比例规则，这些规则是按照面部或鼻子的长度为依据的模数，且这些人体数量比例用于绘画、雕塑和建筑建设之中。他认为

---

[1] 格朗特·希尔德布兰德．建筑愉悦的起源［M］．马琴，万志斌译．北京：中国建筑工业出版社，2007：5.

[2] 萨根，德鲁彦．被遗忘的祖先的阴影［Z］．1964：376.

[3] 汉诺-沃尔特·克鲁夫特．建筑理论史——从维特鲁威到现在［M］．王贵祥译．北京：中国建筑工业出版社，2005：20.

[4] 阿尔伯蒂．建筑论——阿尔伯蒂建筑十论：第九书［M］．王贵祥译．北京：中国建筑工业出版社，2010：195.

“神庙的各个部分必须与整体之间有完全和谐的比例，整体是各个部分之总和。……建筑物的各个部分之间存在着某种精确的关系，就如一个天衣无缝般完美的人体一样”[1]。但当建筑技术和材料进一步发展后，西方公共建筑的设计主导方向转向进一步表达人类的能力、展示神权或皇权的夸大造型和繁复装饰美，追求“纪念碑”式的敬畏感。在罗马帝国鼎盛时期，皇帝甚至接管了神的职能。神圣的权威被赋予他自己，并在他的周围建造起一个仿造的宇宙。他的举动就是神的意愿，并由建筑物如纪功柱、凯旋门、圣宫、万神庙等表现出来。[2] 这些建筑都很夸张，用超越自己身形、表达超越自然的神性建筑来歌颂神与皇帝，在形体上追求压倒自然的巨大并且高耸的结构。在罗马帝国覆灭之后，教堂就逐渐成为欧洲城市的中心建筑了。教堂给予了整个欧洲一个共同的文化基础。教堂高大的体量和华丽的装饰使得基督教的教义和历史变得可见，并在一个艰难而又充满恐惧的世界里给予人们一种新的安全感。在早期基督教建筑的室外是一个连续的围合的外壳，而罗马教堂则像一个堡垒，相反在哥特式教堂中，礼堂上和象征上的非物质化相互影响（图 4-4）。有人说，哥特式教堂是用“石头外的东西”建造的。从内涵上看，它成为一个天堂图景的具体化，通过它的开放式结构，将这一图像传播到周边，而透明性为基督教对于光的象征提供了一种新的阐释。进入建筑参观者眼光会随着高大的柱子一直延伸到高高的穹顶，想象在那儿能接受上帝的神圣之光，教堂中的彩色玻璃将自然光线转化为一种神秘的媒介，似乎证实了上帝的存在。因此，对上帝产生的敬畏感就油然而生了。这就是西方宗教建筑要表达的主要思想。

图 4-4 西方神庙和教堂

工业革命之后，崇尚机械和功能的意识日益昌盛，人们的审美情趣又转向简

[1] Scholfield P H. The Theory of Proportion in Architecture [M]. London: Cambridge University Press, 1958: 16-32.

[2] 克里斯蒂安·诺伯格-舒尔茨. 西方建筑的意义 [M]. 北京：中国建筑工业出版社，2005：58.

洁、单纯、精确、纯粹、功能明确、抽象和明晰的特点。勒·柯布西耶的“新建筑学”和包豪斯式建筑正是“住宅就是居住机器”形成了欧洲工业化时代的主流建筑学说。在他看来，与工业文明相匹配的城市和建筑必须像帕提农神庙一样规范，也必须像地中海强烈太阳照射下的光与影一样的清晰。由这种“矫枉过正”思维武装的规划师和建筑师们设计的“卡通式”或“变形金刚型”的后现代派建筑，已经成了城市中浪费和张扬的宣传牌，也使我们的城市发展模式与生态文明渐行渐远了。

中国古代文明强调自然环境对建筑“有之为利，无之为用”。孔子讲究有序，墨子讲究平等。墨子认为建筑建造方式应节俭适用，“高足以辟润湿，边足以围风寒，上足以待雪霜雨露，墙之高足以别男女之礼，谨此则止”。这是一种节约型的古代建筑理念。

而《管氏地理指蒙》提出：“故而不曰人而曰天，务全其自然之势，期无违于环护之妙耳。”《黄帝宅经》提出：“宅以形势为身体，以泉水为血脉，以土地为皮肉，以草木为毛发，以舍屋为衣服，以门户为冠带。”（图 4-5）

图 4-5　建筑和自然和谐共生

这种中国的礼制建筑体现人与自然的纪念性交往，用材上就地取用土木，形体上不一定宏大，但空间结构表达对大自然的尊敬，为“赞育化”而设立，表现了人与自然融合共生。从功能上看，西方礼制建筑歌颂神，引人向天主；而中国礼制建筑主要为了祭天地、拜祖宗。所以，中国古代建筑形式中有“明堂”，如北京的天坛、地坛，用于祭祀和礼乐（图 4-6）。这在中国的原始文明中可以分为两个方面：一方面对自然是崇敬的，另一方面与自然是和谐的。我国杰出的建筑学家梁思成曾因此而推论：“中国（建筑）结构既以木材为主，宫室之寿命乃限于木质结构之未能耐久，但更深究其故实缘于不着意于原物长存之观念。”他又因而推论这种“轻取自然”的建筑方式也导致了“世界所谓的文明中间，惟有中华民族生生不息”。

图 4-6　甘肃平凉市灵台县古灵台（左）和北京天坛（中、右）

由此可见，西方古建筑的用材以石材为主，着眼恒久，体量追求高大，装饰尽量华美，代表“张扬之美”和“繁复之美”，哥特式、巴洛克、洛克克等建筑风格突出地体现了这些特点。而中式建筑用材着眼适用，以木材为主，向自然索取适量，体量适中，装饰实用，体现了中庸之美、中和之美。一个有趣的史实是中国古代不但玉石文化发达（例如兴隆洼出土的 8000 年前的玉块），而且石建筑也曾兴盛过。我国战国时期的官修史书《竹书纪年》中记载：“桀（筑）琼宫，饰瑶台，立玉门。”“帝辛受居殷。作琼室，立玉门。”在秦始皇陵西北，大规模的石材加工场遗址已被发现，出土有石材、石材半成品及石加工工具。但我国古代文献中对于圣主明君的赞美，一般首先着眼于宫室的简朴。《论语·泰伯》：“卑宫室而力乎沟洫。禹吾无意然矣。”历史文献对夏商时期沉迷于奢华石建筑的夏桀和商纣，皆为千夫所指的亡国之君。

总之，对于大多数人来说，有生命力的、生动的建筑和城市景观是日常生活的平凡场景。而我们当前的生活质量及对自然界的冲击都在相当程度上取决于我们的审美情趣。这正是因为我们是带着知识、信仰和态度对城市和建筑之美进行取舍和体验的。美学的评价并不是一种纯个人体验，而是一种影响深远的社会性活动。由此可见，中国生态城规划建设的正确方略必须建立在对中国古代“节约式”的建筑美的传承和对西方“张扬式”的建筑美的批判基础之上的。作为规划师和建筑师更要尽快从传统的建筑和历史街区中领悟那种人类活动与自然的均衡之美，并通过自己的奉献去创造符合“生态文明”要求的环境美和建筑美，进而影响民众内在的价值判断。随着时间的流逝，在我们手中创造的生态城市之美或许会成为赋予我国每一座城市绿色文化价值的宝库。

三、中西城镇选址模式之差异

公元前 2000 年，爱琴海诸岛及其沿岸大陆曾经有过相当繁华的经济与文化。那时的城市如特洛伊城、克诺索斯城等都与航海贸易直接相关，前者坐落在达达尼尔海峡到波罗的海的商路上，后者处于欧、亚、非三洲古文明交流的航线交点的岛上。至今仍在发展的雅典城就起源于公元前 12 世纪希腊中部的阿提卡半岛的港湾。公元前3—前1世纪，罗马人几乎征服了全部地中海沿岸，此时港口城市发展迅速出现了选址在新扩张地区边缘的营寨城，先供军队驻扎，后就转变为永久性的居民点。除此之外，有些城市是古代农村社会的中心，它们周边有着贵族所有的封地，大型的水利灌溉系统和大量的奴隶与牲畜，城市则是奴隶主居住娱乐的营盘。

西方古代城市主要的建筑物选址主要在山冈之上，城堡建在分封领地中易守难攻的高地上，一方面能便于以箭矢或火炮居高临下震慑暴民或有效抵御来犯者的进攻；另一方面又能使贵族们的居所超越于“贱民”之上，以展示其“高贵”的属性（图4-7）。几个城市通常由几个邻近城市共同体联合为较为大型的政治实体——城邦。由此可见，西方的城市具有政治、宗教、防卫及维持社会秩序的多种功能；因此城市之内有卫城、神庙及市集几个部分。亚里士多德的名言“人是政治的动物”的原意是说，希腊人的生活必在城邦之中，而外邦人和“蛮夷”则没有城市为其安身立命之所。城市的成员，其实并不都是地位平等的自由民；各地区“强人”领袖及其家族是城市中的贵族分子，而公民之外，有经由掳掠买卖与征服而获得的劳役奴隶，以及不具公民权的游离人口与奴役的附属人口，人数可能不少于具有公民权的自由人数。以雅典的人口为例，极盛时有30余万，但至多只有十六七万为雅典人，其中1/4（4万余）是有公民权的人群（亦即21岁以上的男丁），3万多为外籍人口，而奴隶则不少于10万人。早期的城邦中，那些强家大族挟其奴役人口，成为城市的主宰居住在防守严密的高大城堡之中。西方古代城市的建设是为了占领土地，为了挑战自然。2000多年前，古罗马已有了工程浩大的城市供水工程。城市建设的费用很大一部分用在供输水工程上，架在地面上连续拱券的输水渠是当时罗马大地上最壮丽的景色之一（图4-8）。对此规划师们一直有两种不同的评价：一种观点认为世界上最成功的饮水工程存在于古罗马，因为人类还没有哪项工程可以使用2000年，如将成本分摊到每一年中，投资效益是极高的。另一种观点是质疑城市为什么要建在没有水的地方，而去耗费巨资修建引水工程，如果中国古代的城市都建在这种缺水的地方，早就生存不下去了。

图4-7　西方的古城堡大多选址于高地之上

图 4-8 古罗马的引水渠

不同的是，中国古代城市的发展一直以来都与深厚的农耕文明有关。一直到唐朝，沿海的港口城市还都名不见经传。但几乎所有的城市选址都与河流直接相关。这一方面为城市粮食运输和供水提供便捷之利，另一方面也有利于依托河流筑城墙以取得防御的功效。例如商代后期都城殷墟沿今洹河两岸十余里布局。周朝王城洛邑位于西涧河东岸等。

早在 2700 年前管子在《乘马第五》的开篇有一段关于中国古人城市选址的论述："凡立国都，非于大山之下，必于广川之上。高毋近旱，而水用足；下毋近水，而沟防省。因天材，就地利，故城郭不必中规矩，道路不必中准绳。"❶ 这种与自然环境共生的城市规划选址模式，体现了中国古人尊重自然，让城市与自然共生的生态智慧。在西方近几年有人提出的低冲击开发模式（Low Impactdevelopment）❷ 与之有异曲同工之妙。对于人口承载力，管子在《八观》中有这样的论述："凡田野万家之众，可食之地，方五十里，可以为足矣。"他告诫建城者："夫国城大而野浅狭者，其野不足以养其民。"春秋战国时期的名著《尉缭子·兵谈》云："量土地肥硗而立邑，建城称地，以城称人，以人称粟。三相称则内可守，外可战胜。"这就是说城市选址规模应与居住人口和城郊粮食产量相称，达到"三相称"的要求❸。这些精辟的论述不仅反映了"农业是城市发展之本"

❶ 郭沫若，闻一多，许维遹等. 管子集校［M］. 北京：科学出版社，1956.

❷ 低冲击开发模式指的是城市的建设之后不影响原有自然环境的地表径流量。具体的策略是要求：城市建成区至少要有 50%的面积为可渗水面积；建筑、小区、街道直至整个城市都有雨水收集储存系统；它们之间连接为反传统的"不连通状态"；所有河渠不实行"三面光"以沟通地表水与地下水之通道等。而且此概念可延伸到不影响基本的地形构造，不影响碳汇林容积量，不影响城市的文脉及其周边的环境等。如果能做到这些，城市与自然就能和谐相处，就能实现互惠的共生的关系。

❸ 郭沫若，闻一多，许维遹等. 管子集校［M］. 北京：科学出版社，1956.

的农耕文明思想（这与同时期希腊的港口城市建设有天壤之别）。更重要的是，管子给出了“土地人口承载力”这一城市选址的核心问题，并直接估算出了能有效维持城市人口总量相适应的农业和生态用地。这与20世纪末加拿大科学家威廉·里斯（William Rees）等提出的“生态足迹”（Eco Footprint）有相似之处。

除此之外，中国古代的城镇选址还讲究“负阴抱阳，藏风聚气”，以主山、少租山、租山为背景和衬托，形成重峦叠嶂的挡风效应；以河流、水池为前景，形成开阔平远的视野和充足的光照，具有波光水影之景观；以案山、朝山为对景、借景，形成远景构图及围合环境；以水口山为障景，为“屏风”，使城镇（村）内外有隔，使进入者有“世外桃源”之感；保护山上的树木和栽树造林，保持水土，调节温湿度，防止和缓减泥石流的威胁；尽可能将聚居点选址在河流的凸岸一侧，以减少洪灾的威胁。城镇选址讲究与自然和谐共处、宜居、节省能源，使人类在美学身心方面生活得更加愉快、更加健康长寿。这些理论现在仍极具借鉴意义，比如古代城镇一般都选址在河岸的凸起之处，这样可以避免洪水的冲刷，这方面典型的例子有泸州老城（图4-9）。可以说，从神农尝百草开始，中国人一直在寻找对自然干扰最少的城镇选址方式。

图4-9　泸州老城选址背山面水坐落在河流的凸岸

与西方城堡式城市不同的是，中国城镇选址讲究面水背山和避险节能，顺应自然，与其农耕文明长期社会稳定相关。正因为讲究选址，中国历史古城一般并不需要投资浩大的远距离调水工程。

长期以来，古代城市的选址一方面是为维持城市的可持续发展或有利于军事防御，另一方面是为资源开发服务的，如港口城市、煤炭城市、工业城市等。生态文明时代的城市选址应传承与超越历史形成的思维模式，城市的选址必须尽可能减少对大自然生态系统的冲击；必须尽可能少占用或不占用优质的耕地（这不仅是事关国家和民族的安全底线，而且也是城镇化可持续性的核心）；必须尽可能利用先进适用的技术手段，促进水、能源废物在城市中循环再利用，进一步减少对周边生态环境的干扰；必须尽可能地使城市展现最大的包容性，使各阶层人民群众的生活更加美好。这些都应成为生态城的规划设计要点。

四、中西古代城市空间结构之差异

作为几何学的发源地的古希腊，正因为崇尚和谐的数字比例，早在公元前5世纪就开始在城镇规划中流行规划建筑师希波丹姆的几何网格式空间布局。其中最为著名的此类城市如米利都规划就是世界上最早的网格式城市（图4-10）。

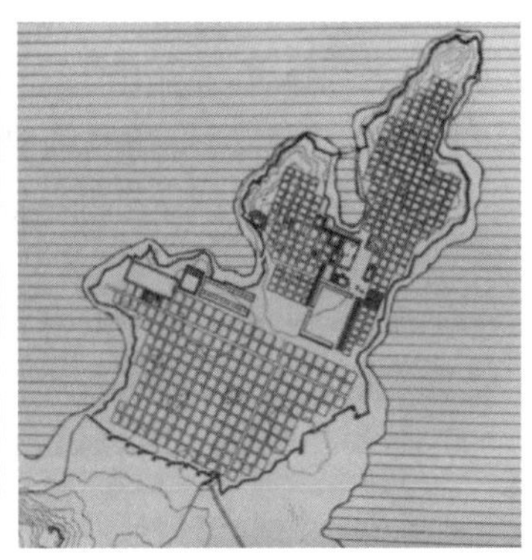

图4-10　米利都遗址

而在罗马的城市规划方面，正因为拉丁人被灿烂的希腊文明所折服，无不带有希腊网格式城市规划的烙印。罗马人对希腊高超的艺术和哲学思想十分崇尚，并由此产生了文化领域的“尚希主义”。罗素在《西方哲学史》中指出：共和时代（公元前5世纪起）后的很长时间里，“他们学习希腊语，他们模仿希腊的建筑，他们雇用希腊的雕刻家。罗马有许多神也被等同为希腊的神……拉丁诗人采用了希腊的韵律，拉丁的哲学家接受了希腊的理论”。

除了传承了古希腊的几何网格式城市空间结构之外，罗马人十分强调中心与秩序。不仅大型公共建筑，无论是宗教的还是世俗的，在规划设计中均采用以内部的几何轴线关系构成具有中心感的整齐有序的空间关系。而且大量的传统住宅街坊也一直采用有规则性轴对称结构的设计手法。这一特点在罗马全盛时代在北非的提姆加德城规划中表现得尤为典型（图4-11）。

无论在建筑单体而是在精心设计的街坊复杂结构中，中心、轴线、围合性的内部秩序同城市一样无不体现出罗马场所的性质。其单个公共建筑的规模之大，也是许多后世建筑师所惊叹不已的。这正是因为罗马人布局注重建筑“体量”的

图 4-11　提姆加德城遗址

扩大，将更多更复杂的内容组织在一幢或整套建筑之中，更高、更大成为建筑的追求，追求巨大而变化丰富的建筑体量和格局。如著名的万神庙和卡拉卡拉浴场体量都十分巨大。如后者的中央大厅长、宽、高净空为 55.8m×24m×33m，整个浴场主体建筑一面达 228.6m×115.8m（图 4-12）。在拥有巨大尺度的同时，罗马建筑的空间形态一般都呈内部中心点开始的整体性扩张，完全不像中国建筑那样呈平面展开型。但正如杰弗里等人在《人类的地景》一书中所描述的那样，罗马人单独的“群体”设计都是出色的，但这些建筑群的位置却是凌乱、随机的。如同把匆忙抢夺来的财富堆积起来一样，在罗马城的大扩张中，看不到单个建筑或广场之间富于匠心的关系。

图 4-12　卡拉卡拉浴场遗址

罗马建筑艺术体现的意义大都集中在其内部世界人的领地。从环境整体和人与自然的关系来看，特定的文化背景则使罗马时代的城市空间结构展示了人与现实自然环境的逐步分离；利用拱券结构的建筑艺术造就了人与自然的对立意识。

中国的古代城市结构与城市的功能密切相关，在奴隶社会，城的规划概念重在“为君”。在此概念指导下，产生了以人体各部位的主从关系（非西方的数字关系)，来比喻大小都邑配置关系的“体性论”。这是因为，奴隶制王国是以宗法血缘为纽带，联合一系列大小城邦而组成。故当时迳称“城”为“国”，并创造了一整套影响至今的城市规划理念——“营国制度”。春秋末年楚国大夫范无宇曾追忆道：“且夫制城邑，若体性焉。有首领、股肱，至于手拇毛脉。大能掉小，故变而不勤。”(《国语·楚语》)这指的是大小城市的组合如同人体的首、股肱与手指一般，形成主从关系明确的有机组织体系。到了封建社会，人们视城市若宗器，提出“城以盛民”(《说文》)的新观念，并由此产生“筑城以卫君，造郭以守民”(《吴越春秋》)的城郭分工的新规划概念。这样一来，结构严慎的“王城”与布局自由的“郭”在结构上就有了重大分野，一直影响至今。

从城市内部结构来看，最早明确的记载当为西周时期的“营国制度”。据《考工记·匠人·营国》，“匠人营国，方九里，旁三门。国中九经九纬，经涂九轨。左祖右社，前朝后市，市朝一夫”[1]。

从这些规划制度，我们可以看出王城规划结构应当具有以下几个主要特征：

(1) 城为重城环套形制，规模为方九里。

(2) 据井田规划概念，将全城划分面积相等之九份，按方位主次，分别布置不同性质的分区。

(3) 宫城是全城规划结构的重心，故位于城中央。以宫城之南北中轴线，作为全盘规划结构的主轴线。此轴线南起王城之正南门，经外朝，穿宫墙，过市，直达王城正北门。

(4) 宫城前方为外朝，后方为市。宗庙、社稷则据主轴线对称设置在外朝之左右两侧。这便是宫、朝、市、祖、社五者的相对规划位置和其组配关系。宫城与由外朝、祖、社所构成之宫前区，结合而为王城的宫廷区。此区是全城的中心区，也是全盘规划的主体。

(5) 全城道路网及其他各区均环绕宫廷区，沿主轴线对称罗列，以突出宫廷区的核心地位和主轴线之主导作用。

(6) 宫城是按前朝后寝之制规划的。路门外为朝，内为寝。九卿九室在应门内路门外，九嫔九室在路门内，可见宫城内尚有内外宫治事处所。

分析上述特征，显见王城是继承传统以宫为中心的分区规划结构形制而营建的聚集封闭型城邑。由于周人重视礼治秩序，因而城的布局颇为严谨，主次分明，井井有序。各级城邑既是以王城为基准，遵循礼制营建制度而规划的，那么，王城规划结构实已成为这一时代都邑规划的基本模式。

此制最关键的问题还在于控制各级城邑的大小规模。例如采邑城的规模，西周就有严格的规定。“先王之制，大都不过三国之一，中五之一，小九之一”

---

[1] 贺业钜. 考工记营国制度研究［M］. 北京：中国建筑工业出版社，1985.

（《左传·隐公·元年传》）。诸侯都也是按受封者爵位尊卑来厘定其大小规模。王城、诸侯城、采邑城，各级等第分明，不许僭越。这种循名核实的礼制营建制度，不仅充分体现了上述营国规划理论，同时也是实施都邑建设体制的重要手段❶。

但“中规中矩”的“营国制度”也难以约束“市”的力量对城市空间结构的影响。据贺业钜先生的研究，中国历史上曾出现过两次“市制改革”。第一次发生在封建社会前期，主要是改革奴隶社会那种依附于宫的“后市”之制，使“市”由专为奴隶主贵族服务的“宫市”，转变为城市各阶层市民服务的集中式商业区。这次变革既改变了市的性质，也提高了“市”在古代城市中的地位，优化了城市空间结构，使从属于“城”的“郭”与功能都得到提升，从而使城市开始有了政治军事与经济的双重功能。第二次改革发端于中期封建社会后阶段。自中唐以来，因商品经济日趋繁荣，全国各主要城市纷纷开始改变传统的市坊区分规划体制，使市肆入坊，形成市坊有机结合的空间结构。当时的扬州就是一例。据史料记载此时的扬州不仅是“十里长街井连”，不再为旧制所约束，而且更开“夜市”之禁，出现了“夜市千灯照碧空”的繁华灯景。从而为市坊有结合的规划体制，取代旧的市坊分离的空间模式；以遍布全城的商业店肆（专业街）替代旧时的集中式市场；按街巷的聚居模式替代旧的封闭坊制，奠定了基础。

中国历史上行政与商业贸易一直以来都是城市的两大主要功能，“市”就是有市场，但是自工业文明发展以来，经常出现一些无“市”的资源型城市，市民生活因而枯燥乏味。中国古代文明在城市的内部肌理方面讲究和谐。古代城镇生活之丰富多彩多姿从《清明上河图》上可见一斑（图 4-13）。城市的空间结构常常由地形、乡村土地分割系统、君主的意志和社会需求（尤其是军事防御）等因素有关。

图 4-13 《清明上河图》（局部）

❶ 贺业钜. 中国古代城市规划史 [M]. 北京：中国建筑工业出版社，1996.

除此之外，中国城市街坊结构还注重建筑“数量”的增加，将各种不同的功能分配在不同的建筑之中，并由小组变成大组，形成同构但又丰富多样的街坊邻里关系。比如故宫里最大的建筑太和殿与科隆大教堂相比也会显得很小。中国的建筑单体结构来看并没有多大的区别，体量也不宏大，但组合在一起变化多样。一旦进入建筑环境无论是街坊还是院落，人们所能感受得到的都是围合的空间，大院落套小院落，长夹道、照壁与建筑的墙面、门窗等虚实交替出现，呈现秩序中的协同关系。而且建筑布局与天地山河相融合，建筑讲究文脉的传承与延伸，体现与自然和社会的和谐相处（图 4-14）。

图 4-14　西方建筑高耸的塔尖和巨大体量与中国尺度适宜的太和殿

中国的单体建筑注重与自然及邻里的关系，与院落“阴阳”互补相配，每个院落天井发挥日照、通风、透光、活动纳凉、围合、雨水利用等多功能。建筑形式与布局与当地气候相适应，形成丰富多彩的地域土生建筑群，如陕西窑洞、山西半窑洞、徽派建筑、元阳“水顶民居”等，这些民居能极好地适应当地气候，室内环境冬暖夏凉，体现了人类与自然的和谐，是人向自然索取最小的一些建筑方式。由此可见，中国传统建筑形式较之西方建筑更多体现气候自适应的绿色建筑内涵，更加符合现代生态建筑与自然环境共生的理念，非常值得现代建筑师们借鉴（图 4-15）。

图 4-15　《清明上河图》反映出中式建筑注重“数量”和组合变化

对生态城的设计师来说，传承 3000 年的“营国制度”并没有多少营养能被汲取，但古代城市商业力量和“土著”规划师们所建造用以“盛民”的城郭，却给我们留下了宝贵的空间设计遗产。无论从街坊住宅与商肆店铺的合理混杂，还是建筑与天井的阴阳组合……中国古代城市空间结构都给现代的生态城留下了丰富的可借鉴的知识。众多地域性的节能环保技巧与自然休戚与共的古代城市和建筑设计理念，应当尽可能地被当代规划师们挖掘利用并结合现代的科学技术将其发扬光大，以达到古为今用的目的。

五、中西园林文化之差异

城市的出现必然伴随着人与自然环境的相对隔离，城市的现代化程度越高（水泥丛林的密度和高度越高），或城市建成区规模越大，人与自然就越疏远。由此可见，园林乃是为了补偿人们与大自然环境相对隔离而人为创设的“第二自然”。它们虽然不能提供人类聚居所需要的物质供应链，但在一定程度上能够代替大自然来满足人们的生理和心理等方面的需求。

在希腊历史上，最初的植物园林场所是神话所描述的神居住的地方。荷马史诗中有许多关于神的场所园林园林化景观的描写，如“她的洞府在满是赤杨、白杨和松柏的绿树荫中，……葡萄藤盘缠在岩石上，浓密荫绿的枝叶下面悬挂着累累成熟的葡萄。有四条源头相近的泉水流过长满紫荆、香芹和毒草的草地”❶。在现实中，古希腊人在建造神庙的圣地周边常保留天然林或人工栽植的圣林，其中设置祭坛、雕像等，同神庙坚硕的轮廓交相辉映。到公元前 4 世纪之后，作为哲学家生活与授徒场所的学园中修建起了供人类自身休息娱乐的园林景观，历史上记载有柏拉图和伊壁鸠鲁的学园，经亚历山大希腊化时代到罗马帝国逐步成为日常生活性建筑环境艺术的重要一支。

在古城庞贝的遗迹中仍保留着罗马时代的中庭式住宅，一般有两个层次，第二进矩形廊院中植有花木，大型府邸后面还常建有一个私家园林，考古发掘的结果证实，园林内建有几何化的花木坪，以及水池、喷泉等庭院绿化、雕塑和小品（图 4-16）。这些庭院与郊外更大的私人园林结构几乎是一致的，院落内的植被和小品的布置是完全几何对称的，具有轴线与围合的特征，没有自然“山水”的意境。这种理想化、秩序化的“人工自然”式园林风格影响逐步形成了西方的造园风格。

由此可见，西方园林是扩大了的居住机器的组成部分，因为西方文明认为自然本身就是残缺的，需要改造；建筑与园林往往是分立或对立的，是两种不同类型的人工构筑物。西方美学讲究严格的几何对称原理，将人体尺寸美、理性美运用于园林，强调几何对称构图，将树木花草修剪成形并严谨整齐地排列布置，以整体的几何性来消除自然界的丰富多样性，追求形式美和理性美。西方建筑往

❶ 斯威布．希腊神话与传说［M］．楚图南译．北京：人民文学出版社，1959.

图 4-16　庞贝古城的庭院

往处于园林的中心或制高点俯视整个园林，体现了人类对自然环境的控制与统治。总之西方园林布局直接展示秩序感，体现人类权威或对完美自然的追求，体现人类改造自然的野心（图 4-17）。

图 4-17　讲究几何对称美的西方园林

随着西方工业文明的兴起，城市膨胀，环境污染，城市中心区败坏等一系列问题接踵而至。以至于奥姆斯特德（F. L. Olmsted，1822～1903）、霍华德（Ebenezer Howard，1850～1928）等人分别提出自然保护区、现代城市公园和田园城市的设想并付诸实践。园林对于生态和人类居住环境的改善与净化作用日益受到重视并涌现出了众多新的园林设计学科和工程知识体系。

早在 3000 年前，我国就已出现古代园林“囿”和“圃”。千百年来，经历代园林设计者的千锤百炼，我国的园林艺术已经形成以皇家园林、私家园林和素观园林为代表的三大较为完善的体系，并展现出四方面的特征：

一是专情山水、“师法自然”。中国人历来都用“山水”作为自然风景的代称。相应地，在古典园林建造过程中“筑山”“叠山”或“掇山”就成为必不可少的技艺。前者即为堆筑假山，后二者使用天然石块中的不同造型、纹理、色泽堆叠起不同的石山、石洞和石景。都能以小尺度而创造峰、峦、岭、岫、洞、谷、悬崖、峭壁等山体自然特征。呈现“阴柔文静之美”的水体景观历来是我国造园艺术中最活跃的因素，“山嵌水抱”不仅是最佳的成景组合，而且也反映了阴阳相生的辩证哲理。“师法自然”的原则也在“理水”的造园艺术中表达得淋漓尽致，园内开凿的各种水体都师法于大自然的河、湖、溪、涧、泉、瀑等。哪怕再小的水面也追求曲折有致，并利用山石缀岸、矶，或刻意修造出港汊、泉源、船埠等以展示源流脉脉、疏水若无尽。稍大些的水面，则堆筑岛、堤、架设桥梁。力求在有限的空间尽量呈现“一勺则江湖万里”的天然水景观。山水之间的花草灌木之栽培，也以翳然林木为主调。在布局上也往往以拟自然的丛生、虬枝枯干而予人以蓊郁之感，以少量乔木尽显天然植被的万千气象。

二是园林与建筑的共生。中国三种经典园林体系无不将山、水、花木这三个造园要素有机地与建筑融合在一起而浑然一体，使建筑美与自然美相互交织，从而体现天人和谐的文化境界。而中国传统的木构建筑，内墙与外墙可有可无，空间可虚可实、可隔可透，也为这四元素在视觉上的相互融合共生提供了优越的条件。使建筑物内部空间与外部空间的通透、流动性，把建筑的小空间与园林的大空间沟通组合起来。而且中国丰富的园林建筑，无论是亭、楼、舫、廊等都一反宫殿、坛庙、衙署、邸宅的严整、对称、庄重的格局，完全做到了大小相宜、高低错落、依山傍水，再加上玲珑通透的结构，就极易达到《园冶》所述“轩楹高爽，窗户虚邻，纳千顷之汪洋，收四时之烂熳”的境界。

三是充满诗情画意。与西方园林改造自然的宏大气魄截然不同的是：中国古代园林与绘画诗词有关浓厚的渊源关系，甚至不少园林作品直接以某位画家的笔意、某种流派的画风引为造园的粉本，或将诗词中的某些意境、场景在园林中以具体的形象复现出来。至于借用景名、匾额、楹联、刻石等文学手段对园景进行补充提升，更是不可或缺的雅艺。这种融铸诗画艺术于园林景观之中的经典造园技艺使得中国园林从总体布局到细微的雕刻、花草、叠石都充满了西方造园师难以领悟的“诗情画意”。以至于明末清初的著名剧作家兼园艺家李渔情不自禁地发出“山水者，才情也；才情者，心中之山水也”的感慨。正因为古代的文人墨客的精心创作，众多的中国古典园林才能够给人以“置身画境，如游画中”的诗意感受。如果按照宋人郭熙所著的《林泉文致》一书中的说法：“世之笃论，谓山水有可行者，有可望者，有可游者，有可居者。画凡至此，皆入妙品。但可望可行不如可居可游之为得。”那么，中国古典园林的确浸印着文人墨客的“伊甸园”式的梦想和诗意栖息的才情。

四是讲究“借景和比德”。在众多中国造园艺术之中，“巧于因借”的美学思想是中国古代园林的精粹。对于这一点，我们可以从明代造园艺术家计成所著的《园冶》一书中可以“略见一斑”：“极目所至，俗则屏之，嘉则收之，不分町疃，尽为烟景，所谓巧而得体也。”这种借，可以是内借、邻借、高借、低借、互相借。而且在“借景”造园过程中，将房屋选址、地形塑造、山石堆叠、筑塘理水、移花植树等都通过“风水理论”，将诸多生态因素的布局恰到好处，不仅使园林与住宅美不胜收，更重要的是营造了有利于主人生活的小气候和生态环境。此外，中国园林的形态美来源于自由式布局、和谐的山水组合、山川奇秀、木以益古、花以妩媚、竹以挺拔、水以清冽，构成多重矛盾和谐；通过“比德”自然来陶冶情操，如山为“横岭侧峰，经度参差”，水为“泓婷湾洄，风生文漪”，石为“秀润奇峭，禅味妙生”，树为“柯叶相幡，与风飘扬”等。

尤其值得一提的是历史上全国各地涌现出来的私家园林，对于那些具有闲情逸致的失意官员、商人来说，为了满足隐居、宴客、读书、游嬉等功能，工于设计，在“螺蛳壳中造道场”，力求小中见大，将拳石斗水喻为山川大河，将寺观塔影和山峰飞瀑权作借景，在极度不对称的空间结构中求得平衡，创造出许多令世人叹为观止的园林景观。

与西方园林不同，中国园林是缩小了的自然界或自然的模仿物，所谓“园莫大于天地，画莫好于造物”。也正如明末清初艺术家李渔所言：“幽斋磊石，原非得已，不能致身岩下与木石居，故以一拳代山、一勺代水，所谓无聊之极思也。”中国古代文明还将建筑比拟为“儒”，讲究礼制序列、协调和谐，园林为“道”，追求“师法自然，虽为人工，宛如天成”；“法天地，赞育化，参天地”，天、地、人“三才和谐”为园林规划的主旨。这显然是现代人规划设计生态城市要加以传承和弘扬的东方规划生态理念（图 4-18）。

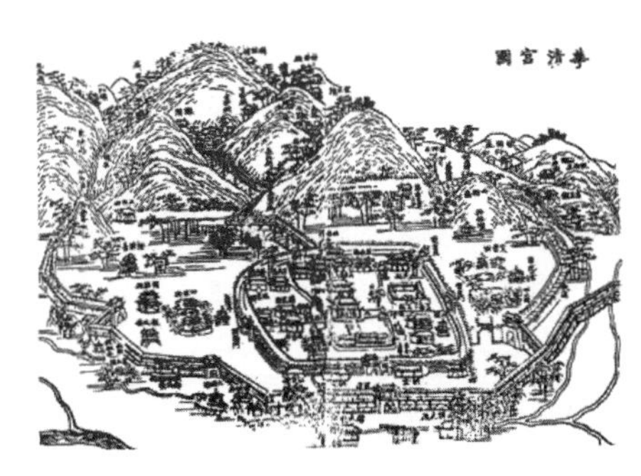

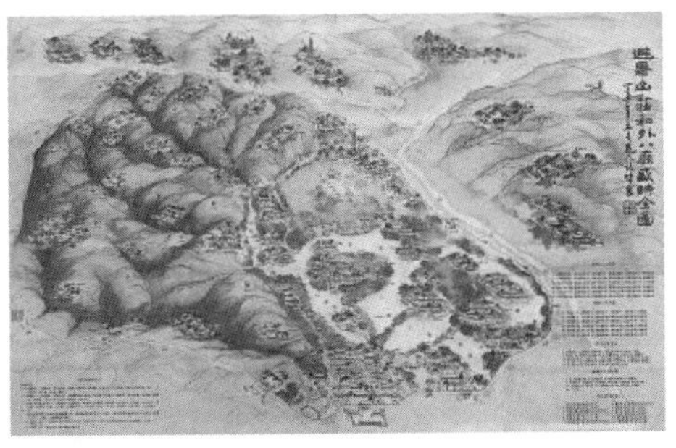

图 4-18 唐代华清宫（左）和清代承德避暑山庄（右）

小结：中国式的现代生态城市规划必须汲取中国传统文化的原始生态文明的养料，摈弃西方现代主义对城市规划的种种不良影响。通过双重扬弃，即两个重建：重建“人类—城市—自然”的共生关系，以绿色低碳技术超越工业技术占主导的实践发展模式；重建“人类—城市—历史文化”的共生关系，以科学的态度来对待历史文化，以包容传承开放的态度来弘扬民族、地域文化中的精华。这种共生的理念，古代就有，但因为工业文明的出现而中断。目前，80%的污染、80%的能源和资源消耗是城市带来的，作为工业文明载体的城市已经成为自然生态最大的干扰源。绿色低碳技术要超越工业文明的旧窠，不能脱离中国历史和文脉的传承，中华文明之所以能够延续五千年，原因之一是中国传统文化中的原始生态文明意识始终未受到现代工业文明的颠覆性破坏，所以生态城市规划设计一定要弘扬地域文化，坚持“两个扬弃”。

第五章　复杂与细节——智慧生态城市的研究方法

长期以来，对具有客观性、普遍性和规律性知识的追求，即从多样性的现象中寻找作为本质规定的统一性，追求复杂现象之中蕴含的简单性，是西方理性主义对“科学知识”探求的基本信念。

然而，进入20世纪以来，科学知识体系自身的深入发展又向人类展示了其内在的发展悖论：科学的认识并不都是与主体无关的过程，现实问题和人们所观察的事物的运行并非都是理性主义者所简化的那样“循规蹈矩”。在这方面许多探索者的成果是值得我们反思的。例如，卡尔·波普尔（Karl Popper）通过对科学史的研究证明了科学理论的建构不能仅从现象的归纳中实现，而是通过演绎对现实进行精神建构的结果。科学知识的不确定性，不仅表现为对知识客观性的怀疑，还表现在科学自身发展模式方面❶。又例如，托马斯·库恩（Thomas Kuhn）把科学发展分为两个时期：常规科学与革命科学。科学革命的发生是由于反常现象的积累与原有科学范式的冲突，导致科学危机的爆发，引发新的理论范式的建构❷。此外，埃德加·莫兰（Edgar Morin）认为：“科学理论如同冰川，都有一个巨大的浸没在水中的部分。这个部分是‘非科学’的，它构成了科学的盲区，但它对于科学的发展又是不可缺少的。”❸ 更有意义的是，美国圣塔菲（SFI）研究所首任所长考温（G. A. Cowan）在回顾复杂科学的发展史时指出：“复杂性不是属于现实的现象的泡沫，而是属于它的本质本身。我们称之为‘现实’的东西的物理基础不是简单的，而是复杂的……不确定性、非决定性、随机性、矛盾等不是作为在解释中应予消除的渣滓出现，而是成为在我们对现实的领会、认识中不可消除的部分；制订复杂性的原则，需要所有这些成分。这些成分破坏了简化解释的原则，但今后将滋养着复杂的解释。”❹ 事实上，正是因为任何生命有机体演化规律都不能通过其构成要素的简单相加来分析，仅仅对层次和要素进行剖析是无效的，而是必须研究整体，这就是一种范式的转换。

城市规划学科发展过程中有一个易被忽视的问题就是对城市所固有的复杂性

❶ 卡尔·波普尔. 科学发现的逻辑［M］. 沈阳：沈阳出版社，1999.

❷ 托马斯·库恩. 科学革命的结构［M］. 金吾伦，胡新和译. 北京：北京大学出版社，2003.

❸ 埃德加·莫兰. 复杂思想：自觉的科学［M］. 北京：北京大学出版社，2001：91.

❹ 埃德加·莫兰. 复杂思想：自觉的科学［M］. 北京：北京大学出版社，2001：219.

的研究。过去的100年，本学科学者们受理性主义思潮的影响，善于将城市的问题简单化或沉迷于对其一般发展规律的追求，现在应回到复杂性和特殊性来反思城市规划。钱学森先生提出了开放的复杂巨系统的思想，而城市就是一个典型的开放的复杂巨系统，城市具有复杂巨系统的典型特点，如系统的非匀质性和相互作用，系统的自组织和适应性，系统的复杂性等。对于开放的复杂巨系统，强调简化法的精确科学并不适用[1]。第二个就是细节，规划师习惯于注重宏大的构筑物和巨大的空间尺度设计，对细节往往忽视了。但人们生活在城市中，是生活在细节中间，生活在人性化的空间尺度中。我想就这两个被忽视的问题，一是复杂，二是细节，来讲一下学科的变革。

一、超越传统的偏见：城市作为复杂自适应系统的特征

城市本身就是人类创造的最复杂、最宏大的经济、社会、生态空间等方面复合的体系，而且是典型的自组织的系统。城市作为这种复杂系统，本身具有若干鲜明的特征。

第一，城市作为自组织系统能够通过处理各类信息，从历史和其他城市发展的轨迹中提取有关客观事件发展的规律性，或者将别的城市演进的过程中兴衰存亡的经验教训作为制定自身发展战略、城市规划和公共政策的参照。每一个城市都是参照历史、解决问题、展望未来来编制和实施城市规划的。所谓“规划”一个非常确定的内涵就是能够谋划将来，这也是城市规划学者们孜孜以求的梦想。

第二，城市自身能够通过这些战略、规划、政策实践活动中的反馈来改进和深化对外部世界及自身发展的规律性认识从而改善规划决策和行为方式。城市规划实际上是一个过程，作为过程必然存在着反馈，而且是能纠偏的负反馈的体系，该系统能纠正发展过程中认知上的差距和由于外部干扰所产生的偏差，这是负反馈系统最基本的特征。正因为这样，可以说城市不是被动的，是完全具有能动性的系统，是一种自组织体系，可称为CAS系统（Complex Adaptive System）。

第三，市民和开发商的集体决策往往是依据外部环境的变化和城市自身的发展目标而进行的，这一过程是通过探索、实践、互动，掌握生存发展之道。这种相互互动的关系，通过快速实践、互动乃至于反馈，然后再决策，企业自身、市民自身乃至到城市自身，都逐渐把握可持续发展的正确生存发展之道。所以城市整体上来讲，具有“学习”与“适应”的能力。城市的整体与部分、政府与市民、不同人群之间，实际上都存在着共生的关系。同时城市的经济也是种范围经

---

[1] 钱学森. 一个科学新领域——开放的复杂巨系统及其方法论［J］. 城市发展研究，2005，12(5).

济，在城市这一特定地理范围内，各种各样的经济体是共生的，相互联系的。从经济学的角度来讲，城市的本质上是一种范围经济[1]，而不是规模经济。在城市这一特定地理范围内，资源的多样性和资源间的外部延伸和交互效应，决定了城市的整体的经济效益和发展的动力。

第四，城市是其社会、自然环境的具体展现和浓缩，它们不但与环境密不可分，后者也是其本身健全存续与发展之所系。城市与环境组成的一个复合体，城市与自然环境的相互依存；城市与农村的相互依存；城市与城市其他城市的相互依存；城市与生态环境的相互依存。这种相互依存的关系从它们诞生之日起就产生了，而且伴随发展的全过程。正因为这样，经济学家们判断最佳城市规模的标准往往呈现高度的多样化。中国的经济学者一般认为，100 万人口的城市是最佳规模，德国同行认为 20 万就可以了，意大利学者认为 5 万人口就足够了。国际上得奖的最佳人居环境城市其人口往往是 5 万人以下的。为什么是这样？因为一个城市最佳的规模并不决定于城市人口规模的大小，而是决定于城市产业的性质、城市与城市之间的相互作用、城市与周边农村能不能协调发展。单纯从单一城市人口规模来讲经济效能或发展可持续性是没有意义的。

第五，城市作为一种组织，一种自组织，他的生存发展之道在于不断深化为最能发挥其功能的形态和找到最佳的“生态位”。这种生态位无论在社会上、在城市的整个体系上、在城市的分工上，以及城市与自然的关系上，它都能够找到一种生态位，这是非常重要的。比如玉树这个城市存在了 1000 多年，在这个 4000 多米的高海拔上面，形成了一个十多万人的城市。这种城市的结构和功能，完全适应于这种自然状态，适应于它的历史文化。但是玉树震后恢复重建时，有些单位提出要再搞一个工业园区。这样做尽管短期可能会使得玉树的 GDP 迅速增加，但是长期来看将会遇到资源枯竭等问题，这种外加的增长方式是不可持续的。所以绝大多数城市是自组织形成的，并且更具有生命力。

二、从抽象到真实：他组织与自组织的共存

前面讲了一些概念，即复杂科学，或者自组织的体系是可以适应于城市。我们原来对城市规划的指导思想，把它分成了他组织和自组织，而将规划分类为一种他组织。我相信这种分法不正确。因为规划的对象是城市，而城市本身就具有自组织性，规划要适应于这种自组织的特性。在理性主义者的视野中，纷繁复杂的城市现象背后一定存在着内在的统一性、现象是个别的、特殊的、短暂的，甚

---

[1] 范围经济指的是由于一个地区或城市集中了某项产业所需的人力、相关服务业、原材料和半成品供给、销售等环节供应者，从而使这一地区或城市在继续发展这一产业中拥有比其他地区或城市更大的优势。范围经济的概念是 20 世纪 80 年代初由美国学者蒂斯（Teece，1980）、潘萨尔和威林（Panzar & Willing，1981）以及钱德勒（Chandler，1990）等人首先使用。

至是虚假的，而探索蕴藏于现象背后的抽象的本质，即寻找形而上学的连续性、确定性、不变性、可预见性才是有意义的。但从实践者看来，理论与实际的脱节正成为城市规划学日益脆弱化的重要症结。这样一来，怎么样把复杂性的抽象概念与城市真实场景的结合起来尤为重要。他组织与自组织在城市内部往往是交织并存的。现代城市一开始诞生之时往往是他组织起主导作用的，随着城市的发展，当其内部构成的元素超过大数定理的时候自组织的机制就诞生了，但始终伴随着他组织的约束和引导，从而形成至少五个方面的演变的现象。

第一，从单一连续性到与非连续性共存。具有他组织特征事物的演化规律是连续的，可预测的，没有断裂，历史演进是没有跳跃的，是平滑的实现。这种模型在城市形态上表现为同心圆式的环线交通路线和摊大饼似的城市发展，形成的城市中心就会面临日益严峻的交通拥堵、热岛效应的加剧和空气质量和环境恶化等弊端。而自组织是非延续的，城市的系统是由众多的主体和元素构成，这些元素之间非常紧密和频繁地发生相互的作用，产生一种共生的关系。而任何元素之间的相互作用都是不可分割的，没有独立存在的可能。所以无论是经济的主体、社会的主体，还是生态的主体之间都是相互作用的。而且这三类主体之间也是相互作用的、是共生的。通过主体之间的集聚和相互作用，自组织的事物将形成高度协调和适应的一个有机整体。在农村由于空间的相对广阔，这种相互作用的力较弱；在城市中因为主体之间的空间距离缩短了，相互作用的力就大得多。这是专业化的分工与合作只能在城市里产生的重要原因。这种专业化分工与合作在农村里产生的可能性就比较小，因为城市中各主体之间有高度、非线性的相互作用，从而产生涌现现象（Emergency）。比如说深圳在短短的二十几年，发生了翻天覆地的变化，从一个小渔村就变成一个上千万人口的现代化都市。二十几年从城市发展史的历史长河来看就是一个瞬间，这种变化就是一种涌现。在当前全球化的背景下，人、资本、肉体已经分不开了，知识已经成为最主要的资本，城市涌现的可能性就大大地增加了。如果不是在这样的时代背景下，深圳也无法发展如此之快。

第二，从注重确定性到与非确定性共存。规划学者们对他组织现象往往是非常熟悉的。例如，功能分析、理性主义、现代主义等，由于工业文明启蒙社会所带来的决定论长期统治着城市规划学。20 世纪初叶法国学者勒·柯布西耶（Le Corbusier）提出了“光辉城”的概念，并于 1933 年组织学者编写了《雅典宪章》[1]，它确定了一些功能主义者所认可的城市发展理想的原则。这些原则所描述的人类城市未来的前景，往往是摩天大楼再加上大片的绿地，在结构上体现了清楚、对称、简洁、功能明确的一种机械的美。这种机械的美对现代规划师们产生

[1] 国际建筑协会（C. I. A. M.）于 1933 年 8 月在雅典会议上制定的一份关于城市规划的纲领性文件——“城市规划大纲”，后来被称作《雅典宪章》。

了深远的影响，其结果是无数的历史文化街区和城市历史文脉被无情摧毁，城市成为无法记忆的陌生地。中国传统的文化中的封建主义强调了等级结构，强调了对称、平衡、秩序和道义上的规范，这等于把城市中的等级功能也无形地放大了。计划经济更进一步强化了规划师的“自恋情结”，因为他们力求将所有的一切都趋向于确定化。按这种理念培训出的规划师们越是能拍胸脯豪迈地宣称：对 20 年后的城市发展能了如指掌。

自组织理论认为城市发展过程充满着随机性和偶然性。例如英国民众对伦敦 2012 年的奥运会就有前后截然不同的评价。在金融危机之前，伦敦市民往往认为奥运会是伦敦经济的救星，兴办奥运会能带来众多的就业和发展机会。当金融危机来到以后，人们又将其当成是一个灾星，烫手的山芋，巴不得让别的城市拿去办。伦敦的市长也叫苦不迭，认为要是没有这个奥运会就好了。在经济全球化的今天一切都改变了，城市发展在许多方面完全是不可预测的。获得诺贝尔奖的普里高津认为：我们已经走入一个确定性腐朽的时代，必须表述把自然和创造性囊括在内的新自然法则，应该用新的法则看世界，这种法则不再是基于确定性，而是基于偶然性。在当前的经济环境中，不确定性是唯一可以确定的因素❶。

从城市自身的角度来看，城市中任何一个基本单元，哪怕是房地产市场价格的涨落，也没人能够预测得准。国内外搞房地产研究的学者经常为他们的判断误差而大跌眼镜。

第三，从突出事物的可分割性到与不可分割性的共存。他组织强调事物的可分割性、还原论、构成论，从而导致一系列错误的简单化结论。勒·柯布西耶最著名的引言——“建筑是居住的机器”❷。后人接着进一步延伸论述“城市是放大的居住机器”，一切都可以构成。事实上，在功能分区的倡导下，许多事关百姓日常生活的商业服务设施被隔离在居住区之外，生活区与工作区的分离使开发区、CBD 等被建成为“鬼城”，几乎没有一个卫星城有足够的、自主的发展能力和主城抗衡，往往因不能产生充足的反磁力而趋向没落或停滞不前。

自组织体系理念认为，自然界没有简单的思维，只有被人简化的思维。特别是对城市这一种复杂的结构，永远不要把概念封闭起来，要粉碎原来封闭的边界，在被分割的东西之间重新进行联系，多角度的思考。特别是要研究那些起整合作用的整体，因为整体他分不同的层次。由简单的单体所组成的城市系统实际上会产生极其复杂的发展模式，这是被复杂理论和城市发展史所证明了的。所以在《第五项修炼》这本非常热门的管理学书中，彼得·圣吉写道：某一种新的事

---

❶ 伊里亚·普里高津. 确定性的终结［M］. 湛敏译. 上海：上海科技教育出版社，1998.

❷ 博奥席耶，斯通诺霍. 勒·柯布西耶全集（第 3 卷·1934～1938 年）［M］. 牛艳芳，程超译. 北京：中国建筑工业出版社，2005.

物正在发生，而它必然与我们都有关，就是我们都属于那个不可分割的整体❶。无论是信息化、市场化、全球化，全人类实际上日益找到了利益的共同体，日益找到了观念的共同体。比如说全球变化，就成为一种全球道德，尽管没有一次全人类能够为同一个命题做出反应，但是我们都联系在一起。而城市之间，正是因为人情形成全球的这个城市的网络体系。在全球化的过程中间，如果你的城市成为这个网络节点，那它就走向繁荣，因为作为一个网络的节点接收的信息就大，其能动性就大，而有一些城市会被边缘化。在这样一个全球的财富和知识的网络中间，重新流动的格局不可避免地产生。所以这种自组织，非常强烈地体现了城市自身以及城市与城市之间的作用。

第四，从严格的可预见性到与不可预见性共存。他组织理论认为，以可预见性来否认城市发展的突变与生成性，对随机性、偶然性不加以考虑。传统的城市规划学者做的模型往往把偶然性、随机性的事物都排除在外，力求分析模型的简化，追求简洁和理性，能满足规划师目前的理解能力与工程应用。例如因管理方便所以形成纯而又纯的功能分区肢解了城市空间的有机构成。在城市中划定一种区域单一的土地使用功能，使土地管理上非常方便，统计上非常简约，但是行政管理的方便性倒成为实际上失败的城市形态，这是本末倒置。富人区、贫民窟，城中村、民族村的相互对立，开发区与居住区之间的钟摆式交通拥堵等弊端往往都是行政上的无知和市场上的盲动两者交织形成的。由此可见，僵化的城市规划体系和算命先生式的审批制度，确实很难适应与捕捉动态的发展机遇和适应城市自身的创新力量。

城市作为一种自组织体系，与农村相比，它聚合的力量是非常强大的，推动了整个近代史人类文明跳跃式发展，使人类文明摆脱了一万多年发展的陷阱。自组织理论者就认为，城市的发展轨迹常常会呈现出混沌意义上的规律，即有序与无序、可预见与不可预见的交融，而重大社会历史事件就成为这些“作用力”较量的体现。由此可见，未来不在历史的延长线上，城市的未来只是一系列不连续事件的积累，只有承认和适应不可预见性，才有机会在21世纪获得成功。当今的全球化、信息化和科技的迅猛发展，都为城市的突变、城市的发展创造了众多难以预料的新机遇。全球性的金融所造就的城市发展新瓶颈也带来了众多分析上的障碍和困难。如果沿用过去他组织的模式来简单地看问题，有可能会再次陷入盲人摸象的困境。

第五，从着眼于宏大尺度的构筑物到与关注具体的生活空间共存。从他组织系统的角度来看，决策者常常会迷恋于巨大尺度的建筑构件一点也不会奇怪，因为，那些宽广的广场、巨大单一的功能区或工业区、高架桥、标志性建筑等，都可以充实他们“在地球上留下痕迹”的宏大抱负。但事实上，这些恰恰会与老百姓日常生活细节的尺度空间脱节。当决策者们醉心于城市空间图案的壮丽时，当

❶ 彼得·圣吉. 第五项修炼［M]. 张成林译. 北京：中信出版社，1999.

规划师创造出非常令人难忘的鸟瞰图的时候，实际上往往与市民日常生活舒适性正在“南辕北辙”。

自组织理论认为，功能混合、紧凑的空间结构，多样性协调的景观特色，多元文化共存，以及就业居住适度均衡的小区，丰富多彩的交往空间和亲切的邻里关系等，这些都是符合人性的。但是这些迎合百姓需要的“下里巴人”，与规划师或者城市领导所感兴趣的“阳春白雪”往往并不是一回事。

三、从宏大尺度到微观细节

所有这些都促使我们重新来认识城市规划的变革与发展，就是怎么回到2010年上海世界博览会的主题——“城市，让生活更美好”。这就要求以自组织体系变化规律与他组织交互作用，使自组织这种过去被遗忘的，但确实是自然系统本身的演进规律来弥补现在传统城市规划的缺陷。也就是说，过去着眼于宏观，着眼于他组织，着眼于现象，现在应回到细节，回到人性，回到与自然如何共生，这些往往是决定城市胜败的细节。从表观现象讲，我国的城市从飞机上俯视其外观往往和欧洲现代城市差不多，但是下了飞机走进大街小巷发现细节上和欧洲差很多。我国的城市在外表上，在飞机场、火车站、高架桥上，可能比欧洲某些城市更加整齐、更加宏大、更加壮观。但是在百姓日常生活细节上，在街道及公共服务的宜人性方面与发达国家城市的差距并没有缩小，有的时候还在拉大。如何改进呢？这时就要引入微循环的理念。

微循环理念是在工业文明的大循环即长距循环的背景下反过来注意生态文明的微循环，即短距循环。微循环理念是低碳生态城市建设的新理念，同时也需要各项技术来提供支持。

微循环理论体系庞大，从某种意义上讲，城市建设各领域的技术提升都涵盖在微循环框架中，城市是复杂的巨系统，任一要素任一形式的自我提升与改进都符合“微”的概念。智慧生态城市的微循环技术体系主要包括：微降解、微能源、微能耗、微冲击、微更生、微交通、微创业、微绿地、微医疗、微农场和微调控等方面。这11个微循环既相互关联，同时又包括各自不同内容体系。

结论：

我国的城市规划工作者有两方面是值得自豪的。一是：能基于科学决策集中力量调动各方面的积极性办大事，这是当前中国式的政治体制优势。二是：能主动意识到尊重自然，尊重人性，追求“天人合一”“师法自然”，主动走科学发展道路。这是中国传统文化中的原始生态观的优势。但更重要的是，城市规划学科的发展和变革，离不开遵循人性化和生态化这两个时代大趋势，离不开对主宰学科发展内在规律的再探索和对传统范式的超越。离开了城市的本质性问题的探索，学科规划发展可能就会南辕北辙。

第六章　幸福与增长——智慧生态城市发展的目标与思路

绿色城市和生态城市已经成为全球的热点之一。当前在探讨生态城市和绿色城市时，一般集中在碳排放减少和能耗降低等方面，但是，本章将从城市的本质的角度来探讨，即生态城市的最主要目标就是使市民的生活更美好。

一、城市发展三角与三个里程碑

离开了“使生活更美好”这一主题，任何城市，包括低碳城市和生态城市，都将失去城市发展本身的意义。城市发展已经有一万多年的历史，在这个过程中，人类孜孜不倦地探求城市应该如何规划建设。经历了工业化的洗礼以后，人们逐渐认识到城市发展可用一个等边三角形来表示，其中一条边是可持续性，另一条边是经济利益，第三条边是幸福指数。这等边三角形构成了城市和谐发展、可持续发展最主要的内涵（图 6-1）。

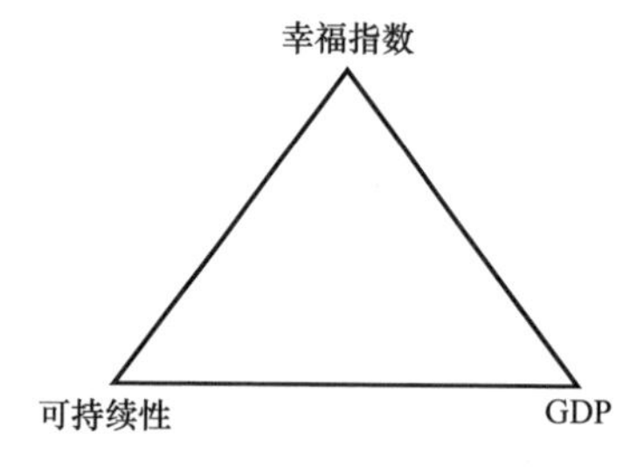

图 6-1　城市发展三角形示意图

二、国际新城建设的经验与教训

人类在过去，特别是在大工业革命以前，往往发展功能相对单一的城市，如祭祀用的城市、防御的城市，以及后来为周边农村服务的城市。大工业革命时期专门为工业发展区、原材料区、港口等发展一些城市，当时城市发展主要就是为了工业配套的目的，城市本身的含义却退居其次了。英国人将这样发展起来的城市称为蘑菇城（Mushroom Town），形容城市发展的速度非常快。

然而，这种蘑菇城存在极大的负面影响，因为其恶劣的生活环境和严重的环境污染使得居民的预期寿命大大缩短。据史料记载，在大工业革命前期，曼彻斯特作为当时的世界纺织中心，其城市居民人均预期寿命只有 25 岁，比周边的农村地区还低。在这一时期，人类文明发展速度更快，但是这种发展反过来又摧残着人类的幸福生活，变成一个悲惨世界。经历了工业城市的环境污染、疾病丛生的困境之后，人们开始重新反思城市的意义，城市应该如何发展。在反思的基础上，以霍华德为代表提出了应该建设一个更美好的城市，要建设田园城市，让田园风光在城市中驻足，让城市活力向乡村辐射。这样，其名著《明日的田园城市》就成为现代城市规划学诞生的主要基石，这是第一个里程碑，让人类主动认识到城市的目标应该是让人类生活更美好。

第二个里程碑是以英国前首相丘吉尔为主导的新城计划。仅英国，第二次世界大战后就有几百万的军人退役并组建家庭，需要提供大量的住宅，当时提出的解决办法就是建设30多个新城来分流涌向伦敦的人口压力，目标是使英国的城市布局形态更加和谐，更能促进国民的幸福和国土经济的均衡发展，实现“等边三角形”的发展。

第三个里程碑是20世纪90年代以后，人们逐渐认识到城市既是人类创造和追求梦想的地方，也可能是毁灭人类的武器。这是因为80％的二氧化碳是城市排放的，这对地球造成了严重的危害，威胁了人类的未来，同时，城市还造就了收入不平等、污染、动乱和失业，所以，城市既是人类所有的梦想所在，也是未来最大的威胁。为此，人们提出要建设低碳生态城和绿色城市，要重新走绿色、和谐发展之路。这三个里程碑是工业大革命以后人们经过反思和总结经验教训得出的三种城市发展模式。

以上是国际新城的建设经验和教训，以及生态城怎么处理好幸福与增长两者之间均衡的理论阐述。从实例来看，100多年前，英国社会活动家霍华德认识到城市已成为人间地狱，不能再继续这样发展下去了，在观察和思考的基础上，他提出了一整套解决城市的方案，即田园城市的三重目标：

1）空间目标。

（1）每个田园城市控制在一定的规模，对建城区用地扩张进行限制。

（2）几个田园城市围绕一个中心组成系统。

（3）用绿带和其他开敞地将居住区、工业区隔开。绿带的概念开始形成。

（4）合理的居住、工作、基础设施功能布局。

（5）城市各功能区之间有良好的交通联接。

（6）市民可以便捷地与自然景观、田园风光接触。

2）社会目标。人们理解田园城市往往局限在空间布局方面，忽视了它的社会目标。

（1）通过土地价格公共政策规定来限制房客的房租压力。当时的土地全部是私有的，私有化的土地造成了土地投机，使居住人以承受过高的房租压力。霍华德提出城市土地应归集体所有，并通过公共政策来降低土地和住房的租金。

（2）资助各种形式的合作社，广泛进行城市更新改造。

（3）土地出租的利息归公共所有，即城市经营获得的收入为社会所有。

（4）建设各种社会基础设施。

（5）创造各种就业岗位，包括有利于自我创业。

3）组织管理目标。

（1）建立具有约束力的城市建设规划，以法律为后盾来约束所有开发的行为。英国在 1903 年颁布了城市规划法，是世界上最早的规划法规。

（2）城市规划指导下的建筑方案审查制度。

（3）政府应作为公共设施建设的承担者。

（4）把私人资本的借贷利息限制在 3%～4%范围之内。

（5）公营或共营企业的建立，由政府来提供公共基础设施。

霍华德不仅提出了田园城市的理论，而且身体力行，在英国建立了两个田园城市，一个是莱奇沃思（Letchworth），另一个是韦林（Welwyn）。霍华德的田园城市理论，对现代城市规划理论和城市发展产生了深刻影响（图 6-2～图 6-4）。

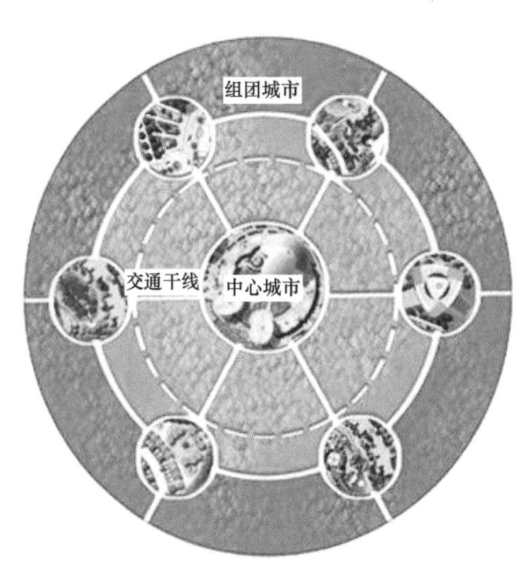

图 6-2　霍华德的田园城

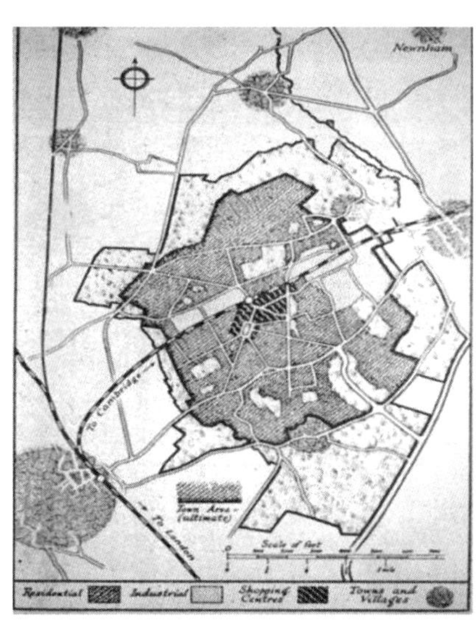

图 6-3　霍华德的第一个田园城市：莱奇沃思

图 6-4　霍华德的第二个田园城市：韦林

紧接着，在20世纪20年代，法国建筑学家勒·柯布西耶领导的新建筑学派否定了繁缛的建筑风格，发展了一种简洁、机械的建筑流派。勒·柯布西耶认为建筑的使用功能是第一位的，应该把建筑设计成满足人们使用功能的建筑。他的一句名言就是“建筑是居住的机器”，住宅产业化实际是这种思想的延伸。有人说城市就是放大了的居住机器，但是，建筑学家如果把建筑机器的思想应用扩大到城市时，往往同时会放大了这个机器的错误。在勒·柯布西耶的组织下，这种简洁、机械、对称的模式应用到了世界上很多地方，如巴西的新首都巴西利亚（图6-5）、澳大利亚首都堪培拉等，都是这种建筑流派留下来的遗产。

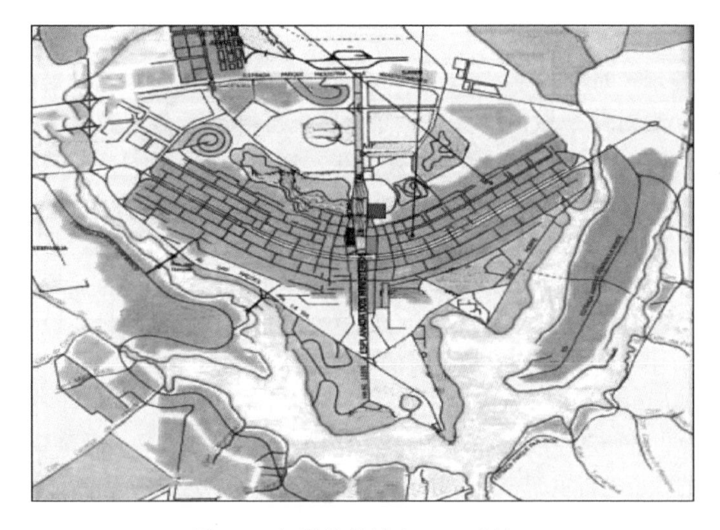

图6-5　机器化的城市：巴西利亚

这些按照勒·柯布西耶的规划放大了的城市，非常对称、有序，充满了技术美，从空中俯视非常壮观。如巴西利亚看上去像是一只大鹏，两翼展开，“鸟头”朝向一个湖泊，所有的建筑非常整齐地排列在两侧翅膀中。但在这个城市里面，很难分清东南西北，经常会让人迷路，这个城市奇特的形态纯粹是一个象征，因其生活枯燥反而成为一个新城建设的反面教训。再比如澳大利亚的首都堪培拉，是位于墨尔本和悉尼之间的一个新城（图6-6）。美国建筑师格里芬（Walter Burley Griffin）是勒·柯布西耶的忠实追随者，他的设计方案通过两条主大道把这个城市连接起来，并让城中间的一个峡谷蓄积了雨水，将城市分成两半。正是这个湖泊才使城市有了整体上的改观，看上去比较秀气，人们为了纪念格里芬，就把这个湖泊称之为格里芬湖。

图 6-6　机器化的城市：堪培拉

堪培拉展示了对称、庄严、秩序和技术美。然而，到过堪培拉后的人都有一种感受，第一天对这个城市的整齐、绿化感到震撼，第二天就对这个城市的机械、对称的美有了审美疲劳，感到枯燥乏味，到了第三天就只想赶快离开，没有想再来第二次的愿望，很少有旅客想在这个城市停留超过 3 天。堪培拉 75%的人口是公务员，到周末时人基本上都走光了。在堪培拉有一所大学，是澳大利亚等级最高的大学，但是这个大学经常发生学生退学的现象，一个重要原因是这个城市太枯燥了。这种现象引人深思，为什么这些经过现代建筑师精心设计规划的新城市反而没有中世纪那些没有规划过的城市空间更宜人呢?

在霍华德的田园城市实践之后不久，时任英国首相的丘吉尔在第二次世界大战即将结束前夕，开始考虑战后军人的住房安置问题。由于退伍军人数量众多，丘吉尔决定对英国的城市进行重新布局，制定了新城建设计划，这样做很有远见。然而，英国的新城计划实施过程中，也犯了一些本来可以避免的错误。但这些失误并不能阻止英国的新城运动走向整个欧洲大陆，并在全世界掀起了一个新城建设的浪潮。最早进行新城建设的有英国和法国，它们的经验教训和差别非常值得总结和借鉴。

第一，新城计划的目的不完全相同。英国是为了控制伦敦等中心城市的规模，在中心城市以外的若干距离范围内，选择某些被认为是适当的地点建新城，在新城设置具有一定规模的工业、住宅及其他设施，以吸引大城市的产业和居民入驻，使之逐步形成居住和就业自我平衡的新城镇。法国的新城建设从解决大城市的矛盾出发，旨在解决巴黎中心城区第三产业无限膨胀的困境，将新城作为整个大城市地区的一个磁极，在开始规划时就确定要将中心城区内的一些事务所、行政机关及服务设施等吸引出来。巴黎的新城在规划建设过程中，注重采取适当的布局，建设有规模的各种公共服务设施，以便增强对于第三产业的吸引力，从而产生一种可与巴黎中心城区相抗衡的力量，以实现巴黎大城市地区的整体平衡。

第二，新城的建设标准不同。巴黎新城创建了功能综合的现代化新城中心区，把行政管理、商业服务、资讯产业以及文化娱乐设施等多项功能都集中在一个规模较大、功能齐全、设计新颖，并能体现现代科学技术水平的新城中心区内。在其周围建有大量及多样化的住宅，设置相当规模的大学、商店和科研情报中心等。建设高标准、规模化的公共建筑，使新城的居民在就业、文化娱乐和生活方面能享有与在巴黎中心城区相等同的水平。与之相对照，英国的新城功能不够完善，产业发展缓慢，商业氛围也不够浓厚。

第三，新城规划选址原则不同。英国的新城建设考虑的是控制大城市的膨胀问题，要避免新城的发展与大城市连成一片，或者防止人口过分集中在伦敦，以及更好地获取土地开发红利，有利于新城开发资金的平衡。因此新城的位置必须离伦敦老城市有一定距离；而且英国的新城定位是作为一个不发达地区的生长极，要解决一个地区发展平衡的问题，因此规划所确定的新城建设地点离大城市越来越远。而法国的新城离中心城区比较近，更多考虑的是如何解决巴黎大城市当前发展的分流途径问题，新城形成一发展极，将老城的一部分人口、服务功能、产业等吸引过去。

第四，新城建设的基础不同。英国的新城建设有别于城镇扩建，在城镇建设中把新建和扩建截然分成两种类型。在大城市周围建的多半是“新”城，新城在空地上建起来，要建成独立的新城，需要在土地、基础设施建设等方面采取人为的强制性政策和措施。但事实上新城建设的速度很慢，往往 20 年左右才能建成一个有几万人的新城。而法国的新城建设充分利用原有的城镇基础，每个新城都是由原有的 10 多个或 20 多个小村镇组织起来的，因此新城有可能在原有的城镇基础上比较快地发展起来。

第五，新城的功能不同。英国的新城从单一的工业发展到多种工业；而法国的新城更强调吸引更多的商业、公共机构及建设各种文体娱乐设施，因此，法国新城的服务业发展始终保持领先地位，市场机制运用比较充分。

第六，新城的布局不同。英国的新城布局比较刻板地遵循霍华德的田园城市模式，同心圆内星状分布新城的形状，功能分区明显，类似我国的开发区再加上一个居住区的布局，在几个不同时代建设的新城，选址都在环路周围，比较分散。法国的新城空间形态呈手指状的格局；如巴黎的新城沿着几条放射路发展，放射路之间有楔状的绿地，新城更像是一组村镇，是互相依存的小村镇与新开拓组织在一起，新老搭配，中间有绿带，景观也很好。

第七，新城的建筑风格不同。英国的新城在建筑方面继承了英国的传统特点，比较严谨，形式上较整齐划一。而法国的新城建筑形式多样，布局灵活，显得生动活泼，体现出新城文化的多样性。

斯蒂夫尼奇（Stevenage）是英国 1946 年《新城法》出台后建设的第一个新城（图 6-7、图 6-8），规划目标是 6 万人，占地 25km^2，到 2001 年实际居住人口约 8 万，它的中心现在正进行改造，但规划方案看起来比较刻板。朗科恩新城

（Runcorn）属于英国的第二批新城（图 6-9），规划面积将近 30km²，人口 7 万，规划范围包括农业、大片森林和一些山地。在朗科恩新城有一个著名的八字形环路将整个交通串联起来，公交按照这个八字形来安排，从这一点来说，朗科恩新城是第一个将公共交通安排得比较好的典范。然而，朗科恩新城到 2001 年人口才达到 6 万，增长非常缓慢，这是英国新城建设得到的一个大的教训。我国在建设新城时，要认真吸取借鉴国外的经验教训，避免许多前人走过的弯路。

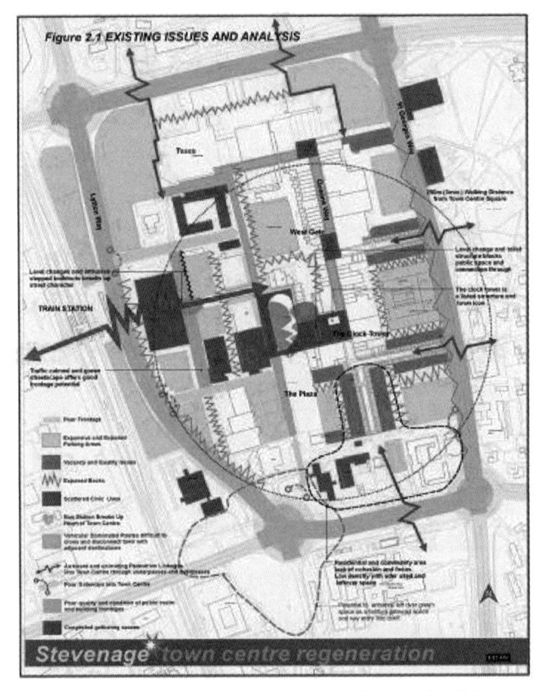

图 6-7　斯蒂夫尼奇新城市区中心更新计划

图 6-8　斯蒂夫尼奇新城连接市民休闲中心和火车站的人行通道

图 6-9　英国朗科恩新城

三、生态城市的目标：幸福与增长

前面介绍了田园城市和英法两国新城建设两个城市发展的里程碑，而城市发展的第三个里程碑，则以城市发展新的目标为标志，即生态城的发展目标不仅包括低碳排放和经济可持续，还应包括城市是为了人类更美好地居住这个主目标。如果离开了这个目标，城市发展就会背道而驰。在这方面，美国曾经做过一个人们对居住地与幸福程度的抽样调查，样本超过 3 万人，最后把调查结果整理成一张表，这个表能给人很多启迪。在城市发展中强调绿色生态和可持续，就是要让当代人和后代人都能过上更美好的生活。这张表将所有的指标作了分解，并突出了最主要的指标。

美国是一个人口流动性很强的国家，据统计，美国人一生平均要搬 12 次家❶。在这个调查结果里可以看到，美感和生活方式满分是 5 分，调查的总体评价是 3.65 分，其中总体幸福感满分是 1 分，调查评价是 0.622 分，高于对城市的满意程度、向朋友家人推荐度和对未来的期望等几项的调查分值（表 6-1）。在美感和生活方式方面再加以细分：第一是感到美，充满愉悦，即城市应该是让人感到愉悦的；第二是美观和物质环境；第三是户外公园、游乐场和散步小路。另外还包括空气质量、气候、生活方式、能不能结识新老朋友、文化活动丰富与否等，这些都是构成城市美好生活最基础的方面，对企业开发一个小区也同样适用。

❶　U. S. Census Bureau，Population Division. Current Population Reports，Series P20-481，Geographical Mobility：March 1992 to March 1993 [R].

美国“居住地与幸福程度调查”结论：美感和生活方式　　表 6-1

因素	总体评价	总体幸福感	对城市的满意程度	向朋友家人推荐度	对未来的期望
美感和生活方式	3.65	0.622	0.581	0.579	0.503
美感	3.88	0.560	0.534	0.510	0.456
美观和物质环境	4.00	0.499	0.475	0.463	0.395
户外公园、游乐场和散步小路	4.06	0.445	0.424	0.413	0.355
空气质量	3.76	0.389	0.371	0.341	0.333
气候	3.70	0.373	0.358	0.340	0.300
生活方式	3.35	0.457	0.412	0.438	0.367
结识新朋友	3.65	0.528	0.486	0.500	0.422
文化活动	3.38	0.342	0.309	0.329	0.272
夜生活	3.08	0.289	0.254	0.281	0.233

第二个大的方面是基本服务，基本服务的总体评价是 3.46 分，仅次于美感，其中小学与中学教育占了很重要的地位（表 6-2）。这一点美国人与中国人很相似，家长都想为子女找好的小学和中学。比如，波士顿房价最高的地方不在市中心，而是在当地几个非常著名的学校周边，其中卫斯理学院（Wellesley College）是 20 世纪 30 年代宋家三姐妹读过书的名校。其他的包括宗教场所、高等教育、住房、交通特别是公共交通，这些构成了基本服务。

美国“居住地与幸福程度调查”结论：基本服务　　表 6-2

因素	总体评价	总体幸福感	对城市的满意程度	向朋友家人推荐度	对未来的期望
基本服务	3.46	0.603	0.545	0.558	0.509
小学和中学教育	3.55	0.468	0.443	0.427	0.384
健康医疗	3.83	0.410	0.383	0.380	0.334
就业机会	3.15	0.401	0.365	0.380	0.327
宗教场所	4.23	0.346	0.324	0.334	0.265
高等教育	3.93	0.321	0.292	0.305	0.261
住房	3.03	0.310	0.257	0.278	0.293
交通	3.33	0.306	0.266	0.257	0.299
公共交通	2.77	0.188	0.161	0.179	0.162

第三个是开放度，即是否能够适应不同阶层人的需要，这个常常被人们所忽视（表 6-3）。评价一个地方是否适宜居住，首先是看有孩子的家庭所占的比例。如果一个小区都是单身宿舍，住着清一色的白领阶层或蓝领工人，小区是难有生活气氛的。有小孩子的家庭居住才能体现出稳定的、均衡的、永久的居住地性质。吸引的其他人群包括老年人、单身的年轻人、新近的院校毕业生，其他因素包括对种族、移民等的包容性，宜居的社区必须是一个非常开放的、没有歧视的、包容性非常高的社区。所以，在城市规划史上的两大宪章中都强调，城市最主要的特色就是包容性。

美国“居住地与幸福程度调查”结论：开放度　　表 6-3

因素	总体评价	总体幸福感	对城市的满意程度	向朋友家人推荐度	对未来的期望
开放度	3.03	0.509	0.455	0.475	0.427
有孩子的家庭	3.75	0.558	0.506	0.516	0.466
老年人	3.49	0.466	0.432	0.418	0.394
单身的年轻人	2.94	0.384	0.337	0.373	0.310
新近的院校毕业生	2.69	0.375	0.322	0.361	0.314
民族和种族群体	3.19	0.252	0.219	0.236	0.218
移民	3.00	0.201	0.177	0.188	0.175
男女同性恋	2.75	0.176	0.156	0.171	0.140
穷人	2.49	0.169	0.142	0.153	0.155

第四个是经济和个人的保障（表 6-4）。经济和个人的保障总体评价分值并不高，因为一个城市的经济保障不好人们可以选择到其他城市去，所以整体的经济保障不是最主要的。但是从经济条件单方面来说是非常重要的，评价分值为 3.24 分，个人保障为 3.54 分，所以，现在整个欧盟已经实现了任何人在不同的地区流动，他的养老保险、工伤保险、就业保险都可以跟着走，但我国目前还没有做到互通。现在一些城市互相签署协议，公积金在这些城市之间可以迁转，下一步应该逐步将养老保险等也通用起来。

美国“居住地与幸福程度调查”结论：经济和个人的保障　　表 6-4

因素	总体评价	总体幸福感	对城市的满意程度	向朋友家人推荐度	对未来的期望
经济和个人的保障	1.72	0.497	0.454	0.441	0.437
整体经济保障	0.66	0.440	0.393	0.390	0.395
经济条件	3.24	0.548	0.514	0.495	0.458
找工作的好时机	未获取	0.294	0.265	0.267	0.256
经济回升	未获取	0.256	0.206	0.221	0.260
个人保障	3.54	0.409	0.394	0.354	0.352

最后一个是领导力（表 6-5）。一个城市，尤其像我国处在发展阶段的城市，有没有一个好的领导人，有没有一个决策敏锐、民主、科学而且实施能力强大的领导班子，对一个城市的居民生活质量有非常大的影响。所以，中央领导反复强调，一定要把城市领导人的培训作为最重要的工作去做。战争年代每一个领导干部都要懂得战略、战术，而实施现代化建设，不论原来的专业背景是什么，领导人都必须懂得城市的规划、建设和管理，这是基本功。

美国“居住地与幸福程度调查”结论：领导力　　表 6-5

因素	总体评价	总体幸福感	对城市的满意程度	向朋友家人推荐度	对未来的期望
领导力	未获取	0.432	0.408	0.377	0.376

在总结城市发展的三大基石和美国的居住地与幸福程度调查基础上，归纳起来，绿色生态城市规划建设应该遵循以下原则。

第一，在交通方面，要求编制覆盖整个地区的交通规划，充分体现绿色交通的原则，将提高步行、骑车和使用公共交通出行的比例作为生态城镇的整体发展目标，至少减少50%的小汽车出行（图6-10）。在国外，自行车出行已经蔚然成风，市长带头骑自行车，对民众形成号召力。为了实现这个目标，每个住宅的规划和区位设置的标准具体规定为：10min以内的步行距离，能够抵达发车间距较密的公共交通或地铁车站；设置完善的邻里社区服务设施，包括卫生健康、社区中心、小商店等，减少日常服务的远距离出行频率。在生态城镇各种设施的整体布局规划上，不能出现依赖小汽车的规划模式和空间布局，即美国南部的郊区化模式。

图6-10　自行车出行方式

第二，在土地利用方面，要求生态城镇内部应当实现混合的商务和居住功能，使居民能够就近就业，尽可能减少非可持续的、钟摆式的通勤出行的生成。在服务设施上，要求建设可持续的社区，能够提供为居民的富裕、健康和愉快地生活有所帮助的设施。

第三，在绿色基础设施方面，要求生态城镇的绿色空间不低于总面积的40%。这40%中，至少有50%是公共的、管理良好的、高质量的绿色、开放空间网络。绿色空间要求具有多功能和多样化，例如可以是社区绿地（图6-11）、湿地、城镇广场等；可以用于游玩和娱乐，能够提供野生憩息功能。要尽可能将生态城镇的绿色空间与更为广阔的乡村衔接在一起，使田园风光和城市的文明有机地结合起来。霍华德认为：城市和乡村应该按照原来各自的本质来互补发展，最后像夫妇那样结合，这样的结合将会萌生新的希望、焕发新的生机、孕育新的文明。如果把农村和城市按同质化的模式进行发展，城市和乡村就变成同性恋了，就不可能孕育新的文明。所以，欧洲国家如英国、德国和法国等，城市与乡村之间特色鲜明，而美国的郊区化导致城市不像城市，农村不像农村。

图 6-11　社区绿地

第四，在水资源利用方面，要求生态城镇在节水方面具备更为长远的目标。生态城镇的开发建设应采用低冲击开发模式（Low Impact Development），城市建设不能对地表径流的原有状况作很大的改变，不会恶化水源质量，城市的地面50%以上是可以透水的；必须实施“可持续的排水系统”（SUDS）和水景观开发利用规划（图 6-12）。

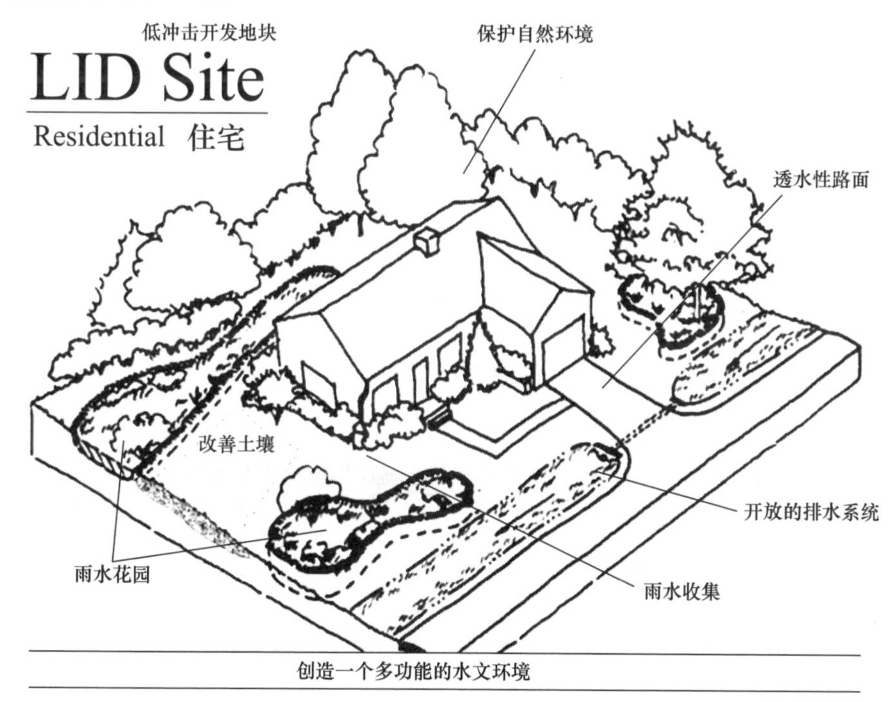

图 6-12　低冲击开发模式（LID）

第五，在防洪风险管理方面，要求生态城市以合理的工程与非工程措施相结合，尽可能利用现代气候预报等技术，以非工程措施来应对雨洪威胁。曾经有部门做出防洪规划，要将西湖用 1.5m 高的坝围起来，如果真的这样做了，西湖一年几百亿元的旅游收入将无从谈起，城市景观就会被严重破坏，所以当时这个方案被否决了。

单纯追求以工程的办法来应对雨洪威胁的做法是非常值得探讨的。某次国际研讨会上，水利部原部长、工程院院士钱正英女士，对以大量的工程方法来取代正确水管理的错误做法进行了反思，认为我国的堤防系统已经达到25 万 km 的规模，不宜再增建和加高，而应在现有基础上进行加固，并充分利用各类分洪、蓄洪、行洪区，以及尽可能用非工程措施来解决洪水灾害的威胁。当前要防止那种认为防洪就是无限制地修建和加高堤防的认识误区，应该还河流一个健康的、生态的、相对自由的空间，人类应该学会与河流和平相处。这位老部长的报告非常精彩，总结了 60 年以来大工程崇拜带来的教训，指出应该进行高水平的城市设施规划和建设，要以人的幸福生活为目标来规划和建设。现在很多城市的建设是以车为本而不是以人为本，这是不符合科学发展观和建设和谐社会的目标的。在巴黎市政厅发表的年度报告中，巴黎的城市宣言第一句话就是把塞纳河还给那些恋爱中的情人。

第六，在城市设计方面，无论是街道、公共场所、公园或公共空间都应进行高水平的城市设计，要让生活充满愉悦，充满诗一般的气息。无论是出售或出租用住房，无论是商业的或社区职能的建筑都必须通过高质量的建筑设计，这种高质量的设计还应是充满人性的、具有美感的，不能简单盲目地拷贝。现在一些建筑裸着身体、套着套子、歪着脖子，片面追求新、奇、特，实际上并不具备美感。所以，要保证优秀的城市规划设计，必然按照凯文·林奇的五大节点来精心设计修建展示城市的内在美，要能有效指导生态城镇在开发建设过程中所带来的碳排放（图 6-13）。

图 6-13　城市公共空间、街心公园设计

第七，在公共服务设施的建设上，应尽可能吸引国家或区域一流的公共服务机构入驻，迅速提升宜居水平。以曹妃甸为例，曹妃甸建设生态城要吸引华北地

区最好的中小学入驻，甚至超越唐山市区的办学水平，吸引华北地区最好的医院在曹妃甸设立分院，在技术和质量方面就有了很好的保证。

第八，在研发方面，要吸引一流大学设立专业院校，尽快形成人才集聚、持续研究、企业孵化等独特效应。著名的马斯达（Masdar）生态城，计划投资200多亿美元打造一个5万人口规模的生态城。该生态城的原则之一是力求开放，第一个项目就是设立马斯达环境学院，通过这个学院，既培养相关人才又就地开展持续的项目研究，使生态城市能够得以延续（图6-14）。曹妃甸生态城的新城建设要有一所跟生态城发展目标相匹配的大学入驻，通过这所大学对曹妃甸的能源、物资、水的循环利用，人居环境的改善，城市幸福指数的提高进行持久地就地跟踪、研究、实践、试验、反馈、改进过程，这种研究方式意义重大，还能产生企业孵化、人才培育和活力源增进等效果。

图6-14　马斯达理工学院（MIST）

第九，要设立专门基金来吸引一流目标企业入驻。美国一些州政府为了吸引大公司（比如IBM）总部入驻，政府出资给企业盖房子或给予企业一些赞助。在曹妃甸建生态城，建议唐山市政府和河北省政府共建一个专门的基金，对一流的项目，即对曹妃甸会产生重大影响的项目给予扶持。

第十，要设置入城产业的单位碳排放门槛。住房和城乡建设部将来要对所有新建的绿色城市和生态城进行星级绩效评估，对碳排放量水平进行考核。按照以上这些原则，城市就能够实现增长和幸福两者均衡发展，在可持续、社会就业、幸福感等方面都能够取得比较满意的成绩。

四、幸福与增长两者均衡的范例——弗赖堡

在幸福与增长两者均衡方面，德国弗赖堡（Freiburg）堪为典范。弗赖堡是全球公认的四个“生态城市”之一，从弗赖堡建设的历史经验来看，在追求两者

均衡方面，以下几点特别值得研究借鉴。

1. 建立适用的法规体系

弗赖堡在1996年就制定了节能减排的具体目标：2010年城市的二氧化碳排放量降低25%，2030年降低40%。这在整个欧盟是最早采取行动的。弗赖堡通过采取一系列措施，使交通和能源部门的排放得到明显的控制。更重要的是使能源供应公司拿出一定比例的资金建立奖励基金，用于交通和房屋建设项目在气候保护方面的奖励。

2. 领导人意识

弗赖堡市市长迪特・萨洛蒙（Dieter Salomon）博士说：“‘绿色之都’的城标涵盖了诸多理念，这些理念相互补充而不是相互冲突，其中一个重要的理念就是让生活更美好，这些理念完美地体现在地区环境和气候保护的政策中。与此同时，科研和经济发展紧密结合，共同致力于技术创新、推动高品质增长和创造具有发展前景的就业岗位。如今，环保经济早已成为本市最重要的经济支柱之一。”现在，“绿色之都”弗赖堡被世界各地许多城市和社区视为楷模。这对弗赖堡本身而言是巨大的荣誉，而且能够激励他们不断开拓新思路，为既定目标的实现而努力（图6-15）。

图6-15　弗赖堡绿色之都标志

3. 研究机构

追求增长与幸福两者的均衡，应该聚集一批合适的、先锋性的研究机构。没有先锋性的研究机构不可能产生先锋性的理念和先锋性的社区。比如，弗劳恩霍夫研究院太阳能系统研究所等是弗赖堡从事太阳能和可再生能源研究的核心机构，这些机构周围集中了数百家相关的工商服务企业和各类组织，其中包括弗赖堡太阳能电池厂、弗赖堡地区能源代办处、咨询公司、太阳能建筑设计公司、节能环保饭店以及手工业协会的“未来车间”等，形成了一个产业集群，在这种集群里各种组织具有紧密的分工和专业化特征，他们之间相互作用形成自我循环、自我增值、自我发展的自组织形态（图 6-16）。正像哈佛大学波特教授说的那样，一个国家和一个地区的发展，并不取决于若干个重要的宏观指标，而是取决于那些不起眼的“马赛克”。弗赖堡经验的可贵之处恰恰就在于形成了绿色产业的“马赛克”，这些绿色的“马赛克”并不起眼，但是它产生的理念、创造的就业岗位、培养的人才、产生的可实践的技术创新方案不可忽视。目前，弗赖堡的基础科学研究、技术出口转让和产品在全球范围的销售已经成功配套。

图 6-16　弗赖堡可再生能源应用研究

4. 交流学习机制

国际太阳能技术博览会（Intersolar）自从 2000 年在弗赖堡首次举办以来，已经发展成为欧洲太阳能技术领域最重要的博览会，连续 8 年成果辉煌（图 6-17）。2007 年又创下了 32000 名参观者的新纪录。除此之外，弗赖堡每年与弗劳恩霍夫研究院太阳能系统研究所共同举办弗赖堡国际太阳能峰会（Solar Summits Freiburg），参加者来自学术领域、企业界和政界。

图 6-17　弗赖堡举办的国际太阳能技术博览会（Intersolar）和国际太阳能峰会（Solar Summits Freiburg）

弗赖堡的吸引力还在于它汇集了许多经典项目、在环保领域的创造性和灵活性以及在政策规划方面的先进性和丰富经验，这些方面吸引了全球的访问者和学习者，形成了交流学习的基地，促进了当地可再生能源产业的研发。

5. 市民参与运动

为了使生活更美好和实现可持续发展，市民的参与至关重要。市民们要积极行动起来，共同致力于降低能源的消耗，推广可再生能源的应用。《奥尔堡宪章》于 2004 年通过，弗赖堡在 2006 年签署了该宪章并承担以下义务：与居民共同寻求降低能源消耗、提高可再生能源比重的发展模式；将气候保护与能源、交通、贸易、农林业的发展和垃圾处理等相结合。在城市规划中突出强调可持续发展的原则；增强对全球气候变化因果关系的意识，这种意识已在弗赖堡市民中得到了充分体现。许多社团和领导者都带头步行上班。有一次，我们在德国考察期间正值夏天，有一个德国的部长西装革履地骑着自行车赶过来做报告，到现场时满脸通红，汗流满面，但他很高兴骑了 5km 的路程到会场。在德国还有一些市长骑着特制的高大自行车招摇过市，让人们都知道这些是骑自行车的市长。这样做了以后，市民觉得原来骑自行车也可以这么高尚和时髦，结果越来越多人开始骑自行车。而在国内一些大城市，骑自行车会被认为是“老土”，从观念上阻碍了绿色交通的发展。

6. 绿色产业经济形态

弗赖堡人口约 23 万，因老龄化的影响，就业人口仅 5 万～6 万，其中约有 1 万人从事环保和太阳能领域工作，两个领域共有企业 1500 多家，每年不仅创造产值 5 亿多欧元，而且也为创建城市的良好形象做出了贡献。其中，太阳能行业就有 80 余家企业，就业人员达 700 人，企业数量和从业人员两项指标均高于德国平均水平。

从 1986 年以来，市政府采取自立项目、拨款资助和规划用地等形式，积极扶持太阳能利用的发展。像巴登诺瓦能源公司等地区能源供应单位，也积极参与可再生能源的开发利用，设立了水源与大气保护革新基金会，用于扶植这些领域的技术创新。

7. 保护城市的资源

弗赖堡制定了目标明确的自然与风景规划，明确了需严格保护的区域。经过科学的规划，这里成为可持续发展的绿色之都，并且体现人类价值与自然存在的和谐统一。自然保护措施包括扩大有价值的保护区，并将市辖区的生态群落联结成网等。在对土地和风景名胜进行规划的同时，也进一步改善了对城市开放空间的规划，为未来弗赖堡的塑造奠定了基础。弗赖堡虽然是第二次世界大战以后重建的城市，但在弗赖堡可以非常幸运地看到中世纪城市街道的布局、几百年以来具有地方特色的建筑群体和小街小巷。这些优美的城市开放空间对弗赖堡具有文化、历史和美学等方面的认同价值，这些能传承历史文脉的传统街区已经成为该市可持续、不断升值的绿色资源（图 6-18）。

图 6-18　德国的弗赖堡保护历史文化街区和自然遗产

8. 垃圾分类减量处理

垃圾的分选处理在弗赖堡早已蔚然成风，垃圾的分选非常严格。经居民分选后的垃圾装入绿、黄、红、蓝等不同颜色的垃圾袋和垃圾箱中（图 6-19）。垃圾分选处理的结果是弗赖堡市居民每人平均扔弃的废物量，明显低于所在州和德国全国的水平。

图 6-19　垃圾分选

9. 交通规划

1982～1999 年间，自行车交通占市内交通的比例由 15%上升到 28%。公交车交通占市内交通的比例从 11%升至 18%。私人汽车的使用比例则从 38%降至 30%。与德国其他大城市相比，弗赖堡的私人汽车拥有比例最低，每 1000 人平均拥有 423 辆汽车，而美国平均为每千人 850 辆。这一切都归功于弗赖堡以绿色出行为导向的交通规划（图 6-20）。

图 6-20 弗赖堡的慢行交通系统

10. 绿色设施

以绿色和舒适惬意著称的弗赖堡拥有众多的绿化带，其总面积达 500hm²，从城郊一直延伸至市中心。我国一些城市已达到出门 500m 可以见到公园的水平，而在弗赖堡出门 100 多米就可以见到公园，轨道四周也是绿茵一片。20 余年来，弗赖堡对城市绿化带的经营管理以最大限度地控制人为影响为出发点，放弃使用农药，只种植本土乔木和灌木。将割草频率从每年 12 次左右降至 2 次以下，这样做了以后草场、绿地的生态多样性得以明显恢复（图 6-21）。

图 6-21 弗赖堡的绿化带延绵成片

11. 能源更新规划

弗赖堡规定在城建项目设计之初，必须重点考虑节能和充分利用太阳能、地热能、风能及其他可再生能源（图 6-22）。具体包括建筑物行列走向的设计、低耗能建筑形式的采用、对建筑物各方面的节能设计等。在造价相同或造价升高率不超过10%的情况下，房主须以合同形式确认采用对环境负面影响最小的能源供应方式。在弗赖堡很多小区主动采取被动式建筑，这样的建筑所占的比重在弗赖堡已经超过50%。弗赖堡新建的小区基本采用太阳能的供热和供电。冬季利用太阳能加热水能够使得使用燃气、天然气采暖的比例降到10%甚至更低。

图 6-22 弗赖堡的可再生能源建筑应用

可以看出，德国弗赖堡的可持续发展道路具有高效、勇于创新、经济与生态效益双赢，兼顾社会和谐发展等特点。走可持续发展的道路，搞活经济，繁荣学术与科技，保障居民生活质量和增强对未来的信念，这是其他城市可以借鉴的发展之路。总之，走绿色发展之路，编制和实施生态城规划要求城市的领导者、规划工作者和企业家们必须用大智慧来超越小聪明，把可持续发展的内涵扩展到居住者幸福感的可持续、社会进步的可持续、自然景观的可持续、地区独特的产业、城市文脉的可持续、二氧化碳减排的可持续，只有这样，才可以使城市的发展真正走向使生活更美好的发展目标。

实际上就要通过发展低碳城市来应对，需要通过低碳发展模式加上发展低碳的产业，来推动低碳绿色的城市发展，最终达到低碳排放的目标。

五、生态城市的类型、特点与发展思路

1. 我国城市发展转型伴随着工业化，而不是发达国家的后工业化产物

我国目前尚处于工业化的中期，即正由工业化中级阶段转向信息化、人力资源密集化与工业化相结合的“新型工业化”模式。我国城市发展模式转型伴随着工业化进程，而不是发达国家的后工业化产物。所以我国特色生态城镇必须结合城市产业的转型和低碳工业模式的建立，必须与低碳社会的建立相结合，从而成为新型工业化的载体和主要推动力量。

2. 我国低碳生态城（镇）发展正处于城镇化的高潮期

当前，我国正处在城镇化的中期，城市形态可塑性大，引进新模式来建造低碳城市，成本较低，不像已完成城市化进程的西方发达国家。如瑞典的马尔默或者德国的弗赖堡等都需要进行旧城改造，成本比较高。根据初步测算，在我国要降低 1t 二氧化碳的排放，附加的投资约为 20～30 欧元，但在欧盟或者美国这些已经完成城市化的国家，要降低 1t 二氧化碳气体的排放，要付出 300 欧元以上的成本。更重要的是，随着城镇化的进程进入中后期，我国许多大城市必须建立城市边界来阻止摊大饼式无序扩张，要采取跳跃式的有机疏散，即建立卫星城来分流人口，这时候新建卫星城都可以采用低碳生态城镇的发展模式。据简单测算，今后 30 年我国需要新建约 200 个人口为 20 万人的新城，也就意味着我国新建卫星城式生态城数量巨大。原有城市中 400 亿 m^2 的既有建筑，也可以采取渐进式绿色生态改造。

3. 我国传统文化中的原始生态文明理念有益于低碳生态城的建设

东方民族独有的“背景观野”有利于推行生态城发展模式。我国传统文化充满着敬天、顺天、法天、同天的原始生态意识。中国是农耕文明历史最长的国家，农耕文明的特点是人类往往逐水草而居，要在一个地方长期定居，我国的村落、历史化名城一般都有 2000 年以上的历史。人类定居一个地方那么悠久，必然会创造出一整套与周边环境友好相处、天人合一的生存理念。这种生存理念包含有呵护环境、节约建筑模式和生产与生活的习俗经验，是推进生态文明建设最宝贵的历史遗产。上万年的农耕文化造就各民族进行过大量天人同物、天人相副、天人一体、天人同性的原始生态文明的实践，我们应该在规划设计生态城镇发展模式中传承和弘扬这些古老的智慧。

4. 园林城市、山水城市、历史文化名城等现行城市发展形态为低碳生态城奠定了良好的基础

我国的城市园林早在 5000 年前就已经产生，有着辉煌的历史和丰富的经验，被称为世界园林之母（图 6-23）。在我国，传统园林与建筑往往会形成阴阳一体

图 6-23　师法自然的中国传统园林

格局，互补包容。城市范畴也相同，即每一个传统城市从选址到修建一般都十分注重城市与周边环境的适应、融合。现代社会推崇的多元、包容等理念，除了适用于人与人之间和人与社会之间，更期望在城市与自然之间实现。这方面，现行的园林城市、山水城市讲究山水、园林与城市建筑的互补协调，也是现代生态城镇的重要基础（图 6-24）。

图 6-24　山水城市

5. 地形复杂、国土辽阔的特点决定了我国低碳生态城发展模式的多样性

我国国土辽阔，至少可以划分为 5 个气候区，再加上丰富的原住民地方文化和习俗。我国生态城镇发展模式必将具有多样性与广泛的适应性（图 6-25、图 6-26）。而且这些多样性可以相互借鉴，一旦取得成功就具有全球推广的意义，我国基本包括了全球所有气候区的特征。

图 6-25　嘉峪关

图 6-26　丽江古城

6. 我国低碳生态城（镇）必须走城乡互补协同发展的新路子

现代城市规划学的创始人、社会学家霍华德在总结英国上百年城市化利弊之后认为：“城市与农村必须结为夫妇，这样一种令人欣喜的结合将会萌生新的希望，焕发出新的生机，孕育新的文明。”如将其翻译为中国文本，城市与农村的关系应该是“阴阳互补”、协同发展，这就是我国特色的城乡一体化互补协调发展道路（图 6-27）。如果把农村都建得像城市，则会阴阳不调和。由此可见，在生态城市建设过程中，要切实防止将城郊农村变成化学能源式现代农业和农村城市化的倾向。

图 6-27　城乡互补的新农村建设

7. 创新城市发展模式能够深化国际合作

当前，几乎所有发达国家都有在我国合作建立生态城的意向。一方面应对气候变化是全人类共同的大事，各国完全站在一条战线上；另一方面，全球大气层只有一个，降低中国的二氧化碳排放，与降低欧盟和美国的二氧化碳排放的意义相同。以城市为单位整体降低二氧化碳排放，可以利用《京都议定书》之 CDM 机制来获取额外的资金，当前 1t 二氧化碳交易权价值是 8 欧元。更重要的是生态城市建设不是为了某些形而上学的教条，不是为了冷冰冰的机器，而是为了活生生的人。所有的低碳生态城建设其主题、对象、最终的目标就是使人的生活更好，比一般的城市、传统的城市百姓生活要更美好。这是生态城市规划的本质理念。两千多年前古希腊哲学家亚里士多德就曾指出："城市为什么会吸引人，就因为城市的生活更美好。"到现代这么多人居住在城市里，人类已经进入城市世纪，强调以人为本更具意义。

8. 中国特色的生态城市（镇）必然是社会和谐，充分体现社会公正

如果说，在城镇化初期，不可避免出现少数人先富、"先富带后富"的政策选择，或产生为吸引工业企业落户的工业区式城镇化模式。那么，到了城镇化中后期，生态城镇建设更要关注社会公平、和谐。因为城市生活是否幸福取决于其收入水平最低人群的感受。城市的空间结构绝不能出现贫民窟和富人区分野，更不允许少数富人专横跋扈、穷人低人一等的不平等畸形社会，而是使每个阶层的人都能有尊严愉快生活的家园。

第七章 紧凑与多样——智慧生态城市和乡村的发展新理念

一、紧凑与多样：智慧生态城市发展理念

紧凑度与多样性，是智慧生态城市必须坚守的发展理念与原则。

第一，坚持发展紧凑型城市。一是要科学把握城市的紧凑度。城市建成区的人口密度要控制在 1 万人/km^2 以上；二是要以产业用地和居住用地为重点，积极引导混合用地；三是新增城市用地尽可能不占或少占耕地。

第二，构筑多样性的交通体系和可步行城市。一辆私家车的道路占用可容 6 辆自行车，停车位的占地等于 20 辆自行车。发展公共交通，抑制私家车出行，不仅节约土地，而且有利于交通通畅。交通基础设施的规划建设要按照行人、自行车、地铁、公交和小汽车位序，把行人的需求放在第一位（图 7-1）。

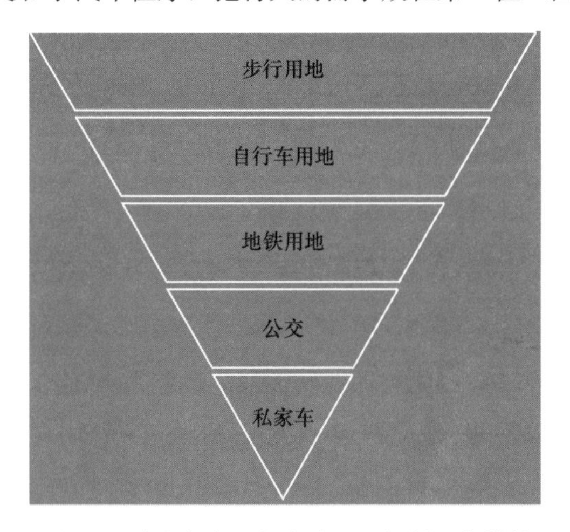

图 7-1 城市各类出行方式用地的倒三角结构

第三，推广低冲击式的城市开发模式，促进水资源的循环利用（图 7-2）。要变对雨水的“一冲了之”为通过建筑和街区进行截留利用，增加可渗透地区；变对工业、生活用水“直线式”的使用排放污染为循环利用和零排放；变以末端治理为主为节约用地、源头减污为主。同时，要按照“合理规模、分散布局、深度处理、就地循环”的原则布局污水处理厂，以利于中水回用。

图 7-2　低冲击开发模式

第四，将城市融入当地生态系统（图 7-3）。要充分运用蓝线、绿线，管制性保护开敞的园林、绿地、湖泊、河流、海岸、湿地以及其他自然斑块。要以本地物种和多种形式的绿化增加绿量，并构建多物种的绿色生态系统。要保持和恢复原有的河流水系。

第五，保护历史文化遗产和传统建筑风貌（图 7-4）。历史文化遗产是民族精神的载体，社会的基石。保护历史文化遗产，就是保存城市历史文脉的延续性，保存自身深厚的文化传统。要尊重城市的历史格局，尊重本地的历史文化和建筑特色，以新的城市功能激发历史街区的活力，实现历史空间与现代功能和谐共生。

图 7-3　城市绿道　　　　图 7-4　历史文化遗产

第六，全面推行绿色建筑（图 7-5、图 7-6）。绿色建筑是生态城市的基础。中国是目前世界上每年新建建筑量最大的国家，平均每年要建 20 亿 m^2 的新建筑。所有的新建建筑都必须严格按照节能 50%或 65%的标准设计和建造，并同步贯彻节地、节水、节材、节能与室内环境友好的原则，让绿色建筑理念在城市和全行业实现全覆盖。要注重充分利用当地的材料，建设适合当地气候、有当地风格和当地文化元素的绿色建筑。

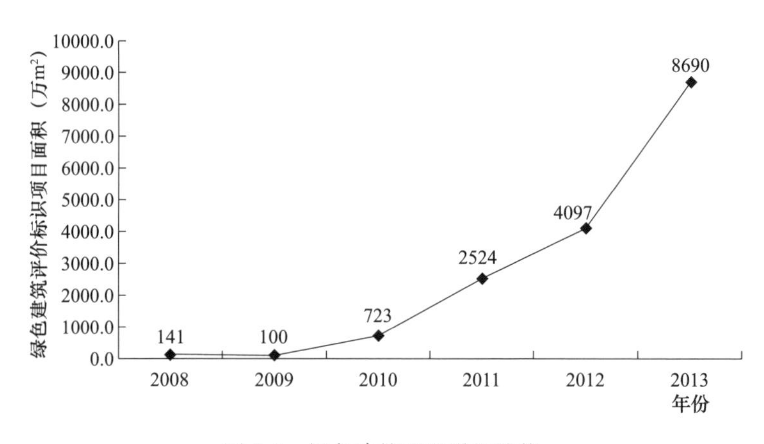

图 7-5　绿色建筑面积增长趋势

二、智慧生态城市的规划原则

1. 中国城市规划面临的若干变革

随着技术创新以及新概念的普遍运用，城市规划理论和方法都应该适时进行变革，可以预见，我国的城市规划将出现以下一些发展新趋势。

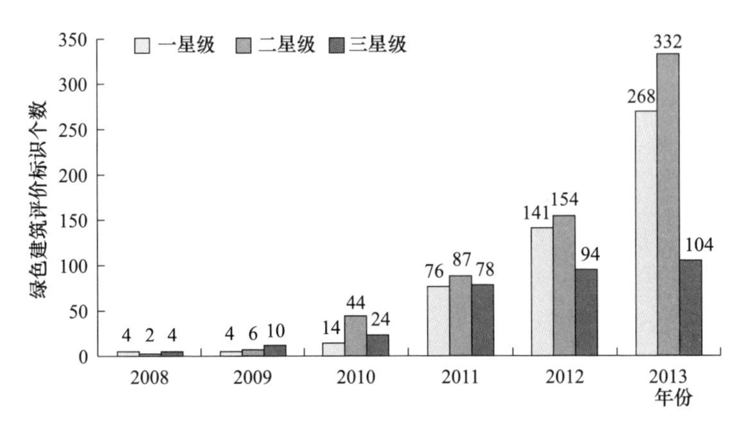

图 7-6　绿色建筑评价标识项目数量

1）土地混合使用及控规变革

控规是我国城市规划对于开发建设行为进行控制的重要环节，传统的规划管理要求开发建设必须完全符合规划的规定，但是，在现实的城市建设中，有不少不确定或规划中难以预见的情况，如何对待这些新情况，是否允许土地使用者在符合规划原则的基础上，灵活地进行建筑物设计，鼓励城市土地使用领域和城市生活的多样性，值得我们深入研究。在容积率等开发条件一定的前提下，可以采取土地混合使用的方法，允许用户将相互关联和兼容的建设项目放在同一个地块甚至一幢建筑之中，例如，学校与住宅、商贸展览、宾馆饭店、设计服务与住宅等都可以混合使用等。只要建筑物的废气、废水、噪声排放符合许可标准，应该允许业主调整建筑物用途。

要实现这种变革，重要的在于对于不同土地用途的评价技术。城市规划从本质上讲是一种从环境、经济、社会角度对建设项目的选择，自身就带有环评的特性。目前，环评的技术正从项目环评、系统环评走向过程环评。对于规划师而言，挑战来自正确掌握和使用有关环评技术。通过这种变革，通过业主和管理部门之间更多的沟通，可以实现规划的快速审批，强化城市规划对于建设过程的控制，从而减少对生态环境的影响。

2）城市总体规划实施过程评价

一般城市总体规划的规划期为 20 年，要求总体规划包容 20 年内可能出现的各种机遇，是难以实现的目标，因此，加强对总体规划实施过程的评价，以及对城市发展中出现的机遇和挑战进行科学评估十分重要。当前，一些地方“一任书记、一任市长、一任规划”的问题严重存在，既有领导任期目标的政绩冲动，也有领导根据客观形势的发展做出的理性选择，这也要求我们规划师审慎地进行分析研究。城市的低碳生态化改造目前尚处在探索阶段，新技术、新理念不断出现，我们应该有一种包容的心态，积极地学习和吸收这些新技术、新理念。合理的过程评价会有助于城市总体规划的实施，减少规划和开发的失误，促使地方政府认真考虑违反总体规划行为的后果。

3）与沙漠“三峡”相结合的新城计划

国外有不少人居环境条件较为严苛的地区利用太阳能进行开发建设的尝试，如美国的凤凰城、欧洲的撒哈拉沙漠技术计划（Desertec）、阿联酋阿布扎比的玛斯达尔新城等，都给我们很多启示。我国太阳能的分布主要也集中在这些沙漠区域。当前我国城镇化快速发展的区域（如珠三角、长三角、京津冀等）与我国最适宜耕种的耕地分布区域基本是重叠的，这就会加剧城镇化和耕地保护的矛盾。而有效利用西部广阔的沙漠地带建设新城可大大缓解这一矛盾，从而均衡城镇化的失衡状态。

我国西部地区在制定城镇化战略时，可以考虑借鉴这些国外的经验，在建设好大中城市、开发传统资源的同时，通过太阳能新能源基地的建设和发展旅游服务业等“轻产业”，再加上推行牧民定居和生态移民，并在居民点内部采用封闭式自循环供水系统，在其周边建设封闭式工厂化农业，探索出一条西部开发中的新型城镇化路子。

根据有关专家估算，如果充分利用我国沙漠中所蕴含的太阳能，只要 6min 的照射，就可以满足全国一年的能源需要，潜力非常巨大。美国第一太阳能公司（First Solar）计划投资 50 亿～60 亿美元，在内蒙古自治区鄂尔多斯市建设装机容量为 200 万 kW 的太阳能电站，全部工程分 4 期，预期在 2019 年底前竣工，届时太阳能电池板将覆盖 65km^2 的土地，预计可提供 5 万个左右的长期维修、更新等方面的就业岗位，这就意味着该地独立建立新卫星城的条件已趋成熟。

4）人口密集区域的县市域总体规划

随着城镇化程度的提高，在一些人口密集地区，形成了城镇化集群发展的态势，在一定区域范围内加以协调十分重要，城市规划必须突破传统的以主城区为重点的调节方式，加强区域研究和区域规划。在人口密度大于 1500 人/km^2 的地区，就要考虑县市域的规划，对县市域范围内的城镇发展和基础设施建设等进行统筹协调。

5）与磁悬浮、PRT 相融合的 TOD

交通导向的开发模式（TOD）与“双零换乘”相结合的绿色交通是未来交通发展的主要趋势。城市的交通不能靠拓宽马路，而是必须要发展公共交通：一是大规模的地面公共交通如 BRT，二是地铁，三是与新型的交通方式如中低速磁悬浮和 PRT 相融合。TOD 模式是一种从全局规划的土地利用模式，为城市建设提供了一种交通建设与土地利用有机结合的新型发展模式，也是在当前国内外交通规划、建设中得到快速发展并广泛应用的建设模式。TOD 模式可以优化交通的可达性，改善公共服务，发展房地产，增加社会就业，倡导高密度使用土地，实现节能减排，而且可以实现公交车出行与零排放、零污染的自行车出行相互补充。

6）低冲击开发模式

低冲击开发模式就是要实现城市与大自然共生，减少城市开发对自然环境的影响。通过绿色屋顶、可渗透路面、雨水花园、植物草沟及自然排水系统等策略，通过分散的、小规模的源头控制机制和雨水收储设施，达到对暴雨径流和污染的控制，从而使开发区域的地表径流量分布和自然水文循环状态尽量接近于开发前的状态。具体要求包括：城市建成区至少要有50%的面积为可渗水面积；建筑、小区、街道直至整个城市都有雨水收集储存系统；它们之间连接为反传统的“不连通状态”；所有河渠不实行“三面光”，以沟通地表水与地下水之通道等。而且此概念可延伸到不影响基本的地形构造，不影响碳汇林容积量，不影响城市的文脉及其周边的自然环境等。如果能做到这些，就可以实现人工系统与自然生态互惠共生，这不仅能节约城市基础设施投资，而且能大量减少能源消耗和碳排放。这就要求城市规划方式从过去的重空间物质规划转向物质与生态协调共轭的规划。

7）生态城规划

包括传统城市的“生态化改造”和大城市卫星城式生态城两种规划。规划的编制首先要对各种新技术敏感包容，而不是排斥，规划更要协调各种各样的“绿色设施”、减排设施，发挥它们整体减排的效能，防止相互冲突。更重要的是，生态城市规划作为一项社会工程，要能够“启发”市民的创造与参与，激发他们参与到节能减排的行动中。要转变规划编制的方式，提倡自下而上的规划方式，使全民参与城市规划编制与实施。

8）城镇群规划及其过程管理

城镇化的后期必然进入到城市的区域化，此时，城镇群规划就是规划编制的必备内容，制定科学合理的城镇群规划纲要，在城镇群规划中严格贯彻落实“四线”控制，保护那些源源不断可以使用而且能持续增值的绿色资源，保护海岸线等敏感的地理区域，这些都是城镇群规划必须特别关注的问题。

城镇群的承载力和能源结构将会成为新的挑战，要对城镇群规划进行定期评估修订，城镇群发展中有很多更加难以估量的因素，这是现代城镇群研究的新课题。此外，最佳的城镇群内交通模式对城市内部交通会产生什么影响？不同交通模式之间的衔接怎样才最合理？特别是如何建立市镇平等的政策联盟以有效实施城镇群规划？都是值得研究的主要问题。应该建立一种法制化、过程化的城镇群规划实施机制，防止城镇群规划变成墙上挂挂、一纸空话。

总之，我国城镇化正面临前所未有的新挑战，同时，也遇到很多前所未有的机遇，规划师们应该善于把握机遇，把新技术的革命成果尽快应用在城市规划当中。全球二氧化碳排放量的80%来自城市，解铃还须系铃人，解决减排问题关键在城市，最终还要依靠城市自身的变革。所以，这个历史使命降临在这一代规划师和城市管理者身上。

2. 生态城规划编制的原则——英国生态城发展战略的启示

英国作为现代城市规划学的发源地，率先公布了国家生态城的发展战略草案征求全社会的意见。尽管英国各地对此草案反应不一，但是这个纲要仍然非常值得我们参考。因为在编制生态城市规划过程中，对于生态城市规划到底包含什么内容，如何编制，英国人的思考是有借鉴意义的。

一是在交通方面要编制覆盖整个地区的交通规划。在交通规划中把步行和自行车、使用公共交通的出行比例作为整体的重点发展目标。为了实现这个目标，每个住宅的规划和区位设置的标准具体为：10min以内的步行距离能够抵达公共交通的发车点和地铁口，邻里社区的服务设施应该齐全，绝对不能出现依赖小汽车的规划模式和空间布局。生态城镇的规划设计目标必须是至少能够减少50%的小汽车出行，这是一个硬性指标，对我国很多城市都是重大的挑战。

二是在土地利用方面要求生态城市内部尽可能实现混合的综合商务和居住功能。只要没有噪声、污水、空气等的污染，各种产业与居住功能应该在空间上尽可能的混合，彻底消除1977年雅典宪章功能分区所带来的负面影响，尽可能减少非可持续的钟摆式交通出行模式，而在服务设施上要建立可持续的社区，能够提供为居民的幸福、富裕、健康和愉快的生活有所帮助的设施。

三是在绿色基础设施方面要求生态城镇的绿色空间不低于总面积的40%。这40%中至少有50%是公共的、管理良好的，人人可以进入的高质量绿色开放空间，当然这40%中也包括立体绿化和屋顶绿化，尽可能使生态城镇的绿色空间将更为广阔的乡村田园连在一起，这就能实现100多年前霍华德提出的城市内“田园之梦”。绿色空间要求多功能和多样化，例如可以是社区绿地、湿地、城镇广场等；可以用于游玩和娱乐，能够提供野生憩息功能等。

四是在水资源的利用方面，要求生态城镇在节水方面具备更为长远的目标。特别是在那些严重缺水的城市如深圳要明确循环战略，要求生态城镇的开发建设不会对地表和地下水造成冲击，也就是推广低冲击的开发模式（LID)。通过建筑物、小区、社区街道透水路面和雨水集蓄系统，仿照自然界使雨水“层层截流吸收”，从而不形成城市道路积水内涝。不论是地下水、地表水，在城镇建设之前和之后都不应该对已有的水生态产生重大的影响。要求生态城镇必须实施“可持续的排水系统”（SUDS)，不应该把雨水看成废物，而应该当成可利用的水资源，洗澡水、洗衣水等都应该进行简单处理后循环利用。

五是在防洪风险管理方面，要求生态城镇以合理的工程措施，更重要的是以非工程的措施来应对雨洪的威胁。所有的生态城市都应该在城市规划建设中学会与雨水和洪水和谐相处。古代的城镇并没有很高的防洪坝，古人建坝的目的首先就使洪水的冲击改道，避免直接对城镇造成威胁，当洪水高于预期水位，一年大概有一两次，城市和城镇的主街道就成为洪水的通过地，市民们可利用一年两次的高水位来洗涤家具。这种人类与洪水和谐相处的方式现在几乎已经被遗忘了，以高高的防洪坝取而代之，数十亿元投资建设的防洪坝把洪水挡住，而一旦洪水越过坝顶将造成城市内涝式的水灾，成为城市防洪的噩梦。所以我们应当思考在大工业式的城市模式到底有什么缺陷？恩格斯曾经说过："我们不要过分陶醉于我们对自然界的胜利。对于每一次这样的胜利，自然界都报复了我们。"[1]

六是在城市设计方面。无论是街道、公园、公共场所、公共空间都要进行高水平的设计。基于"为生命进行建设的规范"和"街道设计原则"，把城市的建设作为一种文化的资源，使它得到永续发展，这种资源会不断增值，现在的建设就会成为后代的财富，只有这样，城市的价值才会不断提升。无论是出租和出售的住房，无论是街道和社区的建筑都必须通过高质量的建筑设计，不是要求标新立异、鹤立鸡群的效果，而是使建筑和城市景观与大自然和谐共生。我们应当倡导绿色建筑，倡导对大自然干扰程度最小的建筑，倡导那种使人们感到感观舒畅的建筑、符合中国传统哲学和文化基因的建筑。只有民族的才是世界的，才能使城市建设留下不朽之作。同时，要在建筑的全过程制定严格的管理方法，在开发建设的过程中减少二氧化碳气体的排放。

在研究了这些原则之后，需要把这些原则体现在生态城市的规划之中，生态城市的规划才可以成为经得起历史考验的规划。在中国这样一个具有悠久农耕文明历史的国度，要推行生态文明和生态新城的规划建设，我们不用担心从上而下的影响。党中央提出中国现阶段的发展就是要朝着生态文明的方向发展。人类从原始文明转向农耕文明再到工业文明，现在我们主动提出向生态文明发展，世界上只有中国共产党领导的中国才能做到主动把发展方向调整到生态文明。所以我们现在并不缺从上而下的重视和推动，缺乏的是从下而上的积极参与，这是非常重要的一点。

著名的美国社会学者约翰·奈斯比特（John Naisbitt）曾认为："风尚从上而下，创新从下而上。"生态文明是一个人类从来没有经历过的文明，生态文明的许多理念、行动准则、行动方案等与工业文明——这个为人类带来巨大财富、改变人类自身同时也改变地球的文明——是截然不同的。我们应该打破工业文明时代的惯性思维，只有自下而上的创新才能改变我们整个文明的进程。在规划生态城方案时不能只有一个纲领而没有具体的创新与丰富的实践。智慧来源于人民群众，如何激发人民群众的参与热情从而带来从下而上的创新浪潮就成为考验每一

[1] 恩格斯. 劳动在从猿到人转变过程中的作用 [M]//自然辩证法. 北京：人民出版社，1971.

种低碳生态城发展之路成功与否最主要的试金石。没有人民群众的主动参与和创新，没有企业界的主动努力，美好的生态城市规划只会是一张墙上挂挂的图纸而已，所以从下而上的创新就成为生态文明实践的重中之重。

三、绿色生态村庄的规划原则

1. 当前农村规划建设中的主要问题

问题之一：盲目撤并村庄，片面理解城镇化，忽视了农业生产的特性，忽视了庭院经济的收益。有些基层干部对“农村城市社区化”的做法盲目推崇，如将村庄进行“归大堆”式规划，把村庄村落简单合并，将农民全赶上楼，以为这样就可以节约出很多耕地来。但是，调查发现，农民虽然已上楼，但还在务农，上楼后农机具、粮食、种子和肥料等没有地方堆放，只能堆在楼下绿地中。农民居住上楼了但生产生活资料上不了楼。传统农业实际上是一种循环经济，必须就近耕作，生活、生产和生态空间重合。村庄屋前屋后的零星土地作为庭院经济，单位面积农产品的产出价值比大田还要高 3 倍以上。如果一味赶农民上楼，不仅造成农业循环链断裂，而且还忽视了庭院经济的收益。事实证明，这种模式除了大城市郊区之外并不是成功的模式（图 7-7）。

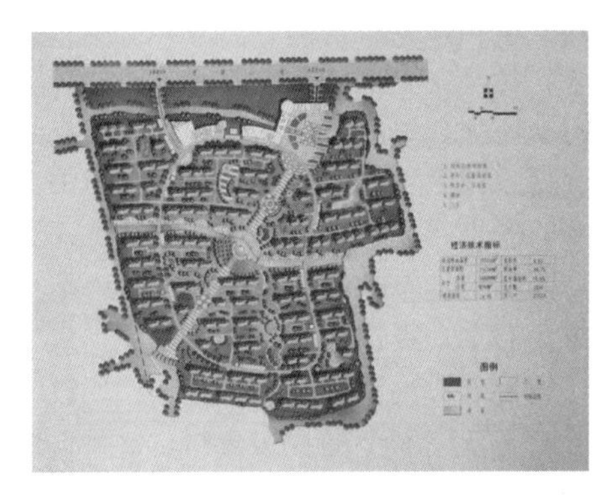

图 7-7　某地农民集中居住区规划图

问题之二：盲目对农居进行改造，忽视了村镇基础设施的建设，忽视传统民居的“个性”。一般农民盖房子实际上类似搭积木的过程，第一年先搭一个平房，过去几年有钱了加建一层，然后两边再延伸出去。盲目对农居进行改造，不仅与“搭积木”程序不匹配还忽视了传统民居的“个性”，比如岭南派（图 7-8）、徽派乡村民居的个性独特也非常漂亮，在改造过程中一旦被破坏，大量历史文化遗产就永远消失了。陕西延安的乡土建筑窑洞，冬暖夏凉，一个冬季取暖只需要 250kg 煤。但当地开展新农村运动，把农民从窑洞里赶出来，住到别墅里去，一个冬季下来，取暖烧掉 3t 煤还不觉得暖和。浙江的个体户到陕西发现了投资机会，平均花 1000 元买一口窑洞，改造成三星级窑洞式宾馆。结果外地人到陕西住窑洞，本地人住别墅。更重要的是，这样改造，失去了本地的节能减排、绿色建筑的发展之路，烧煤增加，环境污染加剧，百姓实际生活水平下降，乡村旅游潮的蛋糕也分不到了。我国的城镇化伴随着旅游的全民化，经验表明，乡村旅游业是城乡财富重新分配的机会之一。我国每年游客约有 20 亿人次，年均增长约 30%。按照发达国家的经验，这个蛋糕的 1/3 以上将被“乡村旅游潮”分享。如果这些历史遗产都消失了，就失去了农村农民分享这类财富的新机会。

图 7-8　岭南特色的村落

问题之三：盲目安排村庄整治的时序。这种做法在我国北方比较普遍。比如村里面的路还是土的，泥泞不堪，而农田里却铺上了水泥路，这是因为基本农田改造有标准、有补贴，使得水泥路铺到农田里去了（图 7-9）。村民的饮水还很困难，但是玉米地里却有了自来水管，因为要推广喷灌技术（图 7-10）。村里的小学校舍仍属于危房，但是活动室却一个挨一个盖起来了。我在某省调查中发现，一个 200 户农户的村庄竟建有 16 个活动室，问农民有没有去过这些活动室，

图 7-9　村里的土路与田间的水泥路

农民回答只去过其中的合作医疗活动室，不知道其他的活动室是做什么用的。农村的公共活动场所，古代是祠堂，在西方是教堂，现代实际上是村小学。因此，农村公共活动中心围绕村小学和合作医疗活动室并略微扩展就可以满足需要，再建那么多单独的活动室确实是浪费和脱离群众的做法（图 7-11）。

图 7-10　村民饮水困难与玉米地里的“自来水管”

图 7-11　校舍危房与全新的“××活动室”

问题之四：村镇规划规模太大（图 7-12）。四川省 2008 年“5·12”大地震灾后重建，住房和城乡建设部组织了 1 万多名规划师，去灾区之前办了几十场培训班。但部分规划师编制的灾后重建村镇规划完全不符合当地的实际情况。例如，有个集镇灾前非农业人口只有 100 多人，在原来的城镇体系规划中，这个地方因为交通发达，到了 2020 年，预计人口将达到 1000 人，但重建规划盲目把这个集镇规划为 4000 人，中小学、卫生院一应俱全。这种错误被发现后，规划重新编制，负责编制的规划师也受到了批评。

问题之五：以城市总体规划的办法来编制乡村规划（图 7-13）。比如，有一个集镇原人口不足千人，但是在重编规划当中照搬了城市总体规划的布局，文、教、卫各项公共设施用地在一边单列，且在图上都有明确的空间安排。这种各类

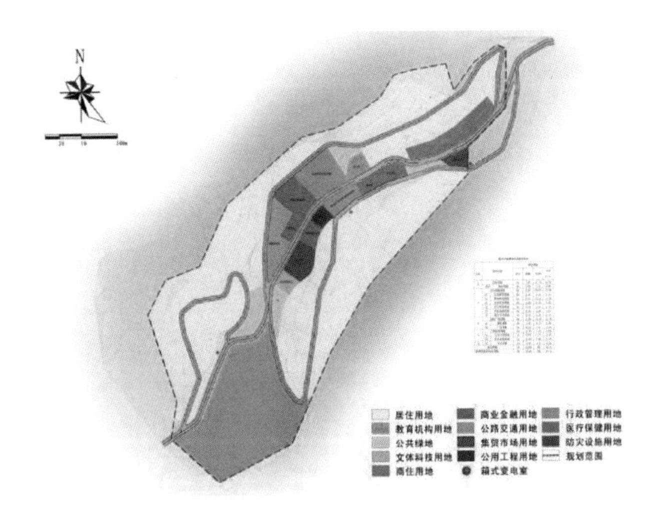

图 7-12　村镇重建规划规模过大

用地单列的办法与重建实际要求完全不符合，规划的深度和成果没法用于重建工作。为什么会出现这类错误呢？一方面是“贪大求洋”的思想作怪，另一方面现在有许多年轻的规划师是不屑于手工描图，只需要在计算机上通过专用软件划出分区，然后填充颜色就行了，这是几分钟就可以完成的计算机作业，但结果往往因违反当地自然环境条件和破坏原有村庄空间格局而无法实施。

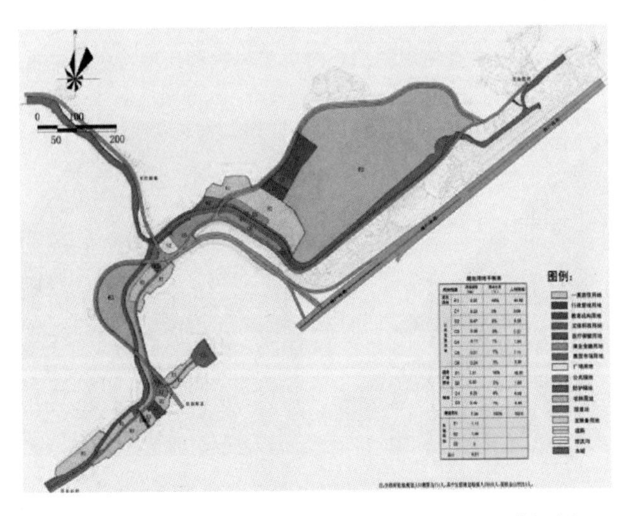

图 7-13　以城市总体规划办法编制的乡镇重建规划

问题之六：村镇规划缺乏对历史风貌和当地特色的考虑（图 7-14）。城市规划应该体现“三尊重”的原则。一是尊重地方文化；二是尊重自然；三是尊重普通人的需求。比如，四川省龙门山区一个在历史上非常有名望的茶马古道镇，是少数民族聚居的地方，尽管经历了地震，但房子基本保留，整个古街的形状仍保持完好（图 7-15）。然而有一个省的规划部门去了以后，在新编重建规划时将原有格局完全打乱，准备采用四合院似的模式将一幢幢房子建起来。这种“四合院”从空间和脉络上一看，就像巴塞罗那的方格式规划。这不仅会对古镇原有历史风貌造成破坏，等于是所有的古建筑都要拆掉，也意味着这个镇 70%收入是靠古色古香建筑风格带来的旅游收入，从此将全部消失。

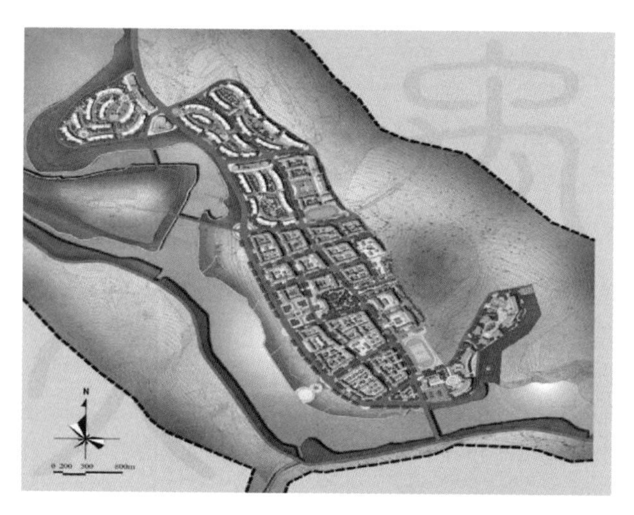

图 7-14　古镇重建规划缺乏对历史风貌和当地特色的尊重

图 7-15　某镇地震后保持完好的明清古街

2. 传统村落的六大功能

1）传统村落是民族的宝贵遗产，也是不可再生的、潜在的旅游资源

作为具有世界上最悠久农耕文明史的国家，在我国广袤的国土上，遍布着众

多形态各异、风情各具、历史悠久、传承深厚的传统村落。它们鲜活地反映着文明的进步和历史的记忆。传统村落承载着当地的传统文化、建筑艺术和村镇空间格局，以及古代村落与周边自然环境的和谐关系。总之，每一座有传统文化的村庄，都是活着的文化遗产，体现了一种人与自然和谐相处的、独特的文化精髓和空间记忆（图 7-16）。比如环绕首都的河北大地上到处有历史故事，很多地方都与历史典故直接有关，地名也是《三国志》里记载的，现在城市化了，但是这些地名还在。如果还有一些历史文化遗存，市镇的形态还能维持地方风格，这就是一种价值巨大的旅游资源。

图 7-16　永嘉县苍坡村的一方“砚池”倒映着笔架山

2）传统村落是维持传统农业循环经济特征的有效载体

我国是世界上农耕文明传承历史最悠久的国家，传统农业的耕作模式是一切来自土地，又全部回到土地之中去，对大自然干扰是最小的（图 7-17）。当前，我们提倡的循环经济，其实就是要向传统的农耕文明进行学习，向原始的生态文明汲取经验和知识。传统村落使农民能够就近就地进行耕作，能够适应当地的气候，能够把当地的土壤、地质和耕种技艺有机地结合起来，培育出许多具有地方

图 7-17　浙江丽水至今保持种稻养鱼的传统农业

风味、独特的传统产品。比如金华火腿、西湖龙井、宣城白莲等成千上万的地方名品，都是我国优秀农产品的代表，而这些优质的农副产品，都是以传统村落为载体的。国际上通行的地域商标也证明了与传统村落密切结合的循环经济和绿色经济模式，是一种高效的农业载体。与自然村落密切结合的各种农副产品，都成了走向世界的名牌。比如法国有几千种不同品牌的奶酪，也是与不同的村庄紧密联结在一起的，甚至有一些品牌奶酪直接用着当地村庄的名字。由此可见，要发展我国传统的优质农产品，提高附加值，必须从保护和整治传统村落开始。

3）传统村落是发展现代农业、乡村旅游经济的基础，是农家乐的载体

国际经验表明，城镇化中期必然伴随着旅游潮的兴起。从发达国家经验来看，旅游潮的一半财富是从属于乡村旅游，而发展乡村旅游就要基于传统村落的保护。

据我国实践，无论是四川还是浙江、福建，凡是坚持保护传统村庄、发展农家乐的农村，农民的收入增长幅度都大大快于其他地区。甚至有的村庄实现农民收入 7 年连续增长。这些地方已经探索出一条完全可以超越村村点火、户户冒烟的工业化阶段，直接以农家乐和乡村旅游来引领绿色农副产品的栽培和生产，实现第一产业和第三产业相随相伴，走出一条绿色的、可持续的现代化农业发展新道路（图 7-18）。这些新致富道路的开辟，都必须要基于传统村庄，没有传统村庄的保护利用，创新发展道路就无从谈起。

4）传统村落是广大农村农民社会资本的有效载体

所谓社会资本，是除经济、人力和自然资本以外，人们对周边环境、自然和人际关系的熟悉和了解，以及已经具有的传统技巧和知识的总和。丧失了社会资本，在某种程度上，比丧失其他资本的后果更加严重。有一个例子可以证明，在我国农村现在最贫困的地方往往是那些水库移民村，或者因国家重大工程建设征地被迫离乡背井分散迁入他乡的农户，因为他们几乎丧失了全部社会资本，尽管政府部门给予了大量经济补偿，但是生活依然十分贫困。跨区域异地安置使他们对自然环境和气候的熟知和适应、与周边山水的认知和众多亲朋好友的人际关系全部脱离了，结果重新陷入了贫困。所以有许多补偿足够的三峡移民，现在又回到原居住地，一个重要的原因就是要重新融入能共享社会资本的群体之中去（图 7-19）。农村传统的农耕和日常生活，离不开互帮互助互学，传统村落不仅是农民兄弟心理认同的地理环境，同时也是社会资本的重要依托物，更是众多地方方言、风俗、手工艺品、传统节庆等非物质文化的有效载体。这些载体都可以发展成为当地经济增长的宝贵资源，破坏了这些资源，就等于阻碍了广大农民致富的门路。

图 7-18　发展休闲旅游的传统村落

图 7-19　移民的村民仍想回到原来的传统村落居住

5）传统村落是5000万散布在世界各地华侨和数千万港澳台同胞的文化之根

中华民族是一个崇敬祖先的民族，与西方将上帝作为唯一的“神”来崇拜完全不一样，我们是把祖先当成神灵来崇拜，历史上的许多神如“三皇五帝”等其实就是普通百姓的祖先，敬神实际上就是崇拜祖先。我国传统村落的核心是家宗祠堂，这与西方村落以教堂为核心截然不同（图 7-20）。传统村落往往成为连接家族血脉、传承族群文化的重要载体，是广大华侨、港澳台同胞寻根问祖的精神归属地，所谓一方水土造就一方人就是如此。尽管他们远在千山万水之外，但是总要回来找寻文化祖宗、血脉来源，还要回到自己的祖先发源地来了解族群文化的特征和血脉的传承。例如，美国能源部长朱棣文的家乡是江南的一个小村庄，他对故土有感情，回来要祭祖，作为诺贝尔奖获得者，首先是感谢祖先帮他获得的，来了以后中央领导接见他并送了一本记载他祖先事迹的书，他很感动。泰国前总理英拉的故乡是广东的一个小山村，她当上总理后要回来祭祖。由此可见，如果丧失了这些传统的村落，等于是瓦解了中华民族的凝聚力。

图 7-20　安徽绩溪龙川胡氏宗祠

6）传统村落是国土保全的重要屏障

一些国家和地区对边境地区的居民点保护和发展极为重视。日本早在1953年就颁布了《离岛振兴法》等法律，将边境线上的居民点进行保护和扶持。2012年，日本又计划对《离岛振兴法》进行修订，鼓励日本民众在离岛上“定居”，防止一些岛屿特别是“可作为专属经济区根据”的离岛沦为无人岛后又因采挖建筑用材使岛屿消失，同时采取措施提振离岛经济发展。日本千方百计保持离岛的现有人口，同时鼓励更多的人到离岛定居，是因为离岛上的定居点在国土保全和领土争端中发挥着不可替代的重要作用。

我国国境线漫长，但不论是陆地边界，还是海洋边界，都与周边国家存在一些争议，国土安全和领土完整受到严重威胁。国际上在领土争端的解决实践中有一条重要原则，即争议领土范围内如果有某国的国民长期居住生活，则可以作为领土属权的重要判别依据。我国曾经因珍宝岛领土争议与苏联爆发过小规模的边境冲突，如果当时珍宝岛保留有我国居民定居的村落，领土争议则不辩自明，边境冲突也就可以避免。

但是，我国一些边境省份在城镇化进程中却忽视了传统村落在国土保全中的特殊作用，片面追求城镇化水平，对散落在边境线上的村落不愿投入，不切实际地寄望于通过整体搬迁的方式来使这些村落的居民快速脱贫。例如，有的沿海省早期提出“小岛迁大岛建”的错误主张，将小岛上的居民搬迁到大岛甚至是陆地上，使得一些原来长期有人居住的岛屿变成了无人岛。这种做法无异于在领土和领海争端中“自废武功”。

因此，从历史的教训和国际经验来看，传统村落特别是边境地区的传统村落的保护对国土保全具有重要意义（图7-21）。

图7-21　中俄蒙边境的新疆禾木喀纳斯传统村落

3. 村庄规划与整治的原则

原则一：保护生态和农村特色

村庄得以维持的基本自然资源直接来自它的周边区域，自然生态、山水格局、田园风光与村庄农舍是结合在一起的，村庄在自然的山水环抱里生存了几百年甚至上千年就证明其存在是合理的，证明当地地质环境对这个村庄是安全的，是符合古人的风水观的，这就为村庄树立了可持续发展的理念。新编村庄整治规划应尊重村庄周边原有的生态环境和山水格局，尽可能保留乡村原有的自然地理形态、生物多样性和这两者之间的联系（图 7-22）。

图 7-22 农村特色生态景观

例如，吞达藏族村位于拉萨市尼木县境内东南部，紧邻 318 国道，处于拉萨市至日喀则市黄金旅游线的中间位置，是藏文字创始人吞弥·桑布扎的故乡、藏文字的发源地，同时也是传统手工藏香制作工艺的发源地。目前，全村有 145 户、325 人生产藏香，有水磨百余座，是全西藏最著名的藏香源产地之一，具有悠久的历史和深厚的文化底蕴，境内吞巴河谷环境优美，旅游资源十分丰富，发展潜力巨大。吞达村村庄建设规划以建设中国历史文化名村和特色景观旅游名村为目标进行规划设计，包括旅游产业发展为重点的项目策划，以点、线规划为重点的空间布局，主要旅游景点和服务设施的建筑景观意向设计三大主要内容，规划体现了三大特色：民族文化特色、山溪水景环境特色、建筑风貌特色（图 7-23）。

图 7-23 拉萨市尼木县吞巴乡吞达村村庄规划（一）

图 7-23　拉萨市尼木县吞巴乡吞达村村庄规划（二）

原则二：坚持功能和空间的有机混合

乡村空间格局中村民生活与生产活动在土地与空间适度的混合性是一种有效率的存在。应该尊重并加以拾遗补阙式的优化，而不能按城市“规整”的模式将它们推倒重来（图 7-24）。

图 7-24　乡村功能与空间的有机混合

比如说村庄内有断头路、缺少统一供水管网或排水不畅，就要拾遗补阙，而不能按照城市改造规划的模式推倒重来。许多传统历史村庄空间结构有时看似杂乱无章，但是都有一定的道理，农民盖房子是自己拿钱，他要精心寻找最合适地点再建房，年复一年，最后组成传统的村落。实际上，这种历史形成的村落更富有生活气息和历史故事。所以要把原有不足的公共设施完善起来，把断头路补齐，把排水污水适当解决，村庄生活条件基本上就可以大大改善了。村庄规划中也要强调村口形象，村口的独特景观往往不是规划出来的，而是历史形成的，往往是村民引以为自豪的标志性景观，要加以修整点缀，而不能刻意推倒重来（图 7-25～图 7-27）。

图 7-25　村口设计与周围环境浑然一体

图 7-26　村庄入口层次分明

图 7-27　村庄广场尺度宜人

原则三：保持乡村生态循环

乡村居民的生理健康在很大程度上依赖于周边环境的健康（图 7-28）。维持干净的水、土壤、生态良好的生态系统将成为脱贫致富之后农民和游客的第一需求。村庄周边的区域对农民的资源供应能力和废物吸收能力是有限的，乡村规划也应注重“生态承载力”。农村要繁荣应先从干净开始，现在的农村要吸引城里人来农家乐使得收入翻番，就要与城里人对环境卫生的需求对接，从而获得城里人的客流和消费资金支持，这就要通过实施科学的村庄整治规划，展示出有别于城市的农村的“阴柔之美”，即独特的村居风貌和传统的风土人情、田园风光、地方特产，而不是脏、乱、差。

图 7-28　乡村与周边生态环境

例如，位于北京市海淀北部郊区的东马坊村，村庄北面有南沙河、上庄水库，以及翠湖湿地公园，新区绿色生态核心的特殊位置也对村庄绿色发展提出更高的要求。通过开展多层次的调研，对村庄发展过程中遇到的问题进行分析，包括村庄发展过程中长期存在的核心问题和当前面临的普遍问题，并通过问卷和访谈得出村庄近期建设中最为急迫的项目，为后续规划内容提供了目标导向。在新农村建设总目标和“四节”指导方针下，对村庄的规模控制、产业用地布局、道路交通、给水排水、生态保护，以及风貌整治等重点内容进行规划编制。规划内容不仅具有针对性，同时每项规划内容也有选择性，规划编制内容不断与村民公示交流反馈后修改完善。该项目实施后，村庄已经新建了 150 多个三格式化粪池，同时对路旁的雨水沟进行改造，规划的污水处理站已经得到落实，村庄内的垃圾池全部清除，对村庄主要道路两旁进行绿化。2007 年底完成之后的半年多时间再次进行调查，该村的村庄面貌极大改善，村民因农家乐的兴起收益明显增加，从而对环境治理更愿意投入，形成良性循环（图 7-29）。

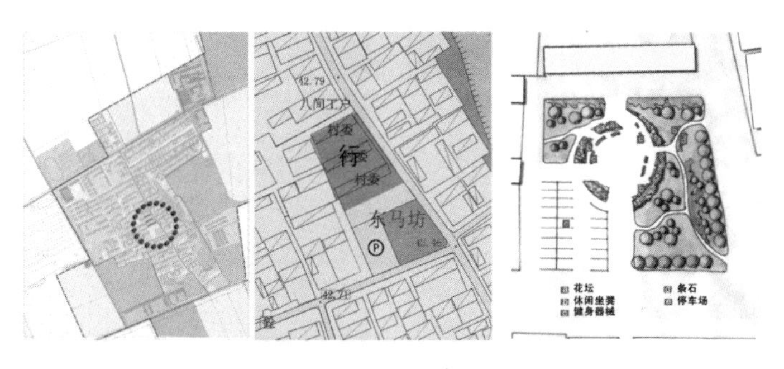

图 7-29　东马坊村村庄整治规划及效果

原则四：传承乡土文化

传统村落具有“百里不同风”“十里不同俗”的显著空间差别性，每个村落都有独特风貌、文化习俗和历史故事。规划整治结果越是乡土化和本地化，越是跟别的村庄有所区别的，农民心里越是有自豪感、认同感和安全感。对外地人来讲，如果一个村庄的风貌格局与别处不一样，他们就喜欢去那里旅游、疗养甚至养老。四川省雅安市上里村、安徽省宏村和西递村，在原有建筑和格局的保护利用方面充分地遵照本地化、乡土化原则，都取得了经济、文化、生态三方面成效（图 7-30）。

20 年前安徽的宏村和西递村刚开始整治时，按照有些人的观点，原来那些破烂的旧房子都属于危房应该拆掉，但通过建设部专家的帮助，宏村和西递村原汁原味加以保护并申报成为世界遗产，现在这两个村每年仅门票收入就有几千万元，当地老百姓的平均收入翻了几十倍，事实证明这条路走对了（图 7-31、图 7-32）。大自然和历史很眷顾中华民族，在漫长的农耕文明历史在祖国大地形成了无数著名的文化传奇和精彩的历史故事，但因文化遗产没有保护好旅游资源的利用就受到影响。

图 7-30　安徽省宏村与四川省雅安市上里村

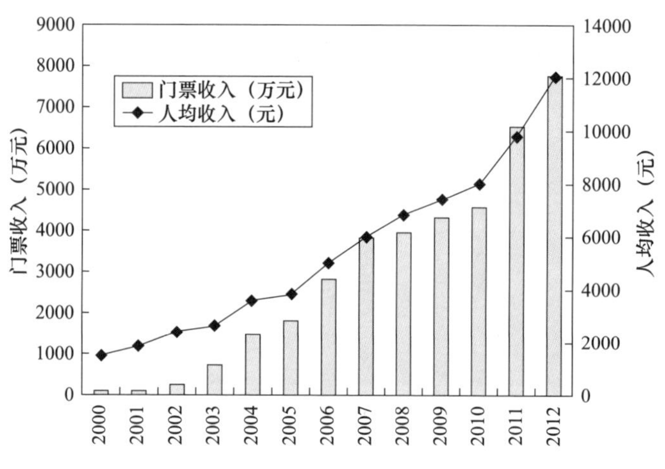

图 7-31　宏村申遗成功后门票及村民人均收入

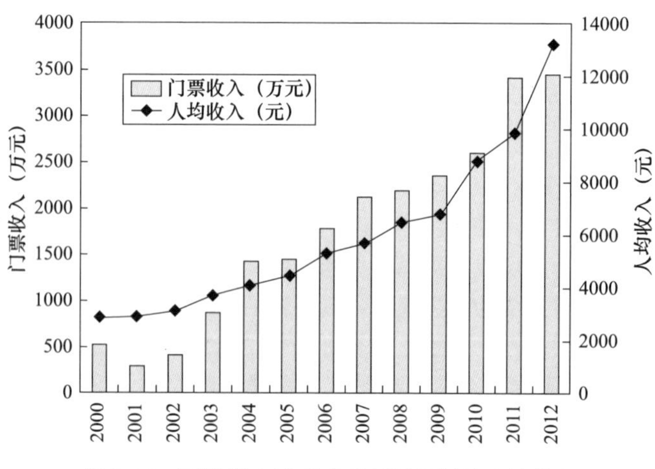

图 7-32　西递村申遗成功后门票及村民人均收入

另一个典范是四川省芦山县龙门乡古城村，该村位于芦山县域中部地区的罗城山西坡，距离 2013 年“4 · 20”芦山地震震中仅 4km。古城村村域面积约 $25km^2$，现状总人口约 4000 人、1100 户，分为 11 个村民聚居点。古城村自然环境优美，植被茂密、山溪纵横，玉溪堰左支渠从北至南穿越全村。古城村曾经是红军驻扎地，有红军三十军司令部、红军树等文化遗迹，是芦山县重要的红色文化村落。

古城村规划中的建筑均要达到抗震级别，建筑形式根据家庭人口构成和村民意愿调查，提出不同种类的建议户型。建筑风格以川西民居为基础，采用传统穿斗建筑形式，结合地域建材和当地技术形成具有地域文化特色的乡土风貌的建筑聚落。围绕红军文化遗迹，以“山林溪田”的自然特色为基础，形成坡地山林特色村落，塑造红军文化主题山地村落，发展了乡村旅游。

原则五：坚持适用技术的推广

村庄可持续发展所需的适用技术并不是城市中通用的技术或产品，而是小型的、循环的、能镶到每个农民家里的、免维修的、低成本的、无动力的。比如太阳能热水器、太阳能光伏、窑洞前面的玻璃房、被动式太阳房、自流式小型污水处理池等，这些都是受欢迎的适用技术。窑洞装了太阳房后，里面暖洋洋的，采光通风也都得到明显改善，内部还加装卫生间，居住的舒适性大为提高。还有抗震的夯土房，可抗八级地震、冬暖夏凉，是典型的农村绿色建筑（图 7-33～图 7-35）。

图 7-33　德国太阳能村庄、陕北窑洞、被动太阳房

集镇的小型集装箱式污水处理厂，农村的人工小湿地、稳定塘，或小型的沼气池里产生沼气后，废水变成肥料可肥田，沼气池出水在沉淀池里净化后就比较干净。在农村推广分散式废物循环利用技术比较合适，而不能刻意盲目将几个村合并重建或集中处理。按照城市的成本计算，把几个村的污水用管道人为连起来以后能达“规模效应”，但会因高昂的管网投资和运行费用而失败，但按照农村生态循环原则建设的小型治理设施，成本则会低得多（图 7-36、图 7-37）。

图 7-34　窑洞改造前后对比

图 7-35　四川抗震夯土农房

图 7-36　村内稳定塘

图 7-37　家庭人工湿地

原则六：村庄整治尊重自然

村庄的“建成区”往往叠加在比它大几十倍的农田和自然环境之中，农业和生态用地的保护（特别是基本农田、湿地、水源地、生态用地的保护）应成为乡村规划管制的重点，采取更系统的保护和利用方式。乡村自然美景、生态敏感区、风景名胜区和自然斑块都是城市和农村居民共享的大自然珍贵的财富。比如，河北省太行山区阜平县骆驼湾村和周边几个村的旅游资源丰富，靠近北京，还是五台山风景区的门户，山势树林景观比较好，一旦整治好就会成为很有农家乐发展前途的新资源（图 7-38～图 7-41）。

图 7-38　阜平县骆驼湾村风光

村庄周边的山林、湿地、水源都是规划保护的范围，只有把这些宝贵的资源都保护好了，“一村一品”的有机农业才能可持续发展，村庄与周边自然之间的和谐关系才能得到永久保护，才能成为有别于城市的引人入胜的田园风光。因为村庄尺度比较小，完全可融入自然中去，而城市要融入自然中去或让自然风光

图 7-39　阜平县驼湾村民居

图 7-40　骆驼湾村附近的明长城遗迹

图 7-41　张学良将军曾居住过的房屋

在城市中留驻就非常难。为了解决这个难题，100 多年前英国规划学家霍华德提出了田园城市的理念，梦想在城市建设中融入田园风光。而村庄本身就是被田园风光环绕，需要规划加以肯定和保护，而不能把它们建设成没有田园风光的城市社区。

原则七：就地有序开展危旧房改造

中央每年下达农村危旧房改造计划几百万套，并且附加有建筑节能补贴，省市给予配套，再加上金融扶持政策。但享受危旧房改造补贴的农户必须信息详细登录、完全向社会公开。每户都需要 3 张照片，第一张是改造前的房子，户主站在房子前面，第二张照片是房屋改造中的，第三张是改造后的，这 3 张照片都要在网上永久公开，方便社会舆论的监督。当前，有些地方农房的结构也没有本地化，没有为下一步开展农家乐奠定基础、积累资源，应及时纠正。危旧房改造对象的选择要符合 3 个原则，一是最贫困农户的住房修复，二是最基本的住房需求，三是最危旧的农房改造。要按照当地风格就地修复，保证农房基本质量与兴办农家乐相结合（图 7-42、图 7-43）。

图 7-42 农房整治效果

图 7-43 村庄整治效果

原则八：坚持逆向整治

村庄规划编制要坚持凡是城市有的景观都不应该在村庄出现的原则，整治目标要体现乡村的“阴柔之美”，体现城乡的差别化整治建设原则。凡是现代城市中常见的景观，例如，大广场、直马路、整齐成排的路灯和行道树、兵营式排排坐的住房等都不应在村庄中出现，取而代之的是因地制宜的多用途晒谷场、弯弯曲曲的乡间小道、就地取材的道路铺装、自然的树丛、当地风格的农舍和庭园经济，形成农家乐的基础。逆向整治就是逆城市的景观而整治，这是一条绿色的农村现代化之路，能超越传统的先工业化后现代化的传统乡村现代化发展思路，直接以乡村游来带动“一村一品”生产、城市农产品需求和农村生产对接、可持续的农村经济发展之路，而不能成为能耗大、高污染的黑色的农村现代化之路（图 7-44～图 7-46）。

图 7-44　围墙与爬藤类植物有机结合，丰富院落景观

图 7-45　木栅栏围合搭配爬藤植物

图 7-46　弯弯曲曲的乡间小道

在这方面，韩国的经验教训值得借鉴。该国在 20 世纪七八十年代掀起了新农村建设运动，发放了大量水泥、钢筋，持续十多年的大建设，使不少传统村庄改变了面貌。到了 20 世纪 90 年代，韩国人认真反思过去对传统村落的大拆大建，丧失了许多宝贵的文化和旅游资源的教训，从“水泥新农村建设”转向农村“Amenity（美化）”运动，纠正了过去大拆大建的错误，并及时恢复当地村庄的历史格局、独特的建筑风格、文化传统、农副产品、地方民俗节庆活动，把它们与山清水秀的田园风光组合在一起，吸引大批游客到韩国农村旅游，使当地农民收入连年增长（图 7-47、图 7-48）。

由此可见，村庄农房整治要按照农村既有的格局来进行。如浙江安吉，政府通过“以奖代拨”一个村庄一个村庄地进行整治，遵照“三不”方针，即不填一口塘、不砍一棵树、不拆一幢房。结果，农民的房子式样各异、基础设施完善、环境优美，这样充满阴柔之美的乡村环境促进了“农家乐”的发展，农民当年的收入就翻了一番，第二年又接着翻了一番。但是，有的地方搞“兵营式”农房推

图 7-47　韩国“Amenity（美化）”运动

图 7-48　韩国“Amenity（美化）”运动后的乡村旅游潮

倒重建（图 7-49），结果把农家乐的资源都破坏了，没有任何城里人愿意到这样的地方去体验“农家乐”。

图 7-49　易引发误导的“兵营式”新农村

小结：

第一，要树立城乡互补协调发展的思路，防止和反对以城代乡、同质发展；第二，要尽可能利用市场机制来吸引贫困人口有序自然转移，而不宜盲目地人为转移、重建村庄或合并到小城镇等人为迁移的办法来建设新农村；第三，村庄整治设计要按照与城市“逆向治理”的思路进行规划，充分保留传统村落格局和乡土建筑风貌；第四，当地独特风格的村庄、美丽的田园风光、再加上“一村一品”的特色农产品，这三个要素组合起来就是解决我国“三农”问题的可持续发展的正确道路。这是被韩国证明的，被欧盟证明的，被我国浙江证明的，现在将要推广到全国；第五，当城镇化超过50%之后的中后期，乡村特色的各种资源就逐渐会成为相对稀缺的资源，保护得越好，发掘利用得越好，价值越能得到体现，就会为当地农民带来持续致富的、不冒烟的，又不用耗能的生产资料。广阔的祖国大地上还有多民族极为丰富的乡村历史故事，都需要规划设计师将这些故事物质化。只有这样才能走出一条真正解决“三农”问题的正确道路，美丽中国应从村庄整治起步。

除此之外，村庄整治规划还应简明、直观化、少些烦琐的文字说明，宜采用直观易懂的图示，让农民兄弟能理解掌握整治村庄的景观特征和治理工作的细节安排。能直接指导村民自力更生按图作业改善自己的家园，从而激发民众热爱家园、美化净化家乡的自豪感和自信心。

四、中国特色农业现代化的主要策略

历史经验表明，一国城镇化过程中农产品产量能否得到保障、农业现代化路径的选择能否避免重大错误，不仅关系到国计民生和社会稳定，更涉及能否实现可持续发展。我国作为人类历史上农耕文明继续时间最长的农业大国，在城镇化的过程中，有着城市化史上规模最大的人口迁移活动，应从总结国内外历史经验、立足于我国国情和实现可持续发展的需求出发来谨慎地选择中国特色的农业现代化的路径，防止陷入狭窄的技术性陷阱。我国各地气候、地理、水文、文化等方面因素极为复杂，其农业现代化道路必然是包容性、弹性裕度十分充沛的路径。本节从5个方面的“并举”来表明对包容性和弹性的关切。

1. 农业生产全球化布局与地方化品种、传统耕作弘扬并举

把农业生产转移到国外去、开拓境外农业生产基地是一项好举措。建议以华侨为先导，与国家主权基金联合在境外购置农业用地用于农业生产，这意味着进口了土地和水资源。比如说，进口1kg谷物，相当于进口了450kg水；进口1kg牛肉，等于进口了15t水和10kg谷物。美国长期以来通过转基因技术垄断全球大豆、玉米等农作物品种，并将余粮卖到国外去，将其作为储备和政治武器，这比单纯建仓库储粮成本要低得多。而我国是单纯储粮，新鲜粮食变成陈粮的过程

纯粹是贬值的过程，更不用说霉变和灾害损失了。

作为有最悠久农耕文明史的我国更要重视地方品种及传统耕作模式的保护和弘扬。加入 WTO 后，我国农业整体为什么没有显露败象，“狼来了”也不能撼动我国农业市场，主要因为地大物博，各种气候条件下的农产品都有，地方名优品种众多，比如杭州西湖龙井、宣城白莲都是因历史上是贡品而成为高价值农产品。江西赣南的甜橙就是土壤富含稀土元素环境下的好品种。还有各地的“一村一品”“一乡一品”，不同地方的传统耕作和漫长农耕历史储备了许多优良品种。我国大宗农产品价格比国际市场高，没有竞争力，但有机农产品比欧美的有机农产品价格便宜得多。国外也有种植有机菜的案例，如肯尼亚的有机菜就比英国本地工厂化大棚菜价格高出 10 倍。如何使我国分布在天南海北繁如群星的传统优质农产品走出国门提升价值，应很好地学习国际通用的“地理标志产品”“证明商标”等来加强农产品价值管制。而另一方面我国许多地方化肥、农药使用过多，制约了农产品质量和出口，这说明传统耕作的有机农作物品种有很大潜力。

由此可见，任何一地的农业结构调整都必须善于因地制宜；善于向历史文化（传统贡品）要优良品种；善于利用独特小气候、土壤成分来生产名优产品；善于向现代科技要优质农产品，结合“一村一品”来实现规模效益；向传统的（有机）耕作办法要优良品种；向国际通用品牌和质量管理模式要优良品种。

2. 土地规模经营与服务规模经营并举

一般而言，种植业的利润由土地、劳动力、肥料、种子和农产品价格等所决定。土地规模化经营的必要性要以农户家庭收入总效益来衡量，其必要性表现在以下几个方面：一是与品种质量有关，品牌化高附加价值的农产品不必通过规模化也可产生高收入。一个对我国有启发性的例子是法国葡萄庄园，其收入完全决定于品种与质量，许多年产仅一两万瓶的微小庄园却因品牌高质量和名声远播而获利丰厚。二是与劳动力价格有关，劳动力价格越低、机械化作业的必要性也相对降低。三是与机械化成本、土地平整度、能源价格有关。四是与政府补贴政策有关。一谈到农业现代化很容易使人产生单户耕作土地面积越大利润越高的印象。一些报告提到日本农户平均耕地 $20hm^2$，其实这只是日本农林水产省确定的理想目标，实际情况远未实现。日本自 20 世纪 70 年代起就鼓励引导农地规模化经营，但成效并不大，许多地甚至仍在“碎片化”。我去日本实地看，许多农地面积很小，仅有几张桌子那么大，还在精耕细作。

从国际经验来看，存在两种规模经营模式，人少地多的移民国家一定适宜土地规模经营，而人多地少的国家肯定适宜服务规模经营。因地制宜选择适合的经营方式才能实现自我发展和持续获利，从而形成农业现代化的自发动力机制。凡是人多地少、地形崎岖、农田分散化、气候多样化、原住民为主、农耕文明历史较悠久的国家，更适合服务规模经营。农业现代化的最终目的是增加家庭收入，即农户的兼职化与专业化必然会同步发生。服务型规模经营有利于农户产前、产中、产后服务环节分离外包来获取利润。而建立以小城镇和村庄为基地的社会化服务体系，采取公司、合作社或加工厂加农户的模式来推行服务适度规模模式，会成为我国农业现代化的必由之路。农业高就业与高收益并不矛盾，如美国直接从事农业的人口只占3%，但间接服务于农业的人口占全国人口达16%，其中相当部分居住在小城镇。我国服务于“三农”的公共服务和专业服务力量均不足，制约了农业服务规模经营的发展。住建部和财政部共同开展了绿色低碳小城镇示范，在选定的重点小城镇开展“四个一”工程建设，即一套合理的规划、一套绿色低碳措施、一套必要基础设施、一个没有假货的超市，这些都是农业现代化的基础性工程。历史证明，在建立健全社会化服务体系方面，政府要着力于解决市场机制当前做不了、不合算的事，并在市场机制启动完善后政府再择机推出。

3. 农民单向进城与城乡居民双向流动并举

在城镇化过程中，农民单向进城、把农民驱赶到城里去是拉美模式的主要弊端。单纯着眼于大幅提高城镇化率、通过减少农民来实现农业现代化往往会因为过于理想化而失败。农民卖掉宅基地和承包地“裸身”进城，有去无回，整个国民经济系统结构将失去弹性。如再次遭遇全球金融危机，失业农民工就会因无乡可归而陷入赤贫状况。历史经验已证明，过于理想化宏大构想的农业改革方案结局往往会酿成悲剧，因为实际上成功的农村经济、自然生态和社会系统都是以自组织的形式自行演化的。

因我国农民对土地依赖性很高，而远郊农房、农业承包地、宅基地的可交易性都不强，绝无可能成为当地农民进城的资本。

无论从哪方面来看，都要长期倡导农民和城市居民双向流动，承包地、宅基地都应留给进城农民，这不仅是应对老龄化的举措，也能体现社会公平。例如，近几年贵州遵义地区的农民增加收入主要是重庆等大城市人口到农村避暑居住和农家乐伴生而来的。杭州临安等山区的农村都有杭州和上海的市民居住，杭州一些农村地区的居民中当地农村人口占40%，60%是城镇居民，其中农村人口中有40%已从事非农行业。随着我国城镇化进入中后期，乡村旅游市场快速扩大，一些地方的农村兴办农家乐后农户收入成倍增长。城镇化后期城镇很多老年居民将趋向于回农村祖屋居住，农村地区的居民占比可能会不断提高，从而带动务农人口人均收入提高会成为必然趋势。

要十分警惕资本无节制下乡可能的弊端。我国过去计划式的资本下乡往往是附带技术和农资下乡的，起到了提高产量、提升农产品价值、不改变用地性质的积极作用。但市场化改革后的资本下乡，很多钱主则着眼于预期的土地红利，因此要十分警惕房地产进入农村所引发的弊端。全球农业现代化成功的国家都对资本下乡有所限制。耕地紧缺的我国更应将具体的资本下乡项目批准与否以“三标准”来衡量：一是能否促使农产品产量提高和价值提升；二是不改变农业用地性质和增加地力，有利于农业可持续发展；三是不改变农村乡土风貌、文化和自然遗存，增加当地的社会资本。

4. 城乡一体化发展与城乡差异化互补协调并举

广袤的农村相对于城市来说，不仅是农产品供应的基地，更为重要的是支撑城市生存发展的生态底板。应具有“承载万物”“阴柔”包容之裕量，并与城市体现经济活力和科技创新力的“阳刚”特征形成互补协调。新农村决不能建设成与城市一样的。我国不少省份为了增加城市建设用地指标，大量撤并自然形成的村庄，当地农民被迫并村上楼后与承包地距离很远，农业生产原有的循环经济链条被打破，生活成本也成倍提高了。钱正英等老专家去一些“农村新社区”看，房子建好两年了还是空的，农民不愿住进去。而且频繁拆除农民房子也增加了农民负担。丘吉尔说过政治家都想在地球上留下他的痕迹。现在不少基层干部总是想尽办法在农村留下政绩痕迹。

另外一些规划专家认为农房占地过大也是错误的，农民的院子占地大实际上相当一部分是设施农业场所，包含晒场、猪圈牛栏、堆场等功能。拆村并点、异地搬迁会造成农村社会结构体系的破坏，损失的是“社会资本”。比如，富甲江南的杭州市，新安江水库移民最穷，因为他们的社会资本全部损失掉了，几十年都难以恢复。

城乡一体化发展的本义应是城乡公共财政均等化、政治待遇公平化，通过一体化规划，使基础设施、公用事业服务在城乡互联互通。城乡关系应是“阴阳互补”。

韩国的交通环境建设部长曾对我说，韩国过去新农村建设大量发水泥建房子，现在看来都是错误的。现在推行 Amenity 运动，就是乡村美化活动，即纠正过去大拆大建的错误，并及时恢复当地村庄的格局、独特的农舍风格、文化传统、农副产品、地方民俗节庆活动等，把它们与山清水秀的田园风光组合在一起，从而吸引了大批游客到韩国农村旅游，使当地农民收入连年增长。但是中国朋友来韩国却要学习他们过去错误的做法。法国建设部门负责人也认为，该国城市化前有 35 万个村庄，现在仍有 35 万个村庄。第二次世界大战之后有 16 个村已完全无人居住，就将村庄作为文化遗产交由省政府直接管理。如地底下发现矿藏，村周边有景观资源，再整体拍卖开发。

近几年来，国家财政部和住建部正在开展历史文化名镇名村、特色景观旅游村镇、传统村落评选和创建，首批列入中国传统村落名录的有 1500 多个村落，有助于指导地方促进城乡差异化互补协调发展。浙江、安徽等省在上述领域通过国家和省两级创建工作取得了很大的成效。

5. 食品生产链的长距离化与强化“菜篮子”“米袋子”工程并举

我国各地气候、土壤、水等资源差异性极大。南菜北运，北粮南运有许多有利方面，充分利用了当地富余的气候资源和水资源。如海南的蔬菜运往北方，等于南水北调，实际上这样做比用水渠南水北调成本更低。但我们同时也要强调保护发展近距离农业生产基地。一些发达国家为了低碳社会的建立，由“绿领阶层”自发约定所食用的蔬菜和大宗农副产品必须是200km以内范围生产的，加工流通距离越短食品越安全、能源消耗和碳排放越低。

由此可见，我国传统意义上的“菜篮子”“米袋子”工程“市长负责制”不仅具有就近保障城镇居民基本食品供应的重要作用，而且也是实现低碳农业的必由之路。更为重要的是，农产品生产加工和运输的链条环节越多、空间距离越长，品质管理难度就越大。从这一意义上来说，为保证基本食品安全，“菜篮子”“米袋子”工程也是城镇化过程中必须加以巩固提高的基础性农业生产基地。

总之，我国农业现代化道路的选择和重大举措必须基于基层民众的有效实践与创新，切忌迷信于“顶层设计”及强行从上到下推行。总结历史教训，人民公社、大办食堂、“小四清”、农业学大寨等涉农重大决策，为何都从良好的愿望出发，但实际却劳民伤财，正是因为一方面决策者经常犯从城市或工业发展规模出发来取代农业、农村的自身发展规律式的错误（有一种顽固的错误观点是，工业和城市发展规律比农业先进，农业、农村现代化必然要工厂化、城市化等）；另一方面，我国农民、农村长期处于宗法管理状态，农民的自主意识和声音历来很弱，习惯于听从领导的安排。正如美国社会学家奈斯比特所说的，“创新自下而上，风尚自上而下”。选择农业现代化的路径并无完全可借鉴的先例，必须充分尊重历史、民众的意愿和首创精神，凡是未经基层实践检验的“××化”都不宜草率以行政命令强行推行。

第八章　低碳与生态——生态型城市建设的形势与任务

自人类社会进入工业化时代以来，城市化的速度大大加快。在此过程中，城市形态的发展经历了三个里程碑：第一是霍华德的田园城市，第二是丘吉尔时代推出的新城计划，第三就是低碳生态城（镇）。近几年，研究与实践生态城已成为国内外规划界的热潮。本章从四个方面入手简略介绍我国低碳生态城的进展，即我国发展低碳生态城的必然性，低碳生态城的主要特点与类型，我国低碳生态城的现状及存在的问题，以及如何制定低碳生态城发展战略和实施策略。

一、我国发展低碳生态城（镇）的必然性

城市承载着人类大多数梦想与灾难。从 1 万年前幼发拉底河流域的耶利哥城，到现在规划中的阿布扎比未来城，人类从未停止过探索和实践（图 8-1、图 8-2）。尤其是工业革命以来，人类社会才真正进入前述的城市形态三个发展阶段。

图 8-1　约旦河边的耶利哥城遗址

图 8-2　阿布扎比“零排放”生态城

1. 低碳生态城（镇）是推行生态文明的主要支撑者

如果说农业文明是以商贸城与城堡为中心的乡村文明，那工业文明则是以现代工业城市为依托的城市文明，英国 100 多年前霍华德田园城市和后来的丘吉尔计划，都承载了工业城市的梦想与现实。而生态文明却是在人们意识到工业文明不可持续，必须实现人类文明发展模式转型的背景下提出的。新的生态文明需要找到一种相适应的城市发展模式作为基础，而此时大多数人类又居住在城市里，这就是我们所要描述的低碳生态城市，以它作为实现生态文明的载体是无可替代的（图 8-3）。

商贸城与城堡 → 农业文明

图 8-3　三种文明的城市支撑（一）

图 8-3　三种文明的城市支撑（二）

2. 低碳生态城（镇）是应对我国资源环境问题的系统工程

总量上看，我国是以占全球 7%耕地、7%淡水资源、6%石油、4%天然气储量来推动全球 21%人口的城市化。未来 30 年，我国将要建成城市的总面积与现在欧盟城市面积相当，即未来中国将新建一个相当于欧盟的城市体系，这些城市、建筑到底是什么样，采用何种发展模式与形态？这不仅对我国的可持续发展和资源、能源安全与否，而且对全世界的可持续发展都将带来重大的影响。

工业文明时代，城市（镇）消耗了 85%的能源和资源，排放了同等数量的废气和废物，流经城市（镇）的河道 80%受到严重污染。按当前世界平均水平来看，工业的能耗占 37.7%，交通能耗 29.5%，建筑能耗 32.9%。发达国家交通的能耗、建筑能耗所占的比例就更高（表 8-1）。需要着重指出的是，城市交通能耗和建筑能耗往往是用户和市民难以自行调节的，而工业的能耗则会随着技术的革命、资源环境税、产业的转移，逐渐下降，而这是由厂长经理自主决定。由此可见，我们应该将节能的主攻方向放在交通能耗和建筑能耗的节约方面。

世界与发达国家能源部门消费结构　　表 8-1

	世界	OECD	美国	日本	英国	法国	德国
工业	37.7	34.6	27.7	42.3	29.7	30.3	33.1
交通	29.5	33.1	40.7	27.1	31.9	31.3	27.4
建筑	32.9	32.3	31.6	30.6	38.5	38.4	39.5

我国人均能耗较少，但人口基数大，温室气体排放数量增长快，已引起全球关注。如果错误地选择美国式的城市化道路则需要两三个地球的能源和资源储量才能支持中国的生存与发展。

3. 低碳生态城（镇）是应对全球气候变化的主要手段

八国首脑会议 13 国共同宣言提出，到 2050 年将全球温室气体排放量至少减少 50%，到 2050 年，发达国家温室气体排放总量应在 1990 年或其后某一年的基础上减少80%以上，全球平均气温升幅不应超过2℃。因为全球城镇排出了人类活动所产生的温室气体的80%以上，“解铃还须系铃人”，应对气候变化，城市（镇）是主战场。

4. 低碳生态城（镇）是“使生活更美好”的抓手

城镇发展模式应从数量扩张型转向生活质量提高型和生态环境低干扰型，确保市民及其下一代生活更美好，是我国中后期城镇化的主要战略。世博会最佳实践区虽然是临时建筑为主，但仍给人们一个启示，即通过当代实用性的技术应用，完全可以建立优质、低碳、生态的社区模式，低碳生态城镇是可望可即的，世博会最佳实践区提供了优质低碳生活的样板。

二、低碳生态城的关键——广义太阳能及其利用

人类选择使用不同类型的能源对可持续发展的影响、差别往往是巨大的。历史经验表明，能否及时开发出新的能源来替代即将枯竭的传统能源或燃料，对民族的前途是繁荣还是衰退甚至消亡往往是决定性的。而这经常被古代决策者们所忽视。从理论上说，人类可以利用的所有各类的能源（除核能之外），绝大多数都是由太阳能转化来的。这也是世界各地民族的祖先都崇拜太阳的根本原因。

国际著名能源学家霍华德·T. 奥德姆（Howard T. Odum）提出了能源转换率的概念，即产生一单位能量需要另一类型能量的量（表8-2）。如风能从哪里来？风能实质上是太阳能分布和地表吸收不均的温差转化而来，1cal的风能要用1500cal的太阳光能转化来的；有机物、土壤、木材所包含的热能也是太阳能来转化，4400cal的太阳能可转化成1cal有机物的热能。如果烧掉一根木材发出1cal的热量，就相当于“烧掉了”4400cal的太阳能。又如河流的能量，也是太阳能把地表水蒸发了以后变成雨水，降雨落在地理高处，形成的势能才是“河流能”。若要把“河流能”直接利用，如发出1卡有效的功，就意味着要消耗4万cal的太阳能，相对于直接利用太阳能，其利用效率明显偏低。

典型能值转换率 **表8-2**

项目	太阳能（cal/cal）*
太阳光能	1
风能	1500
有机物、木材、土壤	4400
雨水潜能	10000
雨水化学能	18000
大河流能量	40000
化石燃料	50000
电能	170000

* 生产所列物质1cal所需的太阳能的卡数（这些太阳能直接和间接用于能量和物质转换）。

再看常用的化石燃料，即煤、天然气、石油，并称为三大化石燃料。要用煤、天然气或者石油产生 1cal 的能量，就等于消耗了 5 万 cal 的太阳能。化石燃料的能量也是由太阳能转换而来。有机物因长期的地壳变动压在地底下生成了煤、石油、天然气等化石燃料。化石燃料是远古地质历史上形成的，是不可再生的能源。燃烧化石燃料就等于是把历史上储备的能源用掉了，但更危险的是，在燃烧的同时，也把漫长历史积累的二氧化碳在短时间内排放出来了。全球气候变暖，其主要原因就是过度使用化石燃料造成的。而比长期的气候变化更致命的是局部地方的气候突变对当地人类生产生活和其他物种生存带来的影响。

现代人普遍使用的电能，是消耗化石燃料和排放二氧化碳气体的主因。与直接利用太阳能比较，用电能发出 1cal 有用功，等于消耗了 15 万 cal 的太阳能。传统电力生产过程是用煤燃烧使水变成蒸汽，蒸汽推动蒸汽发电机发电，然后经过变电传输到目的地，再经过降压变成市电，总的煤热电效率理论上可以达到 30%，但实际上往往只有 20%多一点。

不同能源的可再生程度是不一样的。从表 8-2 中可以看出，越往上可再生性越强，越往下可再生性越差。从化石能转化而来的电能是一种使用最为方便的"能"，但也是最不可再生的，从某种意义上讲，多用电能是一种太阳能"浪费"。电能因为经过道道"加工转化"工序，最后成为能源"精品"，同时它也把效率逐步降到最低。能源的"提纯"可以说是双刃剑。

由此可见，如果人类在生产生活中采用伏打电池或热水器直接采集太阳能，从而避免使用远古的太阳能蓄能器——化石燃料，这不仅能挽救人类仅有的家园——地球，而且也是将太阳能利用效率提高成千上万倍的有效途径。难怪美国科学家特拉维斯·布拉德福德（Travis Bradford）在新出版的《太阳革命》一书中大胆预言：太阳能将在未来的 20 年内成为功效最佳、价格最低廉的替代能源。但是实际情况并不是那么简单。这是因为不同的能源，其能值产出率即人类能够利用这一类能源所达到的经济效益是不同的。表 8-3 列举了典型能源的能值产出率。

典型能源产品的能值产出率 **表 8-3**

项目	能值产出率*
· 农场风车，17m/h 的风	0.03
· 太阳热水器	0.18
· 太阳能电池	0.41
· 棕榈油	1.06
· 能源密集玉米	1.10
· 蔗糖醇	1.14
· 人工林木材	2.1

续表

项目	能值产出率*
天然气（海面）	6.8
油（从中东购买）	8.4
· 海热电站	1.5
· 风电站，强而稳的风	2-?
煤火电站	2.5
雨林木材火电站	3.6
核电	4.5
· 水电站（山上水流域）	10.0
· 地热电站（火山区）	13.0
· 潮汐电（25 英尺范围）	15.0

*能值产出被总投入能值所除，总投入能值是从经济系统购买的能值（包括商品和劳务），但不包括环境损失的能值。净能值的计算方法来源于《环境核算——能值与决策》（奥德姆，1996）。

如农场的风车，能源的产出率 0.03，太阳能热水器为 0.18，太阳能电池为 0.41，把太阳能转化为棕榈油可以达到 1.06，能源密集型的玉米能值产出率为 1.10。巴西由原来的石油进口大国变成一个出口国，就是推行了蔗糖醇，以甘蔗炼制酒精来替代汽油，1L 酒精生产成本仅 0.4 美元，与汽油价格相比很有竞争力，由于政府力量的推动，巴西甘蔗炼制酒精技术水平和效率已属世界第一。人工林木材的能值产出率更高。从风车到人工林木材，这些都是可再生的。作为可再生能源，一个最大的环保标志就是二氧化碳气体的“零排放”。如人们能广泛利用的玉米、秸秆、人工林、甘蔗醇等生物质能源来取代传统商品能源，不仅有利于环保，也能挽救日益恶化的碳循环。必须要指出的是，所有生物质能源实质上都是太阳能通过植物叶绿素细胞光合转化成“物质能”储存在植物有机质里，并同时吸收大气中的二氧化碳，然后通过燃烧和其他技术途径使这些太阳能和二氧化碳重新释放出来。植物生长过程中所吸收的二氧化碳与生物质燃料利用过程中所释放出来的二氧化碳是相等的，植物从生长到燃烧后变成灰土，整个循环过程的碳是零排放的。

此外，在全球传统能源价格持续上涨、资源日益枯竭的大背景下，对非常规能源和可再生能源的开采需求日益紧迫。但由于这些“新能源”的开采要消耗较多的能源，为便于将不同燃料资源进行对比，纽约州立大学环境科学与林业学院的生态学家查尔斯·A.S. 霍尔（Charles A.S. Hall）提出“能源投资收益率”（Energy return on investment，EROI）的通用指标。该指标表示的是，减去用于生产燃料所消耗的能量后，该燃料可以提供的净能量，即单位能耗所获得的能量比率。EROI 的值越高，经济效益就越好（表 8-4）。此外，根据国际能源署（International Energy Agency，IEA）的研究，全球越来越需要低 EROI 值的燃料，以满足更高的能源需求量。而工业社会实现基本正常运转所需的最小 EROI 值约为 5～9。

液体燃料的 EROI 值 **表 8-4**

项目	全球产量（2011）（百万桶/d）	EROI
常规石油	69	16
甘蔗乙醇	0.4	9
大豆生物柴油	0.1	5.5
油砂	1.6	5
加州重油	0.3	4
玉米乙醇	1.0	1.4

值得指出的是由于科学技术的发展，传统石油 EROI 优势正呈现逐步削弱之趋势（表 8-5、表 8-6）从 1950～2000 年间的数据比较来看，由常规石油精炼的汽油 EROI 值从 18 降为 9，由重油生产的汽油 EROI 值从 12 降为 4，而大豆生物柴油的 EROI 值从 1980 年的 2 上升为 5.5。

可再生和传统化石能源转化电力的 EROI **表 8-5**

项目	全球产量（2011）（百万桶/d）	EROI
水力	3.5	>40
风能	0.3	20
煤炭	8.7	18
天然气	4.8	7
太阳能	0.03	6
核能	2.8	5

每千兆焦耳不同燃料汽车行驶距离 **表 8-6**

项目	行驶距离（km）
传统石油所产的汽油	3600
甘蔗乙醇	2000
大豆生物柴油	1400
油砂所产的汽油	1100
重油所产的汽油	900
玉米乙醇	300
靠美国电网驱动的电动车	6500*

*此里程数包含了输电耗能，但不包括生产电池的能耗。

由表 8-4～表 8-6 的分析可知：

（1）某种能源的 EROI 值越高，经济效益就越好。但必须指出的是，随着人类社会对温室气体排放的容忍度不断下降，碳税的呼声日益高涨，化石能源的投资收益率都在持续下降，而可再生能源的 EROI 值却不断上升。

（2）随着技术的改进（如利用二氧化碳液体代替水压裂岩石），某些非常规的化石能源EROI值会有所波动或改善，但要改变其EROI值下降的总体趋势，应采用可再生能源来开采此类非常规化石能源。

（3）电力的直接EROI值普遍较高，尤其是用可再生能源产生的电力驱动汽车，从EROI值来看具有明显的升高趋势。

（4）尽管EROI方法并不能评估不同能源的所有优缺点，并且也不涉及温室气体排放的环境成本，但EROI法可揭示人们能从某种给定的能源或组合的能源供应模式中得到多少有效能量。

（5）EROI法还可以计算出那些削减污染排放或温室气体的努力将如何改变单位能源的成本。通过评估能源的投入产出，可正确引导能源开发投资。

总而言之，认识了以上广义太阳能的这些内容，人类社会从“改造自然”的狂妄中或许会清醒了许多：几千年人类文明造就的现代科技所创造的光伏电池，直接利用太阳能效率并不比植物界高多少。但太阳能的“广义性”也教会人们从全新的角度来利用太阳能。人类虽不可能像玉米那样利用肌肤直接吸收太阳能，但所创造的构筑物——建筑和城市完全可以从仿生学的角度，向大自然学习如何高效直接利用太阳能——这一潜力无限的免费能源。

三、我国低碳生态城市的现状及存在的问题

未来二三十年，我国还有一半城镇化的路程要走，但我国的耕地、水、石油、天然气等资源极为有限，可选择的城镇化道路必须避免美国的发展模式。史实提醒我们，必须及时转变城市发展的模式。如果在此之前，我们选择的是迎合GDP挂帅的城镇化路径，城市是数量扩张型、经济引领的，那么现在则应主动进行质量型、低碳型、社会公正型的城镇化。这一切赋予当代规划师非常沉重而光荣的职责。国家针对这项城市转型，提出了若干促进低碳生态城发展的优惠政策。第一，鼓励可再生能源建筑应用，直接对用户进行补贴。第二，每一个可再生能源示范城市给予5000～8000元资金的支持。第三，推行大型公共建筑节能改造与监测。国家财政给予改造补贴。第四，绿色建筑是低碳生态城的基本组成单元，二星级绿色建筑由国家财政直接补助45元/m^2，而三星级建筑直接补助80元/m^2。第五，绿色建筑规模推广补助，一旦达到300万m^2总量的绿色建筑，每个城市一次性给予5000万元的补助。第六，绿色小城镇计划。达到绿色小城镇标准的一次性给予1000万～2000万元的补助。第七，生态城示范补贴。如果某个生态城示范项目经过国家验收，确实有示范效应，将给予补助5000万～8000万元。正因为有了这些优惠政策，我国每年的低碳生态城项目突飞猛涨。近几年我国低碳生态城已成为各地城市发展的新模式和新目标，各地的积极性空前高涨。

我国低碳生态城市规划建设处在什么阶段？第一，我们已经建立低碳生态城

规划编制体系，包括城市新区总体规划编制导则，以统筹指导生态城试点建设规划。第二，因地制宜创新制定了低碳生态城的指标体系及实施导则，强化对生态城规划实施过程提供指导和管控。第三，试点推广了低冲击开发、可再生能源应用、绿色建筑、低碳交通等低碳生态关键技术。第四，探索了生态城的规划管理方法和机制。颁布了第一部生态城的地方法规。

目前我国 5 个试点生态示范新城的基本情况如下：

1. 天津中新生态城

天津中新生态城距天津中心城区 45km，是世界上第一个国家间合作开发建设的生态城市（图 8-4）。不占耕地，完全在盐碱地上建设，规划 2020 年常住人口规模达到 35 万人，建设用地人口密度为 1.4 万人/km^2；2020 年可再生能源比例达到 20%，非传统水源利用率超过 50%。2008 年 9 月中新天津生态城正式开工建设，目前已建成区面积为 652hm^2，区内总建筑面积为 659 万 m^2。同时已经建成了各种道路的网构，已经建成机动车道路 55km，道路两侧慢行系统 51.36km；绿色建筑比例为 100%，绿色出行的比率达 90%。2011 年实现财政收入 20 亿元，整个起步区已经初步呈现出一种绿色低碳发展的新模式（图 8-5）。

图 8-4　天津中新生态城规划示意图

图 8-5　天津中新生态城建设情况（一）

图 8-5 天津中新生态城建设情况（二）

2. 曹妃甸生态城

位于河北省唐山市南部沿海，曹妃甸新区东部寸草不生的盐碱滩地上，距唐山主城区 80km、规划面积 74.3km²。生态城内规划绿色建筑全覆盖。目前曹妃甸生态城已经完成造地约 15km²，处于大规模的基础设施与公共服务设施建设阶段，总建筑面积约 30 万 m²，累计完成投资约 16.95 亿元；对外公路及区内市政道路总里程达 85km，总投资达 63 亿元；燃气管线已铺设达 13km；市政集中供热主干管网 25km；在产业上重点发展低碳环保产业、滨海旅游产业、生活文化产业、国际教育产业、医疗健康产业"五大产业"（图 8-6～图 8-8）。

图 8-6 曹妃甸生态城规划示意

3. 太湖新城

在我国南方有太湖新城，位于无锡市区南部，北距老城区约 6km，总用地面积约 150km²，规划建设用地面积为 95km²。规划常住人口约 100 万，就业岗位约 50 万，主要功能定位为无锡的行政商务中心、科教创意中心和休闲居住中心（图 8-9、图 8-10）。

图 8-7　曹妃甸生态城风力太阳能道路

图 8-8　曹妃甸生态城首批绿色住宅项目

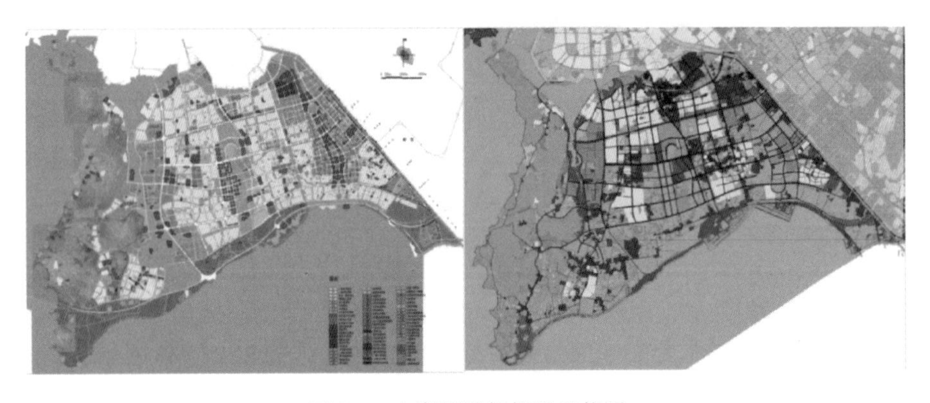

图 8-9　太湖新城规划及现状图

图 8-10　太湖新城建设情况

太湖新城建成及在建公共服务设施有市民中心、大剧院，以及一批中小学、商业等功能性项目。2000 万 m^2 的低碳绿色建筑已经拔地而起。

4. 深圳坪山新区

位于深圳市东部，辖区面积约 168km^2，2010 年新区实际居住人口约 60 万人，规划 2020 年新区建设用地规模为 65.51km^2，建设用地面积为 52km^2（图 8-11）。

新区成立以来，公交运力和服务覆盖范围进一步提升，步行路、公交专用路、自行车专用道等慢性交通体系不断完善；新能源汽车、电子信息、生物医药、装备制造业等四大主导产业初步形成；新建建筑绿色建筑按照100%比例推行，目前已建绿色建筑的总面积约131万m^2；结合深圳市基本生态控制线调整要求，致力于建设“郊野公园—城市公园—社区公园”为主体的多层次、多样化的公园绿地体系（图8-12）。

图8-11　深圳坪山新区规划示意图

图8-12　坪山新区低冲击流域治理和绿色建筑

5. 深圳光明新区

总面积156.1km^2，2007年在光明街道和公明街道基础上成立。目前总人口约 80 万，其中户籍人口 4.2 万。目前光明新区建成区面积已达 48.61km²，未建用地约 27km²，其中城市建设用地面积 5850.50hm²。新区道路骨架特别是慢行系统基本形成，产业集聚和配套能力明显增强，雨水资源利用、垃圾处理设施进一步完善。已经推进 81 个项目、376 万 m² 的建筑全部按绿色建筑一星以上标准设计建设（图 8-13）。

图 8-13　深圳光明新区

在上述这些生态新城大力推行了各项绿色建筑、绿色交通和绿色产业的标准。这些生态城市和绿色建筑示范点发展状况表明，生态城市在我国也呈现可实行、可运行、可持续、可复制的良好发展局面。

与此同时，2012 年住房城乡建设部组织专家对 5 个试点的生态新城示范区进行了考核，也发现一些共性问题，这些问题反映出规划师和决策者在规划理念上存在的缺陷。

第一，对低碳生态技术的本地化、可普及性和规模效应重视不够。规划师遇到不了解的新课题，应该细心地学习，不能盲目移植或者拷贝国外的技术，否则会造成巨大的损失。

第二，个别示范区绿色建筑标准低于国家标准。城市规划是一种过程，作为规划师，对于建筑模式的选择与监督，应将其纳入规划实施的全过程之中。本来“一书两证”就包括建筑的规范和性能，应该采取有效约束措施，未达绿建标准的不发“一书两证”。个别示范区绿色建筑标准低于国家标准，属明显的错误。

第三，低碳生态城市考核数据监测、规划实施、过程监管工作滞后。个别生态城当前的数据和当初的目标显然有偏差。生态城规划实施过程如果没有检查反馈机制、纠正机制，那将来建成城市将与当初的规划目标可能会南辕北辙。

第四，新城选址与老城区距离较远，快速公共交通设施建设进展缓慢。新城人气不旺，很难达到 15 年建成的预定目标。

第五，交通路网结构雷同于开发区。一般传统开发区布局，地块一边的长度一般为 250m，在 1km² 内交叉的路口只有 20 来个，而生态城要求在 1km² 之内，交叉口至少应该达到 100 个，整整相差了 4 倍。只有密集的交叉口和路网，再配合慢行系统，城市绿色交通系统才能建立起来，否则绿色交通就可能成为无米之炊。

这些问题，不容忽视，亟须我们在下一步工作中扭转和改正。

四、低碳生态城市的发展战略和实施策略

城市是一个复杂的巨系统，规划建设低碳生态城市，必须采用系统的科学思想，系统研究问题、制定规划和计划、推进实施。特别要把握阶段性和长远性，处理好整体和局部、大系统和小系统的关系，统筹制定总体战略和实施策略。这些都是建设一般传统工业城市所难以包括的。

（1）渐进性：扎实推进既有城市生态化改造。

我国推行多年的园林城市、节水型城市、中国人居奖、历史文化名城等城市评选体系为既有城市生态化升级改造奠定了良好的基础。

我国长期实施的多种合理合法的城市达标评选体系，能成为既有城市一步一个脚印在朝着生态化方向在改造，朝着可持续发展的目标在迈进的绩效台阶。通过监测、肯定和验收的城市，将被赋予中国人居奖，在此基础上再提出分级标准的生态城改造认证，再逐步引领实施。

（2）系统性：建立系统的评价指标考核指标以至系统的标准体系等，实现可评价可考核，确保扎实推进生态城建设，避免“虚假化”。

这些指标是可以考核、反馈和修正的，以此来扎实推进生态城建设。要防止出现低碳生态城的“山寨版”（图 8-14）。

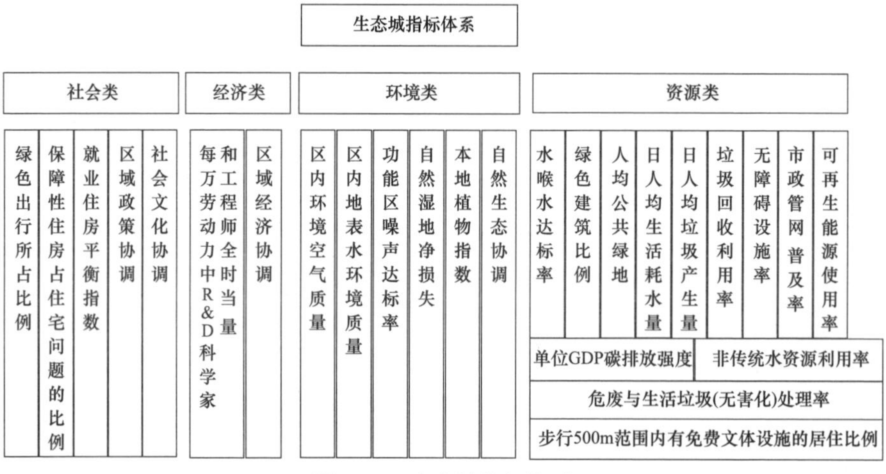

生态城指标体系

- 社会类
  - 绿色出行所占比例
  - 保障性住房占住宅问题的比例
  - 就业住房平衡指数
  - 区域政策协调
  - 社会文化协调
- 经济类
  - 每万劳动力中R&D科学家和工程师全时当量
  - 区域经济协调
- 环境类
  - 区内环境空气质量
  - 区内地表水环境质量
  - 功能区噪声达标率
  - 自然湿地净损失
  - 本地植物指数
  - 自然生态协调
- 资源类
  - 水喉水达标率
  - 绿色建筑比例
  - 人均公共绿地
  - 日人均生活耗水量
  - 日人均垃圾产生量
  - 垃圾回收利用率
  - 无障碍设施率
  - 市政管网普及率
  - 可再生能源使用率
  - 单位GDP碳排放强度
  - 非传统水资源利用率
  - 危废与生活垃圾(无害化)处理率
  - 步行500m范围内有免费文体设施的居住比例

图 8-14　生态城指标体系

（3）多样性：我国地形复杂、国土辽阔的特点决定了低碳生态城发展模式的多样性。

在南方，可以采取遮阳、立体绿化等办法来减少建筑物的能耗，通过完善自行车道等绿色交通来降低交通能耗，这是南方的低碳生态城应采用的主要规划调控手段。在北方严寒地区，应实行建筑物的冬季供热计量系统，可促进居民采用太阳能、地热能来替代传统燃料，以及调动业主改进建筑围护结构的积极性。在我国西部缺水的地区，节水和水的再生利用就应成为生态城的基本特征之一。

针对不同地域的地理地质状况、气候条件和资源禀赋来实行不同的生态城规划模式，科学合理地建设新的生态家园，尽可能在贫瘠的非耕地上建生态新城，还可以有效保护我国 18 亿亩的宝贵耕地资源底线。

在策略上，发展低碳生态城市必须在重点领域有所突破（图 8-15）。

图 8-15　生态城市建设的重点领域

需要重点突破的可归纳为 7 项关键技术：紧凑式人性化空间布局和土地的混合使用模式、低碳社会的建立和低碳的文化社会习俗的启动、产业升级和转型、能源资源的节约和可循环、绿色建筑、生态保护与建设、绿色交通等。这些成为当前制约绿色建设和生态建设的关键技术问题。

1. 紧凑混合用地模式

紧凑混合用地模式是所有生态城的前提条件，用地紧凑同时又是功能混合的，并且根据绿色交通来布局城市空间，这样，可达性很好，景观多样性又可以实现。要把这些要素在紧凑用地模式中加以推广（图 8-16、图 8-17）。

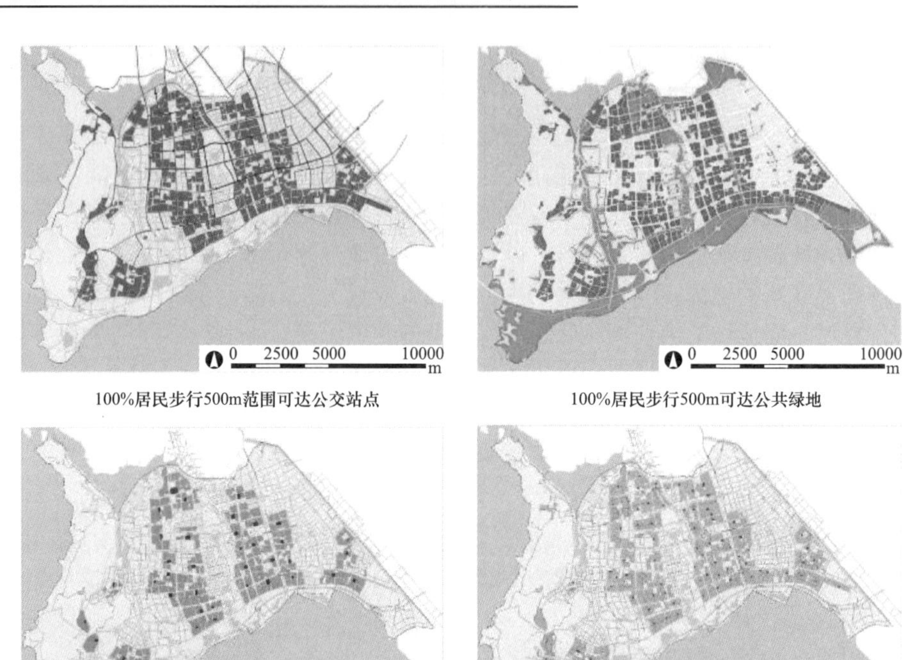

图 8-16　无锡太湖新城紧凑混合用地

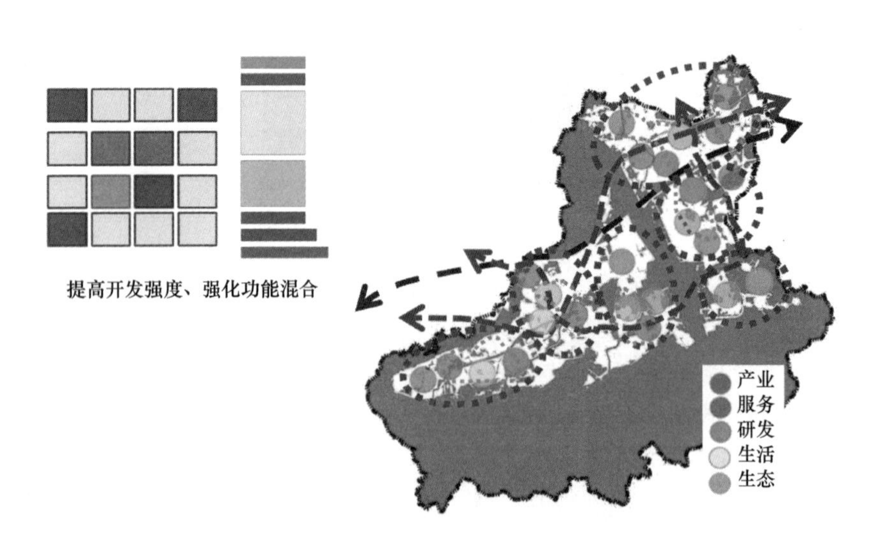

图 8-17　紧凑混合用地模式

紧凑混合用地模式强调功能复合、交通引导开发，强调紧凑型、集约式的空间布局，提高土地的利用效率。这是生态新城要达到的第一个门槛条件。土地利用模式中，单个建筑使用功能的混合和城市小区功能的混合布局也应该进行创新。通过容积率的控制，创造紧凑型的城市，妥善保护自然、水体，是建设生态城要达到的条件（图 8-18）。

图 8-18 容积率控制——紧凑型城市

2. 资源节约和循环利用

建设低碳生态城的另一关键技术是要满足可再生能源的比例应超过 20%，非传统水源利用率大于 50%，人均综合用水量小于 320L/(人·d)。规划师们要重视学习以前没有遇到过的能源问题，能源规划是低碳生态城建设中非常重要的新规划，要把能源规划跟城市空间和建筑形式紧密地结合起来，使建筑物成为能源的发生器。资源、水循环利用等，也已经成为各地生态城的核心的问题。相对于传统城市经常性地破膛开肚，生态城普遍应用共同管沟，一次性埋设排水、电力、通信、生活垃圾等管线，并将它们集中在一个管沟中，不仅便于维修，也有利于增设管网时不需要重挖路面，增加能耗和材耗（图 8-19～图 8-21）。在此基础上，生态城区必须同时广泛实施雨水综合利用技术。

3. 绿色建筑规模化

绿色建筑是生态城市的最基础性构成元素，没有绿色建筑就没有绿色生态城（图 8-22、图 8-23）。无论是大的社区还是单幢绿色建筑，或是企业建筑。这方面的策略应该是政府先行，多领域推进。一是要求凡是政府投资、政府补贴的新建建筑，应全面实施绿色建筑标准。二是对新建的社会公共建筑、商用建筑，鼓励实施绿色建筑的标准。三是开展本地化绿色建筑的项目示范。四是鼓励绿色建筑一次性装修。所有建筑做到一次性装修完成，而不需要业主再敲敲打打重新装修，浪费建筑材料。五是在工业功能区及工业建筑中实施绿色建筑。这样就能系统全面推进实现绿色建筑系统。

中新天津生态城：可再生能源占比≥20%，非传统水源利用率 50%，人均综合用水量 <320L/(L·d)，城市生活垃圾无害化处理率 100%

图 8-19　中新天津生态城能源规划与资源利用

规划指标	实施进展
可再生能源利用率≥20%（含已建区域的平均值） 新建建筑可再生能源利用率达到 15%以上；新建建筑必须执行节能 65%的标准	应用可再生能源的建筑面积为356 万m^2 地源热泵建筑：约16万m^2，包括市民中心、朗诗绿色街区、大桥实验学校等项目 污水源热泵建筑：约40万m^2，包括感知博览园、太科园 530 大厦、科技交流中心等

(*a*) 无锡太湖城能源规划

(*b*) 太科园污水源能源站

图 8-20　无锡太湖新城能源规划及实施进展

共同管沟：一次性将给水、电力、再生水、通信和生活垃圾等管线纳入共同沟埋设

整体设计雨水综合利用：深圳光明新区1.7km²区域，对共计23条市政道路整体实施雨水综合利用，结合路面结构、景观及绿化要求，因地制宜采取入渗、滞蓄、收集回用等各种雨水利用技术措施。道路绿化带均安装了先进的滴灌、喷淋系统

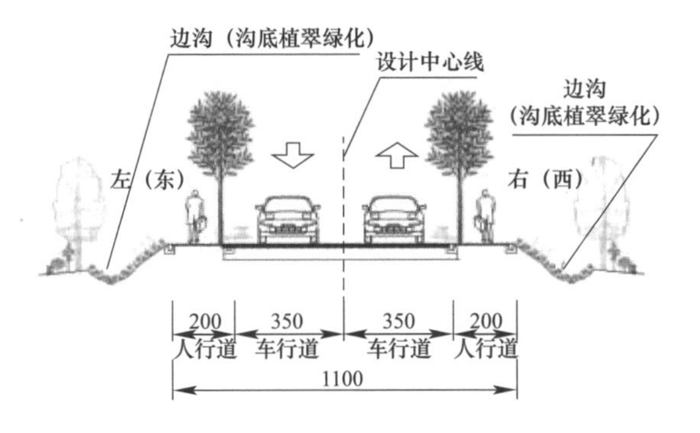

图 8-21　深圳光明新区管线埋设及雨水利用

图 8-22　大型公建和绿色街区（一）

图 8-22　大型公建和绿色街区（二）

图 8-23　绿色建筑

4. 保持生物多样性

要保留新城原有的沿湖沿河、山体林地等生态区域和自然斑痕，优先保障绿地公园用地，依托区内主要水系打造绿化生态系统，满足生态多样化和人性化景观的要求。可采用的新技术，就是低冲击开发模式。通过分散、小规模、源头控制机制和技术，来对暴雨径流量和初级雨水污染实施控制，大幅度减少防洪压力，控制面源污染，特别是城市水体环境污染，整体改善水生态环境（图 8-24～图 8-26）。这些设施投资非常少，但通过精心设计和细心管理就可达到非常好的生态效益。要充分发挥整体流域控制优势，从源头抓起，系统、全面、集成推进低冲击开发建设模式（建筑、小区、道路、市政系统、河道等），以取得综合效益。

5. 构建绿色交通体系

绿色交通体系把慢行系统放在优先考虑的位置，同时能使慢行系统与轨道交通、常规公交密切结合起来，最后形成绿色交通占比在 65％以上，实现公交与绿色交通（自行车交通、步行交通）双赢（图 8-27、图 8-28）。同时在规划设计时

图 8-24　绿化生态系统

绿色屋顶　透水铺装

道路下凹绿地　雨水花园

清湖人工湿地

图 8-25　低冲击开发建设

特别注重运用 TOD 理念，结合生态新城群规划。注重在地铁的出站口进行严格的土地规划控制，利用可达性，带来土地的增值，再通过土地出让的获取来补偿轨道交通的投入。在轨道交通的出站口设置大容量的地面公交，把大量地面公交进一步与自行车的车道、绿道紧密结合起来，把轨道交通、地面的公交与慢行系统完美组合在一起，做到紧凑节约。TOD 的目标包括：优化交通的可达性，改善公共财务，增加社会就业，倡导高密度使用土地，实现节能减排。

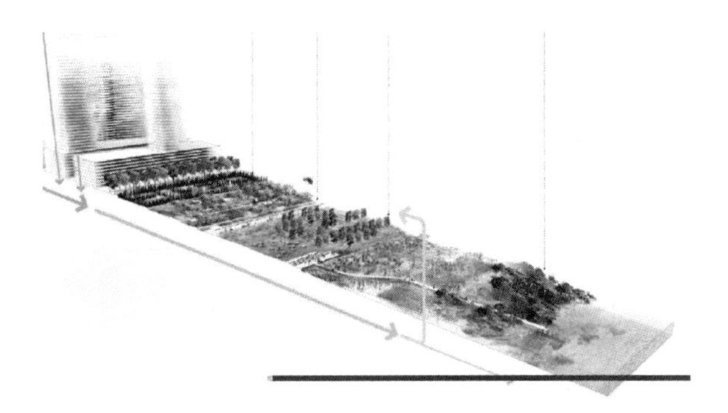

图 8-26　低冲击开发技术路线

- 加强慢行交通与轨道、常规公交站点之间的便利接驳，形成“慢行—公交—慢行”的出行方式
- 构筑居住与工作、商业片区的联系走廊，建立宜人的慢行交通环境，提升居民慢行交通出行比例
- 加快自行车停车场建设，开展片区试点开展公共自行车租赁服务
- 拓宽绿道建设

图 8-27　绿色交通体系构建

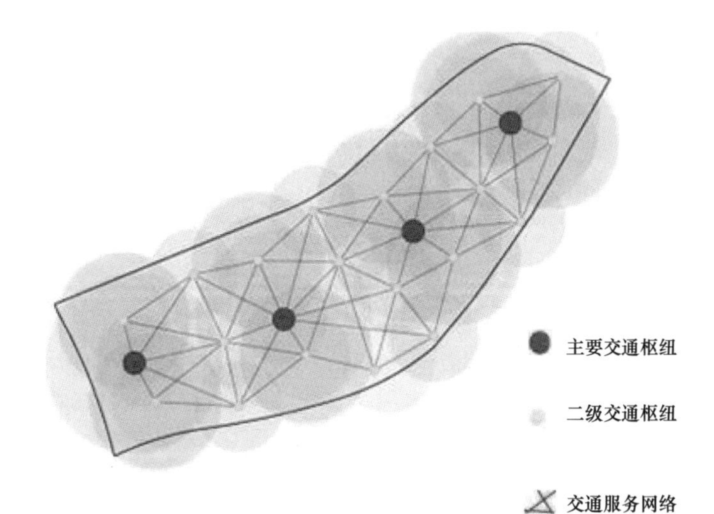

图 8-28　慢行交通与公共交通接驳

绿色交通的前提是高密度的路网结构。在这一方面，昆明呈贡新城是一个非常突出的例子，新城作为一座低碳生态城，原本概念性规划设计的路网结构，后来调整为高密度的路网结构，自行车和步行空间获得成倍增加。

6. 拒绝高耗能高排放的工业项目

打造优势产业，要讲究生态城市的产业培育。生态城产业的培育不仅要创造足够就业岗位，还要与我国优势新兴产业的发展相结合。更重要的是把服务业、信息产业、创意产业、现代农业加以交叉综合性发展（图 8-29）。同时要吸取日本生态城的经验，在一个生态城镇里，企业之间能够相互利用彼此废料，组成产业经济的循环链（图 8-30）。

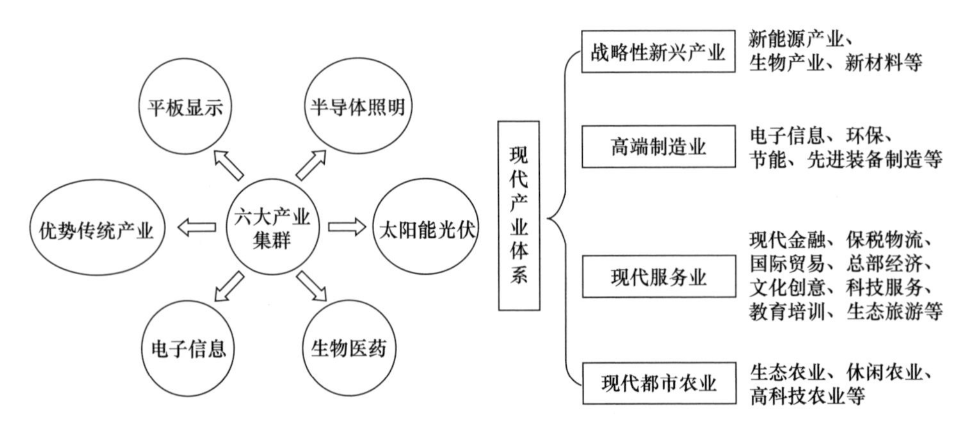

图 8-29　六大产业集群与现代产业体系

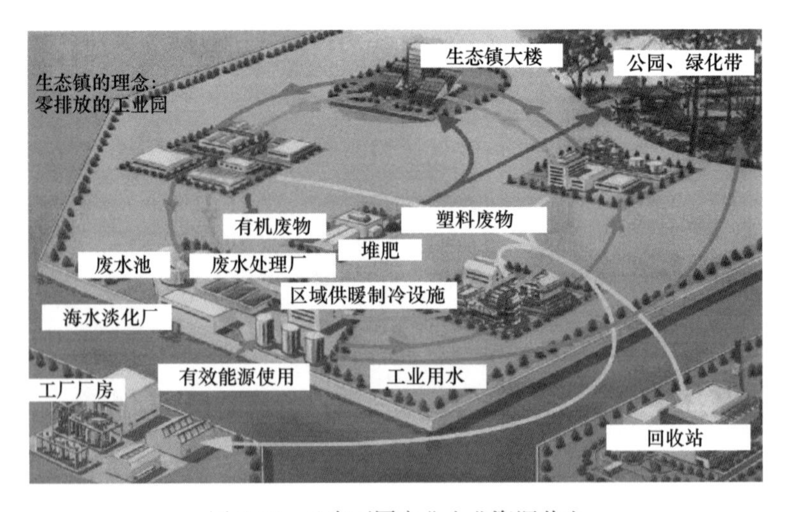

图 8-30　日本不同产业企业资源共生

总之，我国很多城市一方面要建设卫星城或新区新城，另一方面还将推进旧城改造更新。需要新建生态城和既有城镇向低碳生态城镇转型两种新的城市发展模式，这都需要通过试点和示范，不断总结经验，积极稳妥推进。同时，还要进行生态城关键技术的创新和推广，进行技术本地化。大规模的生态城规划建设有利于进行广泛的国际科技合作。这是我国对外开放模式的深化。这种新的国际合作的深度和广度远远超过以往，而且不受贸易保护主义的困扰。由此可见，我们要坚定不移地推进低碳生态城的发展，从而推动城市的转型、经济的转型和文明的转型。

第九章　产业与环境——生态安全运行模式初探

一、社会经济与产业发展方向分析

社会经济与产业发展方向分析的主要目的是梳理本地和区域社会经济背景，探寻相对于其他地区的比较优势，从开发量、开发类型、开发强度、功能体系和市场建议几个方面为规划区提供清晰明确的发展方向。

低碳生态规划的实践需要在初期进行严谨广泛的社会经济分析，为后续的规划步骤打下坚实基础。分析方法不能过度依赖广义模型和案例研究，而应对当地状况进行深入分析，明确关键制约因素与机遇。

除去基本的经济社会指标分析，社会经济与产业发展方向的分析还涵盖了低碳经济分析，并且提出本地化综合经济指标，提出低碳生态发展的影响因素，例如碳强度潜在的交通影响。

1. 整体思路

本章的社会经济与产业发展方向分析侧重于地区和项目发展的社会经济层面。分析和研究对象是 $3\sim15km^2$ 尺度下的城市建设区，包括可能含有的部分非建设用地、与城市建设区相邻的旅游景区、公共绿地、农田以及其他特殊用地等的区块或片区。

本方法的“经济和社会发展评价指标”参考了联合国的“人类发展指数”(Human Development Index) 和欧盟的“可持续发展指标”(Sustainable Development Indicators)，结合中国国情和本次研究的用地规模做适当调整编制而成，增加了“产业结构”和“市场”两个指标集。建议选取指标的数据来源于以下两类：

(1) 国际标准：如联合国发展报告、世界银行发展报告的指标。

(2) 国内标准：如国家统计局、产业主管部门提出的指标。

指标举例[1]：

(1) 人均可支配财政收入水平（%）；

(2) 单位 GDP 能耗；

---

[1] 来源：住房和城乡建设部. 绿色低碳重点小城镇建设评价指标（试行）[EB/OL]. [2011-09-13]. http://www.mohurd.gov.cn/201109/t20110928-206429.html.

(3) 吸纳外来务工人员的能力（%）;

(4) 社会保障覆盖率（%）;

(5) 现状建成区人均建设用地面积（m^2/人）。

在中国的规划实践中，项目用地内往往没有直接的统计数据，需要进行专项的统计调查才能够得到一手的数据，或者通过类比参考、比例分摊等数据分析方法间接获得所需数据。

通过分析（经济背景与社会背景）—建议（发展定位与功能项目）—实施（投资分析与运营分析）三个步骤完成从社会、经济角度对规划区的低碳生态城市发展规划。

2. 方法

编制规划的详细工作方法如图 9-1 所示。

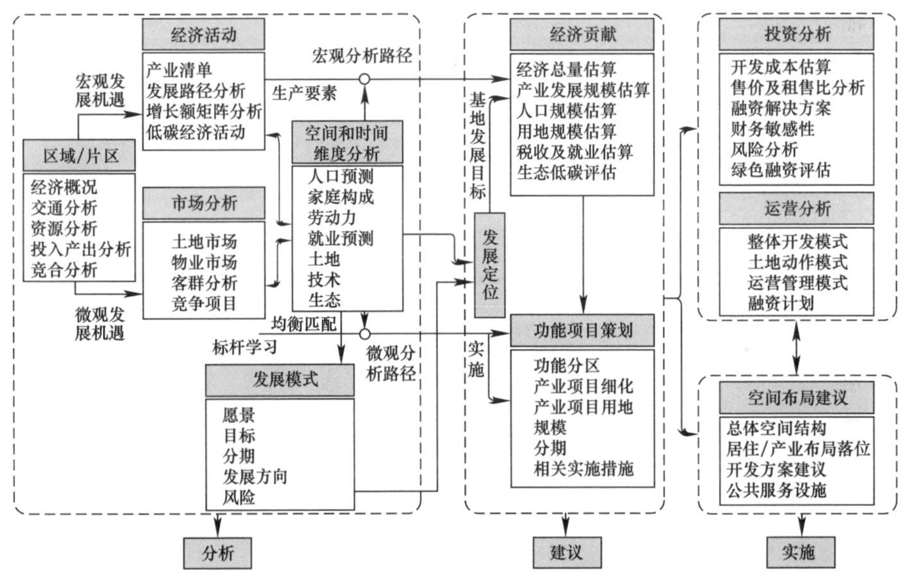

图 9-1　社会经济发展基础分析与定位研究流程图

1）分析（表 9-1）

发展基础分析指标一览表　　　　**表 9-1**

经济总量	发展目标	产业结构	主导产业	产出效益	劳动生产率
	GDP 总量		固定资产投资占比		利税贡献率
	人均 GDP		三次产业产值比例		万元 GDP 能耗
	居民收入		三次产业就业比例		R&D 投入
	财政收入		第三产业占比		
	生产总值	人口	年末总人口	市场	房地产市场
	经营总收入		就业人口		消费市场
	发展速度		抚养比例		竞争分析

续表

文化水平	教育经费比例	健康水平	万人床位数	生活水平	人均可支配收入
	万人大学学历人数		期望寿命		恩格尔系数
	文化场馆		卫生费用		人均居住建筑面积

（1）经济总量

经济总量的概念既包括定性的指标如发展目标，又包括定量指标，如 GDP 总量、财政收入、经营总收入、人均 GDP，以及反映发展动态的发展速度等。从各个不同性质、不同层次的指标判断规划区所在城市的整体发展状况及未来发展方向。

（2）产业结构

通过主导产业指标鉴别低碳生态城市经济增长的核心驱动力，通过三次产业产值和就业比例判断经济结构是否合理，通过对第三产业占比指标，分析规划片区所在的城市产业结构的升级潜力。

（3）产出效益

通过劳动生产率和利税贡献率指标衡量各经济部门对规划片区所在的城市的经济效益，利用万元 GDP 能耗和 R&D 投入指标来判定经济部门对生态环境的影响。

（4）人口

通过年末总人口数指标，结合其他生态城市指标，判断人口规模与资源供求之间是否平衡，将人口增长率维持在经济和资源能承受的水平内。通过就业人口指标，判断规划片区所在的城市的经济发展是否满足人类自身发展，人们在物质和精神文化上的各种生理和心理需求。通过用抚养比例指标来判断劳动力资源是否丰富，同时抚养比的高低还影响着储蓄率和社会需求。

（5）生活水平、文化水平、健康水平

用以衡量和提倡规划片区所在的城市创造一个保障人人平等、自由、教育、健康的社会环境。其指标包括了规划片区所在的城市居民的基本住宅、医疗、教育等社会保障相关指标，以及人均可支配收入和文化场馆数等满足人们精神娱乐需求的公共服务设施相关指标。

（6）市场

指标包括房地产市场、消费市场和竞争分析，用以衡量规划片区所在的城市的经济活力、竞争力和可持续发展能力。

（7）城市背景回顾

基于上述数据和资料的分析结果，对比城市已经确立的基本发展方向，从而明确目前的发展状态与目标之间的差距，归纳成需要解决的核心问题，找到项目发展主题与核心问题的映射关系。

（8）地区特征辨析

用 SWOT（优势、劣势、机遇、挑战）的经典分析方法，明确片区在整体城市发展格局中的角色分工，通过周边及相似项目的发展目标和现状的分析，认识片区的竞争与合作关系，结合已经确定的片区发展目标，明确项目所在片区发展中应承担的责任与作用。

2）建议

（1）规划区域发展定位

基于对项目基地的社会、经济发展现状以及相关的自然要素的定量化分析，总结项目的相对发展优势以及限制其发展的不利因素，通过案例及模式的适配性研究，结合对城市及片区发展趋势和角色的认识，明确基地的发展目标，确定实现目标的有效路径，包括一套完整的产业体系和功能结构框架，运用多种预测方法交叉分析得到经济总量、产业、人口和用地的规模建议，以及相应的税收、就业和生态低碳（例如水、能源消耗的估算）的影响估算。

（2）功能项目

根据总体定位及确定的产业发展门类和规模，将土地进行功能分区，并确定出一个完整的项目体系，对每个产业项目给出具体落位和用地规模的建议。

3）实施

（1）投资分析

根据产业发展项目的规模估算开发成本和融资方案。融资方式的确定需要从渠道、对象、用途等多方面进行考量。在确定基本的原则之下，还应根据不同的开发阶段和不同的建筑业态进行恰当的匹配，提高资金的有效利用。主要方式包括银行贷款、上市发行、债券信托、权益抵押以及战略投资等。同时对项目的财务敏感性和潜在风险进行分析。最后，应用上述的生态低碳估算成果，协助土地开发方获得“绿色融资”。

（2）运营分析

在投资分析完成后，将对土地进行项目运营分析，包括：整体开发、土地运作、运营管理等模式的研究。其中，开发方案的制定既要考虑用地条件的准备程度，也要考虑开发主体的筹资能力，通常需首先确立阶段性的发展目标，再对应各个目标选择合适的地块开发时序。完整的开发方案需包括开发规模、项目类型、经营方式、阶段性投资目标等。

二、环境本底认知

在前期规划阶段对基地背景和环境要素缺乏充分的分析，会阻碍构建稳固的可持续发展规划基础，致使背景研究缺乏深度。太过宽泛的分析使其无法与当地的实际情况相结合。

在传统规划中，生态制约及优势要素分析常常没能得到足够的重视，往往缺乏对现状土地、水体、湿地以及其他自然要素的综合分析。这种“白纸化”的规划方法，会使综合成本大量增加。

基于生态本底的可持续城市发展规划，能为具有前瞻性的未来城市发展提供全面的科学支撑，因此逐渐被认为是可持续发展必不可少的工作环节。

生态规划需要考虑诸多本土要素，包括地形、景观、气象、植被、水体、现状用地以及文化要素等。运用严谨且科学的规划方法来确定规划区关键生态制约及优势要素。自然本底及社会经济背景分析用来明确区域生态敏感性、区域发展潜在风险以及进行生态承载力评估。基于以上分析构建生态安全格局，确定规划区域内适宜不同空间尺度和类型的可开发区域。

自然要素识别是对环境基底的初步认知。通过对不同环境要素的分析和了解，有助于更加系统和有针对性地理解研究区域发展的环境优势和制约条件。

自然要素识别的分析方法区别于常规意义的背景研究主要在于从环境基底分析的角度，更加细致和有针对性地评价每一类环境要素的本底特征，明确关注的主要问题，根据不同的关注对象及涉及问题，进行环境特征的突出优势及脆弱性分析。这样的分析成果会对本底环境形成全面的认识，更加容易与后续生态分析工作形成很好的衔接与互动（图 9-2）。

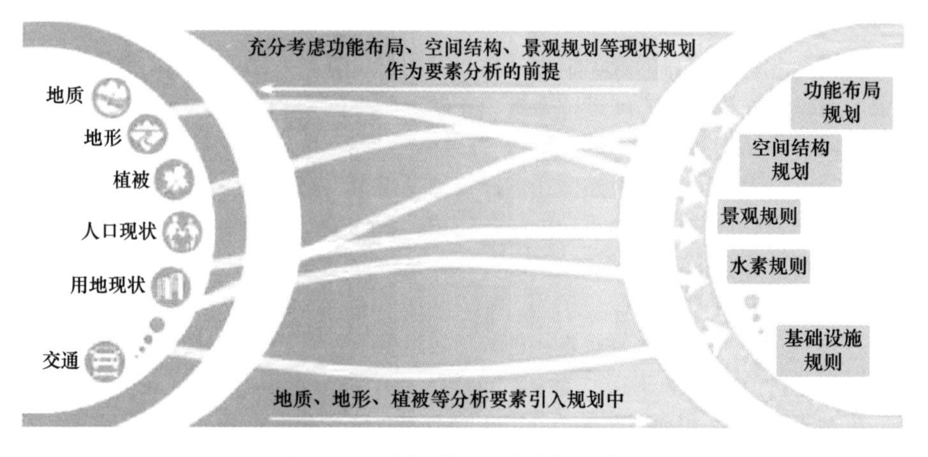

图 9-2　自然要素与生态规划的关系

1. 自然要素识别（图 9-3）

1）地形地貌

地形主要描述的是地表形态的变化，地貌主要分为山地、盆地、丘陵、平原、高原、裂谷系等六种基本类型。可以用高程及坡度图的绘制来描述一个地区地形的变化。地形地貌对城市形态有非常重要的影响。

2）地质情况

地质情况主要是指一个地区的地壳性质和特征，地质情况的了解有助于查明场地的稳定性以及建筑建造适宜性，查明地下水类型、埋藏条件，提供整治不良地质现象、危害程度的建议等。

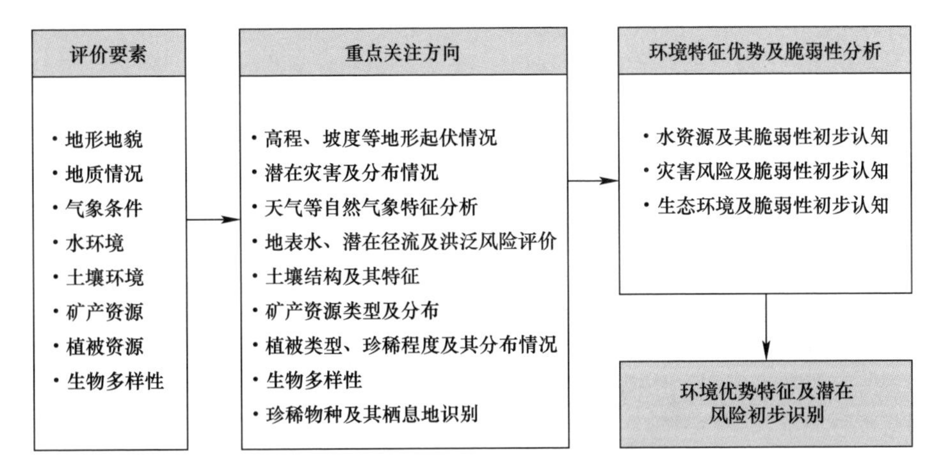

图 9-3 自然要素识别总体工作分析方法

3）气象条件

气象条件对于了解云、雾、雨、雪、台风、寒潮等天气现象，以及地面上旱涝冷暖分布等情况有着非常重要的作用。有助于加强气象灾害的防御，有效减轻气象灾害造成的损失。

4）水环境

主要关注区域内水的形成、分布和转化所处的空间环境，水环境主要由地表水环境和地下水环境两部分组成。地表水环境包括河流、湖泊、水库、海洋、池塘、沼泽等，地下水环境包括泉水、浅层地下水、深层地下水等。对于水环境的了解是前期规划工作非常重要的一环，直接影响城市雨洪安全、城市水生态景观特征，以及所能承载的社会经济活动等。

5）土壤环境

土壤环境是指岩石经过物理、化学、生物的侵蚀和风化作用，以及地貌、气候等诸多因素长期作用下形成的土壤生态环境。它是地球陆地表面具有肥力，能生长植物和微生物的疏松表层环境。各地不同的自然因素和人为因素，形成了各种不同类型的土壤环境。

6）矿产资源

矿产资源是重要的自然资源，是经过地质成矿作用而形成的埋藏于地下或出露于地表具有开发利用价值的矿物或有用元素的集合体。矿产资源属于非可再生资源，其储量是有限的，它是社会生产发展的重要物质基础。

7）植被资源

植被是覆盖地表植物群落的总称。植被可以因为生长环境的不同而被分类，如高山植被、草原植被、海岛植被等。环境因素如光照、温度和雨量等会影响植物的生长和分布，因此形成了不同特征的植被资源。地域环境对植被特征的影响明显，因此其也是识别一个区域生态特征的重要指标，对生态环境产生非常重要的影响。

8）生物多样性

自然界中各个物种之间、生物与周围环境之间都存在着十分密切的联系，仅仅着眼于对物种本身的保护是远远不够的，因此不仅要对所涉及的物种种群进行重点保护，还要保护好它们的栖息地，或者说，需要对物种所在的整个生态系统进行有效保护。

2. 环境发展优势及脆弱性初步认知

良好的环境基底将成为区域发展的资源优势，生态效益的释放会对区域发展起到明显的促进作用；环境脆弱性分析主要是围绕对重点问题的研究和梳理，明确在进行城市开发的同时，给环境带来的潜在风险，以及需要重点关注的问题，以便后续进行生态安全模式构建时作为重点要素进行考虑。

1）水资源及其脆弱性的初步认知

水是基础性的自然资源和战略性的经济资源，也是生态环境的控制要素，更是经济社会可持续发展的保障因素。丰富的水资源可以孕育和维系众多地表水系，也滋养了丰富的植被。同时良好的水质为生产生活、水力发电、水产养殖等提供了优越的发展条件。

水资源脆弱性主要是在受到人为干扰情况下，水资源的供需平衡问题。通过水资源基底分析，结合未来规划愿景，确定用水需求及水生态容量。水安全是城市建设水生态系统和水环境综合整治中需要解决的关键问题。主要包括河流的防洪排涝安全、枯水期的生态用水安全、供水安全和水体环境的质量安全等。一般会以城市的防洪排涝为前提，在此基础上实现河流水生态系统自身的生态用水安全、城市的供水安全和水环境质量的安全。

2）生态环境及其脆弱性的初步分析

生态环境是可持续发展的自然基础，它为生产活动提供了包括生命支持、自然资源和消纳污染物等物质和非物质性服务，生态环境质量不仅决定了生产的组织方式、技术手段、产品质量和生产规模，也决定了人与生态环境之间的能量流动关系和性质，离开了生态环境，人类活动将无法进行。生态环境作为一种资源具有不可逆性，即生态环境系统的自动调节功能是有限度的，超过其允许的范围会导致生态失调和环境破坏，随着对用地需求的不断增加，其稀缺性越来越明显。生态环境是上述基础自然要素的综合体，各要素通过物质循环和能量传递而相互关联，任何要素的变化都是多因素综合作用的结果，且会引起其他要素的相应改变。因此对生态环境脆弱性进行初步认知的目的就是针对突出干扰因素的敏感反应，在后续生态安全模式分析中给予重点关注，避免由于人为干扰而对生态环境造成不可逆的负面影响，达到在保护中发展，在发展中保护的可持续发展目的。

3）灾害风险及脆弱性的初步认知

灾害脆弱性可以看作是规划安全性的另一个方面，脆弱性增加则安全性降低。主要由于自然产生或人为诱发产生，其中以崩塌、滑坡、泥石流、地面塌陷、地裂缝、地面沉降等突发性灾害造成的损失最为严重。研究灾害脆弱性可以考察区域应对一种或多种致灾因子对环境的致灾结果。该项工作是多部门协作的复杂系统评估过程，因此一般在规划前期应当充分与当地相关部门进行协调，尽可能掌握更多的评估信息。针对具体灾害种类，初步划定安全及危险区域。

小结：

自然基底资源是支撑城市发展的重要组成部分，在规划前期应首先分析各类自然要素的布局、特征及动态变化过程，从整体出发，研究各类自然要素间的相互关系，了解区域自然要素特色，明确发展过程中的环境脆弱性及潜在风险，在后续进行生态敏感性分析及安全格局构建过程中重点关注哪些方面的问题，有助于进一步明确人类经营活动对自然资源及生态环境的影响，从而提出协调方法及对策（图 9-4）。

图 9-4　各自然要素示意图（一）

土壤环境

矿产资源

植被资源

生物多样性

图 9-4　各自然要素示意图（二）

三、生态安全模式

生态安全模式是从生态角度对区域发展范围、边界以及功能区的界定（图 9-5）。

在 3～15km^2 范围尺度下，着眼于研究单元本身，则是在明确生态发展方向的前提下细化内部生态网络，即生态安全模式的构建。生态网络是大区域下生态廊道向城市内部的延伸，承担着城市水源涵养及生态屏障的重要功能。生态功能分区则将进一步明确建设区与保护区的控制界限，为城市的生态发展预留弹性空间。

1. 工作过程和分析方法

具体而言，构建生态安全模式的总体工作方法如图 9-6 所示，通过单因子敏感性分析、综合生态敏感性分析、人为因子影响分析、用地适宜性评价、生态斑块的识别等方法构建生态安全模式，从而科学划定生态功能分区。

2. 生态区位分析

生态及景观格局的研究往往只立足于研究范围本身，独立且静止地展开，忽视了研究单元在更加宏观范围所处的生态地位和承担的生态作用，这样的研究和生态规划不利于与宏观区域的整体协调和多样化发展。因此，在进行生态安全格局构建的初始阶段，首先要在更加宏观的视野下进行地域生态格局的分析，对不同地区、不同类型的生态情况及功能进行统筹考虑，明晰研究区域特有的生态功能和景观特质，并针对其不同特征制定相应的保护及开发策略，从而实现研究区域的生态功能差异化、生态作用协同化的目的。

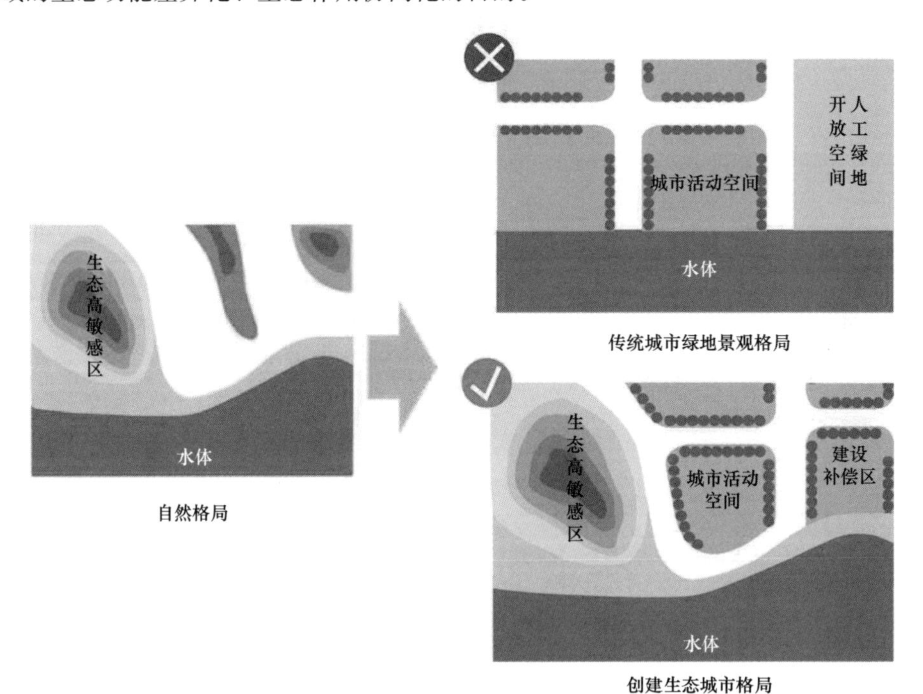

图 9-5　生态安全模式示意图

1）区域背景下的生态空间区位研究

在 3～15km^2 空间尺度范围内，应更多地关注研究单元所处的大的生态格局中的空间位置，即在大的生态安全格局下，研究单元与区域生态廊道及安全格局的关系。从而反映研究的生态单元本身对维持地区生态安全的重要程度，以及其在某一区域所表现出的生态功能的大小。区域背景下的生态区位研究更强调研究本体在大区域生态格局中所承担的生态功能，这将决定着该研究单元的生态功能定位。

2）研究单元所承担的生态功能分析

根据研究单元与生态区域的生态关联程度，明确该单元对维护整个区域生态安全的重要性，从而确定该单元的景观要素组成、经济要素、环境保护和生活要求的最佳生态利用配置或组合。从而对生态单元进行自然资源合理开发利用、生产力配置、环境保护和生活安排（图 9-7、图 9-8）。

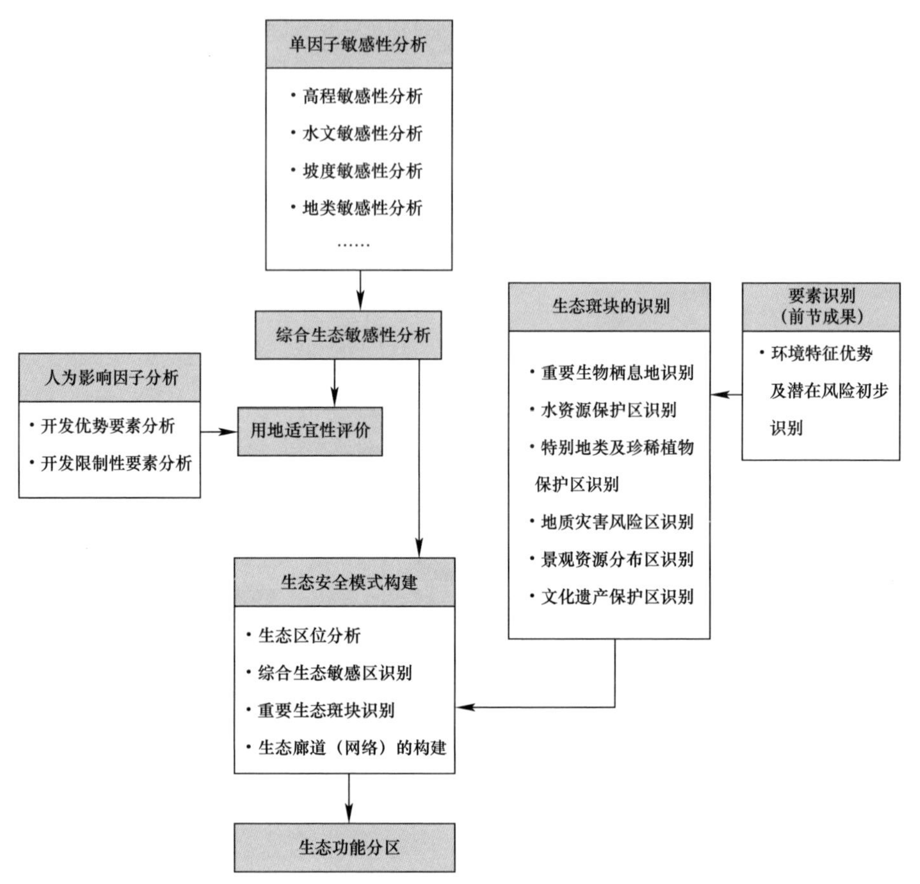

图 9-6　构建生态安全模式的总体工作方法

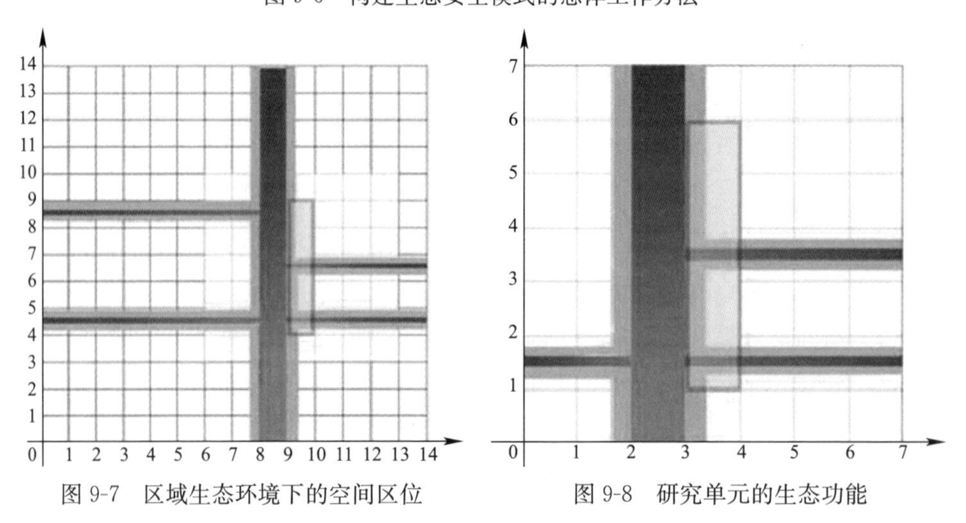

图 9-7　区域生态环境下的空间区位　　图 9-8　研究单元的生态功能

3. 地形地貌分析

地形地貌决定了地区的基本轮廓，是对自然地理环境的初步认识。特别是本次研究空间尺度较小，地质构造与地形地貌对不同土地类型资源分布、评价和利用情况都会产生直接影响，也直接决定着生态廊道的搭建、景观系统营造以及各功能板块间的内在联系，从而影响最终规划成果。同时，地形地貌的变化也会对局部微环境产生明显影响。

1）高程分析

高程分析有助于对地形情况进行清晰认知。高程影响着区域气象及生态环境，气温会随着海拔的升高而降低，随温度的变化植被分布也会呈现垂直变化的特征，随着温度的降低，生物多样性也会随之降低，生态系统也会变得更加脆弱。

2）坡度分析

坡度无论对生态环境还是城市开发建设都会产生较大影响。通常情况下，当坡度大于25°时只能生长灌木或小乔木，当坡度大于45°时草皮都将难于存活，生态环境也相对更加脆弱。因此应根据不同的坡度情况在进行敏感性分析时赋以不同的权重，选择不同的保护和开发策略。

3）坡向分析

坡向是影响局部小气候的因素之一。在我国的大部分地区，对于植物而言，南坡或南偏东地区能充分接受到光照，有利于植物的生长发育；就建设而言，南坡优于北坡；此外，不同的坡向对山地地表的土壤侵蚀也起着一定的影响作用。

4）空间分析技术及地理信息分析系统（GIS）

对研究区进行地域风貌分析，可以量化对研究区域地理信息的基本认识，有助于后续的生态分析和土地利用策略的提出。地形地貌分析建议考虑的因素有：高程、坡度、坡向、水文、日照、植被和地类分布等，在实际分析过程中视具体情况加以调整。

5）水文分析

水文分析主要集中在地表水方面，包括城市河流、湖泊、水源地及洪涝灾害地区等。它对动植物及区域环境质量等生态要素都有着非常重要的影响，同时也是最容易遭到干扰的因子。通过径流模拟和汇水面分析可有效识别山脊线和潜在径流的位置和区域，有助于我们划分水体功能和不同距离的敏感度级别。

6）日照强度

光照是生物生存的必要条件，分析结论有利于判断对光能和热能利用的可行性。同时可以通过日照分析来探讨各建筑间的遮挡关系，科学地对建筑物进行合理布局。

7）地类分布

对地类进行空间统计、汇总和分析，能够发现土地利用现状的数量、结构、强度等空间分布规律，从而对优化绿色开放空间与建设用地的空间和数量结构关系提供定性、定量的依据。

8）植被分析

植被是影响生态敏感性的重要生态因子之一。植被的分布特征有着很强的地域性，同时植被的覆盖程度和种类的多少也直接影响着生态敏感程度。植被的退化或消失有时是不可逆转的，需要作为重点分析因子加以考虑。

4. 生态敏感性分析

1）分析过程

生态敏感性分析主要依托自然环境要素作为主导因素而进行，如地面特征、植被特征、气候特征、水文特征等分别对其单因素进行敏感性分析，明晰各因素单独作用于研究单元所产生的敏感性变化及分布情况，并分别绘制成图，进行类比研究和归纳总结，同时也要对基地产生特殊影响的单因子要素进行分析，将所得的各单因素敏感性分析图进行叠加与归纳，从而获得研究区域的综合敏感性分析图（表 9-2）。

生态敏感性分析评价因子 **表 9-2**

<table>
<tr><th colspan="2">因子名称</th><th>因子描述</th><th>备注</th></tr>
<tr><td rowspan="5">自然生态单因子敏感性分析</td><td>高程因子</td><td>根据不同高程范围赋予不同进行分级</td><td rowspan="8">评价因子将会因研究区域基本情况以及开发类型的不同而有所增减或改变。
权重值采用专家评分法确定，分值也将针对具体项目具体调整</td></tr>
<tr><td>坡度因子</td><td>根据植被生长条件赋予不同进行分级</td></tr>
<tr><td>坡向因子</td><td>根据植被生长需求赋予不同进行分级</td></tr>
<tr><td>水体因子</td><td>根据河流、湖泊、湿地以及径流等进行分级</td></tr>
<tr><td>植被因子</td><td>根据不同植被类型的生态价值进行分级</td></tr>
<tr><td rowspan="3">生态服务单因子敏感性分析</td><td>灾害风险因子</td><td>分别对洪水风险、地质滑坡等进行分级</td></tr>
<tr><td>生态工程因子</td><td>如水库、水电站等工程因子</td></tr>
<tr><td>专门划定保护区因子</td><td>政策性专门划定保护区如水源保护地、珍稀动植物保护区等</td></tr>
</table>

2）分析方法

不同地区应根据其自身情况合理选择相关分析的影响因子和权重，将确定的因子通过地理信息系统和空间技术进行综合叠加分析，获得评价区域的单因子和多因子综合生态敏感性评价结论。根据各因子对生态敏感程度影响程度的不同分别赋予不同的等级值，以便从分析软件（GIS）中迅速获取计算结果。描述性的等级信息需要转换成生态敏感性指数并建立相应的评价体系。

3）对于耕地规划红线的考虑

在一般的生态敏感性分析研究中，除规定的基本农田外，考虑一般农田作用和对环境及城市发展的潜在影响的情况较少。耕地对城市和社会经济的可持续发展都起到了至关重要的作用，在进行生态敏感性分析过程中，对于涉及大面积一般农田的规划区域应对耕地的质量加以识别，保留高品质的耕地斑块，对品质不高、持续利用价值较低的耕地可进行一定的整理和功能转化。因此耕地规划红线的划定是区域社会经济发展的客观要求，是对城市发展边界控制的必要手段。科学地划定耕地规划红线，可以合理地增加城市可利用空间，提高土地利用效率，降低农业生产成本。

耕地红线的划定主要与耕地自然条件和耕地利用条件紧密相关，要从土地肥力、土地生产力、作物生产潜力、区位分析等方面进行分析。评价指标主要包括(但不限于此)：土层厚度、地形坡度、土壤有机质含量、土壤营养成分、土壤侵蚀、排灌情况、田块规整度等。根据对这些指标的考察，可以比较全面地了解研究区域的耕地质量状况和分布情况，可以较好地对耕地的保护与建设起到支撑作用，尤其对高产农田与城市发展空间的协调关系具有很好的指导作用。

4）综合生态敏感性

生态敏感性分析的重要意义在于可以综合地表达不同单因子作用于同一地区而体现出对外界压力和干扰性的环境适应能力。

生态敏感性可以从自然生态资源的角度分析不同生态环境对人类活动的反应，它是进行生态城市规划的基础分析，是生态廊道搭建、景观格局营造以及生态功能分区的基础，对城市空间形态的确定具有非常重要的指导作用。

5. 用地适宜性分析

1）分析过程

用地适宜性分析主要解决的是明确研究区域的可建设及可利用程度。用地适应性分析的研究基础是基于生态敏感性分析结论的。可开发建设区一定是生态敏感性相对较低的地区，但低生态敏感区不一定都适合开发建设，因此除生态敏感性分析外，还需要考虑对开发建设而言非常重要的开发优势条件和开发限制条件的分析。用地适应性应是生态敏感性、开发优势分析和开发限制分析综合叠加归纳后获得的分析成果。

2）分析方法

与生态敏感性分析相似，不同地区的优势与限制性要素是不同的，应根据区域发展实际情况合理选择相关影响因子和权重。同时应将开发与限制性因子以生态敏感性分析标准作归一化处理，以便与生态敏感性分析成果进行统一分析并迅速获得科学有效的分析成果。

对于人文要素的考虑：在进行用地适宜性评价时，还需要将历史人文因子对用地开发的影响作为重要因素加以考虑。即在划定用地适宜区时，应将历史遗迹、文化保护区等人文因子识别出来，同时根据不同的保护情况划定缓冲区，缓冲区之外的用地才可以作为开发建设用地来使用（表 9-3）。

用地适宜性分析评价因子 **表 9-3**

因子名称		因子描述	备注
生态保护因子	综合生态敏感性	根据生态敏感性分析结论进行综合归纳叠加	评价因子将会因研究区域基本情况以及开发类型的不同而有所增减或改变。 权重值采用专家评分法确定，分值也将针对具体项目具体调整
	农地保护因子	基本农田、优质园地、一般农田、建设预留地等	
	专门划定生态林保护因子	政策性专门划定生态林保护区	
	专门划定生态保护区因子	政策性专门划定保护区如水源保护地、珍稀动植物保护区等	
开发优势要素分析	城镇与区位因子	距核心区的距离	
	交通因子	距高速公路、铁路、轨道交通出入口的距离	
	建设规划因子	已批复法定规划，以及在项目基地内或周边的核心或重点项目	
	历史人文因子	历史古迹、古典园林、宗教文化场所、民俗风情村落等	
开发限制性要素分析	地形因子	地势及坡度	
	地质因子	地质灾害区	
	基础设施防护因子	高压走廊等开发限制要素	

用地适宜性分析成果可以指导规划区域的土地利用方式。它体现的是土地利用方式对生态要素的影响程度，研究用地适宜性可以为生态城市规划中污染物总量排放控制和生态功能分区提供科学依据。事实上用地适宜性评价只有明确其特定用途时才有意义，因此在进行具体问题具体分析时，要充分明确用地需求，合理划分用地适宜区类型。

6. 重要生态斑块的识别

生态斑块是城市生态系统的重要载体，生态网络的构建实质上是以植被、河流、农田等主体要素通过线性廊道将分散孤立斑块联系在一起，形成综合的、有一定自我调节能力的完整的自然生态体系。

在进行生态敏感性研究的过程中也会包含对生态斑块敏感程度的分级，但同一分级内不能完全体现不同区块生态特征的异质性，它需要通过生态斑块类型的识别来体现。这也是对生态斑块识别的意义所在。同时，各类斑块虽有其特定的地理位置，但就区位格局上并非具有完全清晰的界线，而是在某种程度上存在一定的交错区，各斑块内的结构特征并非一定是某种单一类型，而是以一种优势类型为主，多种类型相互交融与并存的状态。识别重要的生态斑块并对其进行保留和修复，可以控制城市的过度扩张，优化人居环境。根据不同斑块的特征及其服务功能的不同，主要关注的生态斑块一般为重要生物栖息地、水资源保护区、特别地类及珍稀植被保护区、地质灾害风险识别区，以及景观资源分布区等。

7. 生态廊道的构建

生态廊道是生态安全模式构建中非常特殊的元素，它可以同时起到分割与联系的功能。通过对核心生态斑块以及重点生态斑块的识别，结合生态敏感性的不同分级，进而归纳出由生态区位、生态综合敏感区以及生态斑块共同决定的区域生态廊道。

通过分别对各斑块与廊道进行综合评价与优化配置，使分散的、破碎的斑块有机地联系在一起，成为重要的生物栖息地及生态涵养区，为物种扩散提供必要通道，达到维持区域景观及生物多样性与异质性，形成人类开发和自然演替的良性互动关系，以及与城市发展间的协调互补关系，降低开发建设对生态环境的影响。

8. 生态功能分区

生态功能分区是将生态区位、综合生态敏感性评价、生态斑块识别以及生态廊道构建归纳分析后的综合成果。该分区可以更为直观地体现不同区域的核心生态功能。不同的生态功能区并不代表其功能的唯一性，它体现的是在该功能区内可以从事的主要活动。

生态功能分区将更便于后续规划对生态安全模式成果的利用。根据各单元承担生态功能以及其可承载的社会经济活动的不同，将研究区分为生态涵养区、控制开发区、适度开发区和适宜开发区等，进而可以有效引导规划进行不同功能布局（表 9-4）。

各分区对应的生态服务功能 **表 9-4**

编号	功能分区	功能描述
Ⅰ	生态涵养区	• 生态保育为主 • 充分尊重自然，尽量避免人为干扰，维持自身生态特征 • 通过自然保育和减少人为干扰，形成天然的绿化隔离带及生态屏障
Ⅱ	控制发展区	• 各控制发展区根据不同地域的特点和问题因地制宜，同时考虑控制发展区与生态涵养区的生态联系 • 该类地区还同时包含政策性生态保障功能用地，如基本农田，以及开发适应性不高的地区，如地形复杂的山地、坡度较大地区 • 对该类地区的开发，在注意对生态环境影响的同时，应同时考虑开发建设的成本等问题 • 该功能区可考虑主要规划农业区、少量旅游、研发、娱乐等功能
Ⅲ	适度开发区	• 有效地衔接了建设区与生态保护区，为城市的生态发展预留弹性空间 • 通过人与自然的互动，感知和谐生态环境对区域发展的重要作用 • 该功能区可考虑主要规划包括居住、商业、娱乐、服务业、旅游等项目的开发

续表

编号	功能分区	功能描述
Ⅳ	适宜开发区	• 可以进行大规模的城市开发及公共设施建设，通过集中建设促进人与自然和谐共生的主旨，营建舒适、健康、安全的人居环境 • 该功能区可考虑主要规划开发密度较高的商业、贸易、居住、服务、娱乐等项目

9. 城市发展空间预判

生态功能分区是从生态角度来指导城市开发的一个重要步骤，它与后续城市区域产业布局、绿地系统规划、城市空间形态都有着密切关系。生态功能分区成果最终通过城市规划的不同城市功能来体现。

1）生态涵养区

生态涵养区一般植被覆盖率高，类型丰富，生物多样性高，人类干扰非常少。未进行人工干预的自然保护区、湿地和成片林地草地构成的生态保护区是维系区域生态系统健康的基础，具有重要的生态支撑作用。

2）控制发展区

控制发展区是区域发展的主要生态景观区，通过进行低密度开发，增加了人类亲近自然的机会，同时又不会对生态环境造成过大的负担，产生明显影响。

3）适度开发区

比较适宜建设，但仍然需要适当地控制其开发量。

4）适宜开发区

该类发展区域对应生态功能分区中的适宜开发区。该区域生态敏感性低，同时地块适宜大面积开发建设，比较适宜考虑集中的高密度开发。

小结：

构建生态安全模式是实现区域和城市生态安全的重要途径和保障方法。利用地理信息系统（GIS）和空间分析技术，针对城市发展过程中所涉及的不同生态问题进行分析和诊断，并通过对城市自然地理条件、地质灾害、资源环境条件的系统分析，判别出维护上述不同安全过程的关键空间格局，通过这些不同安全过程科学合理地叠加，构建具有综合生态保障功能的城市发展格局。同时，基于城市生态安全模式提出城市空间形态及土地利用方式等规划策略。借助于生态安全模式而规划的城市功能和空间布局，可以有效避免城市的无序开发和蔓延，增强了城市生态承载力，强化了城市的生态功能和生态服务保障体系。

四、生态承载力分析

1. 工作过程和分析方法

生态安全模式的构建是从空间上定义城市发展的界限，明确不同功能分区适合发展的社会经济活动，这部分工作明确了城市的空间布局和景观格局的构成；另一方面，在明确生态功能分区后，还应该从对自然资源的消耗和影响方面考察每一类功能区所能承载社会经济活动的合理范围，从而确保城市发展过程对自然资源的合理集约利用。因此生态承载力研究则成为保证城市可持续发展需要考虑的重要问题之一。

本节对生态承载力的研究主要针对 3～15km² 范围所关注的问题展开，分析将主要从土地资源建设规模承载力、水资源承载力、大气环境承载力以及人口承载力等几个方面进行。本节将主要介绍承载力分析的工作过程和分析思路，具体指标体系的建立、计算方法及过程可以参考相应的文献、书籍及报告来完成（图 9-9）。

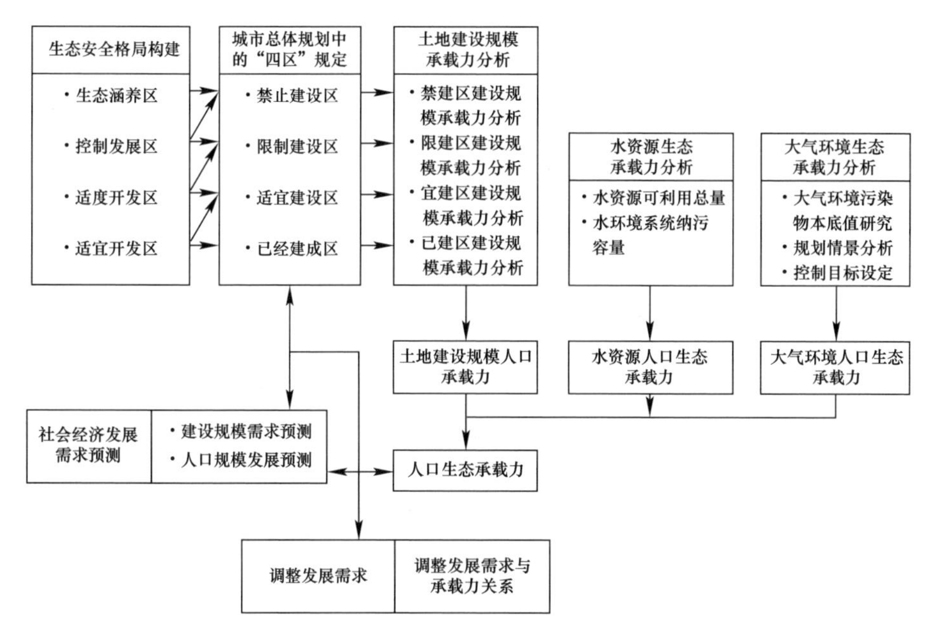

图 9-9 总体工作过程

2. 土地资源建设规模承载力分析

1）研究目的

建设规模承载力可以体现研究区域在一定经济发展需求背景下，土地所能承载的适宜的建筑规模和开发强度界限。它一定程度上反映了土地的集约利用程度。

3～15km² 的生态城市规划应主要从建设规模入手来考察土地利用的承载情况。区别于以往的规划方法，建设规模承载力是基于生态敏感性、用地适宜、生态功能分区，以及土地利用价值的基础上，通过不同分区及开发适宜程度的区别对待，对开发强度进行不同程度的指导和控制。

2）工作思路

目前大多数建设规模评价体系一般是城市综合用地指标的体现，反映的是一个城市的综合发展情况，这样的评价方法往往会出现城市容积率偏低，或仍然存在较大建设空间的假象。为了避免这种情况的发生，建设规模承载力应基于生态功能分区来进行，根据不同功能分区所承担的生态功能和社会职能来控制不同区域的综合用地规模。

用地类型及规模划定：用地类型的研究应更多地与该区域的城市功能定位及产业布局相结合，根据未来发展方向及项目选择来确定用地性质及规模。同时应参考城市总体规划中"四区"划定中的相关要求，对不同功能区的建设要求进行细化，从而确定不同功能分区的用地类型及规模。

计算标准和控制指标：计算标准和控制指标是获得正确评价结果过程中非常重要的指标环节。可以从人均用地标准、容积率指标以及国内外相似功能区的人口容量参考值三个方面进行研究并校核评价结果的正确性：

（1）不同用地性质的人均用地标准：人均用地指标可以反映土地聚集人口及从事各类活动的集聚水平，在一定程度上反映了用地强度的高低，其指标数值的大小受不同产业类别、居住习惯、城市发展阶段、用地政策等因素的影响。评价过程中应综合考虑国家、地方等多方面因素选择合理的人均用地标准。

（2）容积率指标：土地资源建设规模的评价因素可选择容积率指标。容积率是城市建设用地使用强度的综合性技术经济指标，反映了城市土地合理利用程度，影响容积率的因素主要是建筑高度和建筑密度。因此，容积率可以作为评价城市土地资源建设规模承载力的重要指标。

（3）建成区人口容量参考值：相似用地性质的已建成区人口规模及人口容量可以作为未来规划区的有效参考。通过对相似功能区人均用地标准及容积率指标的统计，可作为利用人均用地标准及容积率指标计算后结果的对照值做进一步校核。

人口容量计算：在确定了用地性质及评价标准后，利用已确定的人均用地指标及容积率指标可进一步分别对禁建区、限建区、宜建区和已建区做人口规模测算，而后对分指标进行加和，获得区域综合土地建设适宜人口规模。

评价区域人口承载规模调整：将推算出的综合土地建设适宜人口规模与相似用地性质和功能的已建成区进行校核，通过指标或计算方法的进一步调整获得研究区域综合土地建设规模下的人口承载力规模。

规范举例：如《城市规划编制办法》（2006 年）、《城市用地分类与规划建设用地标准》GB 50137—2011、《风景名胜区总体规划标准》GB/T 50298—2018、《中华人民共和国自然保护区条例》（2011 年）、包含研究地区且已通过审定的城市发展总体规划等。

3）工作方法（图 9-10）

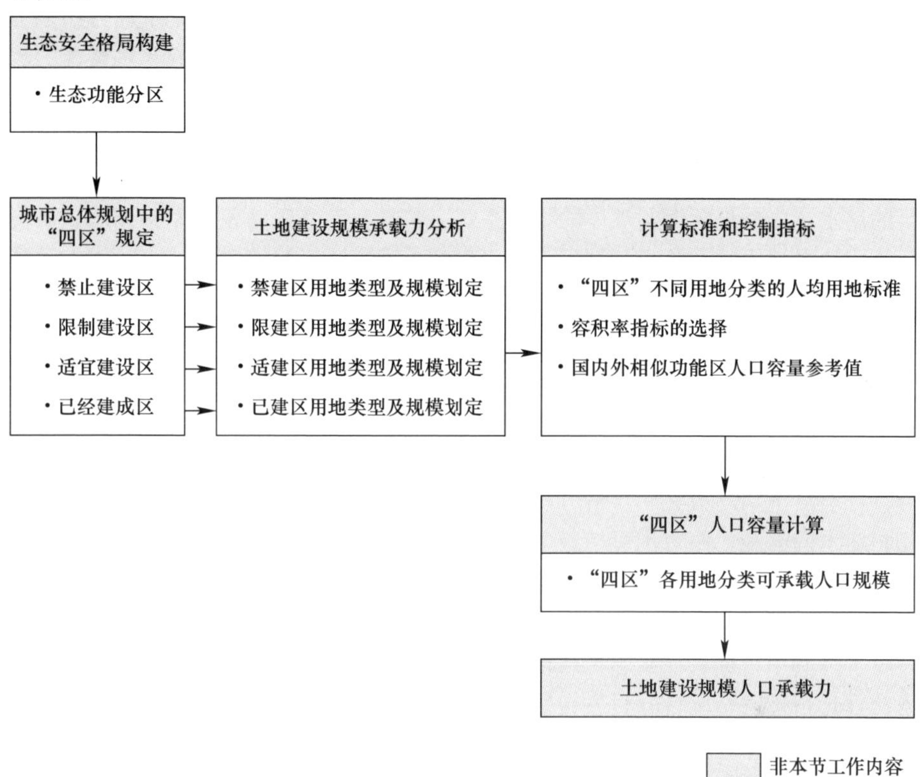

图 9-10 土地资源建设规模承载力分析工作方法

3. 水资源承载力分析

1）研究目的

水资源是自然界中最重要的资源之一，它可以对社会、经济和生态环境各个层面产生直接和间接影响。研究水资源承载力的目的是为了平衡社会发展与水资源消耗间的关系，使经济发展与生态环境能够和谐发展，明确社会经济、水资源以及生态、环境的互动关系。区域水资源究竟能承载多大的产业规模和人口数量无疑是生态城市规划中需要考虑的关键一环。

2）工作思路

（1）自然本底影响因素分析：

水资源可开发程度分析：自然地理环境和水资源条件是影响水资源开发利用限度的主要影响因素。一般情况下，可利用的水资源包括海洋、河流、湖泊、水库、池塘、沼泽等地表水资源，同时还包括泉水、深/浅层地下水资源等。这些水资源并不是完全允许或可以被利用的，水资源量有多少可以被利用，常用水资源可开发利用率来反映。

水资源本底质量分析：影响水资源利用量的另一个重要因素是水体自净能力及水环境的纳污能力。污废水的排放及河流污染物的数量直接影响到水资源的有效利用量，影响水资源各项功能的发挥。

（2）水环境容量分析及用水需求分析：

生态需水量分析：为了保证社会经济的可持续发展，生态需水应是首先被满足的用水。一个包含河湖水体的生态系统应包括河湖水生动植物生存用水、防止河流泥沙淤积用水、防止河湖污染用水、防止河道断流湖泊萎缩用水、河谷河岸林草生态用水、维系城市人工生态环境景观的用水及河堤人工绿化林草用水；河湖外生态用水包括低地草甸用水、非种植农田植被用水、护田林网用材林用水、维护水盐水碱平衡所需的洗盐排碱用水、城市公用绿地用水、各种苗圃生态用水、各种风景区、防护绿地（含水保林）用水等。不同区域生态系统组成不同，其对水的需求也不同。

社会经济活动可利用水量分析：在传统的水资源利用评价中，更多的考虑是用户对水的需求，而对于可持续水资源利用而言，应优先满足生态环境用水需求。水资源可利用量应是在水资源总量中扣除生态环境需水量及其他必需水量后可以利用的水量。在考虑水资源可开发程度过程中，应同时考虑水资源利用率、过境水可利用情况、水质综合达标率、水资源变化系数等多重因素，通过对这些系统评价指标进行综合分析后得到研究区域的水资源可开发利用总量。

水资源利用可承载人口分析：以可利用的水资源量为前提的人口规模分析，主要是基于测算后获得的社会经济活动可利用水资源总量与地方标准中的综合人均用水量相比后的评价结果。区域水资源支撑的人口规模表示的是水资源承载力的一个宏观指标，由于不同的社会发展水平，人均消费水平的不同，水资源所能承载的人口规模也会随之变化。

（3）水环境系统纳污容量分析：

控制指标选择：一般区域的水环境污染指标主要包括水污染综合指数、土壤污染指数等。水污染控制指标主要包括化学需氧量、生化需氧量、色度、悬浮物、氨氮、总氮总磷等；土壤污染控制指标主要包括以重金属、氟化物、硫化物为代表的化学污染物，以及生物类、放射性污染物等。

水环境纳污容量可承载人口规模分析：以国家及相应地方地表水环境质量标准为依据，分别测算该地区可容纳的各类污染物的总量，在根据人均综合污染物构成及产生标准与之相比后得到相应的人口规模。

（4）水资源可承载人口总量分析：

水资源可承载人口总量是通过协调水资源利用可承载人口规模与水环境纳污

容量可承载人口规模后得到的综合承载力指标。该指标主要反映的是水资源变化对社会经济活动以及生态环境的影响。

在进行水资源开发利用过程中要发挥水资源的管理作用，提高水资源利用率，通过调整产业结构，优化配置提高水资源承载力。

3）工作方法（图 9-11）

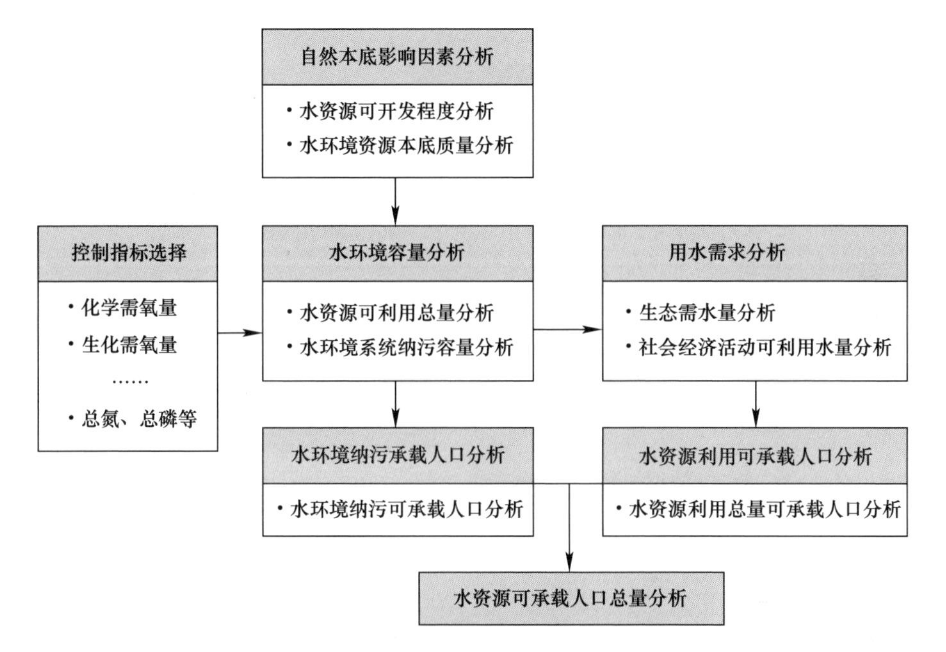

图 9-11 水资源承载力分析工作方法

4. 大气环境承载力分析

1）研究目的

工业文明和城市发展，在为人类创造巨大财富的同时，也把废气排入大气之中，当大气中的有害气体和污染物达到一定浓度时，就会对人类和环境带来灾难。大气污染不仅破坏大气资源，而且对大气、水、生物等所有重要的环境要素造成损害。在如此严峻的形势下，城市规划过程则更应重视未来经济活动及人类活动给区域大气环境带来的影响，从而有效避免大气环境超载现象。

2）工作方法（图 9-12）

3）工作思路

区域大气环境承载力的量化评估就是求取区域内给定大气环境状况下所能支撑的社会经济规模最大值问题。

大气环境对人类活动的支撑作用主要体现在对人类活动所排放的大气污染物的稀释扩散上，相关研究发现，以大气环境容量表征大气环境承载力是较为准确客观的，对产业布局、总量控制等工作有很好的指导意义，在实际工作中也得到了广泛的应用。

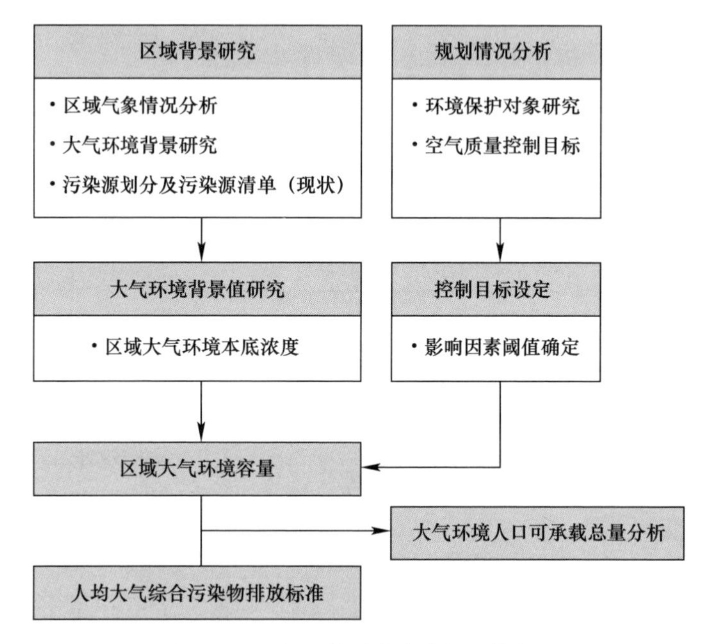

图 9-12　大气环境承载力分析工作方法

与土地、水等环境要素不同，空气的流动性强，区域界限不明显，当季节变化时，其扩散影响也会随之改变，同时不同污染物也会影响大气的污染程度。因此研究边界及外围与边界内产生大气交换的污染物的输送不可忽略。

（1）区域背景研究：

首先，了解区域影响大气环境变化的气象因素。其次，根据现状调查及区域产业发展规划，进行相应的排污情景分析；确定进入规划模型的重点污染源清单，各污染源的主要参数包括位置、污染物种类、排放强度及范围、平均排放高度等信息。收集现状环境质量信息，应用空气质量模型模拟或依照经验系数估算非优污染源对控制点造成的污染背景浓度。

（2）规划情景分析及控制目标设定：

确定区域内的环境保护对象及区域内的环境质量控制点；同时根据地方大气污染物排放标准和方法以及未来规模目标确定环境质量控制目标。其中控制指标的一次污染因子主要包括 SO_2、NO_2、PM10、VOC 等；二次污染因子主要包括 O_3、PM2.5、酸沉降等。

对于一次污染因子主要采用空气质量模型模拟源排放对各空气质量控制点的影响，计算“源-受体”的响应关系；对于二次污染因子组要采用多方案模拟并反复调整源排放数据，计算其主要前体物（SO_2、NO_X、VOC等）的模拟法容量。

（3）区域大气环境容量及可承载人口总量分析：

基于线性规划理论，构建环境容量评估模型并测算区域大气环境容量。根据环境容量评估的结果，以及地方人均大气综合污染物排放标准，可进一步分析和评估该地区大气环境人口可承载总量。

（4）规范举例：

涉及的相关规范包括《环境空气质量标准》GB 3095—2012、《制定地方大气污染物排放标准的技术方法》GB/T 3840—1991、《环境质量报告书》（研究区域）、《统计年鉴》（研究区域）、包含研究地区且已通过审定的城市发展总体规划等。

5. 人口承载力分析

1）研究目的

影响人口承载力有诸多因素，包括环境因素如土地资源、水资源、大气环境资源等；同时也包括社会因素如区域的开放程度、时间规定性、生产力水平、生活水平、分配方式与社会制度等。本节主要从环境因素对人口承载情况的限制和约束来评价区域的人口承载能力。

2）工作方法（图 9-13）

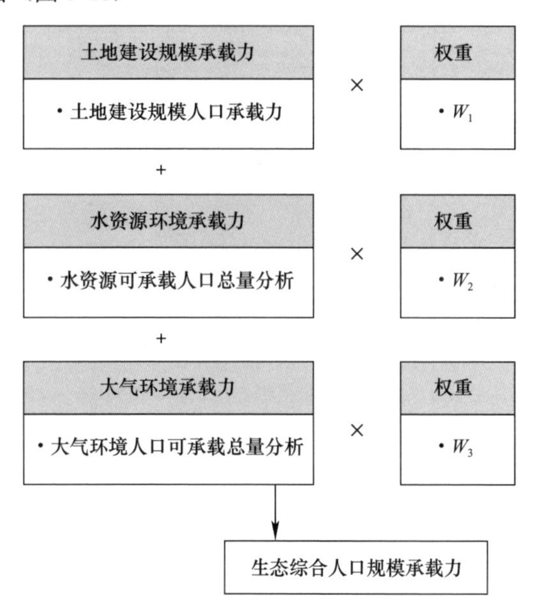

图 9-13 人口承载力分析工作方法

3）工作思路

人口承载力的研究方法有单因子分析法、资源综合平衡法、投入产出法等。本节主要研究从资源综合平衡法考虑土地、水、气候等资源因素对人口规模的约束，利用多目标决策分析进行综合研究，从而确定区域可承载的人口规模。

前面几节已经分别从建设规模、水资源及大气环境资源三个方面对可承载的人口规模进行了分析和评价，从单一角度来预测人口承载力是具有片面性的，因此应综合以上三个自然因素作为综合人口规模承载力的评价结果，即：

$$\text{综合人口规模承载力}=\text{土地资源建设规模承载力}\times W_1+\text{水资源承载力}\times W_2+\text{大气环境承载力}\times W_3$$

其中：W_1、W_2、W_3 分别为三者的权重。

本节从生态环境对区域发展的要求和约束的角度进行分析，评估了以保护生态本底及优先可持续发展为出发点的人口规模情况。一般情况下，从生态和环境保护角度估算的人口规模将与从社会经济发展角度分析的人口规模产生一定的偏差，因此两者会进行反复校核与调整，进而确定最优的区域生态及经济发展愿景。

科学预判城市发展的生态承载力，不仅可以更好地从生态角度出发，合理布局城市功能区，还可以引导城市产业创新转型，科学建设城市规划体系，合理布局城市人口结构。

第十章　策略与规划——城市绿色规划要点

一、发展策略构想

城市规划要强调地区整体发展战略的落实以及相配套的政策支撑，认真考虑低碳生态和经济社会因素。因此，要在规划初期对规划片区进行充分、多维度的发展愿景目标比选及发展框架方案比选与评估。

这方面国外有一些比较成熟的经验。很多国家现在已将规划初期的方案比选和评估列为法制要求。

1. 规划策略

1）愿景和目标

根据环境本底认知和生态安全模式的分析研究成果，充分考虑低碳生态和社会经济的约束与机遇，为规划区制定一个全面合理的战略愿景。通过分析，确保社会经济与产业发展方向和生态承载力分析一致，必要时应对用地量和发展方向作相应调整。根据战略愿景制定一系列关键目标，包括低碳生态和社会经济方面的目标。

2）社会经济和低碳生态策略与指标

制定综合策略，需要从社会经济、低碳生态多种角度出发，考虑项目产生的社会、经济、生态低碳的多重效益。

项目低碳生态指标的制定既要考虑中国现有的低碳生态指标体系，也要结合当地具体情况、项目的发展愿景与目标进一步选择与完善。

3）制定规划原则

基于制定的综合开发战略，针对规划区域制定一系列低碳生态和社会经济规划原则，规划原则应针对特定规划区域的特点，强调解决实际问题。

（1）规划原理制定

基于上述综合开发战略，制定了一套针对规划区的规划原则，将生态低碳同社会经济规划原则相结合。规划原则需要根据不同项目进行具体分析制定，并参考规划区域的一个或多个空间要素（图 10-1）。

（2）规划方案制定

每个规划方案都应遵循生态安全格局和背景条件，如有需要，每个规划方案的城市设计和交通要素均应作相应调整。

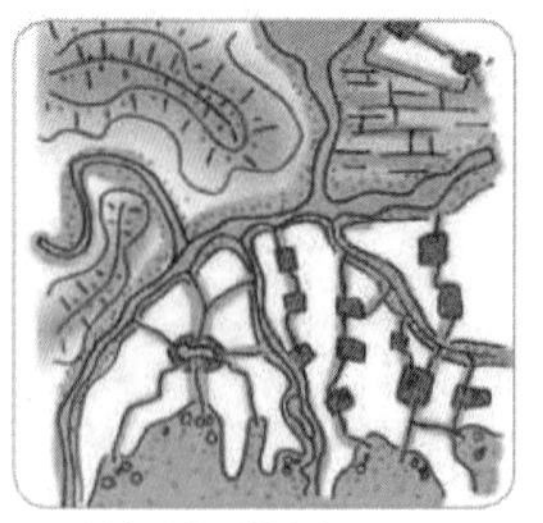

(*a*) 绿色公共开放空间

维护、延伸与连接绿色开放空间，作为生态安全格局，营造一个可持续生态框架

(*b*) 蓝色和绿色基础设施

将蓝色和绿色基础设施融入城市形态，创造高品质的开放空间供人们生活、工作和娱乐

(*c*) 核心城市设计参数

多元化的建筑体量和方向有利于最大限度地提高太阳能和风能以及风循环的增益

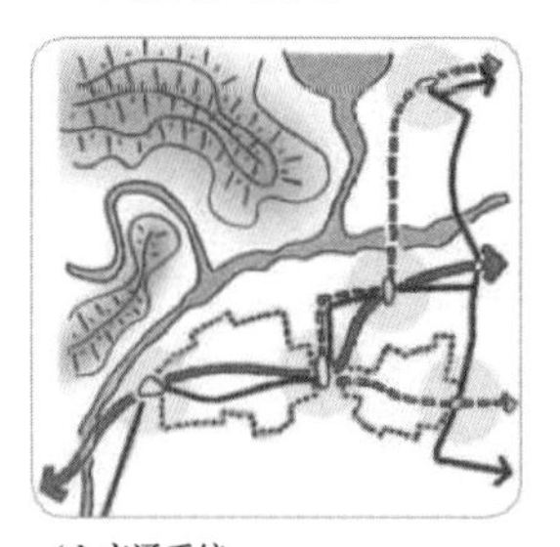

(*d*) 交通系统

创建公共交通网，将所有的生活社区和工作场所连在一起

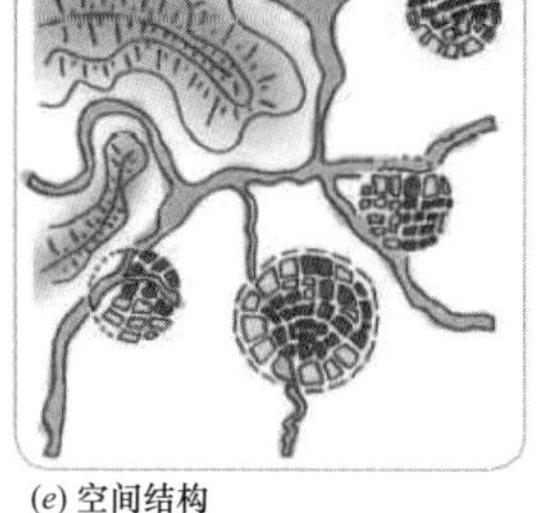

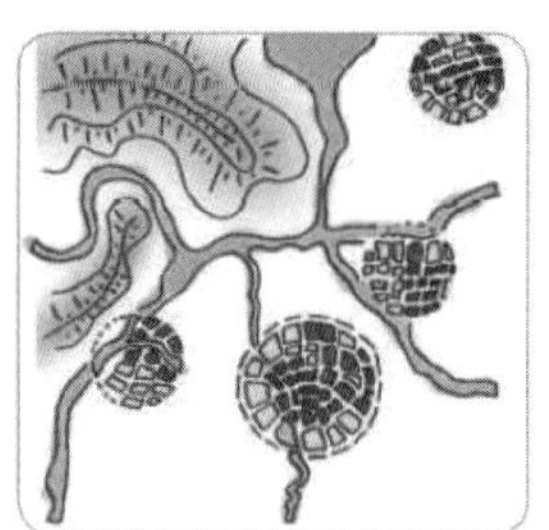

(*e*) 空间结构

提出不同的规划方案，给出可以实现愿景和战略的替代方法

图 10-1　规划原理示意图

2. 规划框架的多方案比选

1）制定规划框架的备选方案

在发展愿景及规划原则指导下，根据不同的发展模式、利益表达以及空间组织方式，形成多个规划框架的备选方案，方案内容应包括：

（1）实现发展愿景的基本发展模式；

（2）主导产业及主要城市功能的布局方式；

（3）生态安全格局基本框架；

（4）城市空间结构；

（5）交通结构；

（6）景观及公共开放空间结构；

（7）生态低碳基础设施布局；

（8）开发强度控制原则；

（9）开发收益方式。

2）备选方案评估

以项目愿景、目标、低碳生态指标体系为标准评估所有备选方案。评估方法可以采用碳和生态足迹法，针对 3～15km^2 的规划片区，主要从能耗、水耗、废物、交通流量几个方面进行数据收集与分析。在时间、预算、资源允许的情况下，可以考虑运用基于现有标准和规范创建模型的方法进行评估（图 10-2）。

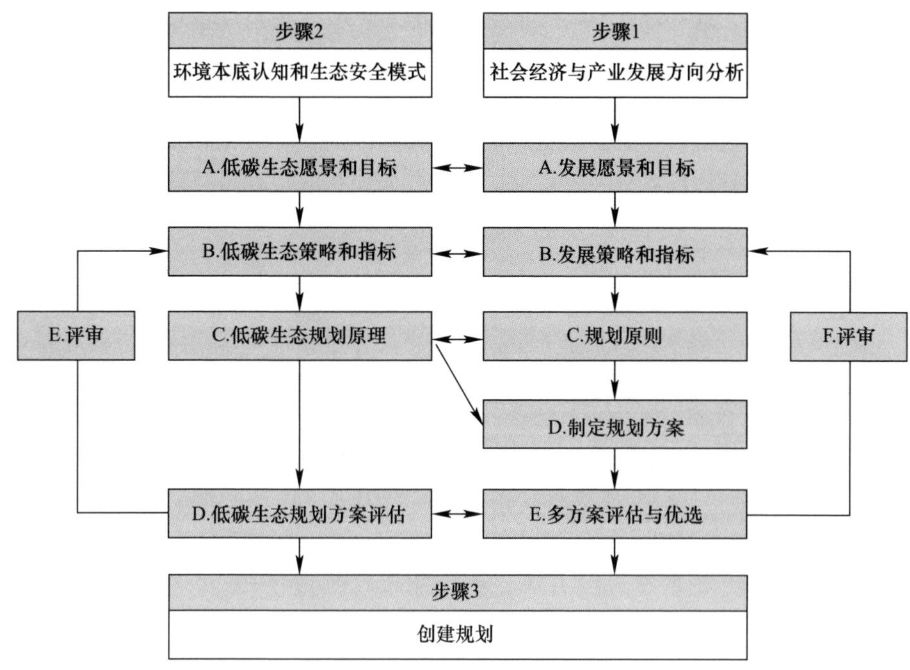

图 10-2　规划策略与规划方案的创建步骤

3）回顾/修改规划框架方案和方案评估

一旦规划框架方案评估已经完成，应该正式审查评估结果以及规划框架。这最好是由一个独立的第三方来承办，如专家审查小组，但是也可以由内部完成。

对规划框架方案和方案评估结果的审查应提出问题，可能需要对开发策略进行进一步调整或大量修改。在这种情况下，应重复图 10-2 子步骤 B～步骤 E。

二、编制生态规划纲要

当前中国城市建设的重点往往聚焦在用地规模的拓展，开发强度的不断提高和以机动车为主导的主干道路网的建设上，很多城市支路建设得不到重视，导致城市用地往往被宽阔的道路切割成大尺度的街区。大尺度街区的用地功能相对单一，很多社区封闭，造就了室内舒适而室外冷漠的非宜居城市。因此，创建更为人性化的城市结构、更紧凑多样的用地布局、良好的慢行交通和公共交通系统、适宜步行及自行车通行和良好的公共交通是本规划方法的目标之一。本规划方法提倡更有效地整合就业，通过高效的土地利用和适宜的开发密度，分层级的中心区建设，实现人性化城市结构。

产业园区规划建设关注的重点正在经历从单纯追求经济效益向降低对自然生

态影响、提高资源利用效率、重视其与城市其他功能统筹、园区规划与建设等方向的统筹转变。在这一背景下，产业园区化的发展值得我们重新思考。在经济与城市化快速增长的时期，中国出现了大量“孤立”存在的产业园区，这些产业园区在吸引产业入驻的同时往往会增加对自然环境的影响与冲击。目前产业园区发展的模式大多是通过设施集合推进产业链的集群发展，从而提高碳和资源的利用效率，这种方式都是针对单个的产业园区进行的。本规划方法希望可以重新思考产业园区的选址与规划方法，提倡将对环境负面影响较小的产业整合在城市市区，与其他城市功能合理结合，通过灵活的规划布局适应市场需求和经济转型，提高城市整体效率。同时，整合产业之间的协作网络，建立区域产业发展的设施平台。

当前绿地系统规划的关注点主要集中在市民休憩和景观营造两个方面。城市的河流、湖面水体被作为资源而通过工程措施加以管控，城市的绿地有着不同的使用方式，或者作为雨洪管理的载体，或者作为吸引城市活动的休憩场所，绿地系统众多生态职能以及对水资源的直接影响并没有得到足够的重视。规划应当更加关注自然系统、生态过程及与其相互作用的因素（土壤、水、植被、野生动物、气候），正确地识别生态系统“生命支持”和“废物槽”的功能，保护生物多样性并创造属于当地的自然美景。创造功能复合、实现多元共赢的生态“资产”正逐渐成为城市规划成功实践的关键要素。

目前控制性详细规划当中的市政基础设施规划的依据是人口与各类用地规模，在规划实践当中欠缺对低碳、资源高效利用的关注，因此生态低碳策略无法直接纳入控规。目前中国基础设施的规划策略是优先选择集中布局、适度超前的工程解决方案，而不是本地的分布式系统。事实上，后者能够轻松整合到不同类型的低碳与高效资源利用的各个阶段当中，包括能源/资源供给、存储、加工和配送，建立能源与水/废水和固体废物系统之间的自然/半自然系统的多重联系。

编制规划旨在构建三个综合的、相互关联的规划框架，共同构成低碳生态城市规划的核心：

（1）交通-土地利用框架：公交导向的交通发展策略和以人为本的规划原则，应用于组织综合就业、服务中心布局及确定产业布局和确定合理的开发强度；整合中心区、社区与产业用地的综合布局与确定开发强度；整合土地功能使用与公共交通系统；整合中心区、社区与产业用地的综合利用。

（2）开放空间-生态框架：优化创造功能复合、多元共赢的生态资产。

（3）市政基础设施框架：规划片区内市政基础设施（能源、水、废水和固体废物）与交通、开放空间之间进行优化整合。

上述三个框架同时进行但又相互交叉。每个框架以当地背景情况为出发点，前后递进互动，为满足开发战略中的相关目标和指标而设计，将选择的优选方案进一步完善。

三、绿色交通-土地利用框架

1. 发展交通-土地利用框架的重要性

1）交通方式对碳排放有重要影响

城市建成区的交通碳排放量通常可以占到城市总碳排放量的25%。尽管每种交通模式的碳排放量依地方因素的不同而有所变化，但通常以私家车为主的交通模式的碳排放量是以城市轨道交通为主的交通模式的2～3倍，是以步行或骑自行车的10～20倍（表10-1）。因此，交通模式的改变会使碳排放量发生显著变化。交通模式的碳排放量又由指定区域的平均行驶距离（每人每天出行距离）和出行方式（私人交通、公共交通、步行或骑自行车）两个关键参数决定。而开发密度和空间布局对上述参数有重要影响（图10-3）。基于阿特金斯分析的指示性数据，用自行车出行代替10%的小汽车出行量，可以减少35%的二氧化碳排放量。

各种交通模式主要空气污染物排放量　（单位：g/乘客公里）　**表10-1**

	汽车	公交	地铁	电车	步行	循环
CO_2 二氧化碳	150	110	60	60	12	8
PM 颗粒物	0.06	0.08	0.03	0.03	0	0
NO_x 氮氧化物	0.7	0.6	0.25	0.25	0	0
VOCs 挥发性有机化合物	0.8	0.09	0.1	0.1	0	0

来源：阿特金斯分析数据，数据为指示性，仅供参考。

2）都市结构影响交通模式

研究表明城市开发密度、通勤距离和交通碳排放量之间有着密切关系。开发密度与强度高的城市有助于发展公共交通，减少人们对于私家车的依赖，减少停车场的需求，从而提高土地利用效率。

另外一个研究表明就业与服务功能在城市中心区的集约程度是影响居民平均出行距离的重要因素。多中心且就业与服务分散布局往往导致中心区开发强度较低，而功能更为集中的中心区域往往伴随着高强度的开发（图10-4）。然而功能与开发强度的过度集中扮演了双刃剑的角色：在提高土地使用效率的同时，往往会导致交通压力加剧，交通效率降低，抑制次级服务节点的发展（图 10-5）。

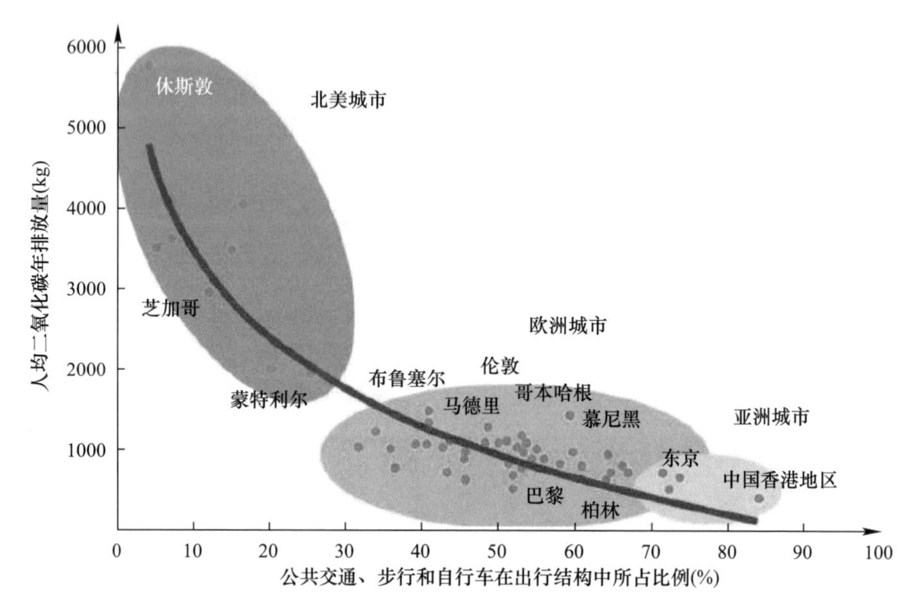

图 10-3　人均碳排放与出行结构的关系

资料来源：国际交通协会，2009

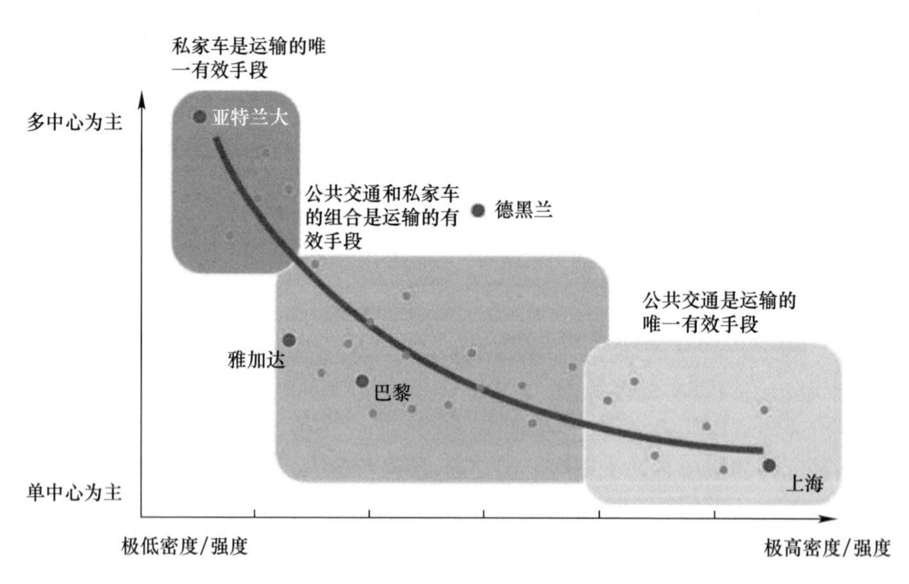

图 10-4　密度与多中心城市的关系

来源：Bertaud and Malpezzi，2003

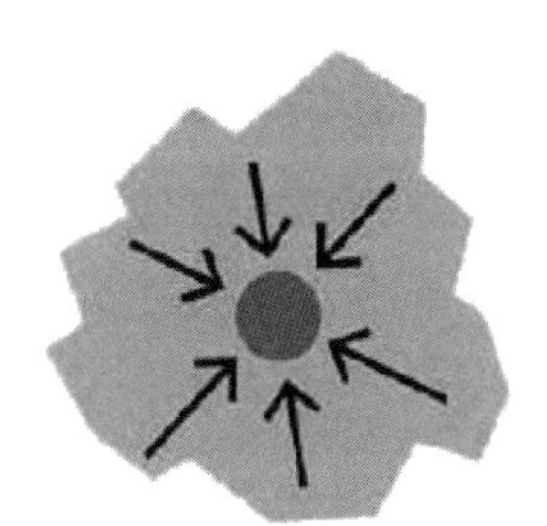

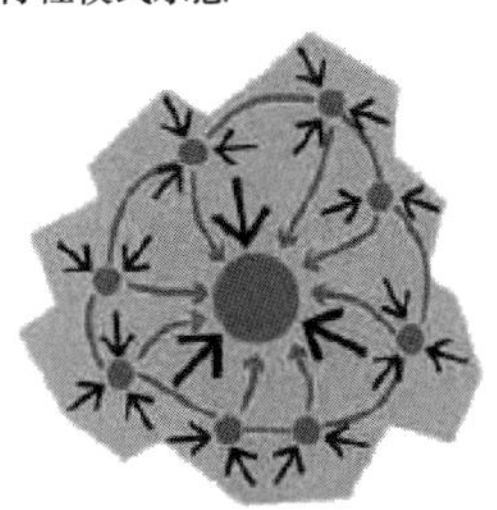

图 10-5　单中心和多中心城市模式
来源：Bertaud，2001

城市格局和其主要城市中心的位置对出行距离和公共交通的效率也有着显著影响。一般来说，城市中心各个方向的密度呈梯度均匀下降，而呈线性发展的区域将延长人们的出行距离。

3）开发强度、建筑高度影响交通模式与碳效率

在有关城市居民出行距离对城市能源、碳所产生的影响与城市开发强度关系的研究中，往往只关注横向交通运输方式。然而，随着开发强度的增加，纵向交通运输方式在居民出行中所占的比例大大增加。在相同的情况下，通过扶梯和电梯等机械化的纵向运输方式实际上比横向运输方式更加耗费能量。研究表明，由于楼层的高度增加了，单位建筑面积所隐含能源、碳影响也随之增加。因而可以预计，很有可能超过某个高度后，消耗总能源、碳强度开始增加，而不是减少。然而，横向运输方式所隐含碳影响显然要比纵向机械化运输模式高得多，这很可能会导致产生一个理论上“最佳”的低碳开发强度（图 10-6）。

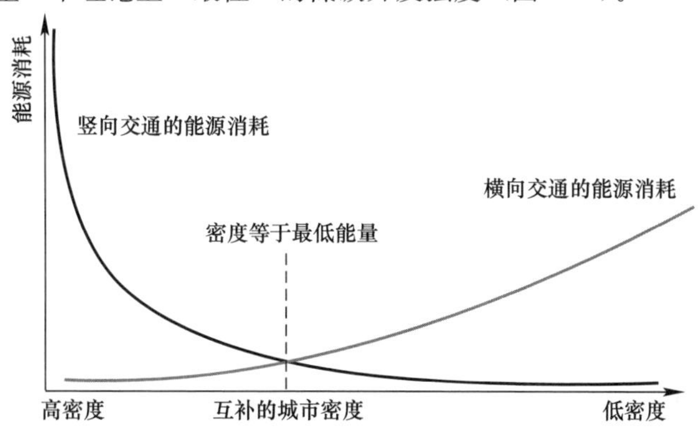

图 10-6　水平与垂直交通的密度与能源消耗关系
来源：J. Hart，2012

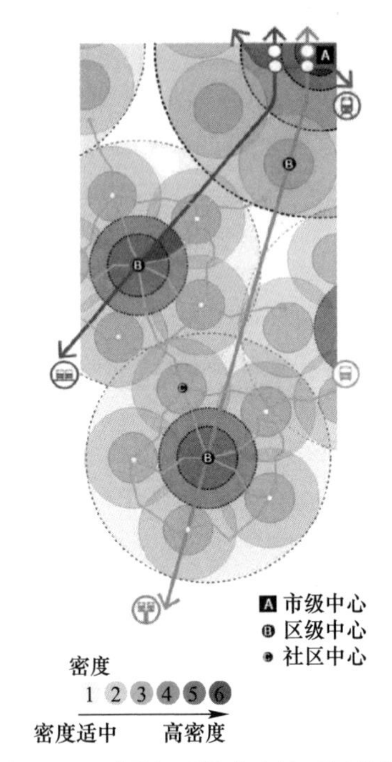

图 10-7　不同交通模式连接不同等级的城市中心区与周边其他地区

4）公共交通路线提升土地利用效率

将不同的公共交通出行方式进行合理组合，发挥各类公共交通优势，是提升地区用地价值的便捷方法。利用轨道交通疏解高强度建设地区的出行压力，提供跨区域快捷到达的通勤服务。围绕轨道站点组织覆盖合理的短距离公交网络，最终形成层级清晰、功能明确的公共交通服务网络，弱化区位对用地价值的影响，从而将极大地提高边远地区的土地价值。

在出行距离相同时，公共交通所需要的车辆较少，公共交通路线所需要的土地也较少，地面和地下同时运行具有更高的灵活性。同时，与私家车相比，公共交通通常所需要的停车场更少，这使得土地可以得到更有效的利用。特别是对于土地价值较高的商业商贸区，便捷可达的公共交通系统尤为重要（图 10-7、表 10-2）。

不同交通模式与城市特征的关系　　表 10-2

	地铁	LRT	BRT/有轨电车	公交
运输量（千人/h）	30～60	15～30	10～15	8～12
商务商贸中心人口密度（人/hm^2）	50	40	35	30
居住区人口密度（人/hm^2）	70	55	45	40
地下				
地表				
高架				

来源：《城市道路交通规划设计规范》GB 50220—1995，阿特金斯分析数据。

5）道路网密度与模式影响交通模式

《城市道路交通规划设计规范》GB 50220—1995 的制定距今已有 20 多年时间，随着居民出行方式以及城市建设水平的迅速变化，包括道路宽度、道路网密度的规定与新形势下的发展需求有一定的矛盾，同时在处理新老城区衔接等具体问题时也缺乏灵活性。

城市综合交通规划过多小汽车的形式导致很多车行道设计过宽，人行道变窄，街道景观单一，从而使城市街道失去应有的亲人尺度与活力，变成缺乏人性化空间的道路。同时，过宽的道路也大大降低了街道网的密度（特定区域内街道的总长度）和连续性，从而导致道路等级层次减少，交通拥堵，空气污染与噪声增多，不利于行人和自行车的出行（图 10-8、图 10-9）。因此，低密度的道路网模式减少了人们对于交通方式和出行路线的选择，加长了步行与自行车出行线路，同时也意味着人们常常需要穿越繁忙的大尺度主要干道的交叉路口，从而促使人们放弃了选择步行与自行车出行。

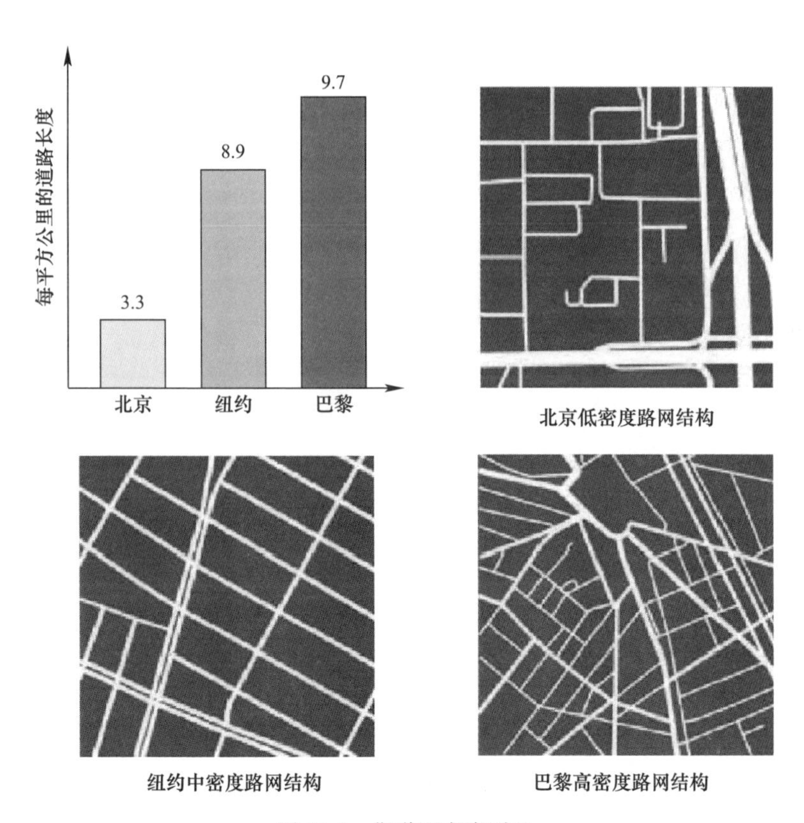

图 10-8　街道网密度对比

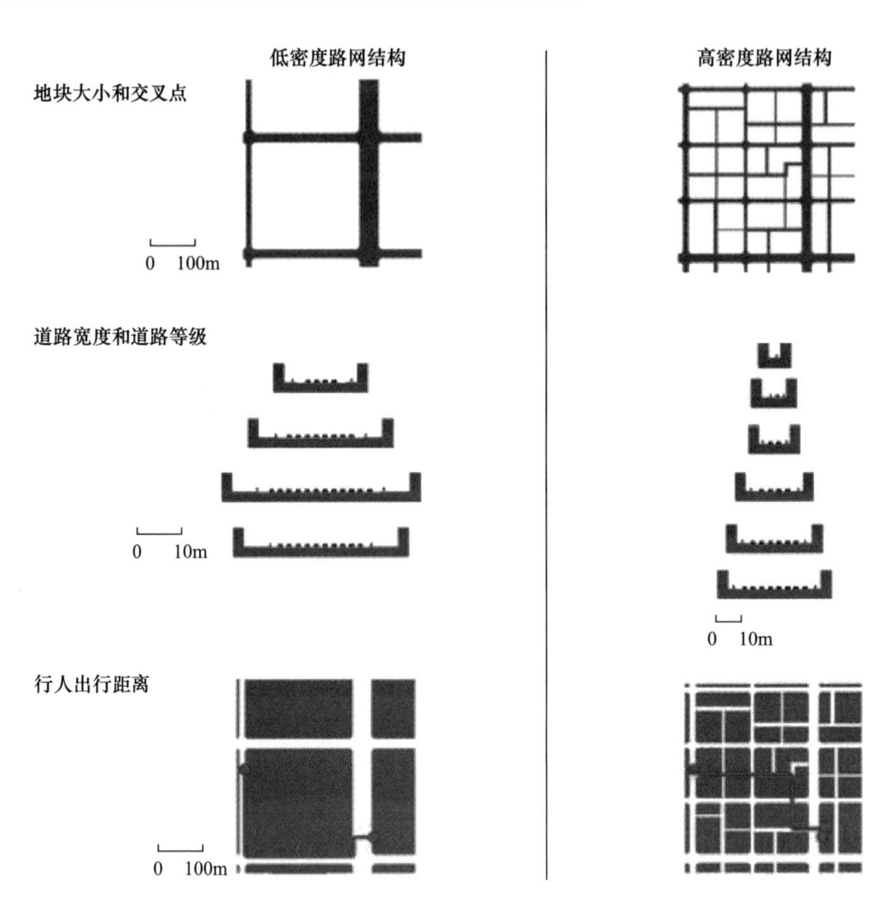

图 10-9 街道网密度，街道等级与宽度的关系，街道尺度越大，道路越宽等级越小，行人步行距离越长，不利于塑造适宜步行的人性空间

2. 发展交通-土地利用框架的方法

整合交通和土地利用规划是实现生态低碳规划的基础。交通-土地利用框架的制定可以通过规划多模式交通网来决定高开发密度用地功能混合的中心区的位置，从而支持和鼓励公共交通以及主要交通枢纽与站点周边的非机动车交通。

制定生态低碳交通-土地利用框架的出发点是基于图 10-10 中步骤 B 分析发展出来的生态安全模式与现状条件。这既是交通-土地利用框架的制约因素，又为其提供机遇。

核心原则如下：

（1）保护主要的现有生态资源，优化规划中的多效益绿色空间。

（2）结合低碳交通和非机动交通模式优化城市结构与形态。

（3）鼓励适宜的低碳开发密度与强度。

(4) 发展公共交通网络，提高土地利用效率。

(5) 规划适宜的街道密度、多样化的街道等级、人性化街道空间，实现连续可达的公共空间网络。

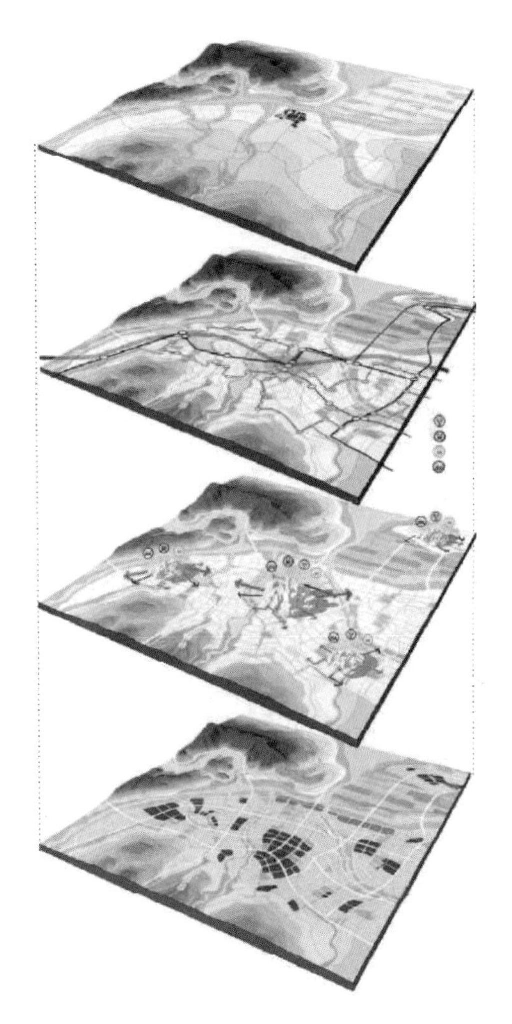

图 10-10 发展交通-用地利用框架的方法

四、紧凑式的城市中心

1. 城市中心区级别

城市中心区通常分为市级中心、区级中心和社区中心三个级别。多层级的城市中心区集中了商业、商务、服务设施、休闲娱乐功能，以满足中心区内及其服务半径区域内人们的工作、生活、休闲娱乐需求。城市中心区通过高密度混合用地模式、集中的工作场所与生活服务设施、合理的服务半径、优化的公共交通和非机动交通，缩短了人们每天的通勤距离，同时益于公共交通网和公路系统间交通流量的合理转移（图 10-11）。更均衡的公路系统有助于减少交通拥堵和伴随而来的空气质量问题。

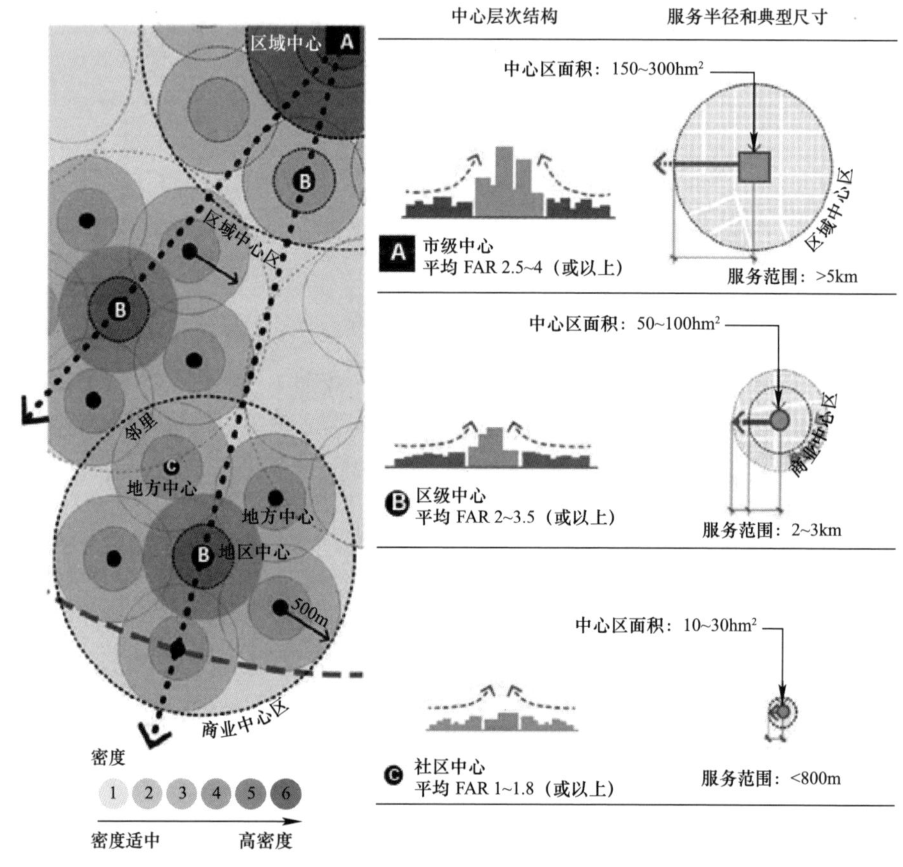

图 10-11　不同级别城市中心区服务半径、典型尺度

来源：英国城市工作组，1999 年

2. 发展紧凑综合的中心区

1）鼓励中心区与 TOD 相结合，发展规模适宜的市级与区级中心区和多个分散布置的小型社区中心

市级中心与区级中心通常集中了密度较大的商业用地，给周边居住人口直接提供服务和就业机会。然而该中心面积越大，出行距离和比例就越大。大型运输枢纽站等 TOD 模式是解决如此高密度出行的低碳交通规划方法。但是商业商务

和服务设施过度集中在一个或几个大型城市中心，会导致上下班高峰拥堵，使交通网的压力加剧。因此分级设置城市中心，缩小城市中心区规模，以及分散布置更多的小型社区中心，变得尤为重要。这样做不仅可以优化运输网络和通勤模式，而且可以为周边提供更多更平衡的就业机会和服务设施。

社区中心主要提供零售，公共服务设施及其他商业商务设施，以满足大多数日常需求，包括便利商店、多样化购物。许多古老欧洲城镇的社区中心采用“中心街道”的规划布局，商业商务服务设施沿街道布局，主要居住区布置在中心街道的周边，人们主要通过步行或自行车出行，形成低碳城市开发的重要“街区”。

2）综合布置商业和住宅用地，增加低碳出行

区别于以往的居住区为起点，中心区为终点的通勤模式，通过改变用地布局，在城市中心区周边布置高密度居住用地，从而将城市中心区调整为既是起点又是终点的通勤模式。有助于缩短通勤距离，实现交通网的进一步优化，鼓励步行和自行车出行，减少碳排放。

3）集中布置多功能混合用地，增加低碳出行，提升街区活力

城市中心区的整体出行效率，通常用个人出行公里数来衡量。在水平和垂直方向集中布置混合互补的商业用地、公共设施可以减少出行公里数，显著提高出行效率。例如，高密度的办公商业区和居住区结合零售、餐饮、服务设施（如健康诊所、健身中心、理发店和洗衣房），有助于减少购物出行距离，提高碳效率；同时也可以提升沿街立面的活力，形成动态的、生机勃勃的街景。

4）提供紧凑的以公共交通为导向的开发，提高建筑和基础设施的碳效率

中心区的功能混合聚集、紧凑集约的布局，可以产生多种好处：

(1）有利于优化枢纽站周边高度集中的步行、自行车动线，有利于交通疏散。

(2）紧凑的建筑布局，较小尺度的建筑，将会有较多的墙体，因此大型室内空间就越少，产生的热泄漏就越少，隔热效果更好，从而更节能。

(3）更紧凑、更高密度的开发能提高分布式能源（包括区域供热和制冷）的使用效率，经济上也更有吸引力。其他市政基础设施的建设与管理也能从中获益。

5）结合绿色空间系统，改善街区环境，鼓励步行和自行车出行，构建多效益生态空间

优质的街区环境有助于鼓励人们在中心区使用非机动车出行。一个设计良好的绿色空间网络可提供各种休闲娱乐空间，提供一个夏季遮阴、冬季防风的场所，帮助屏蔽噪声和改善空气质量，降低城市热岛效应，从而大大提高整体舒适度，创造一个宜人的、有吸引力的室外空间环境。

6）发展紧凑综合中心区的核心原则

中心区内的交通枢纽站与居住区用地混合布置，不仅有助于优化低碳出行模

式的选择，也有助于营造更加生机勃勃、充满活力的环境。

中心区紧凑、高密度的开发有助于促进步行和自行车出行，提高建筑能源效率，增加低碳能源和其他低碳基础设施与公共服务设施综合供应和管理的机会。

整合中心区内的绿色空间网络，以提升整体舒适度、协同效应、碳效率和生物多样性。

3. 创造社区

1）社区中心集中提供各类社区服务和就业设施，注重步行和自行车的可达性

在社区中心集中布置公共设施、小型零售和餐饮，服务半径通常约 400～800m。中心区与居住区相互联系、相互促进、相辅相成。较少的机动车出行可以减少碳排放，减少空气、水和噪声污染，减少不利的视觉影响。中心区内用地的集约混合可以减少总出行距离，一次出行就可达到多重目的。连接社区中心、区级中心和市级中心，优化交通和非机动车出行社区中心选址宜位于两条或两条以上道路的交叉路口，这样的位置有助于增加可达性、可识别性和场所感。在居民密集的主要道路设置巴士路线，支持中转前往附近的区级中心或市级中心。

2）营造安全、便捷和有吸引力的步行和自行车出行线路

为所有步行或自行车前往社区中心的居民，包括老人、小孩和家庭，提供一个安全、便捷、有吸引力的路线。路线的吸引力一部分取决于居住组团的大小和配置，一部分取决于道路自身的特性。小尺度的街道配以公共设施和商业网点，将会为行人和骑车者提供更有趣、更多样、更安全的出行环境。而将人行道和自行车道与绿地相连，则进一步增强了出行的趣味性和多样性，同时有助于微气候调节。

3）采用灵活多样的社区开发方式，彰显城市特征

灵活的混合用地开发，有助于鼓励开发不同类型的特征区域，有助于与现有的历史/文化区域和特征更好地融合在一起。社区中心可以混合容纳大多数非住宅用地，包括小规模的写字楼，甚至是某些低影响的工业用地。优质的街区环境有利于吸引人们进行户外活动，更多的室外活动有利于沿街商铺的经营，同时鼓励更多的社会互动活动，所有这些都有助于认同感的形成，增加社区凝聚力。

4）合理匹配交通容量，满足高密度住宅需求

国际研究表明，一个有商业价值的巴士路线所需的最低住宅密度是 30 人/hm^2。尽管这一数字比美国一些城市的城市密度要高很多，也普遍超出了大多数大规模的欧洲建成区。在中国，新规划的居住区密度通常大于 150 人/hm^2，许多地区都远远超过了这一数字。因此，特别是与许多美国城市相比，提供足够的公共交通容量以适应需求，并确保各种交通模式与交通线路有效连通，是交通规划的核心重点。

5）发展紧凑综合中心区的核心原则

在社区中心，居住区步行和骑自行车可达范围内集中布置配套公共设施、小

型零售和餐饮用地，目的是产生相互关联、相辅相成的社会经济效益和生态低碳效益。

位于市中心的中转站将就业/服务中心与社区有效相连，这将有助于优化更大范围内的城市交通网络，从而提高经济效益和碳效率。

创建以人为本的紧凑型混合用地社区，提供与之相匹配的绿地，有助于形成认同感，增加凝聚力，提升地方特色，并与周围的环境相协调。

4. 协调工业区与周边城市用地功能

工业用地的位置和集中度（特别是重工业）有时会受到行业或区域特定因素的限制。整合TOD低碳开发框架内的工业就业可以为劳动密集型产业（工人无法在附近居住）带来显著的效益。对于非劳动密集型产业，物资运输的碳效率就变得尤为重要。工业区可以选在与货运线路良好接驳的位置。如果可行的话，鼓励使用更为低碳的铁路和水运交通，而非道路和航空运输。

某些类型的工业区可以有效地与混合用地相结合，包括具有居住用途的工业区。在考虑工业区位置时，除污染所造成的相关影响外，还要考虑视觉影响、噪声影响和交通量的影响。另外，拟选址地区周边的用地性质、区域特征、开发密度、建筑形态都是重要的考量因素，应一并纳入规划范畴。

对于不能与其他城市功能相结合的污染型工业区，选址应远离自然栖息地和水源地，最大限度减少对人类和自然的不利影响，并能充分利用现有或规划的基础设施，形成功能明确、设施齐配的产业新区。

5. 发展高效利用资源的低碳工业区

1）采用循环经济理念，工业生产的资源利用最大化

工业生态学是指不同工业部门之间资源的互换（原材料、能源、水），其中一个工业产生的“废物”成为另一个工业的“原料”。其模仿自然生态系统，某个生物体产生的废物成为另一种生物的食物来源，它的目的是最大限度地减少工业生产的资源消耗强度。可以想象，在一个完全有效的经济与生态和谐运作的模式中是没有浪费的。工业生态系统指的是许多不同的工厂，交换各种生产废物。

循环经济理念是工业生态学理念的延伸，包括从化石燃料转向非消耗型的可再生能源。循环经济近似资源高效利用，将清洁生产和生态工业整合在一个更广泛的系统中，涵盖工业企业、企业网或企业链、生态工业园区和区域基础设施，以支持资源优化。

2）根据资源产投关系和混合基础设施，采用循环经济理念和空间协同定位

生态工业园区建设涉及空间协同定位和工业设施集群。相较于传统工业经济集群重点强调成品材料和产品的投入产出，生态产业集群还非常注重副产品或废物的投入产出。生态工业园还注重能源和用水效率，最常见的是能源阶梯利用和水的再利用。如在温度逐步降低的过程中利用热能，用于不同的工业过程。因

此，生态工业园区开发的重点是强调能源和水的综合利用与管理，以及其他资源共享，如土地和存储空间。集中使用更高效的热电联产（在一个综合设施中生产电力、热力或制冷），也是生态工业园区的一个普遍特征。

3）在更广泛的工业系统中融入生态工业园

生态工业园区开发包括以下步骤：选址，基础条件分析，发展规划目标，框架设计（材料、能源和水流分析），工业选择，政策制定和投资分析。根据生态产业集群的类型，水的可利用性通常是选址的一个重要因素，同时也要考虑现有的交通和市政基础设施。另外，工业原材料和货物运输以及工人通勤的碳效率和低环境影响出行方式也是生态工业园区规划和设计所要考虑的重要因素。

4）确保生态工业园区信息交换，提倡创新

工业企业间准确高效的信息交换是确保生态工业园区持续成功的关键。此外生态工业园区应该能够通过业务创新和应对市场和经济的变化而逐步衍变。

五、规划融合自然

1. 开放空间规划-生态构架的体现

开放空间规划是低碳生态城市规划的另一核心内容。除了保护主要的生态和其他自然资源的完整性，以及高度重视关键物种和栖息地外，本规划框架还侧重于优化规划中综合的开放空间要素，这将有利于提升规划片区内的空间利用价值。

自然要素可以提供多样的综合生态服务价值及其他服务功能。这些生态功能可以完全融入规划中。合理的绿地开放空间设计，不仅可以为动植物提供食物及生存空间外，还可以为居民提供景观和休闲娱乐环境，这些开放空间还会同时具备排水防洪、污染过滤、固碳、防风和隔声屏障、微气候改善等功能，同时还会布局自行车及步行路线，为可再生能源发电甚至食品生产提供场所。

生态低碳的城市规划结合了自然地形、给水排水体系及生态要素，并会在规划中进一步强化这些功能。现状要素如高品质的农业区、历史聚居地及现状公共设施，也常常会与未来规划相结合从而达到提升空间价值的目的。

2. 基于生态安全格局的开放空间规划方法

1）生态安全模式对开放空间规划的指导作用

对生态斑块的识别、生态廊道及生态网络的搭建将成为开放空间规划的前提和城市发展的控制边界。生态网络的空间范围可以通过廊道相连的核心区（图 10-12）来组织。该生态网络将反映出当地的自然特征，如地形、径流和气候特征等。生态绿地规划方法被用来保证规划片区内绿地开发的生态完整性，以及在适当情况下，将现有的生态功能进行整合，如通过建立不同等级的生态保护区进行链接等。

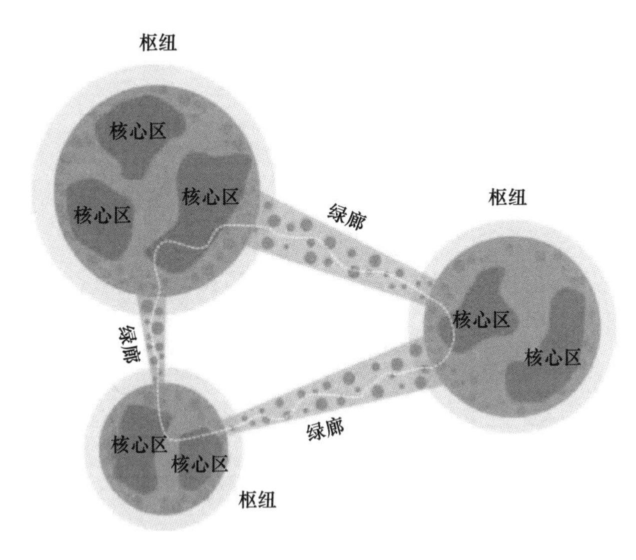

图 10-12　生态绿地系统概念

(1) 生态核心区——即重要的生态斑块，是由高质量的生态栖息地以及连续自然区所构成的区域。

(2) 生态廊道——连接多个生态核心区构成的中心枢纽，中心枢纽与物种栖息地相连，有助于物种的迁移和聚集。生态廊道充当着野生生物的栖息地和活动廊道，为动植物提供获得更大栖息空间。

(3) 生态缓冲区——即生态功能分区中的控制发展区，该区域可以缓解外部压力，例如来自农业用地的压力等。

2) 绿地开放空间的规划方法

城市绿地开放空间规划是在生态安全模式的基础上展开的。生态斑块、生态廊道将成为城市中重要的生态绿地及城市开放空间的重要元素。用地功能布局中，要根据生态功能分区，科学布局用地类型，并按照各类绿地布局要求，在生态景观安全格局的基础上提出绿地系统建设目标，建立安全、稳定的绿地系统框架。在此基础上，确定各类绿地的建设规模、位置和性质。同时为了量化规划片区绿地系统规划的成果，还应该建立相应的规划区域绿地指标体系。

基于上述规划方法，制定不同等级的绿地开放空间体系，同时该体系应符合当地实际条件和开发特点。

3. 规划实施

绿地开放空间规划在一定程度上仍然是以战略性指导为主体，在规划实施过程中很难落实地块划分层面，因此严格限定禁止建设的保护绿地外，其余类别的生态绿地规划很可能在实施过程中发生改变。因此不仅要从规划阶段严格界定各类生态功能分区的项目类型和开发强度，还应系统地建立强大的法律体系来保证绿地系统规划内容的实施。

4. 城市开放空间规划应遵循的原则

基于之前步骤和交通规划初步成果，形成生态框架下的城市开放空间规划应遵循的一般原则（图 10-13）。

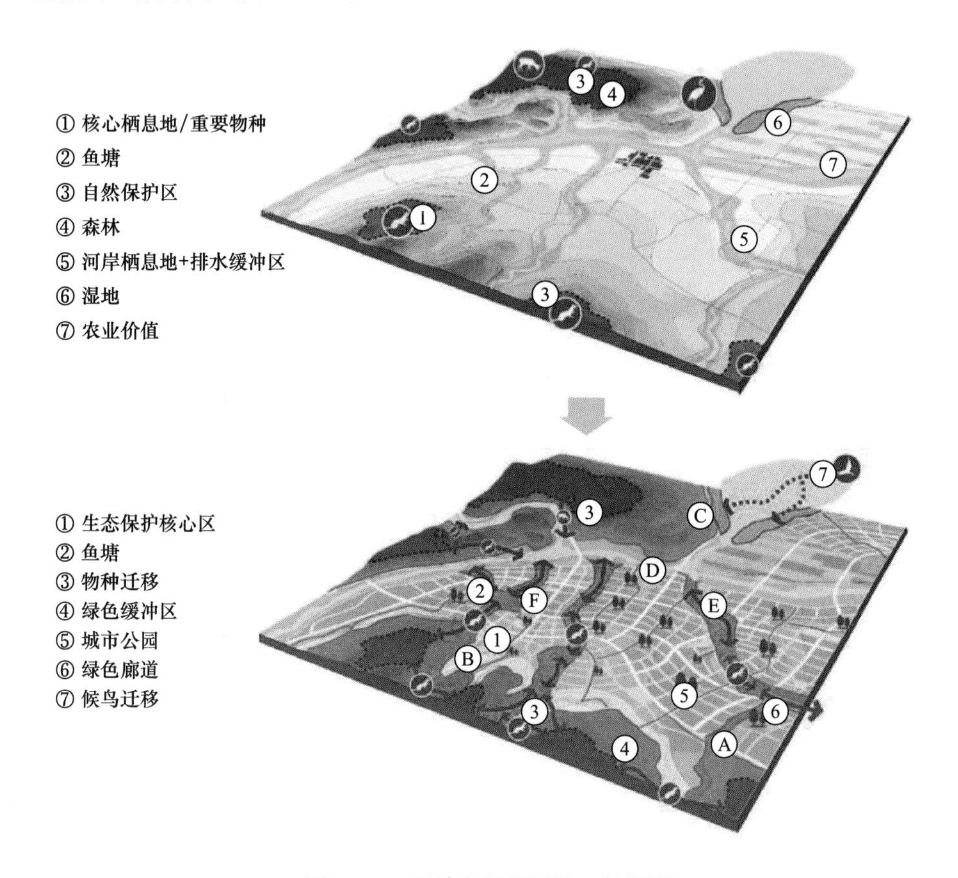

图 10-13　开放空间规划的一般原则

基于生态框架下的开放空间规划应通过反复校正的方式与交通规划紧密协调，其中的每个环节都应是在逐步调整和细化中完成的。

现有生态资源的整合可能涉及交通路网和用地方式的调整。在很多情况下低碳规划方法都会很好地起到降低开发成本的作用。例如由于减少了填挖方或降低对硬质工程解决方案的依赖。

在规划中整合上述涉及的生态资源要素如公园、绿道等，其应遵循上述生态绿地网络规划方法，进而可以将现状及引入的要素整合成一个整体。

通过更多地采用自然的空间布局以及道路形势，会使基于交通导向下的土地利用空间布局更加“有机”。规划方案将更好地与自然相融合，形成更为完善且布局独特的空间特征（图 10-14）。

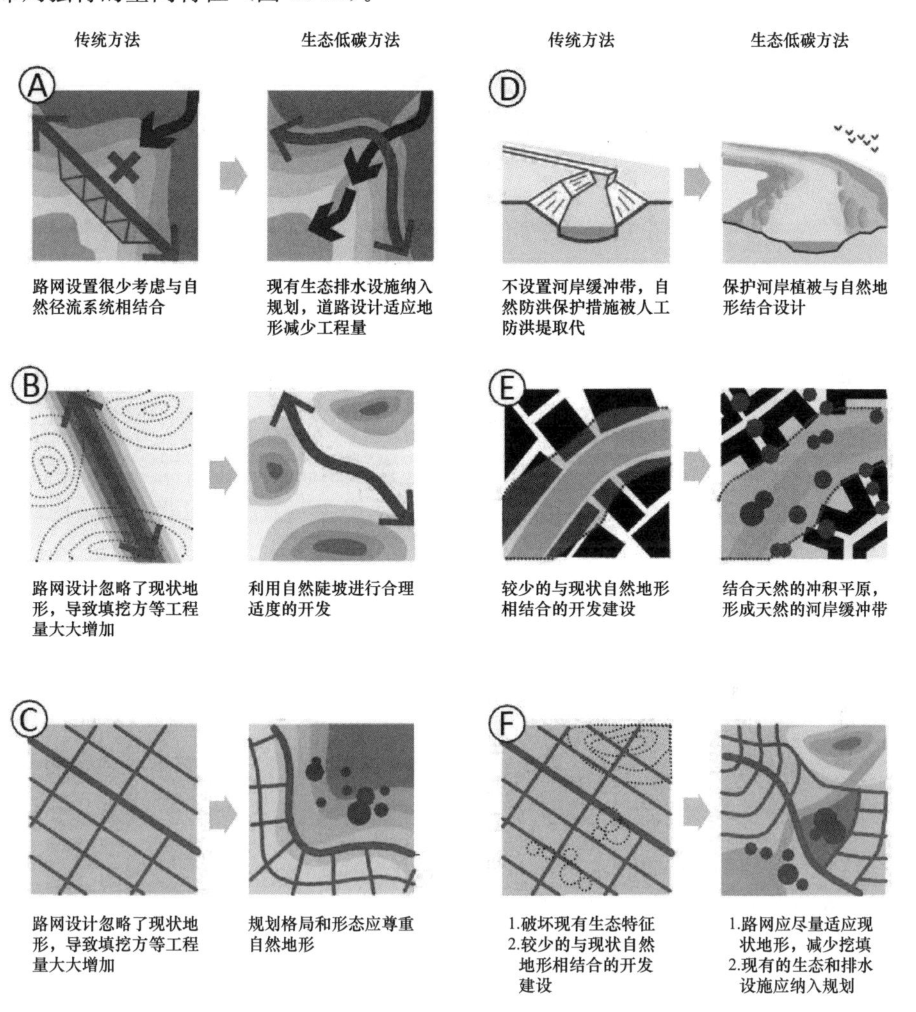

图 10-14　结合生态特征并与交通相协调的规划一般原则

1）结合地块生态特征和开敞空间的多街区尺度规划一般原则

不仅仅是一般的开放绿地，楼宇间及建筑顶部，甚至建筑内部均可以作为生态景观开放空间来利用。绿色屋顶及其他更小型的特色园林也可以与开放空间相连。将较小的公共空间与城市公园和大型绿地空间相连，如滨河缓冲带、湿地、林地、森林和某些农业区，利用绿色空间和小型步道形成自然排水功能，同时城市可持续排水技术被应用于整个规划区域。

2）将低碳交通和公共服务设施与生态特征相结合

基于生态框架的开放空间适宜结合行人优先且优化行人尺度的低碳交通模式，如步行、自行车等对生态产生较低影响的公共交通出行（如电车、轻轨）方式。

3）通过合理规划的开放空间来改善微气候和降低热岛效应

大片绿地与建筑布局相结合能显著改善微气候，尤其是季节性的室外热舒适度，如通过夏季遮阳和冬季防风屏障，以及减少城市热岛效应，提高整体舒适度等。

4）基于生态框架下的开放空间效益分析

利用基于生态框架的绿地规划方法，通过复合的开放空间将不同的生态要素整合在一起，这为整个区域带来广泛且多样的效益，包括经济和社会效益以及生态和低碳效益。通过合理且严谨的规划整合，开放空间可同时实现双赢或三赢。

5）绿色空间碳汇

绿地空间吸收碳，并在植被和土壤中储存碳，不同气候条件、土壤条件、植被类型、物种、种植密度、植被年龄和植被管理体制下的存储能力也不尽相同（图 10-15）。植被在热带和亚热带气候的成长速率要明显高于温带气候，因此固碳率也相对较高。

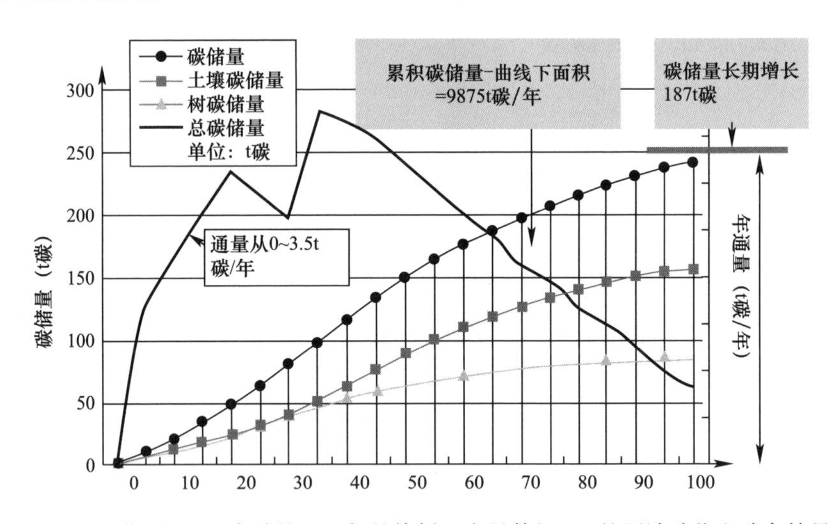

图 10-15　草原上 1hm² 种植 100 年的橡树（产量等级 4）的预计碳收和碳存储量

研究表明，通常植被越大固碳能力越强。直到最近，传统的观点还认为固碳率随着树龄的增加而下降。不过，根据对单一树木成长的长期记录，研究表明，全球大多数品种的树木都是随着树龄的增长，成长速率和固碳速率也随之增加。一个由美国地质调查领导的全球研究团队，发表于 2014 年的研究表明，对超过

67万棵来自横跨六大洲的热带、亚热带和温带地区400多个品种的树木进行测量，仍然存活的古树在森林的动态碳平衡中发挥着非常重要的作用。在总固碳能力和速率方面，古树具有较大的固碳潜力。

5. 建立能源和碳使用的高效设施

资源节约型的低碳公共基础设施规划主要通过对自然资源和基础设施的现状、需求以及水、能源和固废基础设施处理厂等系统和公共基础设施综合框架的分析来制定。

1）自然资源与基础设施现状分析

（1）自然资源的现状分析

在构建生态安全模式过程中已经对自然要素和生态背景进行了分析和评价。以构建生态安全模式为目标的自然要素评价，会更加细致和有针对性地评价每一类环境要素的本底特征，从而对环境本底形成全面的认识。重点关注的自然要素有地形地貌、地质情况、气象条件、水环境、土壤环境、矿产资源、植被资源及生物多样性等（但不局限于此）。对自然要素本底情况的认知将有效支撑基础设施规划的顺利进行。

（2）基础设施现状分析

更多情况下，在开展相应的规划工作之前，规划片区内已经存在部分基础设施，我们必须对现状基础设施情况有比较清晰的了解和认知，从而最大限度地对其进行改造和利用，使其能充分与未来规划相结合，满足未来区域发展需求。

需要重点关注的有：

基地现状环境问题：污染物排放及处理情况、水环境及土壤污染情况等，并根据这些问题给出初步的解决建议。

能源设施及利用情况：基地能源利用分类及消耗情况（包括现状能源设施及项目情况，以及当地政策及管理措施等），现状能源需求优化分析、规划与现状比较分析，潜在可再生能源利用分析等。

给水排水设施及利用情况：用水现状及组成分析，现状用水量供需情况分析，存在问题、规划与现状比较分析；排水量及组成情况分析，排水现状问题分析，基地给水排水管网分析等。

固体废物处理设施及利用情况：固体废物产生量及组成分析、固体废物处理及利用情况及存在问题分析等。

交通设施分析：可持续交通设施作为独立章节在前节中作了专门说明和评价。

2）需求特征

能源和水需求性质的分布，以及固体废物的产生，一部分是由当地气候决定的，如温度、降水、蒸发、湿度、云量、风速和风向。

交通土地利用框架包含用于对水、能源、固体废物的初步需求估算。根据制定的目标和策略，减少废弃物需求，制定初步需求预测和废弃物处理设施分布方案。

3）给水排水基础设施和管网系统

生态低碳城市给水排水系统主要是满足区域提供高质量、可靠的供水需求，又要根据当地水资源的现有条件，对发展提出调整和制约要求。对基地用水供需进行水量平衡测算，主要包括建筑给水排水规划、建筑节水措施规划、再生水利用规划等。对水工程设施进行规划和布局，特别是针对污水处理与再生利用，以及生态水循环系统提出有效的规划策略，将给水排水系统与城市雨水资源的利用相结合，与城市的生态保护相结合，从而建设一种符合可持续发展的生态型给水排水系统新体系。

需要考虑的规划要素一般为：

通过水量平衡模型分析制定高效的节水及降低污水产生量的策略。根据用地类型的不同，可初步估算各类用地的用水需求及排水量。而基于生态框架的绿地开放空间规划将为生态用水需求计算提供参考依据。

详细制定建筑物节水措施，并根据节水措施应用后的最终用水需求来修正水量平衡模型。

通过对环境本底天然水资源的分析如人工修建的水库、江河湖、地下水资源等淡水水体总量的评估，从而评价潜在的可供应的淡水水体资源。

根据对建筑物、工业、生态用水的需求，以及雨水及市政排水特征，建立城市综合水循环模型，以最大限度地降低对新鲜水的需求。

基于前续步骤和成果，可制定出有关城市用水和排水及城市水循环系统的基础设施网络的概念规划。同时该规划需与其他基础设施相结合，尽量考虑邻近收集、处理和再生利用，同时可根据用水需求规划适当规模的水处理系统，如再生水处理系统等，这将更有利于降低成本和提供灵活的供水系统。

该方法强化了新鲜水、径流雨水及污水在绿地空间及生态规划中的综合利用效果。常规的规划方法不考虑其与能源再生及废弃物管理之间的联系，且更倾向于关注规模较大的、集中的工程解决方案，而不是更多的与自然、半自然系统相联系的本地解决方案（图 10-16）。

4）能源基础设施处理厂和系统

能源需求分布可以细分为用地的热力消耗（供热和制冷）和电力消耗。规划区内不同用地建筑面积的相对比例对总能源消耗量和电力、热力消耗比有着显著的影响。

电网电力供应的碳含量是由当地发电站决定的。高碳化石燃料的热电厂，尤其是燃煤发电厂，所采用的高碳化石燃料比例越高，引入低碳发电的热电联产和可再生电力的潜力也就越大。

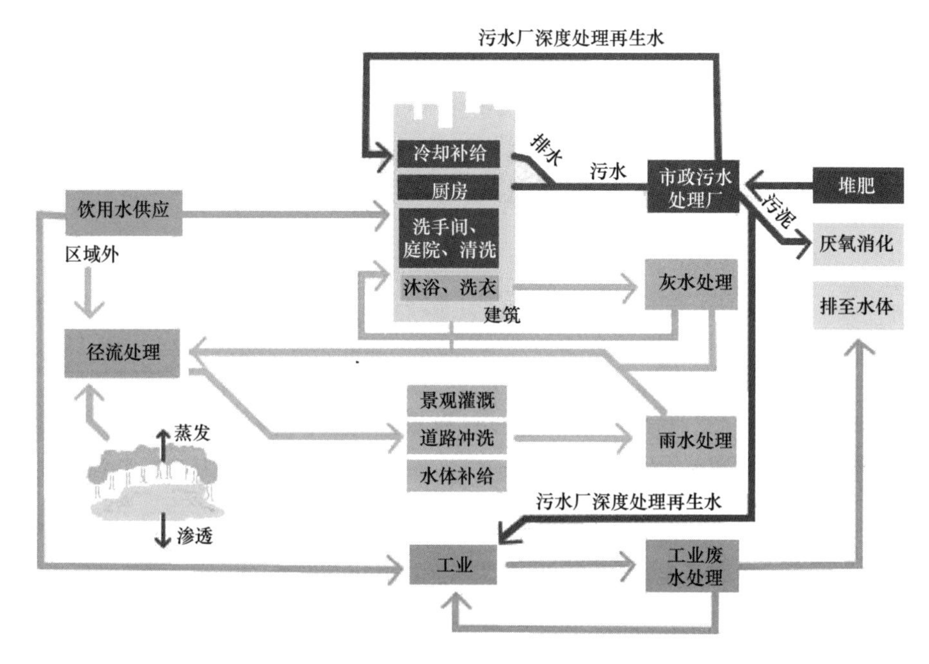

图 10-16　生态低碳城市水系统原理图

就能源的输入和输出而言，热电联产（包括电力和制冷）的效率是传统热电厂的 3 倍。假定发电的碳含量相同，则热电联产的供热和制冷可以算作“零碳”。

以热水、蒸汽或冷却水管为形式的长距离热能分配，经济上通常不太划算。但是如果用地密度较高的话，采用热电联产厂方圆几公里内的小型供能网，通常可以提供经济合算的最佳碳效率。这种区域供热和制冷网还有别的好处，包括综合的可再生热力、不同级别的热能利用、热能再利用以及平衡各种能量来源。

依据当地资源选用合适的技术，并基于电力和热力需求比例来共同估算基地可再生能源的供能量。基于预计产生的污水量来配置污水源热泵。

可再生能源收集器可设置于建筑物内或独立设置于开放空间的地上或地下。污水源热泵集热器设在污水管道内部，风力涡轮机通常设在空地上，地源热泵、水源热泵和污水源热泵的集热器都设在地下，可以与其他用地相结合，例如大多数类型的绿色空间。地上独立设置的收集器往往也可与其他用地相结合，如设在绿地或其他开放空间的太阳能集热器。

整合各种技术的热电联产区域能源中心有时可以部分设在地下，或与其他区域基础设施相结合，例如废物处理设施或交通站。

从设置在高密度区域或其附近的能源中心输出的管网通常被认为是最高效的。因此，能源中心的最佳位置往往与区域和地区城市中心和相关的 TOD 枢纽站点相重合。

5）废弃物处理设施及其输运系统

分析固体废弃物处理应包括垃圾的产量和成分分析，确定垃圾收集、运输、处理和处置方式，并给出主要环境卫生工程设施的规划设施原则、布局和用地范围等。

（1）垃圾产生量及成分分析

对本地城市固体废弃物典型成分的分析，是制定资源节约型低碳固体废物管理策略的切入点。城市废弃物中的湿有机垃圾（如餐厨垃圾）、干有机垃圾（如木材、纸张）和无机垃圾（如金属、玻璃、塑料）的相对比例是确定潜在的低碳废物处理方法的关键。危险废物（如医疗废物）需要单独收集和处理，其所占的比例需要进行估算。

（2）源头分类

固体废物回收技术中，固体废弃物处理前的分类程度对资源回收和碳效率有着显著影响。此外研究表明，引入废弃物源头分类的用户往往会减少废物产生总量。源头分类可以为用户提供额外的收集容器，不同的收集车辆和额外的存储和运输设施。

用户将废物在分类收集点分类比在居民住所内分类更加有效。危险废物、有机、无机及可回收利用的废物和其他废物可分别定点收集输运。针对某些废物的处理可以在本地进行和再利用，如有机废弃物堆肥。但在大多数情况下，分类的废物通过收集车运送到中转站进行压缩处理，然后运至废物处理厂统一处理。

（3）废弃物的输运

通过优化收集路线，收集点的位置和中转站的位置可以最大限度地降低运输成本，减少对居民视觉和味觉及其他方面的影响，如气味和粉尘等。

（4）废弃物的资源化

有机废物回收利用设施通常比物料回收设施小。堆肥和厌氧消化两种技术经常被用来处理有机废物。回收利用设施可以与其他的公共基础设施相结合，如废水处理设施或能源发电设施，强化协同效应优势。

（5）废弃物的最终处置

废物的最终处置通常是填埋或焚烧。与这些设施相关的土地价值需求和污染影响导致它们通常被设置在建成区（尤其是住宅或其他敏感地区）外。这些处理系统可以回收能量，并可以与其他较大规模的公共基础设施规划在一起，或是规划在工业区附近。

（6）垃圾分类和运输的注意事项

采用粗分方法，分类类别不宜多于5类。

按照分类类别的数量不同，生活垃圾分类收集方法可分为粗分和细分，鉴于居民环境意识目前尚处于发展阶段，生活垃圾分类收集宜采用粗分方法，分类类别不宜多于5类。

有机易腐性垃圾宜单独作为一类收集。

居民家庭产生的厨余垃圾和餐饮场所产生的餐饮垃圾，具有含水率高、易生物降解的特点，是造成生活垃圾收集、处理过程中发臭的主要原因，也是垃圾渗滤液的主要来源之一。因此，有机易腐性垃圾宜单独作为一类进行收集。

可回收物、有毒有害垃圾宜各作为一类收集。

可回收物具有一定的经济价值，单独作为一类收集可直接纳入再生资源回收利用系统，不必再进入清运系统。有毒有害垃圾一般具有易燃性、腐蚀性、爆炸性或传染性，混入生活垃圾中将造成严重的二次污染。因此，可回收物、有毒有害垃圾应各作为一类进行单独收集。

宜按功能区的不同确定不同的分类收集方案。

不同功能区产生的垃圾组成往往大不相同，不同的功能区应该采用不同的垃圾分类收集方案。

（7）综合的公共基础设施框架

之前制定的交通-土地利用框架形成了公共基础设施策略的基础。制定与开放空间完全融合的公共基础设施策略、生态框架和产业规划策略等，提供了大量的额外环保低碳效益（表10-3）。

公共基础设施、交通和生态之间的相互联系 **表10-3**

	水	能源	废物
生态	• 生态区/绿化区用于排水/防洪 • 生态水景，如湿地，用于水过滤 • 处理后的污水可用于绿化区灌溉	• 在生态区/绿化区可设置基地可再生能源采集器，包括地源热泵、风力发电机和太阳能板 • 能源网穿过线形绿化区	• 堆肥废物可用于绿化区
交通	• 水上交通－休闲运动 • 排水/防洪功能景观可用于步行/自行车出行 • 处理后的污水可用于道路清洗 • 处理后的路面径流可回用 • 交通设施可采用透水路面	• 能源中心可设在交通设施附近，例如公交站、停车场、高架路 • 交通设施设置可再生能源设施，例如车道分隔带、青草和照明杆 • 电动车可用于电力存储 • 电动车充电网	• 厌氧消化或垃圾填埋产生的沼气可作为车辆燃料或其他内燃机设备的燃料

续表

	水	能源	废物
废物	• 污水处理产生的污泥与厌氧消化处理产生的其他有机废物相结合	• 厌氧消化或垃圾填埋产生的沼气可用于发电或直接作为化石燃料的替代品 • 垃圾焚烧发电 • 工业过程中的余热可以用于供暖、制冷或发电	
能源	• 污水和水体通过热泵产生能量 • 处理后的污水可用于冷却补给水 • 水力发电 • 重力供应网可降低能耗		

第十一章　场所与建筑——绿色城市设计的核心环节

城市设计主要关注建筑形态与公共空间的设计。

公共空间主要包括街道、广场和公园绿地。公共空间设计目标是营造舒适实用的多样化活动空间，包括步行、自行车、驾车、公交和社会生活。同时，中国城市公共空间的城市设计面临一系列问题，这些问题包括：

退线距离问题：中国目前法律法规过度关注退线问题，对塑造有活力的临街立面重视不够。

绿地缺乏多样性问题：虽然中国规划法规包括绿地覆盖面积及公园类型的规定，但很少强调绿地的生态功能及不同类型和不同规模的开放空间带来的诸多益处。

用地细分与混合利用问题：中国目前地块的用地倾向单一功能，实际上复合功能的地块更有助于减少人们出行的需求，从而降低碳排放。

日照时长与建筑间距问题：地方法规关于住宅建筑日光可及性的规定，限制了建筑之间的间距与能源利用率和碳效率的相关性。

汽车主导街道空间的问题：中国目前城市街道设计主要集中在交通流量和交通安全设计，较少考虑人流与人性化街道空间设计。高密度连续的街道有助于提供多种路线选择，同时将车流量平均分配到密集的街道上而并不是集中在少数大尺度街道，有助于缓解交通拥堵问题，此外还要确保地块大小适宜人们步行。街道类型不仅要适合汽车使用，还要为行人提供舒适的步行环境，加剧了上述问题。

城市设计的方法为两部分：

场所营造：在详细规划层面上，创造成功的生态低碳城市形态需要制定详细的导则。对于现有的城区，分析人类是如何利用现有城市空间，并与城市环境互动的，包括人、车出行及与自然条件融合的多功能效益，从各个方面与当地自然文化环境协调；同现有自然环境和城市环境相协调，确保营造出成功的城市空间。

绿色建筑：从单体建筑到地块内的建筑群，适应当地气候条件的设计是节约型低碳建筑最根本的出发点。在地块中鼓励室外热舒适度还能有助于减少城市热岛效应和建筑能耗，并提高碳汇。对于建筑或建筑群，被动式设计（通常成本较低，其次是优化的主动式设计）可以显著提高碳效率和水的利用率，从而帮助节约资源。

一、场所营造

1. 地块大小和网格

低碳生态城市注重营造步行环境，步行环境的关键参数包括地块大小和路网密度：

小地块和频繁的交叉路口可以创建更直接的步行线路。交叉路口的设计应遵循行人优先原则。

密集路网有助于降低每条道路的车流量，这样就可以根据道路类型按比例缩小路网，使街景环境变得更适宜步行。

地块长度宜为 100m。120～150m 也可以形成良好的步行街区。然而，200m 以上的相邻地块往往会变得相互孤立，因为较宽的机动车道将会限制行人步行。对于 200m×200m 或比之更大的地块应设置步行道穿越地块内部。这也可以形成更大范围的多功能绿地系统规划的一部分。

1）传统方法

街区网格尺度相似，可以容纳不同功能用地，不区分住宅、商业和工业地块（图 11-1）。

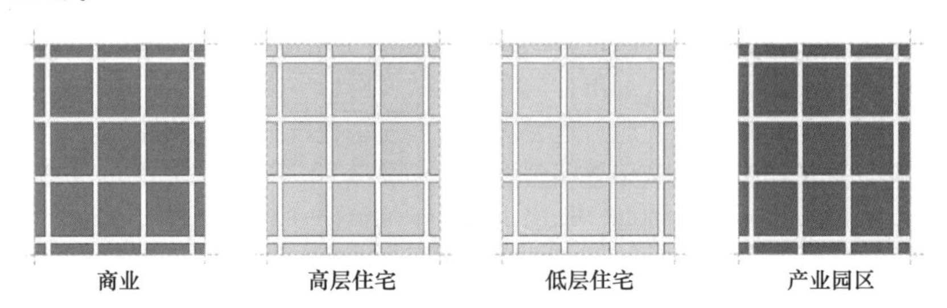

图 11-1 传统路网不适用于不同的用地类型

2）推荐方法

根据地块功能和周边环境，街区网格尺度有所差异，同时道路和地块可采用不同的几何形状布局（图 11-2）。

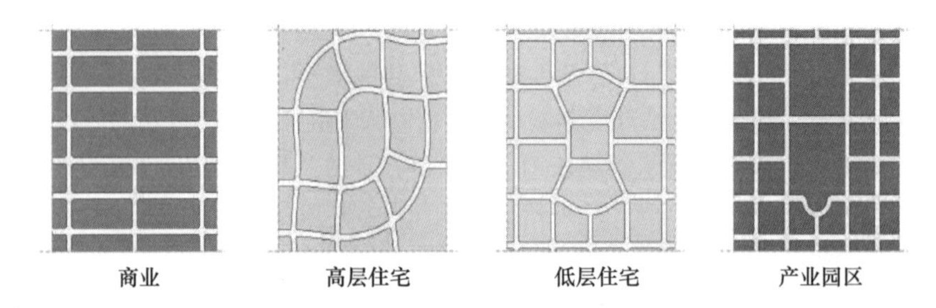

图 11-2 特定的基地路网系统适用于不同的基地情况、土地利用和建筑类型

2. 商业/混合用地后退街道红线

商业/混合用地后退街道红线简称退线。退线的主要目的是在建筑与噪声和污染源（如大型道路、工业设施）之间形成一个缓冲区。

退线的影响：退线过多的街道空间，会缺乏围合感，阻断街道和商业空间。在城市中，长距离的退线往往用作地面停车场、景观绿地、公共基础设施，进一步割裂了街道与建筑之间的紧密联系，给行人带来不适感。

土地经济：过度退线会减少可开发用地，浪费宝贵的土地资源。减少退线可以增加可利用土地，并为政府和开发主体带来经济收益。

土地使用权和退线：退线空间的使用权虽然属于开发主体，但是它与公共街道空间直接相连。因此，大面积退线使得公共空间与私属空间之间的界定变得模糊不清，从而对公共区域管理带来一些问题。退线与人行道：沿街的景观步行空间（人行道、街道景观树、花坛等）应该是公共街道空间（道路红线内）的一部分，而不应在退线内（红线外）。为开发片区制定一个全面的公共空间和景观设计战略，包括退线空间，有利于优化利用道路和建筑物之间的空间。

绿色退线和绿色开放空间：沿主要道路的绿色退线并没有为使用者提供多功能、多效益的绿色开放空间。在市区，以绿色开放空间形式可以将社区连在一起。

1）传统方法（图 11-3）

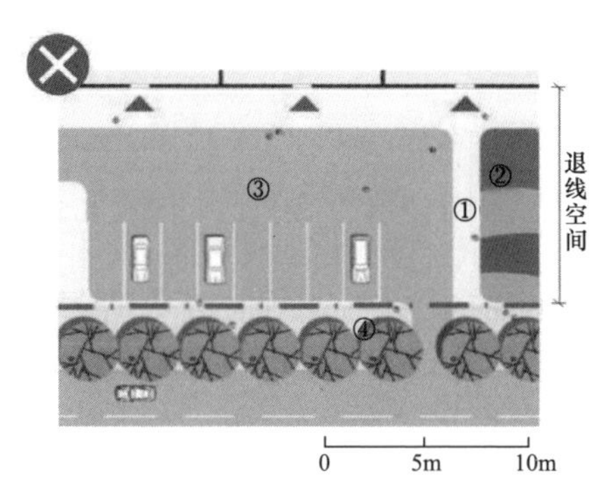

停车区域较宽的传统退线空间

①人行道
②装饰性的景观绿地阻断了与零售商店的联系
③露天停车场(占用人行道)
④人行道与临街商业无联系

图 11-3　传统退线空间设计

2）推荐方法（图 11-4）

退线的核心原则：尽量减少退线，优化街道空间，为行人提供便利（图 11-5）。

从国际经验来看，街道空间设计的趋势是在城市区域减小对于退线的需求，特别是市中心区域要着重于行人非机动车交通的发展，赋予慢行交通模式更多道路权以提高区域的吸引力。

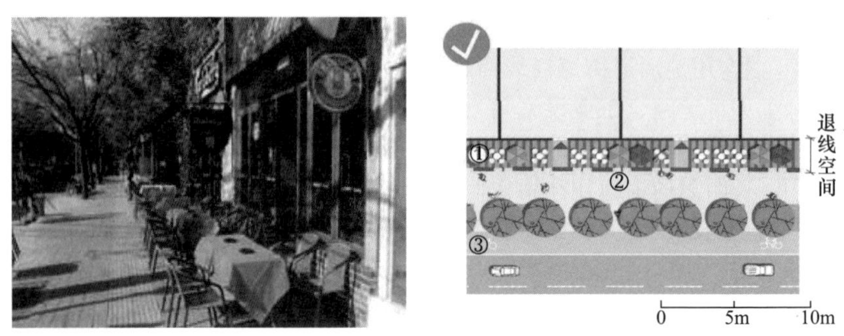

图 11-4　灵活设计的退线空间

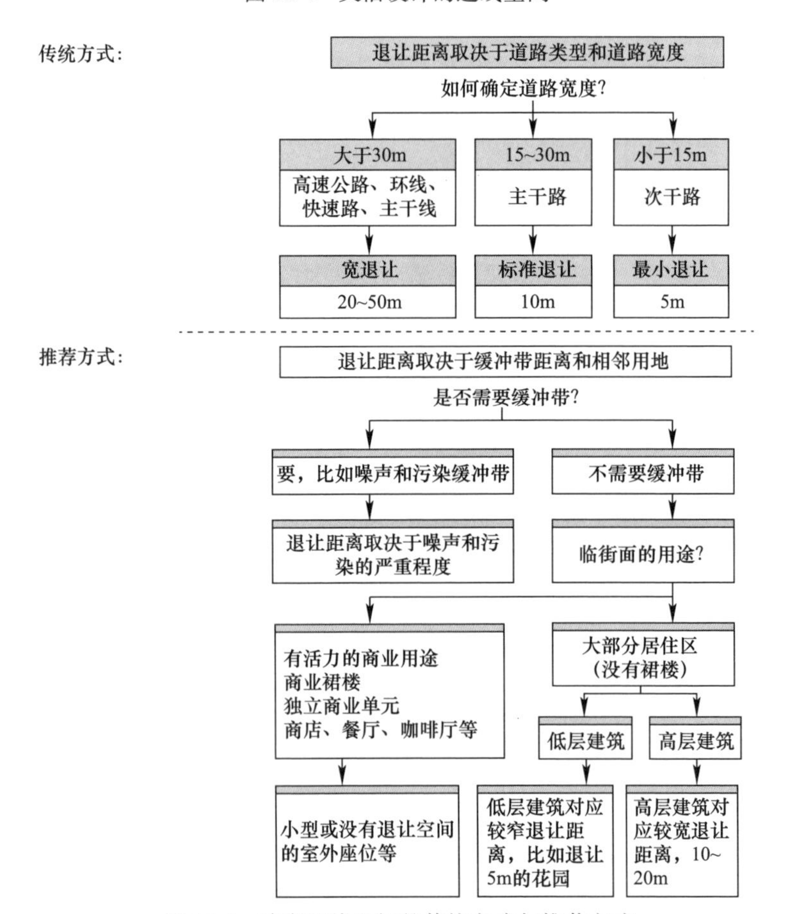

图 11-5　确定退线空间的传统方式与推荐方式

事实上，在中国的市政道路工程中退线的取值往往要明显大于道路设计手册上规定的值。这样做的原因是预留绿地空间、停车空间，以及地下管线的空间，或者便于在未来增加车道数。但过大的退线取值也造成用地上的浪费。另外，此种情况也会产生不友好的行人步行空间，从而对慢行系统的发展产生副作用。

3. 街区地块使用权和土地利用

多个开发主体的地块往往能增强混合利用的机会。增加与住宅相关的商业、办公及其他非住宅区活动，有助于增加居民就业机会，创造日夜活跃，具有认同感、地方感和充满活力的、有吸引力的社区环境。

同时整体密度的增加有助于支持交通出行，而紧凑集约的混合利用开发将进一步降低出行需求，提高行人步行频率。

街区地块使用权和土地利用的核心原则是将紧凑的混合用地开发与充满吸引力与活力的街道环境相结合，提高整体开发密度，降低出行需求，并提供更适宜居住的区域。

4. 街区停车位和出入口

在街区内或路边提供地上车位，不仅会减少提供给建筑物的可用空间，还会降低视觉美观度和行人安全度，增加大气污染和噪声污染。地面停车场也增加了硬质路面，减少了绿地面积，增加了径流和排水设施。地下停车场虽然需要额外的土方工程、结构工程、通风和照明等，但是有助于营造宜人的街区环境。地下停车场可以提供通往地上建筑的更便捷的通行方式，且可以与其他设施，如市政基础设施或存储区域相结合。地下停车场同时可以避免天气对车辆的影响。

在建筑退让区域设置直接通向地下停车场的斜坡出入口可以拓宽出入口两侧空间，减少街区中供给机动车行驶的用地。通往建筑和停车场的人行系统也更加简单、安全，并更易于人车分离。

5. 街区大小和开放空间

小尺度街区有助于提供更短、更直接的人行道路。结合各种公共开放空间和建筑物地面和地下步道系统，进一步提高人行路线的多样性，从而增加了行人出行的吸引力，有助于提升整体舒适性，减少碳排放。

融入大小不一的具有公共可达性的开放空间，并结合硬质铺装和绿化空间的处理，能够显著提高非机动车出行的吸引力。建筑物间的开放空间，建筑退线区域与机动车道间界限的模糊，有利于促使机动车降低车速，从而使街道空间更适宜步行。将这些原则与建筑体量、形式和布局相结合，可以增强可识别性和方向感，增强社区特征，打造社区名片，从而增强社区凝聚力。

6. 街区临街界面和退线

在住宅区周边引入商业办公，可以活跃街道空间。增加当地的就业机会，提供便捷可达的公共设施，同时也可以帮助提高总体开发密度，降低出行需求，增加各个街区之间的行人步行出行率（图 11-6）。

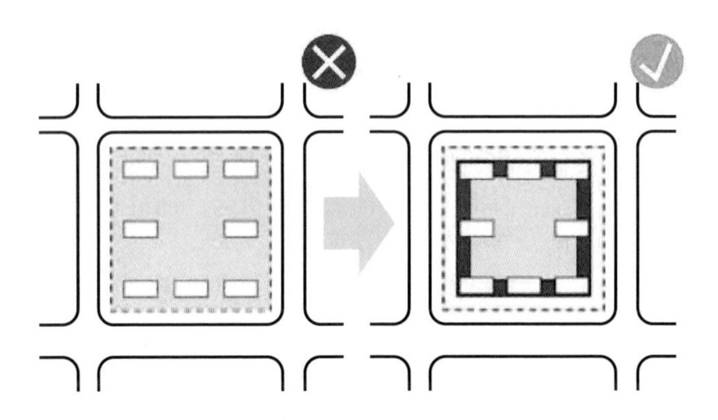

图 11-6 有活力的界面

尽量减少街区退线距离，允许商业建筑和公共设施建筑界面靠近行人出行路线，增加行人出行量，提高街道活力和吸引力，这反过来又有助于进一步促进行人步行出行（图 11-7）。区分住宅入口与商业办公入口，同时在半开放空间提供可控的公共入口，用于休闲、娱乐和非居住人员通行。

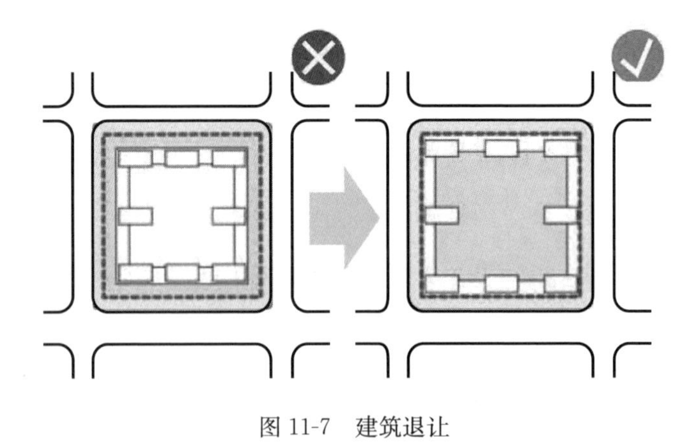

图 11-7 建筑退让

7. 居住区退线（图 11-8、图 11-9）

1）传统方法

内部道路和停车场占据了居住区四周的大部分空间。在某些情况下，沿着居住区边界并没有任何功能。因此街道旁功能活动被削弱，同时人行步道的使用受到限制。

2）推荐方法

内部车行道退到组团内，这样有些私人花园或公共露台就会临街而置。小尺度建筑构筑了街道边缘。主入口可以提供各种各样的设施，无论是居民还是非居民都可使用。通过围墙的视觉连接营造社区领域感。

图 11-8 典型居住混合空间：退线空间用作私人绿地和停车场，沿街无活动空间，服务设施无公共可达性

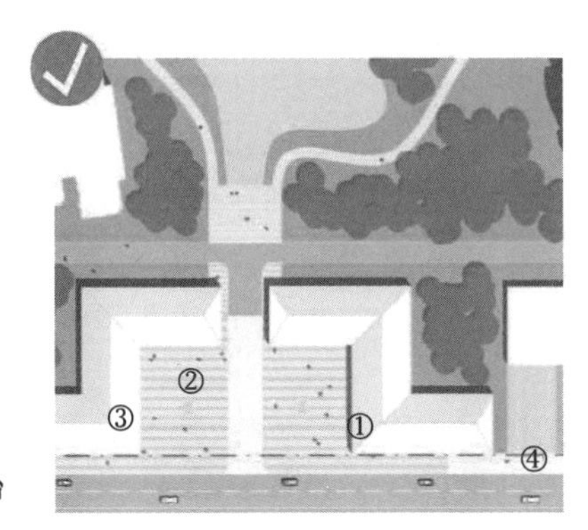

图 11-9 居住用地临街活动

8. 公共广场（图 11-10、图 11-11）

广场的设计应该注重形式与功能多样性、景观元素的丰富性，为市民提供一个娱乐和生态的空间。创建一个新的公共广场时，应考虑以下原则：

（1）道路的人性化尺度；

（2）广场周边与临街有活力的设计；

（3）植被构造生态景观，最大化开放空间的视觉感受；

（4）清晰的道路等级，多样化的行人线路；

（5）密切关注四季室外热舒适度和热岛效应；

（6）盲人和残疾人的无障碍可达性；

（7）良好的照明系统，为夜晚的活动提供一个安全可靠的环境；

（8）整合生物多样性和其他生态连接的联系；

（9）合理设置固废收集点；

（10）整合分布式可再生能源，如地源换热器、太阳能集热器和风力涡轮机；

（11）广场内出行应优先考虑方便行人和自行车出入；

（12）广场设计应支持行人和自行车的使用，具有安全清晰的布局，明确标示的自行车线路和配套设施；

（13）公共区域的设计应整合行人出行与相邻的车辆出行，包括人行横道；

（14）广场采用的景观材料和街道设施应该是一致的，特殊的铺装材料可以用来强调特殊空间与出入口。

1）传统方法

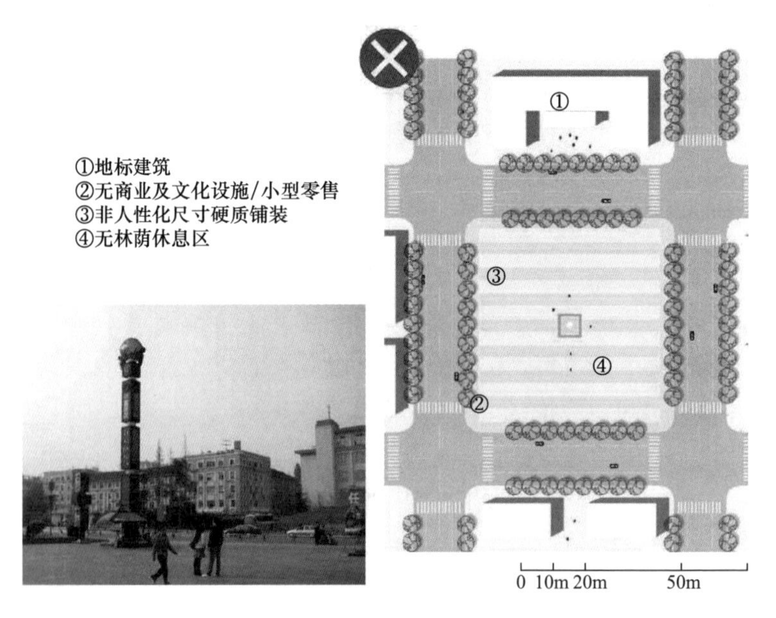

图 11-10　正式的公共广场，拥有较少运动设施并被宽阔道路包围的公共广场并不能吸引人流

2）推荐方法

①吸引物（购物商场、文化设施等）
②地下停车入口
③公共艺术
④商业街/工艺品街
⑤露天市场/农贸市场
⑥文化艺术馆
⑦水景、喷泉
⑧亭台
⑨林下休闲区
⑩公共汽车站点
⑪活动广场（表演、展览、市场）

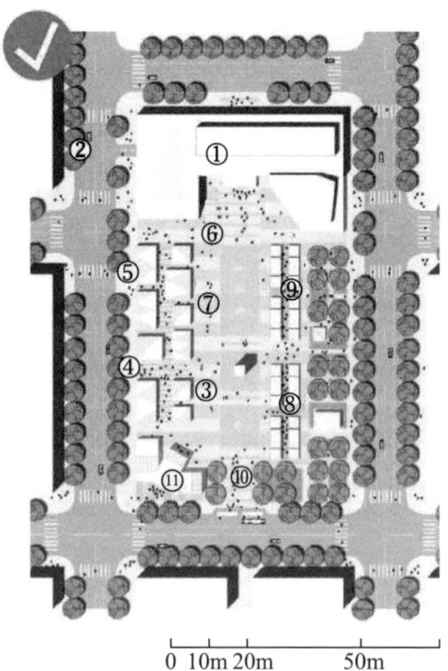

图 11-11　设计良好的公共广场有大量不同设施，
能吸引大量人流，可容纳大量人流使用和活动

9. 社区公园（图 11-12）

社区公园位于每个住宅区的核心（步行距离不超过 5min）。他们与毗邻的公共空间结合形成连续的开放空间系统。同时为当地居民提供休闲游憩场所。因此，公园设计应平衡休闲娱乐需求和栖息地需求，创造多功能多效益空间。社区公园主要功能包括：

（1）当地社区中心；
（2）高品质景观；
（3）适合不同年龄阶段儿童的游乐设施；
（4）随意的运动游戏设施；
（5）户外集市和公共厕所；
（6）安静休息区；
（7）生态景观，可持续排水系统；
（8）固体废弃物收集点；
（9）分布式可再生能源，如地源/水源换热器、太阳能集热器和风力发电机；
（10）水景/水塘/湿林地。

不同的植被和环境材质将会创造出一个多功能的开放空间。丰富的植被景观将公园边缘与邻近住宅区紧密相连。公园的路面铺设应便于人们穿梭于公园与住宅区之间。社区公园的设计应密切关注四季热舒适度和城市热岛效应。

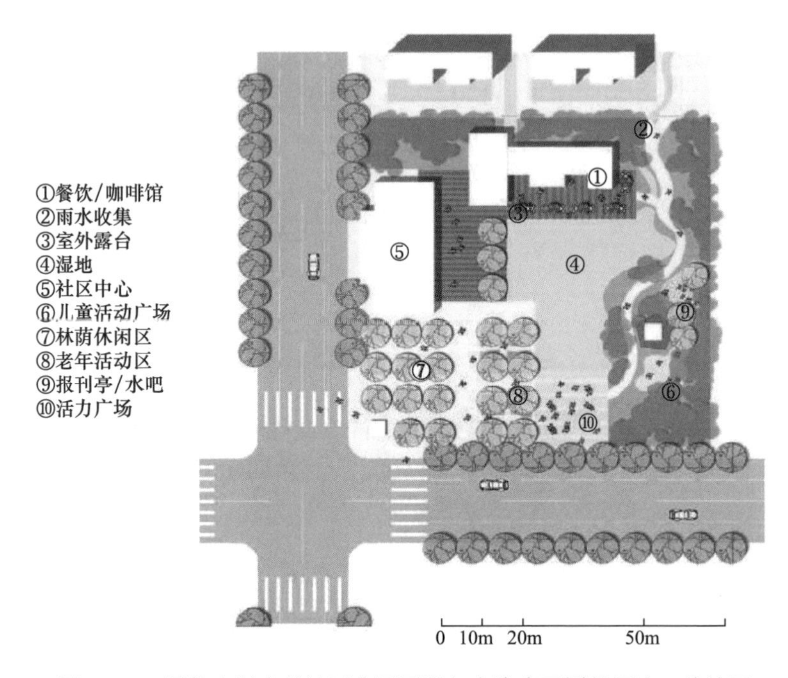

图 11-12 居住空间中的社区公园可以包含许多不同的用途：从社区俱乐部到餐厅，从儿童游乐场到为大人提供的活动空间

良好的设施维护和便捷的可达性可以给人们留下美好的印象。街心社区公园应位于居住组团内部，与公共交通联系紧密，为公园融入社区提供一个理想的基础。重要入口应具备如下特点：

（1）良好视野且安全可达；

（2）前往公园和公园内部有效的指示牌；

（3）“以人为本”原则。

园区内的景观设计应整合生态和自然环境，并促进景观内的生物多样性，建立并加强基地的生态设计，包括绿色廊道，以增加本地物种和对当地野生动植物有益的物种。公园设计应通过建筑和植被的布局及体量，半封闭空间、遮阳结构、防风林、具备热吸收性能的铺砌和结构材料等，降低热导效应，实现四季舒适的环境。

10. 区级公园

相对于区级城市中心，区级公园应包括娱乐休闲设施，还应包括一系列用途不同的功能，例如：

（1）文化设施；

（2）高品质景观；

（3）适合不同年龄阶段儿童的游乐设施；

（4）正规的和随意的运动游戏设施；

（5）餐饮，零售点，户外集市和公共厕所；

（6）安静休息区；

（7）明确标示并精心设计的行人、自行车线路和设施；

（8）生态景观，可持续排水系统；

（9）固体废弃物收集点；

（10）分布式可再生能源，如地源/水源换热器、太阳能集热器和风力发电机；

（11）水景/水塘/湿林地。

11. 行人、自行车优先的街道（图 11-13、图 11-14）

典型的行人先行街道应具备以下特点：

（1）街道是相互关联的，并采用小尺度街区，便于行人通行，并能提高安全性。

（2）缩窄机动车道会相应增加行人的步行空间，不提倡机动车的高速通行（街道景观树使道路看起来更加狭窄）。

（3）交通减速装置促成慢速交通。

（4）交叉路口的避车岛为行人提供了一个安全穿行的区域。

（5）与公共空间毗邻的主要行人步行线路，应提供休息和交流的场所（如露天茶座、长椅等）。路面铺装应有明显的公共行人空间辨识度；雨棚/有遮盖的建筑入口可以保护行人免受天气侵扰。

（6）植被缓冲带，软质景观和街道景观树，不仅具有保护和遮阳的作用，还有助于周围建筑与硬质表面相融合。

（7）人工遮阴和防风结构也可同综合的可再生能源采集器相结合。

（8）道路照明设计用来吸引路人，展示各种不同的公共和半公共区域之间的差异。

（9）可供残疾人自由通行的宽阔连续或分离的无障碍通道。

（10）便于行人辨认的公共区域（铺设的人行道或行人专用区的边缘）。

（11）主要自行车线路网。

（12）城市交通控制系统，旨在鼓励骑自行车的人，给予优先通行权。

（13）允许自行车在单行道上双向通行。

（14）红绿灯路口采用先进的自行车停车线。

（15）自行车先行的交叉路口和环岛。

（16）行车道应留有充足的空间给共享的公交车/自行车道。

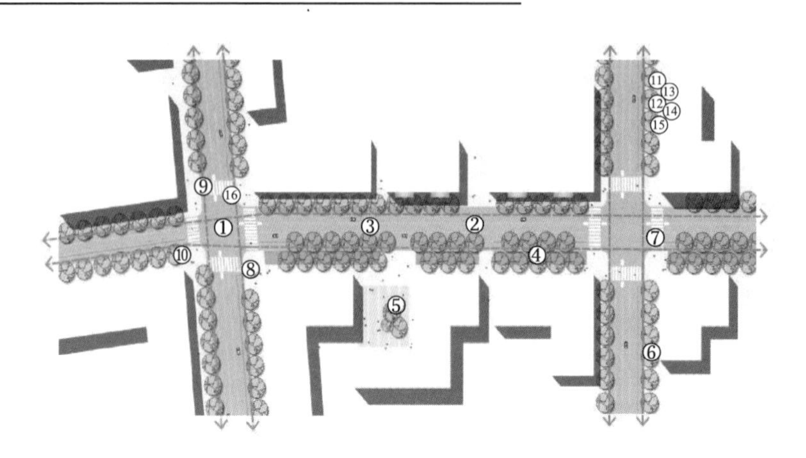

图 11-13　步行和自行车路面设计

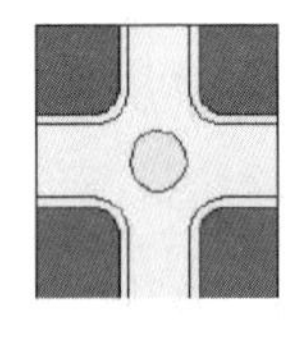

交通花坛：
设置在十字路口中央的景观花坛或是特殊的路面铺装

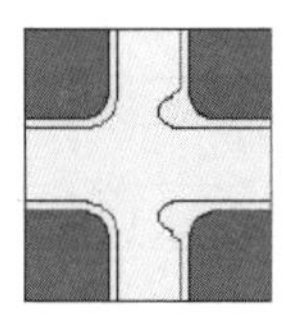

单向出入：
路缘石的扩展可以限制单条车道通行，并根据位置和方向选择阻断双向交通

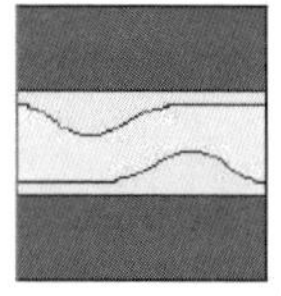

减速弯：
扩展的路缘石使得驾驶员降低车速，更加小心地驾驶，并保持居住区内道路的通畅

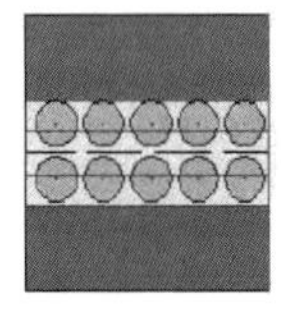

收窄街道：
收窄后的街道，可以减少交通影响，同时也有利于营造更具吸引力、更适宜步行的沿街形态

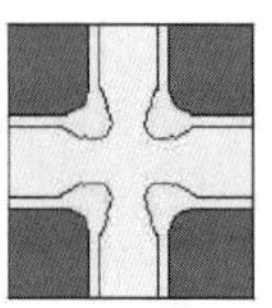

扩展路缘石：
设置在交叉路口，可缩短道路宽度，可减少行人的穿行距离。有助于给机动车司机提供清晰的视觉信号，告知前方十字路口正有行人穿行，也可以美化外观

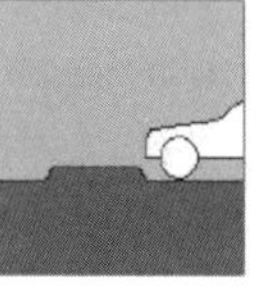

减速带：
当靠近步行区时，减速带比减速档更宽更顺畅，减速轿车也更有效。通常用在住宅街道

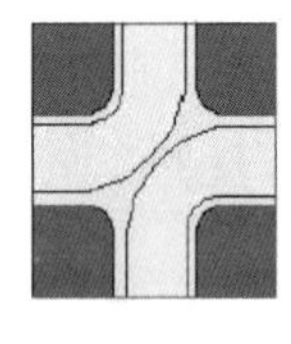

对角分流岛：
通过限制车流量，同时提供相反方向的部分出入

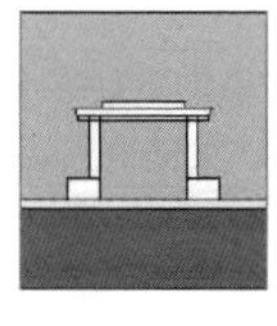

社区门户：
如通过特殊的路面材质帮助识别社区特性，也可减少交通影响

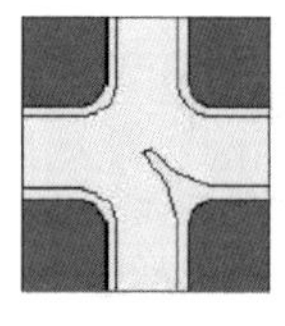

强迫转向：
对角分流岛（单向保持开放）通过强迫转向限制通勤交通

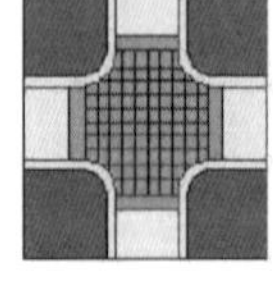

特殊路面铺装：
在交叉路口可选择砖、彩色混凝土或其他特殊路面铺装，通过视觉来确定行人步行区域

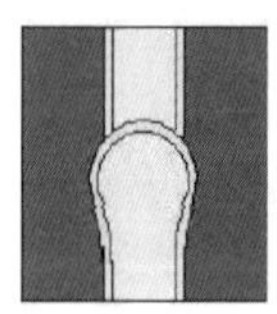

道路封闭/尽端路：
道路封闭，形成尽端路，并提供社区设施，同时美化景观，重视行人和自行车的出行安全

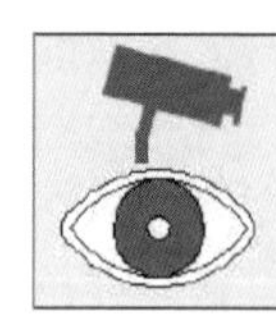

测速：
雷达设备可以用来测量社区过往车辆的速度。使用测速雷达可以增强驾驶员在社区内的安全驾驶意识

图 11-14　行人、自行车优先的街道设计示意图

12. 有活力的临街界面

临街界面与土地用地功能是相互关联的，临街界面的设计原则是鼓励街道活动，促进公共区域的活跃性和安全性（表 11-1）。

临街界面类型及指标　　表 11-1

空间类型	临街类型	指标＋指南指标＋引导	
主要商业街	• 连续活跃的临街（商业街、建筑或裙房），有许多商店、餐馆、咖啡馆、娱乐和休闲设施 • 至少两层的典型商业平台或独立商业大厦 • SOHO、酒店及公共设施相结合，高层为住宅	• 每 100m 有 10～15 个商业单元 • 每 100m 要有 15 个以上的门窗 • 综合的零售和娱乐休闲功能 • 至少 80％的街区周长设有临街商铺 • 没有货物运输处或地下停车场面向主要街道 • 最小人行道宽度：6m	
具有服务功能的二级街道	• 沿街的活动空间，特别是在街角 • 与临街的公共服务设施相结合，例如警察局、邮局、医疗中心、体育设施、社区会所等	• 每 100m 有 5～10 个商业单元 • 每 100m 要有 10 个以上的门窗 • 以社区为导向的零售和服务功能 • 至少 50％的街区周长设有临街商铺 • 最小人行道宽度：4m	
社区街道	• 街道转角的活力空间，紧邻住户单元 • 服务设施，如会所、社区中心、健身房、游泳池、幼儿园等面向街道，并设有主要的出入口	• 每 100m 有 3～5 个商业单元 • 每 100m 要有 5 个以上的门窗 • 以社区为导向的零售和服务功能 • 至少 15％的街区周长设有临街商铺 • 最小人行道宽度：3m	

来源：阿特金斯分析数据（所有数据都是指示性的）。

13. 日照和当地建筑形态

在城市设计过程中，对日照和当地建筑形态考量的核心原则为：

（1）强调当地特点；

（2）根据当地文化和气候保留当地已有建筑形态；

（3）采取谨慎的方法，从中国其他地方复制建筑形态以达到低碳生态的目的；

（4）使用典型的当地建筑立面材料，典型的外观颜色和设计元素；

（5）利用中国华南和西南地区灵活布局的优势，创建有趣的街道空间、广场、大厦、庭院，可以更有效地利用资源且更低碳。

14. 中国城市与国外城市关于路宽的比较

通过道路设计手册以及地方规范的比较，中国城市的单车道宽度并没有明显大于国外的数值（表 11-2）。但是，同一等级的中国道路会有更多的车道数存在。例如，支路通常有 4 车道，而英国或德国的支路只有 2 车道。同样的，中国城市的主干路会有 6 到 8 车道，而国外的主干路只有 4 车道。此外，退线的过大取值也会增加道路用地的面积。

道路宽度对比 **表 11-2**

城市名称	北京	上海	广州	深圳	法兰克福	伦敦
快速路	40～45m （6 车道）	40～70m （6 车道）	30～50m （6 车道）	35～80m （6 车道）	36m （6 车道）	36m （6 车道）
主干路	40～55m （4 车道）	45～60m （4 车道）	26～40m （4 车道）	25～60m （4 车道）	31m （4 车道）	33.5m （4 车道）
次干路	40～50m （4 车道）	25～45m （4 车道）	26～30m （4 车道）	25～40m （4 车道）	28m （4 车道）	36m （4 车道）
支路	15～30m （2 车道）	9～24m （2 车道）	10～20m （2 车道）	12～30m （2 车道）	7.5m （2 车道）	7.3m （2 车道）

数据来源：《北京地区建设工程规划设计通则》《上海市控制性详细技术准则》《广州市城市规划管理技术标准与准则》《深圳市城市规划标准与准则》，以及《城市道路设计准则》（德国）、《路桥设计手册第二部分》TD27/05（英国）。

15. 中国城市与国外城市关于转弯半径的比较

目前许多国家在规定转弯半径取值时考虑的是转弯的车型大小（如私家车、货车、巴士）。转弯半径的设置利于大型车辆如巴士和货车转向，但也增加了对过街行人的潜在危险。

转弯半径大会导致行人过街难度增加。这就需要道路安全岛和过街等待区的设置。

转弯半径也可用 Swept-path 分析软件进行模拟和重新设计（图 11-15）。

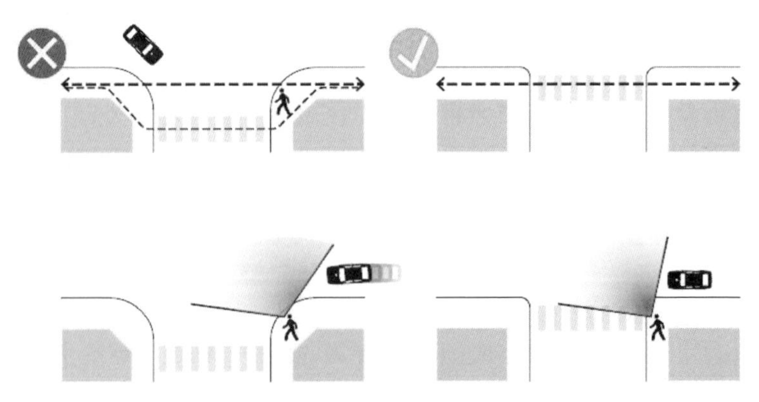

图 11-15 交叉路口步行安全性设计

如果道路需满足公交汽车和重型货车需求，交叉口汽车行走轨迹分析是必需的，尤其是低等级道路。

设计道路交叉口时应该综合考虑道路设计标准，如货车和公交车的转弯半径、行人安全性、舒适性的需求。

增大转弯半径会相应地增加行人过街距离，通过路口的危险性增加，便利性降低；减小转弯半径使得行人过街更为安全。

建议设计准则包括：

（1）满足设计要求的前提下取最小转弯半径；

（2）优先考虑行人通行；

（3）降低汽车转弯速度，增加道路安全性；

（4）应用先进工具（如汽车轨迹分析）和国际最优实践决定最优转弯半径。

二、绿色建筑的五个里程碑

21 世纪初，秦佑国、赖明等教授编写出版了绿色建筑的书籍，这对北京筹办“绿色奥运”起到了推动的作用。但是除了清华建筑学院少数人之外，当时我国的建筑界几乎没人知晓绿色建筑。

为此，2004 年我们专门组团参加了美国绿色建筑大会并在会上介绍了绿色建筑在中国必然会有大发展。在 2006 年，我们组织编写了第一版《绿色建筑评价标准》，到 2014 年出台了第二版，而第三版《绿色建筑评价标准》也已编制完成即将公布（图 11-16）。这样一来，我国绿色建筑评价的前后三块垫脚石就基本确定了。

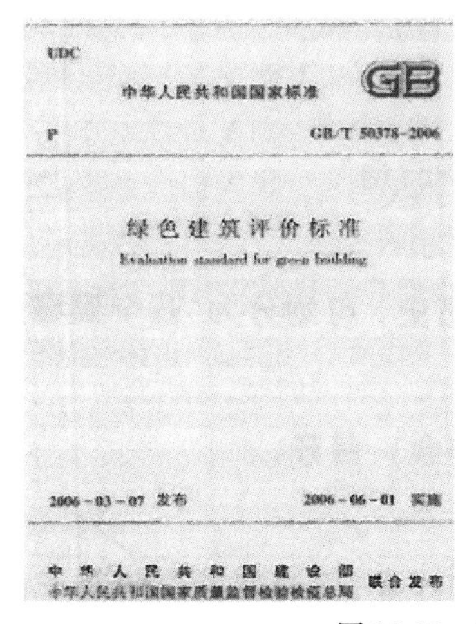

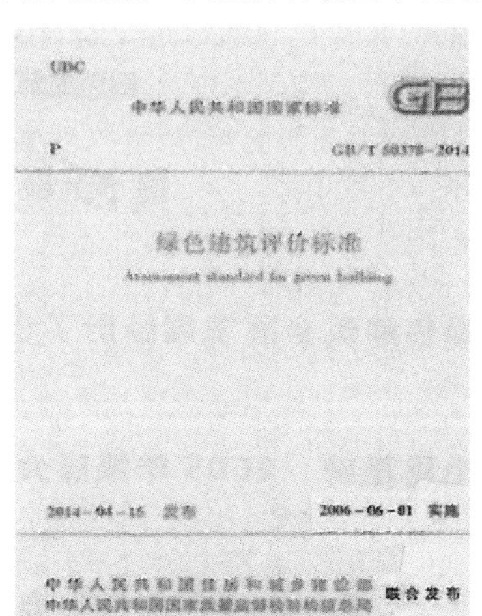

图 11-16 《绿色建筑评价标准》

绿色建筑是什么？在中国，绿色建筑就是指在建筑的全生命周期内最大限度地节约资源（节地、节能、节水、节材）、保护环境、减少污染，为人们提供健康、适用和高效的使用空间，与自然和谐共生的建筑。概括起来，绿色建筑必须兼顾建筑的安全、生态可持续性以及人居环境的提升，这也就形成了绿色建筑的“铁三角”，这个“铁三角”所描述的绿色建筑特征和发展三目标不仅涵盖了当代人的宜居而且还涵盖对下一代人的生态空间需求（图 11-17）。

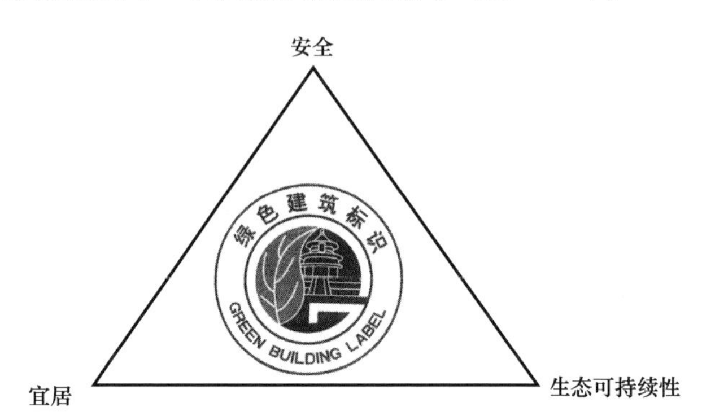

图 11-17　绿色建筑“铁三角”

我国绿色建筑全面发展经历了 15 年的历史，可划分为五个里程碑。

第一个里程碑：2005 年绿建大会（绿博会）召开。

从 2005 年第一次绿色建筑大会由国家发展改革委、建设部等 6 部委主办，在北京国际会议中心隆重召开，向全社会正式提出我国开始大规模发展绿色建筑。

第二个里程碑：时任国务院副总理曾培炎绿博会讲话。

在 2006 年第二次绿色建筑大会提出了“智能，通向节能省地型建筑的捷径”，时任国务院副总理曾培炎在大会上做了重要讲话，对我国发展绿色建筑做了充分的肯定并指明了方向。不久我国首部《绿色建筑评价标准》进行了公开发布。

第三个里程碑：2006 年中国绿色建筑与节能专业委员会成立。

中国绿建委的成立引发了全球同行的关注，成立之际，国际绿建委、美国、英国、德国、法国、印度、日本、澳大利亚、墨西哥、新加坡等国绿建委都派主要领导参加了成立大会，现在这个专业委员会已经发展到 1500 多名会员，几乎已经把全国各地从事绿色建筑设计研究的工程师、设计师和设计研究所总工等全部包含在内，还发展了国外数十位著名的绿色建筑设计师。

第四个里程碑：2013 年国务院办公厅发了 1 号文件《绿色建筑行动方案》。

紧接着在 2014 年出台的国家新型城镇化的发展规划中明确提出：“城镇绿色建筑占新建建筑的比例要从 2012 年的不到 20%，提升到 2020 年的 50%。”从此，绿色建筑被列入多个国家政策指引目录，各地也纷纷出台了激励政策。

第五个里程碑：习近平总书记巴黎峰会讲话。

到了 2015 年的时候，习近平总书记在巴黎峰会上明确提出“中国将通过发展绿色建筑和低碳交通来应对气候变化”。紧接着在近几年的全国人民代表大会上，李克强总理在工作报告中都提出了我国要发展绿色建筑的明确要求。

这五个里程碑相继推动着我国绿色建筑不断加速、不断升级（图 11-18）。

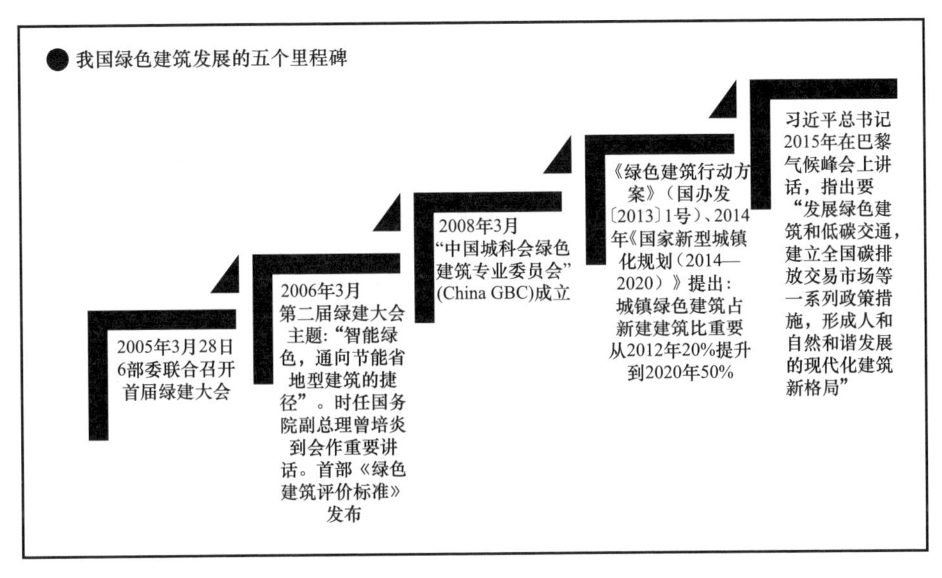

图 11-18 我国绿色建筑发展的五个里程碑

三、绿色建筑“演化”的丰富性

我国绿色建筑的演化路径是非常丰富的，首先从省地节能建筑到被动房、低能耗建筑、近零能耗建筑，再到零能耗建筑，围绕这条能源节约轴线，建筑师们甚至提出碳中和建筑等新建筑形式（图 11-19）。

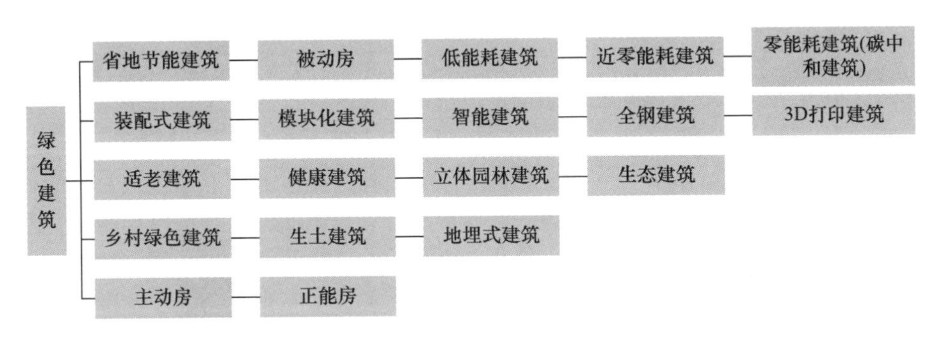

图 11-19 绿色建筑演化方向

第二条轴线是装配式建筑，从 PC 结构延伸到模块化，智能建筑、全钢建筑、

3D打印建筑，围绕的是一条技术变革轴线。其中，智能建筑将来会借助人工智能、物联网等新技术的应用，使得建筑的温湿度、照明、能耗、水耗都能调节到对环境更友好、对人类更宜居的这样一种“双全”的最佳状态，这是完全可以做到的。

第三条轴线是从适老建筑、健康建筑、立体园林建筑、生态建筑方向演化，将园林、建筑和环境融合在一起，因为建筑终究是为了“人”本身诗意般地幸福栖息。

第四条轴线是乡村的绿色建筑、生土建筑到地埋式建筑的演变路线，这条轴线将我国5000多年传统生态文明积淀的地方知识、地方智慧凝聚到中国绿色建筑设计建造之中。

最后一条轴线是建筑与各种各样可再生能源结合在一起，建筑就是利用可再生能源最好的场所，建筑不仅是用能的单位，而且同时也是发电的单位，是一个能够输出能源的组位，那就变成“正能”建筑了。总的来看，绿色建筑的演化范围很广泛，包容量也非常大。

除此之外，我国绿色建筑覆盖范围也越来越大，从商业建筑、住宅建筑、绿色村落建筑到飞机场建筑、工业建筑等不断拓展，所有类型的建筑都可设计建造成为“四节一环保”的绿色建筑。而且我国绿色建筑标准将根据我国不同的气候区，每一类气候区将有最适宜的绿色建筑评价标准。因为，绿色建筑本质上属于“本地气候适应性建筑”，必须进行地理的区分和细化。

四、驱动绿色建筑发展因素的复杂性

绿色建筑驱动因素有着动态的复杂性，一是政策驱动，中央领导讲话、国务院文件、部委政策、指导方针等的提出，几乎所有省委、省政府，以及600多个城市都拿出了地方化的针对绿色建筑不同发展阶段的激励政策，这些政策大大推动了各地绿色建筑的发展。

二是观念转变。通过领导号召、生态文明方案的具体实施，全球人类共同命运体的提出、循环经济体系和生态绿色城市的构建等，这些绿色意识形态和生态文明制度方面绿色建筑的建设使绿色建筑观念逐步深入人心。

三是开放创新，从应对气候变化这一人类命运共同体的共识角度出发，我国在绿色建筑技术创新、可再生能源的利用、新材料的革命、新开放合作政策的涌现等方面都有所强化，再加上信息革命、大数据、云计算、人工智能、物联网等新技术的应用也将帮助绿色建筑快速发展，从而形成了一个复杂的、不断变化的经济社会环境。

四是经济因素。随着劳动力价格上升和劳动方式的日益转变，人们对住宅“健康、绿色”的需求越来越强烈，人们待在建筑里的时间越来越长，建筑占了人们80%停留时间，民众对建筑的质量、室内的空气、建筑对人体是不是友好、是不是保障健康等日益关注，这些因素都导致了绿色建筑关键技术的创新日新月异向前发展，包括相关资源价格的变化和环保政策强化实施等也助推绿色建筑不断普及化。

五是企业家和管理者的响应。实践证明，企业家是市场中最活跃的主体，对绿色建筑的普及发展起决定性因素。

当然企业家也分几类：一类是迟钝的企业家。他们觉得对市场需求必须垄断，在这个过程中像柯达曾作为超级企业的存在而风光无限，它企图依靠大规模的技术专利保护对市场进行垄断，但是因数码技术的兴起而失败了，现在几乎没有几个人还记得柯达作为超级企业的存在了。

第二类企业家的原则是适时而变，他们的创新是为了满足民众的需求。一般企业家开发新产品都需要经过详细的市场调节，民众现在需要什么，企业就开发制造什么产品。这样一些企业家也会遇到问题，像著名的诺基亚、摩托罗拉这些仅为满足市场需要而跟随时代变化的企业也逐渐没落甚至消亡了。

第三类企业家是最优秀的企业家和管理者，他们是需求的创造者，如苹果、华为。在现代市场经济时代，民众未来的需求是优秀企业家创造出来的，当苹果的缔造者乔布斯在研发平板电脑的时候，当他设想新一代的手机能够跟网络相结合时，实际上人们还想象不到未来的手机是什么样的。

一流的企业家和管理者创造了民众的"需求"，这点对绿色建筑非常重要，绿色建筑是快速变化的，是当代人甚至未来民众最大的需求品，又是使用期最长久的产品，所以设计绿色建筑也应该着眼于创造来来的需求。

五、我国绿色建筑发展过程中的若干误区

第一个误区，装配率、工业化程度越高越好。

我国一些地方政府曾经盲目地认为建筑的装配率、工业化程度越高越好，其实这是一个误区。

20世纪50年代我国从苏联引进的大板建筑技术其装配率是最高的，那时从莫斯科市开始，在所有社会主义阵营国家中，这种装配式建筑都曾经比比皆是、遍地开花，并且装配率几乎达到了100%。

但是1983年唐山大地震的惨痛教训使得这些装配式建筑被画上"休止符"，这个教训是以几十万人的死亡代价换来的，在地震发生时，这些一个个像"夹板"结构的装配式构件把许多人压在了里面。从此以后，这些高装配率、高工业化水平的建筑几乎消失了。

最后，连它的发源地莫斯科市的这类被人们讥笑称之为"莫斯科假牙"的大板建筑都被拆除了。

由此可见，建筑装配率并不能成为“绿色”主导目标，重要的是均衡的“铁三角”性能与价格之比。

第二个误区，高新技术应用越多越好。

图 11-20 中的这个建筑是世界上最大的公司之一亚马逊的总部，它耗资 248 亿美元，把各种新的建筑技术都集成组合在建筑之中，每平方米的造价非常高，维护保养的费用更加高昂，但是这样的建筑案例无法得到复制和普及。

图 11-20　亚马逊公司总部

由此可见，技术并不是运用越复杂、越高端越好，而是实用，满足“铁三角”的要求。和建筑装配率一样，科学技术是为了满足人性需求、创造未来更好的生活环境的手段，不能“本末倒置”。

第三个误区，中心化控制程度与规模越大越好。

例如，人们希望中心控制式的能源站规模越大越好。工业文明是以流水线生产为高峰的生产体系，但生态文明是一种微循环经济社会体系，两类体系是不一样的。但是我国 40 年工业文明的巨大成就，使得人们错误地认为中心化控制和规模越大越好，这对建筑的节能和绿色建筑发展理下了隐患（图 11-21）。

图 11-21　具有中心化控制的大型能源中心

我国许多地方仍然是以工业文明的方法、手段、思路来建设绿色生态文明，这实际上很多能源被浪费了，会产生诸如“小马拉大车”，打着“生态绿色的旗帜”反生态文明的恶果，例如一座建筑可以满足1万人需求，结果只住了1000个人，也要把这个中央能源系统启动起来，又例如南方某大学城投资10多亿元实施了“三联供”的热水、制冷和供暖集中控制系统，结果不到两年就因巨大的能耗和亏损而拆除，造成了严重的浪费。

事实证明，对能源进行分散式分布式储存和调节才应该是绿色建筑的标配。

第四个误区，运行能耗越低越好。

片面追求“零能耗”、建筑运行的能耗越低越好，似乎“低能耗”就要通过高昂费用的、复杂的建筑维护结构把所有的热量散发渠道进行阻断或隔离，这常常是不合时宜的。

有些“高端”零能耗建筑在绝热隔离上下了很多功夫，有的“高技派建筑”在窗玻璃上应用了“可变光”等高价技术，一系列复杂技术和产品得到了应用，建筑运行能耗确实有所下降，但是在建筑全生命周期是不是“四节”非常值得怀疑。

没人对建筑各环节的资源节约水平进行科学计算和理性考虑，这就带来了很大的问题，我们可能把建筑运行环节上能耗降低了，但全生命周期能耗就有可能扩大了。

第五个误区，忽视了当地气候适应性和原材料可获得性。

中国地广物博，而且又是历史文明传承从未中断的大国，上万年的人类聚居创造出来许多原始生态文明的“本地智慧”。

例如北方农村的窑洞、土坯建筑、地理式建筑，我们可以适当地进行传承和改造，这些改造后的地方传统绿色建筑将比一般的混凝土结构建筑、砖砌建筑能耗要低得多，而且由于使用了新结构，它们同时又具有抗震性能。

实际上，我国不少此类建筑多次获得过联合国教科文组织奖。这类建筑成本是很低的，建筑材料当地取之不尽，不需要长途运输，从而在全生命周期是最“绿色”的。

第六个误区，重设计、施工，轻运行、维护。

全国各地绿色建筑基本处在重设计、轻运行的初级阶段。虽然我国绿色建筑的数量得到快速发展，但处在运行阶段的绿色建筑数量还比较少，很多城市的主管部门太注重设计环节，却忽略了绿色建筑必须投入运行才能节能减排，这就本末倒置了（图11-22）。总之，我国绿色建筑发展过程中有存在许多误区，必须得到有效纠正。

六、如何提升我国绿色建筑？

第一，绿色建筑是一种环境适应性的建筑，是与周边环境、气候“融合”“生成”的绿色细胞，所以它必须遵循“本地化”以及从中国五千年的历史文明中获取地方知识经验并和现代科技正确结合（图11-23）。

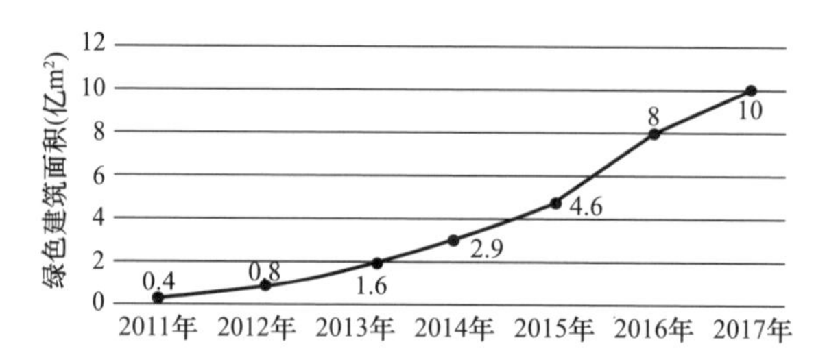

图 11-22　2011～2017 年全国累计绿色建筑面积

图 11-23　能够与当地环境、气候“融合”的“本地化”建筑

第二，绿色建筑的形式、品种是多样化的，这也是其生命力的本质特征。只要符合“四节一环保”的建筑模式就蕴含着“绿色”，绿色建筑是一种形式和技术包容性极大的新建筑形式（图 11-24）。

图 11-24　品种多样化的绿色建筑

第三，要从全生命周期的“四节”来衡量绿色建筑的可持续性特征。

比如争议很大的“钢结构建筑”，在美国、日本等发达国家建筑的钢铁使用量已经超过了总的钢铁使用量30%，钢结构建筑在这些国家城镇建筑的总建筑面积中已经达到40%以上，但是在我国还不到5%。

钢铁在冶炼生产阶段中的能耗占比是很大的，但是在建筑全生命周期中钢铁构件是可循环利用的，同时由于钢铁优异的力学性能使得建筑用材也能够得到节约，建筑空间构造也可以更加灵活，居住空间可得性较大。首届绿色建筑国际奖第一名就是钢结构的建筑（图 11-25）。

图 11-25 首届国际可持续（绿色）建筑设计竞赛金奖获奖项目

第四，绿色建筑，本质上应该是一种“百年建筑”。住房是中国百姓最大的财富，是民众使用期最长的生活、生产资料。

我国新的建筑方针——“适用、经济、绿色、美观”也正是在这种背景下提出的。

中华人民共和国成立之后，我国对建筑方针进行了3次调整，从“十四字方针”到“八字方针”再到2016年中央城市工作会议上明确了最新的“八字方计”（适用、经济、绿色、美观），特别增加了“绿色”二字。

第五，“多样化”“群设计”将是建筑质量提升的新突破口。

我们有许多建筑单体设计很优秀，但是开发企业为了节省设计成本把单体设计复制“群发”，结果建成的社区由于景观单一而失去美感。

建筑之美应该体现在“君子和而不同”。倡导绿色建筑“群设计优化”将会带来新建筑形式的诞生、社区节能减排的性能改善和社群整体宜居环境的提升。

上海市已开始实行绿色生态城区实践，从绿色建筑，绿色社区、生态城区、绿色城市三步走，绿色建筑的“四节一环保”性能也会被逐级放大（图 11-26）。

图 11-26　上海市绿色生态城区时实践案例

第六，建筑将成为能耗、物耗和污染物排放最大的单一产业，应通过绿色建筑推广实现绿色发展。

我们可以通过三步走的方式使全社会建筑整体能耗、物耗、水耗降下来，“无废”城市必须基于“无废建筑”才能实现绿色发展。

第七，现代通信、人工智能等新技术的应用能实现每个居住、办公单元的能耗、水耗有效降低，而且“可视化”，将立刻调动民众“行为节约”的积极性。

国外研究表明：仅通过简单的物联网技术，将每个建筑单位面识的水耗、能耗显示出来，并进行排位，就可以有效刺激用能单位和居民家庭对用能、用水行为进行本能的行为调节，进而使其达到节能节水 15%以上（图 11-27）。

总结：

（1）绿色建筑是一种包容性很大的自组织系统，是一种能满足并创造新需求的建筑形式，防止以行政命令的形式封杀，禁止某一种传统的建造模式（例如“消灭土坯屋”等简单做法）。

（2）绿色建筑应该通过运行标志的有效管理使建筑水耗、能耗大幅度降下来，以实际的“四节一环保”实效来开展质量/成本的良性竞争。

（3）绿色建筑设计、施工和运行阶段的新技术开发都应该尊重当地气候、尊重传统文化。尊重自然环境和普通老百姓的长远利益。只有坚持这种传承创新相结合的态度，才能使各地的绿色建筑更能汲取五千年文明的养料、创造出更适应民众需求、更“绿色”的建筑新技术。

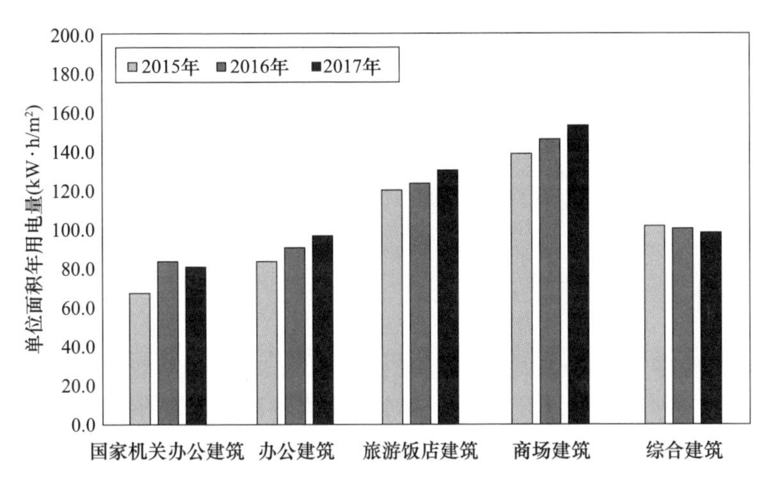

图 11-27　几种类型的建筑在单位面积年用电量的比较

（4）绿色建筑是全生命周期“四节一环保”的建筑，防止片面强调某个阶段的“节能”损害建筑全生命周期的绿色性能，通过绿色建筑的推广，促使“微循环”生产生活方式的建立，进而逐步确立全社会循环经济新模式，将使我国的生态文明建设有一个坚强的载体。

第十二章　信息与智慧——智慧型城市建设的推进思路

一、智慧城市的建设背景

我国的城镇化进程已越过中期，在取得举世瞩目成就的同时也面临许多问题和错误倾向，如不能有效应对和纠正，健康有序的城镇化就有可能会夭折。当务之急是要将原有粗放的城镇化模式转变为能承载生态文明转型的“智慧式城镇化”。无独有偶，同样作为大国的美国在经历长达一个世纪的城市化历程之后出现了城市低密度蔓延、小汽车依赖症、市中心衰败等问题，为应对这些难题，该国的一批能人志士发起了“精明增长”的倡议，并将其转化为立法导则，尽管已有3/4的州政府响应此倡议，但也为时过晚，其结果是一个美国人所消耗的汽油等于5个欧盟人，所消耗的资源10倍于世界平均值。由此可见，我国在城镇化中期就主动推行智慧城市建设、进而扩大到智慧地推进城镇化是有先见之明的举措。

1. 智慧城市建设引领健康城镇化

党的十九大提出：必须坚定不移贯彻创新、协调、绿色、开放、共享的发展理念。推动新型工业化、信息化、城镇化、农业现代化同步发展。到2020年全面建成小康社会，实现第一个百年奋斗目标。

中央城镇化工作会议提出，要把生态文明的理念和原则全面融入城镇化的全过程，走集约、智能、绿色、低碳的新型城镇化道路。在这样的背景下，智慧城市的建设也必须围绕转变经济增长方式、推进新型城镇化，全面建成小康社会等目标。

2. 现代科学技术破解城市发展难题

当前，新兴的信息技术发展迅速，云计算、数据中心、物联网、高速光纤，三网合一等新技术层出不穷。但智慧城市建设远远落后于现代信息科学技术的发展，还不能有效利用现代科技来应对城市病，这是人类社会包括我国在内的一种失策。理论上，利用现代信息技术，完全可以破解城市发展的难题、医治“城市病”、缓解现代城市从生的各类弊病，使城市更加健康、美好。同时，在这个解题的过程中，可以有效转变经济发展方式，可派生出很多战略型新兴产业。利用现代信息技术可使知识转化成生产力要素，使高端低碳的新兴产业在城市里蓬勃发展。实际上，产业升级、文明转型和智慧城镇是不可分割的整体中的三个方面（图12-1）。

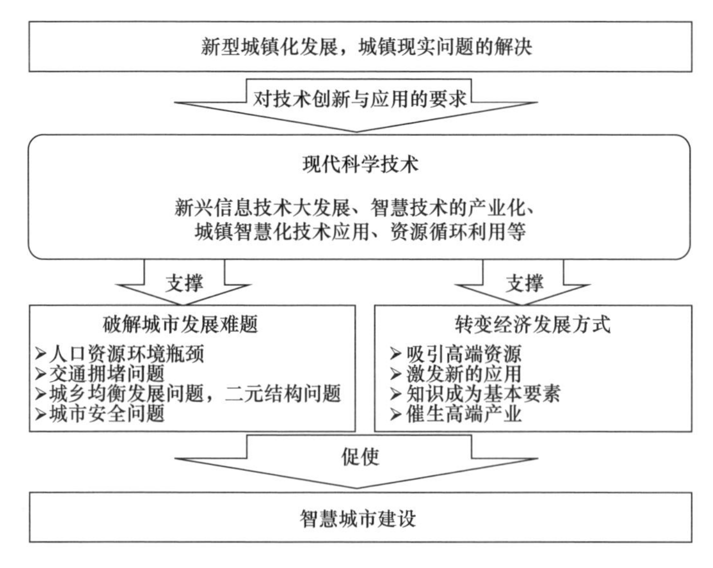

图12-1　应用现代科学技术破解城市发展难题

二、智慧城市的发展目标与内涵

智慧城市的本质是通过综合运用现代科学技术整合信息资源、统筹业务应用系统、优化城市规划建设和管理的新模式，是一种新的城市管理生态系统。

智慧城市建设就是要充分利用信息化作为载体，融合新型工业化、集约机动化来智慧地推进我国城镇化，使百姓生活更便利、更美好，使城镇投资环境更宽松、更公正，使经济和社会发展更加和谐、更加低碳节能和环保，从而有利于顺利实现民族复兴与和平崛起。

1. 智慧城市的发展目标

第一，建设智慧城市的目的是要贯彻党中央国务院关于创新驱动发展、推动新型城镇化、全面建设小康社会的重要举措。智慧城市的实现途径是通过全面感知、信息共享、智能解题，在城市规划、建设、管理、运行的全过程中，运用信息化、智慧化、人性化、精细化、可视化、互动化等科技手段，推进管理创新。传统的信息系统建设重在利用信息技术使政府效能提高，但老百姓反应如何、感受如何并不关心，其结果只能是“白智慧”。而智慧城市建设最终的目的是使市民的生活更美好，必须促进民众与政府的互动性，并通过信息手段助推“服务型政党”的建设，达到“社会良治”和百姓幸福的目标。

从内容上来看，智慧城市要涵盖城市的产业、民生、环境、防灾减灾、行政治理、资本配置等方面，从而使城市更聪明，更能应对外部变化和干扰，更能主动地、有效地、自适应性地解决面临的难题，与此同时减少对自然生态环境的冲击和资源消耗。

从理念上来看，以智慧系统作为“胶粘剂”，将集约、低碳、绿色、人文等生态文明的新理念融入城镇化过程中去。智慧系统可将各种生产要素组合、黏合起来，使构成的城市巨系统产生深远、巨大的变革效应，从而成为具有自我演化能力的自组织系统。

第二，智慧城市建设最大的难点是要通过信息共享、系统共生，来消除部门的信息孤岛和利益壁垒。我国建设智慧城市由来已久，各个部门均有独立的智慧系统，但山头林立，系统不能相互融通，浪费极大、效益不彰。信息与其他资源不同，分享的人越多，信息的价值就越高。过去人们是把信息资源看成传统资源，形成部门割据，必然导致信息不开放、不融通，系统整体价值也大打折扣，出现重复建设、信息孤岛等问题。这样一来，不仅仅政府和老百姓，也就是主人与公仆间不能通过信息系统对话互通，部门与部门间同样没有实现对话和共享，这是与信息化规律背道而驰的。例如，南方某市早已建立了非常好的网格化信息管理平台，而公安、交管投资几千万元建立的全覆盖的遥感系统、摄像头系统都与网格系统成为两张皮，市委只好决定把公安局的副局长与城市管理局对调，这样一来，公安局搞的那套系统与城管局的系统实现了相互融合，形成了信息共享的双赢局面。由此可见，中国特色的问题还得要我国特有的方式去解决。

第三，智慧城市是实现集约、智能、绿色、低碳发展的有效“胶粘剂”。所谓“集约”，就是提高城市资源的集约利用和城市的运行效率，所有资源，包括土地、生态、能源、空间资源等都必须高度集约、节约地利用，并尽可能做到资源循环利用；所谓“智能”，就是要使得城镇智慧化、精细化、人性化、可视化、互动化，以此构建更为智慧化的生活环境，实现百姓生活更便利、更幸福的城镇，智慧城市的最终目的是百姓生活更便利、更幸福；所谓“绿色”，是指循环利用一切可以循环利用的资源和能源来善待生态环境，实现低冲击式发展。这是与传统的“先污染、后治理”的高冲击模式截然相反的新开发模式，高冲击是对生态环境破坏式的发展方式，低冲击就是对生态环境有效保护永续利用的发展方式，从而使城市与生态环境相互之间实现和谐共存；所谓“低碳”，就是尽可能降低能源消耗，最大限度地推广可再生能源在建筑和产业中应用，从而达到城市建设与运行尽可能少排放温室气体的目的。

2. 智慧城市的“智慧”原则

第一，“多用信息少用能源”。例如，人们用电脑上网、用视频会议、用城市的智能交通系统，都能方便地找到心仪的商品和要交谈的对象，很快找到想去的地点的最佳路线和交通工具……这样能源就节约了。现代许多会议、商务活动与学习都可以通过网上的音像传输来免除许多交通能耗，这样也能节约能源。可再生能源的推广更需智能化支持。当前，我国可再生能源应用的关键瓶颈是并不上电网，相当部分风机、太阳能光伏发电能力放空，这是由于现有的电网系统不够智能化、容纳不了起伏多变的新能源。更为重要的是，城市感知系统、物联网技术、城市运营海量信息收集与处理、信息决策系统等正趋于成熟和快速发展，为市民和管理者节约能源、减少污染排放创造了日益充分的条件。

第二，“多用信息少用管制”。比如说当前城市市容秩序、流动摊贩、环境卫生等方面都靠强制性政府管制才能奏效，实际上经常用政府强力的执法手段与老百姓小错小误相冲撞，其结果反而易造成党群关系的恶化和社会道德风气的退化。如果能多用信息引导，有许多政府的强制措施就可以大大减少。例如，商业楼宇的用水是要强制性节约的（或称定额管理），当某幢办公楼用水超过定额就要收高额的阶梯水费，甚至被批评通报。如果每一幢大楼单位面积或人均用水量多少能自动实时显示在该大楼的一个屏幕上，而且显示该楼宇在本地所有楼宇中人均耗水排名是多少，这样就能警示和提醒大家注意节水、增强责任意识，比起用传统的强制处罚措施，用信息披露的办法往往效果最好、成本最低。国外的实践证明，这种利用信息披露的办法可激发大家开展节水、节能等方面的“友谊竞争”，是替代政府强制性管制检查的良方。

第三，“多用信息少受灾害”。2012年北京“7・21”水灾所造成的人财物损失大部分是因为信息不足。日本近几年推广的防地震新发明给人以很高效率的印象，即在所有的陆上地震断裂带都装置传感器，并将这些传感器连接到网络上，利用电波比地震波要跑得快得多的原理，即传感器一感受到震动、系统在1s之内就可通过网络和电视告知公众什么地方发生地震了，2s之内就将地震的强度、等级清楚显示出来。这样一来，在几十、几百公里以外的地方，市民就可利用这个时间差跑到屋外，就可能把地震带来的损失降到最低。由此可见，有许多灾害都可以用信息披露的方法使民众有时间、有办法躲避灾害，减少损失。因为我国大多数城市都是高人口密度的“紧凑式城市”，每平方公里建成区容纳1万人口以上。紧凑的城市空间往往是灾难放大器，如何利用现代信息科技成就实现城市防灾减灾将是我国城市管理者面临的巨大挑战，也是智慧城市创新的主题之一。

第四，“多用信息多利群众”。在这方面，智慧城市是“被动”进行创新的。比方说现代智能手机实际上就是一个个人信息处理平台，可以网上支付、更可以在所有的商店支付，或用手机来替代车船票、医疗卡、信用卡、单位出入证件等都早已实现。而且利用手机的视频技术还可以远距离查询自己住宅的安保，也能通过无线网络与智能家具电器连接起来进行遥控，如在办公室遥控家里烧饭做菜、在外地出差也能启动和监视住宅的防盗防灾等。实质上，智能城市的创新首先是为了群众生活更美好，就应该也必须在“衣、食、住、行、医、游、购”等各个方面充分利用信息技术，为便利百姓生活提供优良的服务。在前几年，有些地方推行的智慧城市存在两种错误倾向。一是信息垄断式“智慧系统”。例如，我国某市的智能交通系统，据说投了60多亿元进行建设，结果把实时交通信息全部汇总到城市交通指挥中心去了、仅几个领导人能了解全市的交通拥堵情况，而最需要此信息的普通驾车人并不能利用实时交通信息来有效规划和调整出行路线来避开堵车和减少城市拥堵。智慧城市的创新点之一是尽可能让老百姓和政府同时了解到必要的信息，使老百姓可以自主、免费利用这些信息来优化自己的生活和工作，这样城市整体的活力就会增强，也有利于作为生态、经济和社会复合结构的城市自身转变成一个高度灵敏的自组织体系。人们可以方便利用实时信息自动地来规避各种交通的拥堵、不同种类的人流拥挤和各种各样的灾难，这样一来，许多人为的灾害事故和浪费就可大为减少。即使发生意料不到的突发事件，政府能依据事先在智慧系统中存储的预案、应对也能从容得多。而把信息垄断和集中到政府高层这是传统智慧系统设计易犯的第一类错误。二是商品推介式“智慧系统”。我国某些引进的信息系统已演变成某品牌厂商的推广基地了，就像IBM提出来“智慧地球”概念，实际上内容较为空洞，商业广告味较重。每个信息设备大企业都曾提出过自己的智慧城市方案，但是由于这些方案，并不是遵循上述服务于百姓“四原则”的，而只是为了能将自己的产品销售出去，结果形成了许多信息孤岛。另外，由于体制分割的弊端，我国许多行业和单位都在建立和应用自己部门专属的信息系统，许多都属重复建设。实际上，每个城市基于互联网或者基于三网合一的新网络形成信息公共平台，或者是基于无线网络形成公共信息平台，从而实现部门间信息无偿共享只是举手之劳，但许多单位囿于旧观念不愿意这样做。信息资源与其他资源最大的区别在于，前者使用分享的人越多、不仅不会造成损耗，而且其社会效益会更好，是具有明显正外部性的资源。当务之急是防止智慧城市走上歧路，其实应该把智慧城市的奠基系统——信息公共平台作为现代城市一种必要的公共设施，就像城市的道路网、给水排水系统、园林绿化等公共设施那样去统一规划、分期建设和定期升级。这样一来，政府、老百姓、企业都能够从公共信息平台获得最大的好处。这种新的公共设施会产生知识和利益的外溢，而且外溢的利益从数量和质量方面就要比传统的基础设施要多得多，这是智慧城市设计的基础性问题。

3. 智慧城市的创新重点

第一是保障体系和基础设施。在城市空间网格化的基础系统上，把公共信息收集网络、公共信息数据中心、公共信息应用服务平台等逐步叠加上去，然后使得所有的信息资源都能共享，彻底解决信息孤岛的问题（图12-2）。智慧城市作为城市的保障系统，不仅是使城市运行因信息化而更具效率，同时信息系统也是老少无欺的基础设施。不建好这些信息化公共平台，后续应用系统的叠加就会变成无源之水和无本之木，系统之解就会发生冲突而无效或低效。如将网格化地理系统作为感知平台，在此基础上通过一些组织措施，比如领导人员交换，像宁波市那样公安与城管的领导交换，这样就可实现不同信息系统融合。

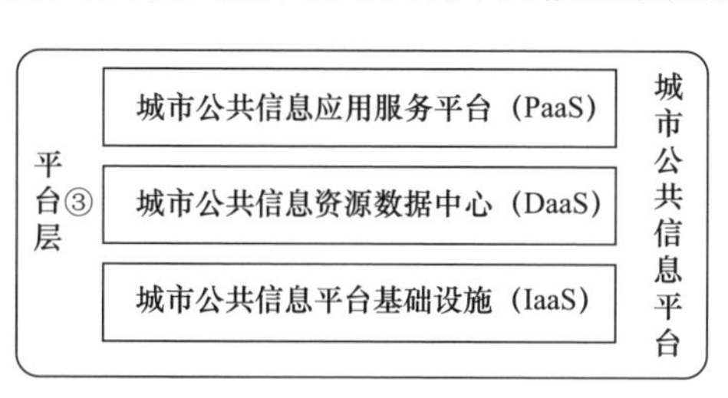

图 12-2　城市公共信息平台

第二是城市的建设和宜居。因为现代城市的本质要求就是通过科学的城乡规划与建设使市政公共基础设施、服务功能日趋完美，使城市生活更加美好。城市规划、建筑节能、供热、给水排水、污水处理、垃圾分类、燃气、各类交通、市容市貌、绿化园林等都要进行智慧地管理、智慧地节能减排、智慧地运转，这样城市的建设管理水平就能提高，能源消耗和污染就可相应减少（图 12-3）。

√城乡规划与市政公用设施

√城市功能提升

智慧城市建设与宜居，通过合理的城乡规划，构建城市给水排水、燃气、垃圾处理、建筑节能和绿色建筑管理等系统，提升整个城市建设水平与管理能力，使城市达到设施布局合理、运行高效、环境优美、生活宜居

·城乡规划

·建筑节能与绿色建筑

·供热

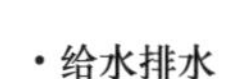

·给水排水

·污水处理与利用

·垃圾分类与处理

·燃气

图 12-3　智慧城市重点建设内容——城市建设与宜居

第三是管理和服务。智慧城市使社会管理能够创新、社会公共服务能够均等化，使医疗、就业、教育、住房保障等服务老少无欺、信息透明、双向对话，一切可见、可查、可阅，方便人民群众监督和约束政府。网上报道有一个“房姐”在北京有几十套房子，好几个户口，这其实就是缺乏信息约束的结果，要通过信息化建设使权力进“笼子”，百姓更自由。提高对特权的约束度，百姓的自由度就提高了。不能使那些“房姐”们更自由，而是使百姓更自由、更能监督和约束权力，达到社会良治、人民幸福的目的（图 12-4）。

图 12-4　智慧城市重点建设内容——城市管理与服务

第四是产业经济。智慧城市是产业转型升级、发展战略型新兴产业的巨大机会。工业化、信息化与城镇化相互融合会产生巨大的新产业成长空间。城市要节能减排、产业要转型，要更加智慧、低碳、环保和更好服务功能。在后工业化阶段，城市发展新增的 GDP 中 80％都是靠新型产业来支撑，那就是智慧产业。如果这类智慧产业成为城市主导产业、成为战略新兴产业，就业岗位创造 40％是靠智慧城市创造带来的，那么我国的产业转型、结构调整和节能减排等难题就可迎刃而解。由此可见，如城市产业经济转型、城市管理服务、城市基础设施功能的提升、保障基础设施建设等方面都能够智慧地规划和发展、智慧地运行，那么我国的实力增长、社会良治、民生改善、生态修复、防灾减灾等目标都能达到（图 12-5、图 12-6）。

第五是应对城市空气污染。我国北方城市空气污染问题已经越来越严重。据北京市卫生局统计，近十年来北京市肺癌的发病率已经成倍提高，这与 PM2.5 恐怕有直接的关系。通过智慧系统来进行源头分析、现场监测、过程控制、预警预报，即通过智慧城市的全面感知和集成反应来解决这个问题（图 12-7）。例如，PM2.5 有多少是扬尘带来的，多少是机动车排放的，多少是福利式供暖系统带来的，都应该按季节定量分析。通过与气象预报紧密结合，一旦出现污染预兆，系统就可以根据预案临时关闭污染源或发布交通限行措施，使市民能安度“无风期”，这样就可以减少疾病的发生。2013 年 1 月 14 日人民日报发表了一篇文章《美丽中国，从健康呼吸》，称“‘牵着你的手，却看不见你’不是美丽中国，‘厚德载雾、自强不吸’不是全面小康”，可见问题的严重性。

✓产业转型升级、新兴产业发展

✓工业化、信息化与城镇化融合

图 12-5　智慧城市重点建设内容——产业与经济

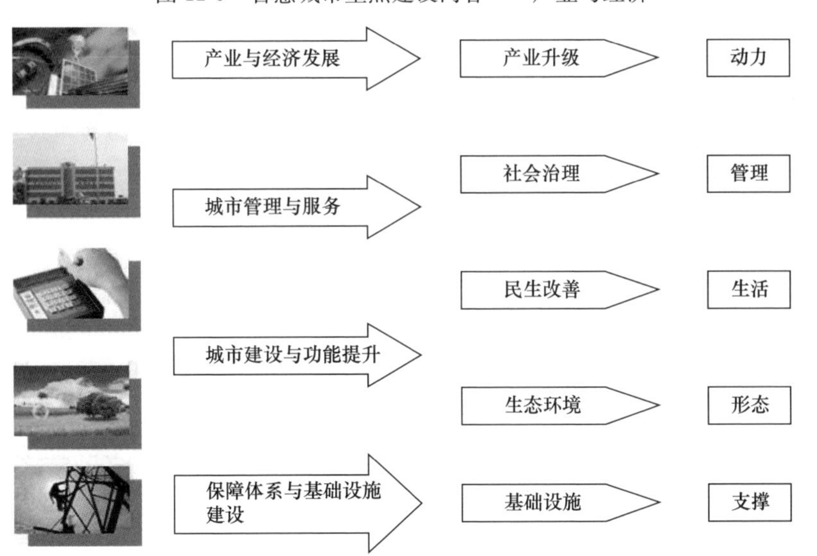

图 12-6　智慧城市重点建设内容

总之，因地制宜，抓准影响宜居的城市病或约束城市可持续发展的主要难题而设计建设智慧城市是“管用原则”的体现，也是智慧地推进城镇化之前提。

源头分析、现场监测、过程控制、
预警预报、系统反应

图 12-7 城市空气污染系统治理

三、智慧与生态的有机组合

1. 生态城市的建设和改造

这方面过去取得一些成就，但不能躺在过去的成功上，过去的成功不等于现在的成功，现在智慧城市建设要超过过去的成功。怎么超越？

首先，生态城市建设要与智慧城市相结合，要从生态文明转型与城市发展模式转型着手，相互影响、相互促进。因为城市每个市民所消耗的能源资源相当于农村农民的 3～5 倍，80％的废气、废水、废渣和温室气体是从城市产生的，通过智慧的办法来达到节能减排的目的，投入更少、见效更快（图 12-8）。

其次，把生态城市建设概念融入新城或卫星城的建设。例如，北京周边需建十多个新的卫星城，上海有 9 个卫星城。新建生态卫星城应有门槛，即：紧凑、混合的用地模式，1km^2 建成区在 1 万人以上；可再生能源占比 20％以上；绿色建筑达到 80％以上；生态多样性保持不变，甚至还要好转；绿色交通，包括步行、自行车、公共交通占 60％以上，私家车的使用率很低；杜绝高排放，每万元 GDP 的碳排放要比一般的城市低 50％。这样的指标体系就使生态城建设有量可查、有据可循。这就需要信息化来促进以上这些目标的达成。

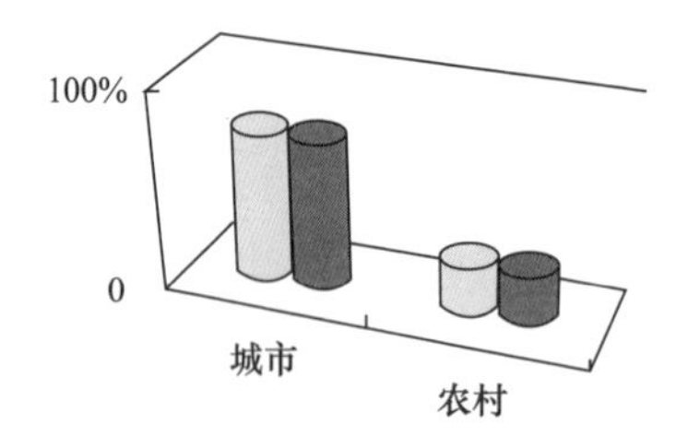

□ 能源与资源消耗

■ 废气、废水、废物和温室气体排放

图 12-8 城市、农村资源消耗与排放结构示意

2. 发展绿色交通

把城市的发展和空间框架建立在轨道交通和大容量的快速公交的同时，还要将城市交通的毛细管打通、进行绿道建设，让人们在绿道、树荫底下、花叶繁茂之间愉快地骑自行车和步行，不必呼吸汽车的尾气，这样就可以节约土地资源、治理拥堵、节能减排、减少空气污染、锻炼身心、减少肺癌的发生（图 12-9）。在华北地区当雾霾十分严重的时候，手机上流传一条短信，很感人，说世界上最痛苦的事情莫过于“听得见你的声音，看不见你的倩影”，这条短信也体现了老百姓伟大的智慧。

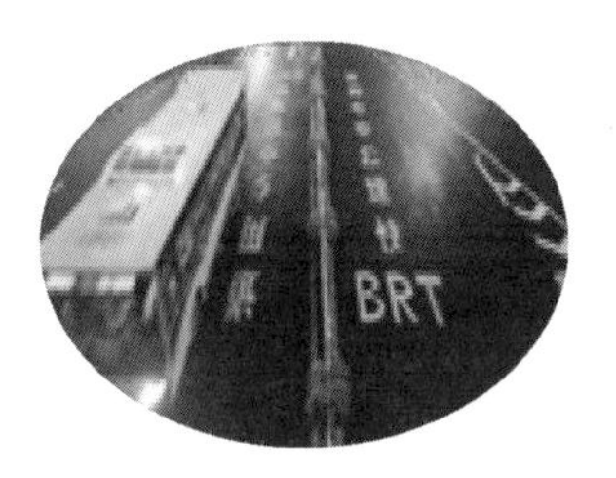

城市发展空间骨架：轨道交通与大容量快速公交（BRT）
城市交通毛细血管：绿道
节约土地资源、治理拥堵、节能减排、减少污染

图 12-9　城市绿色交通与绿道建设

3. 智慧的城市生命线

城市排水、污水处理、城市供水和防灾减灾系统应首先智慧起来，因为这些是城市的生命线（图 12-10、图 12-11）。生命线如果能够智慧化，不但能实现节能减排，而且使生命线能更可靠，生命线之间能实现共生。智慧城市应该建立在“弹性城市”的扎实基础上，而不是某些企业推广的那种虚无式的“智慧地球”的概念。“智慧地球”离开了智慧城市就无从谈起。

图 12-10　城市排水、污水处理、安全供水与防灾

我国要建设环境友好型的国家和城市，最核心的课题之一就是节水、安全供水、水污染治理、水生态修复和水循环利用

城镇供水设施改造与建设

城镇污水处理设施建设

城市排水与暴雨内涝防治设施建设

图 12-11　城市排水、污水处理、安全供水与防灾

4. 智慧的能源系统

将可再生能源与建筑的一体化或与建筑节能改造结合在一起就能形成“分布式”能源系统。如果把我国城市建筑屋顶的10%铺上太阳能板，其发电能力就相当于重建一个三峡电站。三峡建设要举全国之力，而建设系统自己就可建成光伏“三峡”，由此可见，“太阳能屋顶计划”潜力之巨大。光伏发电与建筑一体化成本是财政全补贴，装多少补多少。要大力推行绿色建筑，因为绿色建筑是低碳生态城市的细胞。从建筑的全生命周期来讲，建筑消耗了50%的资源、能源，排出了同等的废水、废气、废渣和温室气体。在建筑的全生命周期来实现节能、节地、节水、节材，使室内空气良好，这就是绿色建筑。这种新建筑是新型城镇化的基础性工程之一。对北方地区而言，凡是供热计量不上去的城市，要暂缓建设智慧城市。供热计量是建筑物任何外围结构都不需要改造，仅通过供热计量化，即用多少热、付多少钱，就可以减少30%能耗，减少PM2.5空气污染30%，是最容易的智慧。离开这些唾手可得的智慧，盲目照搬某些西方公司设计的“智慧地球”，就容易产生“假大空”式智慧或“山寨版”智慧。要杜绝这些“山寨版”，就看一个城市能不能在这些唾手可及的智慧方面先行一步夯实基础（图 12-12）。

5. 绿色小城镇建设

我国一些地方的城乡看上去“过了一镇又一镇，镇镇像非洲；过了一城又一城，城城像欧洲”。大城市与小城镇的人居环境差距越来越大。建设绿色小城镇有以下几个方面的内容（图 12-13）：

首先应有一套比较完善的规划、建设和管理制度。

有一套因地制宜的新能源应用机制。

有一套能够为农用车充电的简单的新能源充电系统，在一个小城镇中集中建

设、集中推广新能源汽车，农村包围城市，事情就会简单。

建立一套农村的绿色建筑推广系统模式。

若10%的屋顶实施可再生能源与建筑一体化工程，年发电量相当于再造一个三峡电站，应用潜力十分巨大

绿色建筑是一种“节能、节地、节水、节材”，我国的绿色建筑正进入快速发展的时期

北方地区通过建筑节能改造的潜力巨大，仅供热计量改革就可节省30%

图 12-12　可再生能源与建筑一体化及建筑节能改造

图 12-13　绿色小城镇建设

依靠信息系统建立一个没有假货的超市；现在城市打假，假货都往农村走了，必须让农民购放心商品。

建立一套三网合一、新的信息网络系统。

推广小型、低成本、无害化的饮水、污水处理、垃圾处理设施，要做到小型、低成本、循环式和低碳。

如果我国2万个小城镇中有30%能够在未来的10年间建成绿色小城镇，我国城镇化模式转型就成功了一半。

6. 绿色宜居村庄建设

要通过特色旅游村庄建设、乡土绿色建筑推广、文化遗产保护、危房节能改造等发展乡村旅游，实现“一村一品”（图12-14）。对我国众多“人多地少”的省区来说，实现农业现代化可通过公共服务的规模化应用来达到，而不是美国那种每户经营几千亩土地的规模式经营的现代化，我国大多数地方不能走那条道路。建设绿色宜居村庄，有助于超越农村工业化走向农业现代化和可持续发展。从韩国、法国、日本等国的实践来看，这种模式证明是成功的。

图12-14　绿色宜居村庄建设

韩国在20世纪80年代就搞过水泥钢筋下乡建设新农村，但他们现在醒悟过来，重新发起“乡土美化”运动把水泥钢筋建设的一些痕迹抹掉，重新恢复传统农居、一村一品、乡土特色，与城市景观反向进行整治村庄，从而形成城乡互补的格局，并命名其为“乡村美化运动”。韩国7个省参与了乡村美化运动的农村居民都实现了连年增收、农产品销售对路、“一村一品”形成、农村日益繁荣。韩国建设部副部长对我说：“这条路走对了，但是很多中国兄弟到韩国却还要学习韩国以前错误的做法，觉得非常不解。”我国要超越水泥钢筋式或化肥能源式的新农村建设，必须认真实践具有传统文化乡土风味、节能减排、绿色有机、智慧集约的中国特色的农村农业现代化。

四、智慧城市的推进策略

本节从智慧城市创新原则分析入手，继而回到已实行多年的数字化城管系统并提出优化的设想，进而讨论如何对智慧城市进行评价和管理，最后对支持此项新事物的银行贷款偿还途径开展探索。

1. 智慧城市建设的基本步骤

1）树立智慧城市建设理念

第一，从城市整体入手，系统地谋划城市的发展。要把城市看成一个有机的复杂系统，从更长远、更广泛、更多视角来分析和研究城市。对现代城市——这种“巨型”的人工和生态复合系统，利用智能的手段对其进行“生态”改良。这是一种具有整体观、历史观、系统观的发展新理念。

第二，从城市的实际问题入手，“一城一策”创建智慧方案。城市面临什么最紧迫的问题，就应“有的放矢”、动态扩张、系统共识，从而逐步解决城市的产业、环境、民生、行政、资本等方面存在的问题。

第三，从绩效的角度，注重可执行、可落实、可监督、可考核。本着管用、逐步演进的原则、多快好省地进行智慧城市的建设，使智慧城市可示范推广、可持续改进、可供广大民众享受。过去许多投入巨大而只能服务于少数人的信息系统，不是增进民智的系统，是不可取的。

第四，尽可能新、尽可能廉价、尽可能合理应对和解决城市发展的问题。例如，网格式地理平台可以采用“拿来主义”，雇用临时工采用手机拍照、传输信息，以能解决实际问题为目的，将人工、手机、系统组合起来，把成熟、低成本的技术融合在一起，这就是适合智慧城市建设的集合式创新。

2）做好智慧城市顶层设计

顶层设计要注重从建立基础公共平台——网格化地理系统和公共信息平台起步，能把公安、交通、邮电、通信、排水、能源等最基础的公共设施的信息汇集、组合。其他的系统可以逐步叠加上去，实现信息的共用、共享（图 12-15）。

图 12-15　城市公共信息平台是可视化的时空承载运行平台

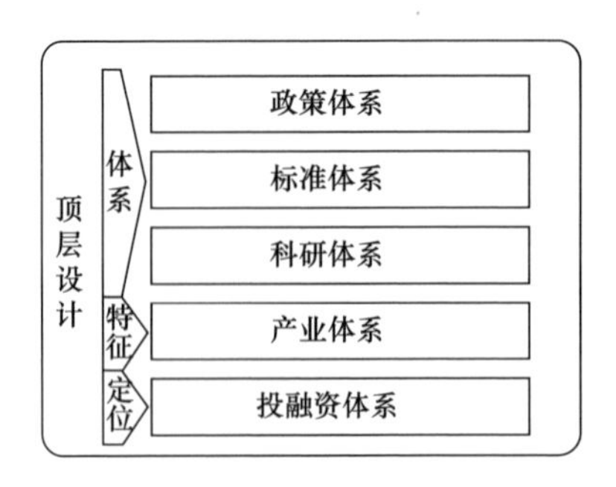

图 12-16　智慧城市的顶层设计

在这个基础上再建立五大体系：智慧城市的政策体系、标准体系、科研体系、产业体系、投融资体系。这些体系一旦完善，智慧城市成效就会基于“星火燎原”的沃土（图 12-16）。

3）建设城市公共信息平台

第一批智慧城市试点基本上都有了数字化、信息化的物理平台，对这个基础物理平台进行合理化改造，叠加公共信息平台、进行升级，继而解决城市发展的信息孤岛问题。要像城市的路网、能源系统一样，围绕着感知、共享、协同这三个新理念，分期分批地、系统地进行改造。要最大限度地整合现有信息资源、避免重复建设；最大限度地搭建智慧城市公共信息平台、防止部门垄断。这种新的基础设施跟城市供水、垃圾处理、交通系统等这些公共基础设施相比，信息系统所产生的知识和利益的“外溢”性、正外部性更强，对城市公共服务功能的提升和生活质量的改善作用也更大（图 12-17）。

图 12-17　智慧城市公共信息平台

4）强化城市典型智慧应用

智慧城市有许多专题性智慧应用，这些专题性智慧离不开产业升级、社会治理、生态环境、民生改善、基础设施建设等方面。这些单项的应用也应该升级、共生和相互融合，将它们系统化、信息化，这样就能够派生出新产业来（图 12-18）。

5）优化智慧城市的运营

智慧城市建设与运营应该有多种模式，需要深入探索和研究。地方政府应该结合各地的特色选择合适自身发展的模式，充分发挥政府、企业各自的优势，采取“政府引导，社会参与”的多元运营与投资模式。

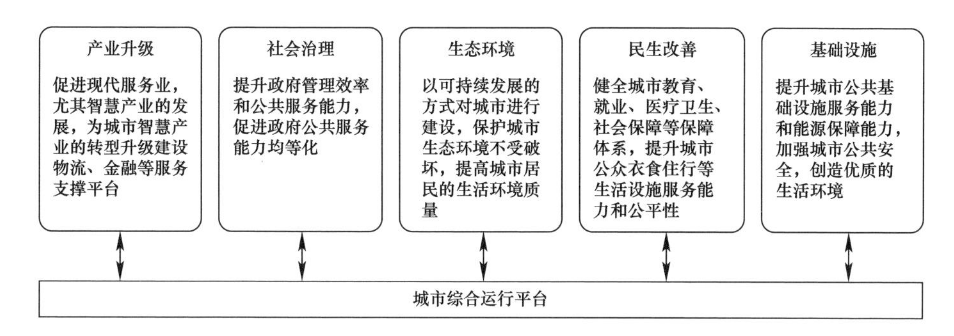

图 12-18 智慧城市的典型应用

地方财政要有智慧城市年度预算，中央财政有专项经费支持，开发银行信贷也应有回报保障。在这个基础上要积极引入市场化、民间的投资、第三方的机构和社会资金进行智慧城市建设。

其中，公共财政资金要投入到企业不愿意投或者难以产生直接经济收益的项目中，如公共性的平台建设、网格的建设、数据中心等。这些项目功能很难分割，必须由政府来主导建设，政府不应该包揽那些能直接盈利的项目。

政府主导的智慧城市的建设运营也应是多种模式的，需要探索调动基层积极性“从下而上”积极创新（图 12-19）。

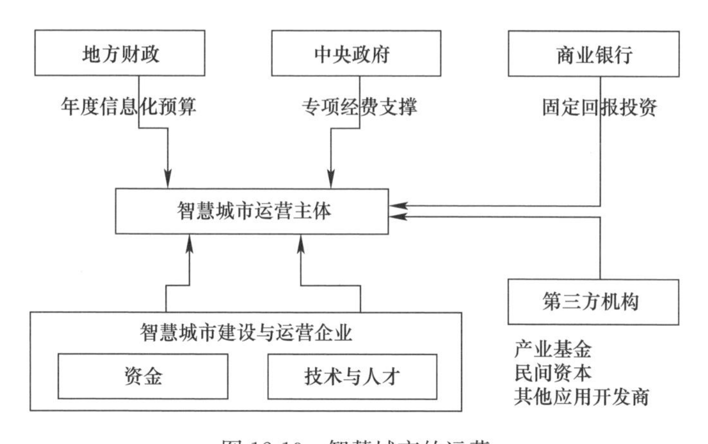

图 12-19 智慧城市的运营

6）探索智慧城市建设投融资

智慧城市建设投融资问题，是智慧城市能不能可持续发展的核心问题之一。要建立完整、有效的智慧城市投融资体制，首先要关注城市长期可持续发展，注重于城镇化整体健康的发展。国家开发银行不同于一般的商业银行，它注重于社会长远发展和全局，集中投资对国民经济有重大影响的项目。从智慧城市可持续发展的角度来讲，只有当社会各类投资方都能获得一定利润的投资回报时，智慧城市建设的产业化才能真正迈开步伐。所以，要认真制定完整、均衡、可行，能将财政投资、银行贷款和社会资金、第三方投资完美融合、取长补短的投资规划（图 12-20）。

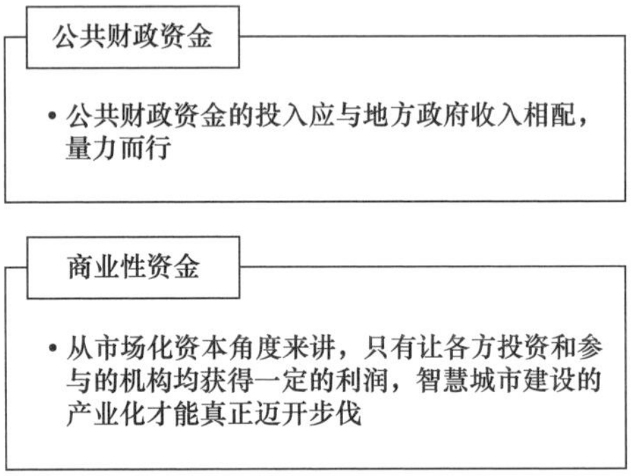

公共财政资金

- 公共财政资金的投入应与地方政府收入相配，量力而行

商业性资金

- 从市场化资本角度来讲，只有让各方投资和参与的机构均获得一定的利润，智慧城市建设的产业化才能真正迈开步伐

图 12-20　智慧城市的资金来源

7）建立智慧城市保障体系

该项保障体系要以党的十八大文件精神、城乡规划法等为指导，建立政策法规体系、技术标准体系、运营体系，加上网格化公共物理平台，明确应用方向，强制性地把所有的信息资源纳入公共信息平台中去（图 12-21）。

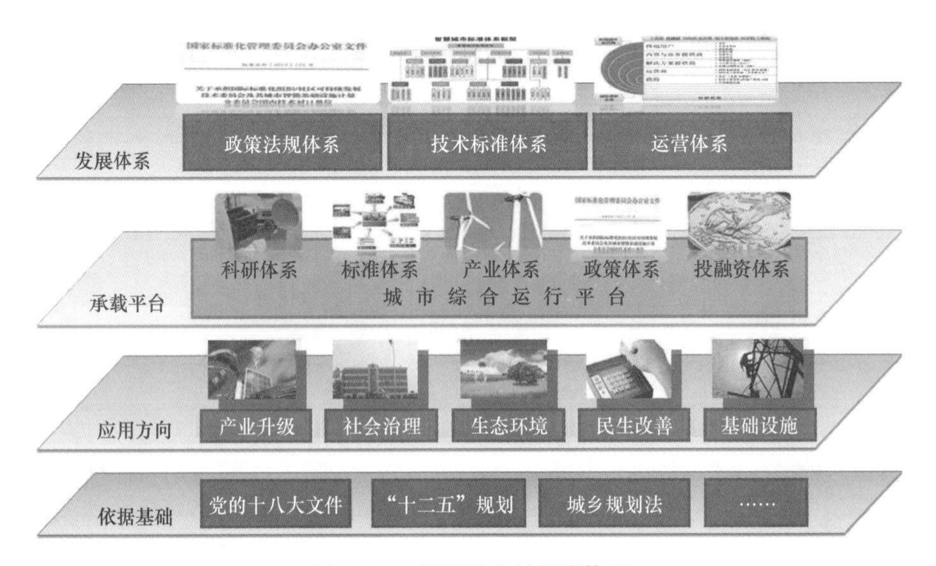

图 12-21　智慧城市的保障体系

2. 从“数字化城管”升级到“智慧城市”

数字化城市管理系统是升级为智慧城市的基础和捷径。建设部早在 2005 年前就开始研发智慧系统，所倡导推行的数字城管系统和方法的目的就是使城市的发展更加可持续、人民的幸福感日益增长，使群众对政府管理城市的方式越来越满意。

创新社会管理模式，重点在城镇、难点在城镇、希望也在城镇，只要城市实现创新社会管理，整个国家就可实现太平无事。因为闹事、不满意的事件主要都发生在城市，而农村是“熟人社会”、是一种稳定的结构，而城市是充满各类矛盾的“陌生人”社会。实现“城镇使生活更美好”主要是要让人们感受政府睿智的管理方式、以人为本的服务功能。同时，智慧城市是实现社会公平的城市基础设施。许多传统的城市基础设施，如电力、自来水、燃气、电视通信等只能在金钱面前人人平等服务，或是权力面前人人平等服务，但只有信息系统、智慧系统几乎是童叟无欺、贫富不嫌的，任何人包括农民工均可享受，属最公平的城市基础设施。

数字化城管作为一种网格化的虚拟物理平台，把城市地理空间分割成无数个网格，每个网格有基本均等的城市的部件和事件，雇专人每个小时去他们负责的网格中巡视一遍，检查这些部件和条件是否正常，这就是中国式的物联网。因为如果要在城市所有的部件均装上传感器，成本极其高昂，系统极其复杂，我国还没有达到这种生产力水平，不少西方发达国家都没有达到这种水平。但是我国有丰富的人力资源，传感器可以先由人工代替，用人工来查看这些部件正常不正常、出了什么问题，然后将拍摄的照片传输到信息中心，再由信息中心通过分析处理，传递到有关部门督促处理。用现代语言讲，这是一种不断演进的人-机复合平台。

在这个基础上，再叠加上大数据系统和公共信息平台，就可以使智慧城市建设一步步向前推进。因为智慧城市的基础在于通过充分、全面、系统、深入地感知，再进行信息、数据的汇聚和分析，并对分析出来的问题做出快速、全面地反映，随后再经过反复地学习、纠正，最终完成信息处理的全过程。这一过程源于感知、得益于感知。由此可见，2005 年前开始实施的网格化、精细化、数字化管理系统可作为智慧城市的物理平台，在此平台上构建智慧城市成本最低、最能贴近人民生活、最能解决实际问题，是一种管用的智慧城市基础，其他信息孤岛往往都是“白智慧”“空智慧”“假智慧”或“山寨智慧”。

中国最早的“市长热线”1999 年开通，但往往仅有一部话机，谁都打不进去，后来真想沟通市民了，通过扩展话机线路解决了许多市民日常问题，实现人-机对话及政府和老百姓间的互动，这是“市长热线”给市民带来的益处。随后，通过网格化、精细化管理，把城市管理、公共服务和所有为民服务项目，形成事件、部件，进行精细的分类和标准化，实现快、准、好地反映事件、处理问题和百姓投诉，城市管理水平也上了一个新台阶（图 12-22）。

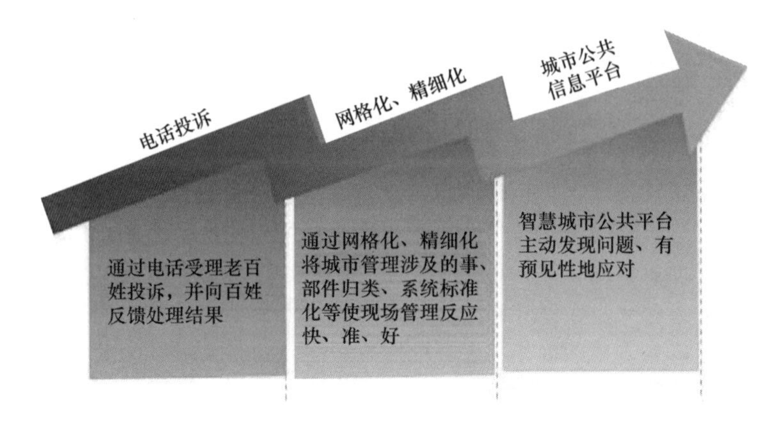

图 12-22　智慧城市公共信息平台演化

比如城市窨井盖的管理部门有十几个，过去窨井盖丢了，小孩失足掉进去淹死了，新闻媒体曝光了，书记、市长再批示，然后管理部门再盖上这个窨井盖。如今，一个小时之内，网格化管理系统就能自动监测并报相关部门迅速补上窨井盖。这种“治末病”的系统使老百姓对政府的满意度提高了。而且数字化系统会将每次处理时间和效能进行“忠实”记录、每月汇总，如将结果向媒体公开，就会形成强大的约束力，从而提高公仆们服务民众的积极性和约束力。

另外，现代城市管理部门越来越复杂是必然趋势。300 年前，英国最早的城市仅卫生局一个管理部门，要管理城市的所有部件和事件，包括上下水、市容、道路、城市规划等，但现代城市有上百个管理机构，而且还在不断增加，显然无法把这些越来越专业和精细的部门合并成一个行政单元来综合执法。比如部分城市成立了综合执法局，执法人员叹息道：“我要执行 150 部法律，连法律的名称都记不住。”但是数字化、网格式的管理，就能把所有的专业部门的职能一网打尽，“天网恢恢、疏而不漏”，把所有处于网格内的众多部门对现场问题的感知能力、反应速度、处理质量、解题效能等，事无巨细地记录在案，每月总结、每年评比，公之于众，从而“权力”也就进了笼子了。

现代城市的管理系统势必越来越复杂，需要越来越多的专业“保姆”来为市民服务，比如，富裕人家有人专门看孩子，有人专门烧菜，有人专门洗衣服，分工非常精细、服务质量当然好。数字化城市管理系统就像一个精明的“总保姆”，把所有专业“保姆”干的好坏，统统事无巨细地记录在案，然后向“主人”——人民群众汇报。智慧城市就要在数字化城市管理的基础上升级改造，来应对更加复杂、更加综合、更加艰难的问题，这就是更智慧地进行城市管理所要求的（图 12-23）。

把现代城市问题编类，每一类都尝试用智慧城市的办法去解决，这是“专题性”智慧城市应用的一个重要方面

- 能解决“专题性”问题的智慧城市
- 能够解决多个“专题性”问题的智慧城市
- 能够解决多个“专题性”问题的同时能用信息系统攻克某几个公认的现代城市难题，形成“综合性”智慧方案

图 12-23　由“专题性智慧”向“综合性智慧”提升

住房城乡建设行业需要先智慧起来，再引领其他部门共谋智慧（图 12-24）。就像几年前住房和城乡建设部推出数字化城市管理系统一样，其他的信息专管部门还对该系统知之甚少的情况下，数字化城管就呈燎原之势发展了。这正是由于数字化城市管理系统确实管用，而原来分散建的信息孤岛基本上没用。为什么呢？建设系统的人是搞“土木”出身的，考虑和解决问题常常以“管用”为原则，而对“形而上”的事物并不十分感兴趣，所有的建设项目都是为了民用，具有明确的实用性。由此可见，智慧城市设计方案一定要将“管用”作为前提，要智慧地进行生态城市的建设与改造，智慧地建设城市绿色交通和绿道，智慧地应对城市的排水、污水处理、安全供水和防灾，智慧地推进可再生能源和建筑一体化以及建筑节能改造，智慧地建设绿色小城镇和宜居村庄，智慧地治理空气污染……。当年，习近平同志在浙江省担任省委书记的时候，省建设厅提交了一份数字化城管取得成就的报告，习近平同志亲自考察部分网格系统，认为数字化城管是未来的一个方向，并批示浙江省所有城镇均应推广该系统。

- 生态城市建设与改造
- 城市绿色交通与“绿道”建设
- 城市排水、污水处理、安全供水与防灾
- 可再生能源与建筑一体化及建筑节能改造
- 绿色小城镇和宜居村庄建设
- 城市空气污染系统治理

图 12-24　住房城乡建设行业相关“智慧”工作

3. 从“专题性智慧”升级到“综合性智慧”

从某种意义上说，我国现代城市发展过程中涌现出的许多新问题，有些是我们认识上的不足、管理上的不足造成的，有的则是城市固有的缺陷，比如说北方城市资源性缺水、有的城市坐落在地震断裂带上、有的城市传统资源枯竭等（图 12-25）。可把这些问题进行分类，并根据难易程度用智慧城市的办法去尝试，就能够逐步解决或缓解。把现代城市问题编类，每一类都用相对应的信息化方法去应对，这是“专题性”智慧城市应用的一个重要方面。

图 12-25　传统资源枯竭和资源性缺水问题

除此之外，要建立分级的智慧城市评价考核办法。首先，所有智慧城市都应该建有公共信息平台，必须能能像网格式数字城管那样解决“基础性”问题的平台技术系统问题，又能应对特殊的突出问题的“专题性”。那么，能解决“专题性”问题的智慧城市，就是初级智慧城市，“智慧等级”可定为 1A 级。其次，能够解决多个“专题性”问题的智慧城市则达到 2A 级。如果在此基础上能用信息系统攻克某几个公认的现代城市难题，形成“综合性”智慧方案就达 3A 级……这样的话我们就可以一步步引导城市提高其智慧程度，更加扎实、稳固地推进我国信息化发展。再次，更高级的智慧城市技术创新可进一步拓宽应用领域，如城市的政府信用、个人信用、社会信用的优化，并由此提高城市的公信力。如果某城市基于信息化使所有地产的商品都可以追溯产地和过程，所有生产的物品无论销售到世界上哪一个角落，只要是本城市生产的商品或服务，政府和企业保证质量、负责退赔。这样以“诚信城市”为中心构成现代“质量立市”信息体系，而且能分等级逐步上升，实际上它回报率是很高的。此类基于“诚信”的智慧城市建设不仅能使本市民众生活更美好，而且展示了这个城市对销往全球产品的负责精神。这就是智慧城市的精神文明和形象意义之一，这不仅能使城市的投资环境改善、使政府公信力提高和经济繁荣，而且能够整合资源、吸引人才，全面提升城市的形象和竞争力。

近几年，除了大范围推广数字化城市管理、景区管理之外，还应及时开展以下几方面的工作，一是选择超大城市卫星城市作为生态新城示范。其中有大城市卫星城、独立小城市和小城镇。未来30年我国仅大城市的卫星城就约需新建200个，建设量巨大，由此可见，我国智慧型的生态城市市场潜力巨大。二是开展一批既有城市生态化改造的示范点。生态城市指的是从硬件上必须是与自然和谐相处的，是节能减排的，而在软件方面能用智能化手段来提高生活质量和节能减排的效能，它也是另外一种形式的智慧城市。以"生态园林城市"指标体系引导的既有城市生态化改造工程建立在已获国家园林城市、环保模范城市、卫生城市、节水型城市和国家人居奖的条件之上，有着广泛而稳固的基础，操作性强，预计会得到很快的发展。三是建成一批可再生能源示范城市，把太阳能、风能与城市内建筑一体化建设、能源自发自用，多余的可以首先为电动自行车充电、然后再多余的电再卖给电网，这完全是一种比较廉价的智能电网。这与城市之外的大型风电、"金太阳"工程发电能力大部分放空不一样，不仅能实现可再生能源自发自用，而且能源中心跟发电中心完全合一、没有任何输电浪费，而且也不需要大容量的蓄电池。如所产的电能本楼宇用不了，就供应住户的电瓶车、电动自行车和电动汽车充电，再有多余才考虑到调剂供应给大电网，由于调剂外供的电量很小、不会构成对现有电网的冲击。现在正在建设中的可再生能源与建筑一体化示范城市，运行情况良好。有这些基础性工作，再加上市长的智慧城市培训工作，就能把公共信息平台在这些城市中推广，再结合各行各业的创意、"从上而下"和"从下而上"三方面提高城市智慧水平。

4. 智慧城市融资偿还的途径分析

从银行贷款偿还的角度来讲，开发性银行和其他投资机构对智慧城市的投资或贷款和投入也要讲究回报率，只有让各方投资和参与的机构都能获得一定的利润，智慧城市建设的产业化才能真正迈开步伐。智慧城市对贷款的偿还可分几个层次：

一是对企业有直接利益的，可以收一些成本费用。因为信息系统有一个特点，越多人使用反而这个信息系统性能会更好、成本并不增加，越多的子系统接入公共平台，会明显提升智慧城市信息网的整体价值。凡是能对企业直接服务的信息，通过保本微利的适当收费来偿还贷款和投资，这比企业自行组织研发信息系统要价廉物美得多。

二是可采用植入广告的办法来偿还。比方说搜索引擎和无线城市的推广靠的就是此法偿还。它们为什么能赢利？其收费机制是：一旦有人接入无线网络或使用搜索引擎，首先要看一条与用户群对应的广告，当然没兴趣也可不看，而系统的广告收入就可用于偿还贷款。这样，对用户来讲没有增加任何负担，但是系统运营商可通过广告来获得收益。

三是城市财政收入整体偿还。城市通过智能化系统或公共信息平台的建设，整体服务水平提高了、企业界创业者能得到附加效益，结果就会呈现在税收增加上，再反馈给原来的贷款银行。这样一来就有企业、行业和整体三种不同的偿还机制。这三种偿还机制可用一张合同整体敲定，从长期来看这是一个投入产出效率很高的新产业，不仅可望在本地区形成战略型新兴产业，而且社会、生态效益都非常明显。

总之，以提高城市运行管理效率、节能减排、城市防灾能力以及建立服务型城市政府为目标，以统一的城市运行监测平台、网格化管理网络和公共信息获取和处理平台为基础的智慧城市创新方案是拉动内需、促进技术创新、增加社会就业、有利于节能减排和推进社会管理创新、改善党群关系的重要举措。但智慧城市的设计思路应从传统的行业封闭转向公共平台的搭建共享；从服务于政府办事便利转向服务于人民群众、使他们的生活更便利更美好；从单纯的技术创新与应用转向能切实解决或缓解现代城市病等方面；从零星试点示范转向标准化分级模块化和规范化发展，并形成能逐步升级、自我完善的自组织体系。只有这样，我国的智慧城市才能有蓬勃的生命力。

五、5G时代智慧城市设计六个新原则

从复杂适应理论角度来看，人类早已拥有的第一代系统论（以控制论、信息论、一般系统论为主）和第二代系统论（以耗散结构、突变论、协同论为主）都没有清楚地表达作为系统的主体的自主性、能动性、适应性、深度学习的能力，而是对主体进行了简化。这样一来，这两代系统论就难以对大量现实世界的有机、社会和经济等复杂系统进行解释，因而，在20世纪90年代，科学家们进一步提出了第三代系统论——复杂适应理论（CAS）。

复杂适应理论认为系统中每个主体都能对外界的信息做出适度的反应，并且能够根据这些信息和经验进行深度的学习转型，继而自适应地应对外界的变化。系统就是因为这种潜在的力量与能动性不断变化和演进发展的，这是现实社会不断演变的事实依据，只不过以前被我们简化忽视了。

中国会是最早将5G技术投入应用的国家之一。有必要强调的是，5G将会给我们创造一个人类历史上前所未有的、彼此时刻保持紧密联系的社会。这样的一个新社会对于智慧城市技术创新将会带来什么样的影响呢？

我们只能做初步的探索，因为正如因创立耗散结构理论而获得诺奖的普里高津所指出的那样：“当前世界上唯一能确定的就是不确定性”，我们只能在充满不确定性的汪洋大海中发现几个隐隐约约的“确定性小岛”。

1. 智慧城市的主体简化

虽然智慧城市的主体是复杂的具有自适应的，同时也是千变万化的，但是所有主体的活动也会有某些共同的特征。

这些特性就可以简化为四个方面：第一，感知环节；第二，运算的环节；第三，对运算结果执行的环节；第四，对执行结果反馈的环节。这四个方面构成了一个闭环，并且无限循环（图 12-26）。

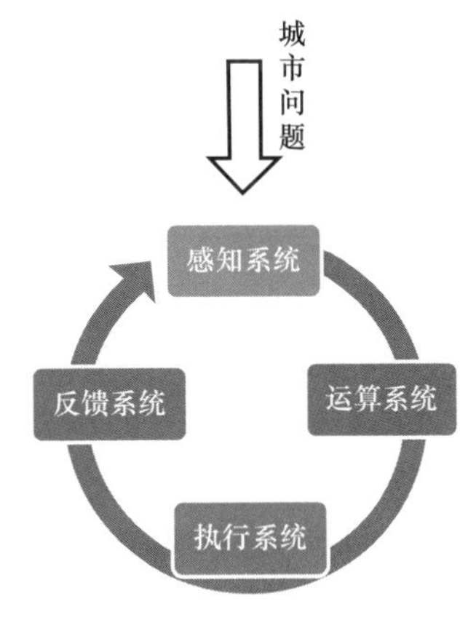

图 12-26　城市问题

而现代城市正是由成千上万个这样具有四个环节运行能力的主体所构成。这就是我们认识到的智慧城市的主体，认识到 CAS 的精华——智慧主体的四大能力。

5G 将带领我们走向一个前所未有的主体间“不间断”联系和无所不在地连通，对环境无所不在进行感知、运算、执行和反馈的时代，甚于 CAS 理论，5G 时代的智慧城市设计将衍生出六个新原则。

2. 智慧城市设计六个新规则

首先，智慧城市赋予了现代城市一个“新集聚”状态，而伴随着城市多样性的不断增强，“多样性”是一切创新的源头，然后催生一个能够准确预知近期内将发生变化的“内部模型”，并且它会带来一个“流”的空间，主体基于固有的经验、现有的知识“模块”，这些模块能够进行无限的组合产生复杂的新系统，更能够使城市每一个方面都具有不同的特征，这些特征将有可能产生更大的互补共振效应。这是 CAS 的六大基点，也是系统中无数主体在任何复杂环境的作用之下，六个相互作用的基本规律（图 12-27）。

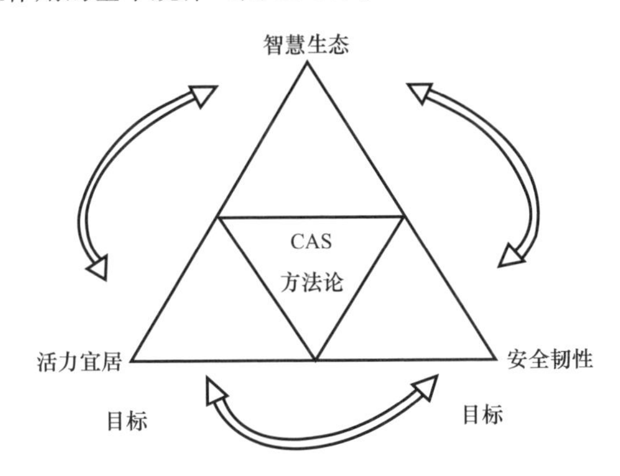

图 12-27　理想城市“铁三角”目标模型

我们用这个基本规律来看现在的城市发展。

2000 多年来，在人类追求城市文明的过程中，永远记住了古希腊哲学家亚里士多德说过的那句话：“人们为什么到城市里来，因为城市的生活更美好。”由此可见，任何时代，城市首要的目标应该是活力宜居，第二目标是绿色智慧、可持续发展。第三目标是构建安全的、韧性的、无坚不摧的城市。

任何一个城市只要符合这三大目标，它就是一个理想的“铁三角”城市。城市的发展理论千变万化，城市的乌托邦也无穷无尽，但是这三大城市目标始终不变。

那么，5G时代到来，我们便有新的手段来实现这三大目标。

1）新规则之一：新集聚

首先，我们用CAS理论来看“新集聚”。

因为城市的主体是多层次、能够千变万化的，但是每一个主体都有自我的能动愿望，都能够感知，都有智能，都能够运算执行反馈。现代城市之所以具有防灾减灾的韧性实际上是由于这些具有“自适应能力”的多主体集聚的结果。这与第一代系统论和第二代系统论所说的旧集聚有相似性——集聚有时也会带来新混乱，因而对韧性具有两重性。

更重要的是，新集聚能够给城市带来新科技创新。

根据联合国教科文组织定义：人类的知识分为两种，一种是“显性的知识”可以在网上做成代码传输，而另一种知识则叫作“隐性知识”，隐性知识占人类知识的90%以上，只有隐性知识的碰撞、争论、相互交换才能够使创新在不可预知中涌动或者爆发，所以隐性知识事实上是创新的源泉。

正如城市主体的新集聚模式对系统结构的影响虽然是隐性的，但同时也是具有主导性的。这也就解释了人类为什么会在城市里面聚在一起，为什么在互联网时代大城市会更加集聚，更加繁荣。

在互联网时代，人们更需要坐在一起讨论，更加需要捕捉演讲者、交流者所有的肢体语言跟潜在的信息，因为这其中包含着90%的隐性知识。而5G技术将让人工智能无处不在，让所有的东西无处不连、无处不智，同时又让空间“压缩”在一起。万物互联、万物集聚、万物智能的时代是我们可以期待的，这是由于5G应用的第一个场景——即海量的及时通信带给人们的惊喜（图12-28）。

智能家居
所有家居产品互通互联，由计算机通过大数据学习主人行为习惯，根据天气状况自动调节室内温度湿度，根据主人行为调节室内灯光

智能农业
随时监测农作物生长状态，传感器采集数据，处理器大数据分析，根据土壤、空气、未来天气预期进行灌溉和施肥

车联网
分析城市所有汽车的位置状态信息，规划路线，提示停车位，预防交通事故

图12-28　5G应用场景——海量机器类通信mMTC

5G既能保持低功耗、小数据化的状态，同时还能支撑巨大的连接数——5G时代 $1km^2$ 的空间内可以接入100万个传感器，这是4G时代的成千上百倍。这样的一个无处不在的连接，把所有的微不足道的事物，比如一支钢笔、一件衣服、一个帽子等，都可以通过互联网联结，都可以变成对环境有感知，能够自主运算、执行、反馈的智慧主体。可以想象，未来我们人类身上可能会带着无数个新智慧主体（图12-29）。

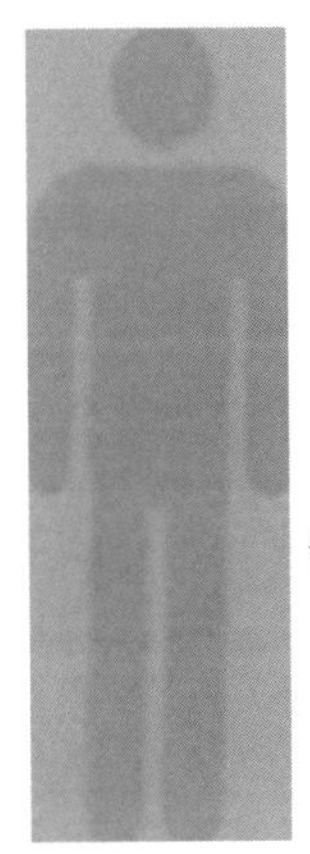

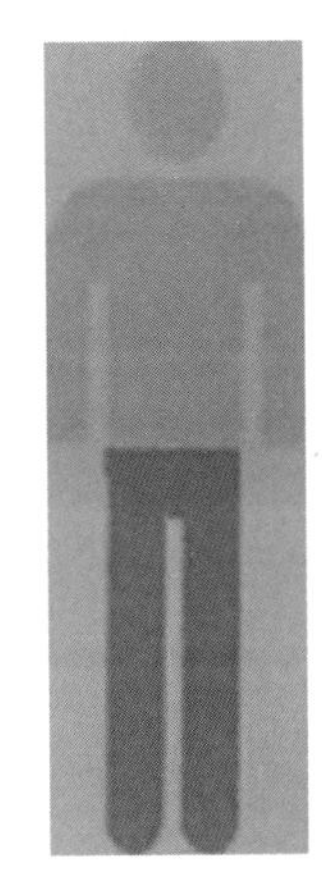

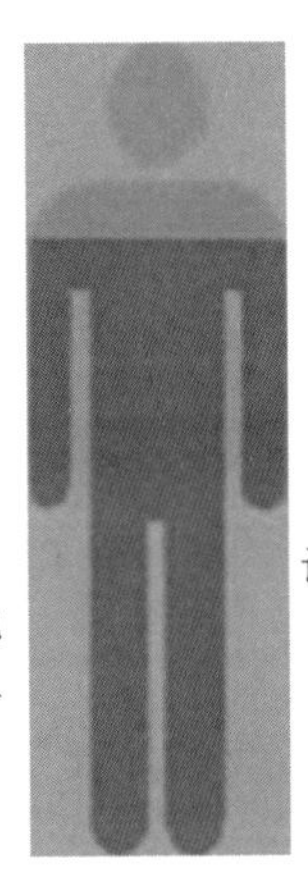

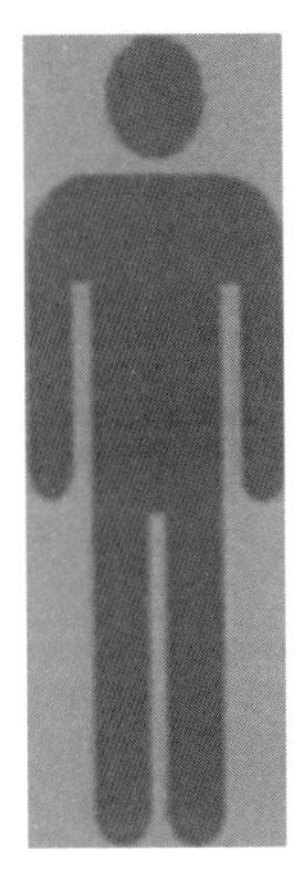

图12-29 计算智能—感知智能—认知智能—环境/情感智能

我们的人工智能从一开始的计算智能走向感知智能再到认知智能，进一步走向环境和情感智能，而且人工智能越来越与人类的生活密切结合在一起，一切变为可携带式。我们现在的手机——华为，已拥有20多个传感器，将来手机有成百个传感器，未来这种传感器在城市的5G空间里将变得无所不连。

2）新规则之二：多样化

“多样化”是一切创新的源头，没有多样化就没有科技、文化等领域的创新，没有新的知识“组合”。所以CAS系统总是动态的，总是实时的，而且充满着协调性，在细节上充满着适应性，对环境、信息、干扰无所不在地坚韧不拔地应对，从而形成不断增长的适应性。

这种适应性正是所有城市活力的源泉，5G技术为城市创造了新的连接空间，新的连接方式和新的多样化产生方式，城市比以往任何时代都更具多样化，同时也使“多样化”在多个层次（区域、城市群、都市圈等）更加聚焦。

城市“多样化”是怎么产生的呢？

因为作为一个系统，任何能够自主产生新主体的，这个新主体所占生态位和原来的旧主体是一样的，但是它在细节上进化了，并产生了突变，这种进化和突变实际上就是一种创新。这种突变使“多样化”有了差别，而随着“多样化”特点在城市里更加普遍，并且越来越常见，任何一个生态系统它将越具备多样性和具备突变的广泛性的特点，而正是由于这些特性构成了城市的“韧性”，使城市更能对外来的干扰有抵抗力和转型力。

因此，在这种情况下，通过对无数多样性通道的扩展，城市将会衍生出更加多样性的创新和主体多样化爆炸式的涌现。5G有一个典型应用就是“增强移动宽带”，并有希望将“万物”变成传输载体，这将大大降低宽带成本（图12-30）。我们的VR虚拟现实或者增强虚拟现实可加速人与人之间的互动，使人们远距离的互动，就好像近在咫尺，好像伸手可以触摸，这就是把多种层次的知识聚集在一起后的应用效果。

超高清视频通话

超高清直播

3D电影

图12-30　5G应用场景——增强移动宽带eMBB

因为我们已经把整个信息传输的代价和通道进行了近乎无限的扩张，所以未来知识与知识的交流，智慧与智慧的共振将在5G技术的支持下变得更加方便。

3）新规则之三：流

众所周知，现代化的城市就是一个高度机动化的城市，是无限通达的城市，是四通八达的城市。继而使城市产生能量流、物质流、信息流、知识流，更重要的是5G将带来价值流动和资产流动，这些一旦流动起来将会产生高倍数的“乘数效应”和“循环强化效应”，任何系统之间这些效应的“N次”叠加将产生难以预测的发展模式与演变方向。

现代城市是一个高度的“流”空间，而5G就使各类“流”的特性得到了数倍的强化，使价值也开始流动。5G时代跟2G、3G、4G时代的巨大区别，就是5G时代是一个D2D的时代，任何的一个手机跟移动端可以组成一个微网络，微网络信息传输不但方便而且成本非常低（图12-31）。即使整个网络瘫痪了，微网络也仍然存在，仍然有活力。

区块链号称物联网的2.0，物联网的1.0是信息的物联网，传输的是编码信息，而物联网2.0则将是价值的互联网（图12-32）。价值的互联网是借助于我们的区块链使价值能够“无成本、无摩擦”超越空间流动，继而使价值能够高效、安全地传递是2.0互联网的特征，这个特征在5G时代将被高度强化。

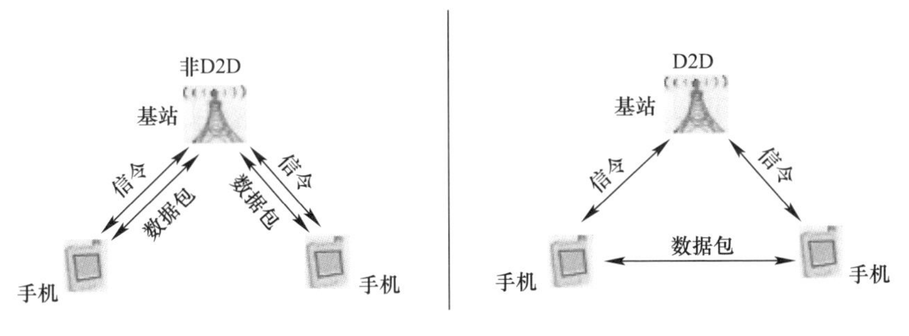

图 12-31 5G 应用场景——微网络的应用

图 12-32 互联网 1.0 与 2.0

区块链的另外一个技术价值核心就是穿透式的追溯：比如说任何物品的时间链能清晰地展示在人们面前——哪里来、哪里去、中间经历了哪些阶段？留下什么痕迹？人的时间链、资产的时间链，这些时间链的传递已经高度地超越了时空特性，在所有时空中就能留下痕迹，这是一个非常简单的事实，而这就是 5G 加上区块链给人们带来的可能的未来（图 12-33）。

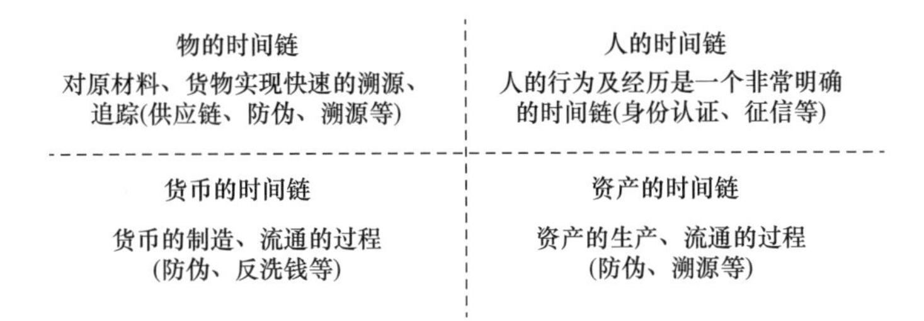

图 12-33 时间链

4）新规则之四：积木

积木是什么？积木实际上是人对知识的传承、是“成熟的经验”，而所有的创新实际上是对既有的“积木”以不同的方式进行的重新组合。而人类最强大的力量就是能够将这些积木进行无限的组合——积木的组合可以是从小到大，这是生物学的组合，也可以从大到小组合，这是化学的组合。不同的组合、无穷的组合，通过无穷的途径将产生无穷种新的信息。当系统的某一个层次发现了一个新积木，这个积木的突变或许将开启一系列可能性。因为它会自动与现有的其他“积木”组合进而形成新的物种，从而产生大量的创新。所以5G在这个过程中既是“触发器”也是“催化器”，它本身既是参与组合的新积木，也是加速组合的元素。

因此未来是不可知的，唯一可知的就是这样一个“不可知”的时代正在到来。我们都知道人类有很多新的积木可用，如大数据、人工智能、区块链、云计算……无穷无尽的新积木，我们都可以通过5G技术把它们重新组合、重新排序，通过不同组合方式产生系统性的突变，使其焕发新组合的威力（图12-34）。

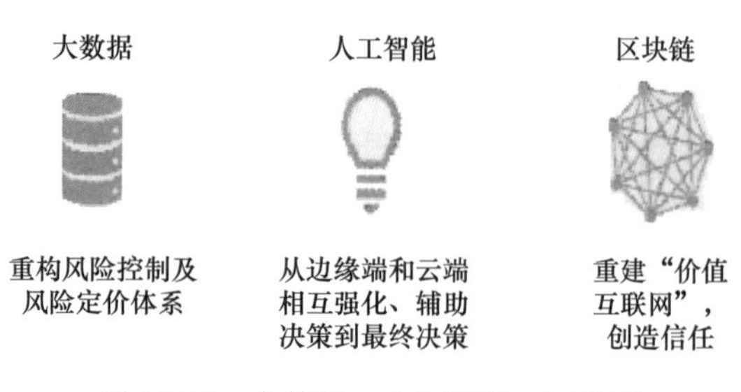

图12-34　大数据、人工智能、区块链

5）新规则之五：内部模型

“内部模型”是怎么来的呢？当主体遇到新的情况时，会将相关的、用过的“积木”组合起来，用于应对新的情况……使用积木生成“内部模型”是CAS的一个普遍特征。在我们的认知上，人类有一些“内部模型”是隐性的，比方说人会感觉到饥饿，细菌会沿着某种化学梯度向前移动，这些在亿万年的进化中形成的本能则是隐性的，并具有极硬的韧性（鲁棒性）。

但是更加重要的是要形成显性的“内部模型”，这种显性模型能够进行自主前瞻性的运算，进而预知到几分钟、几小时、几天之后会发生什么，使我们能够提前制定应对方案，而这个过程即是通过“积木”的加速组合，将人类的认知能力进行进一步提升和发展的关键，这也是我们能应对“快变量”的基础条件。

5G时代将使各种主体的预测能力成千万倍地增加，大大强化了人们对环境的认知，使无穷无尽的内部模型得到强力扩展。这种扩展即是基于5G的低时延高可靠性的特点（图12-35）。

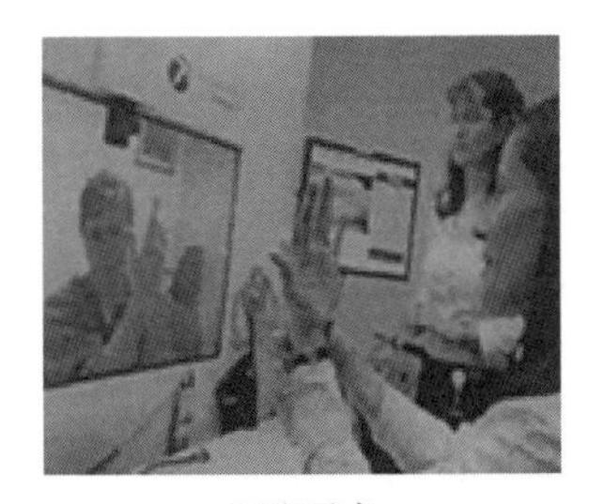

远程医疗

医生对病人做远程手术时，一点的数据丢失或者卡顿都会对病人的生命安全造成极大的隐患，5G为远程医疗提供了基础

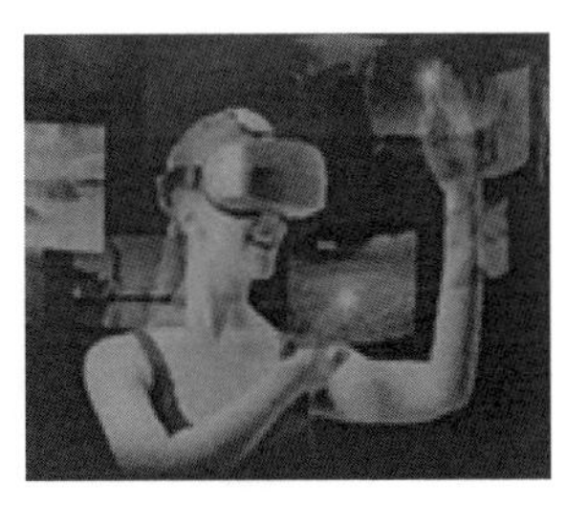

VR

目前市面上大多数VR产品只能提供视听和娱乐功能，且会产生不同程度的眩晕感。而据相关数据研究表示，VR时延只有低于20ms才能缓解眩晕感。所以高速率、低时延的5G网络是有效解决VR数据传输问题的关键

无人驾驶

无人驾驶需要实时掌握周围车辆及道路的信息，当车速较高时，1ms的时延也可能造成严重的交通事故

图 12-35 5G 应用场景——低时延高可靠 URLLC

基于这些特点，5G 的该应用场景可以使得一个稀有的、高明的外科大夫通过遥感操作为世界上任意一个角落的患者动手术。他也可以通过操作 B 超的检测系统，以他的经验来检测世界上任何的一个角落病人情况。众所周知，低时延高可靠性的特点使得跨越时空的执行系统变成可能，这使得人类不仅有“顺风耳”“千里眼”，而且有“无限延长”的手与脚。

6）新规则之六：标识

“标识”是为了在系统中聚焦和边界的形成而普遍存在的一种机制。一个人有了标识，可以使对方观测他的时候，易于发现他背后隐藏着的特性。人类创造了无数的标识，我们的教育标识——学士、硕士、博士，我们的科技标识——助教、教授、院士等。正是因为这些标识的存在才使得对象背后隐藏特征显性化，标识是 CAS 的共性层次组织中隐藏着的机制。但标识在运行过程中总是企图向那些有需求的其他主体提供连接，进而丰富内部模型。

除上述内容外，CAS 这六大新规则是紧密连接在一起的，总是协同动作的，是能够产生共振的。再举一个简单的例子，基于人工智能的“人脸识别”技术已能达到 99.9%的识别能力（图 12-36）。当某一个人进入海关，管理者就可以读出，他具有什么样的潜在标识，如果是危险分子，公安部门可以持续跟踪他，使城市管理系统具有防范危险分子的功能。

众所周知无人驾驶是一个大家梦寐以求的状态，但是无人驾驶光靠车顶上那个多线雷达是不行的，需达仅属于“第一感知”。而 5G 技术的应用则能产生“环境感知”，把环境的数据整合在一起，使驾驶员的前瞻能力大幅度提高，并且可观察和辨别到几十平方米、几平方公里内可能对这辆车运行的安全影响因素（图 12-37）。

图 12-36 “标识”在人脸识别中的应用

图 12-37 5G 应用场景——车路协同技术 V2X

5G 带给现代城市的是“无处不连”和“无处不智”（图 12-38），这不仅能使标识智能化而实现自动配对，而且借助 5G 技术人们身边将涌现出无穷无尽的创新，这样一个创新的时代即将到来……

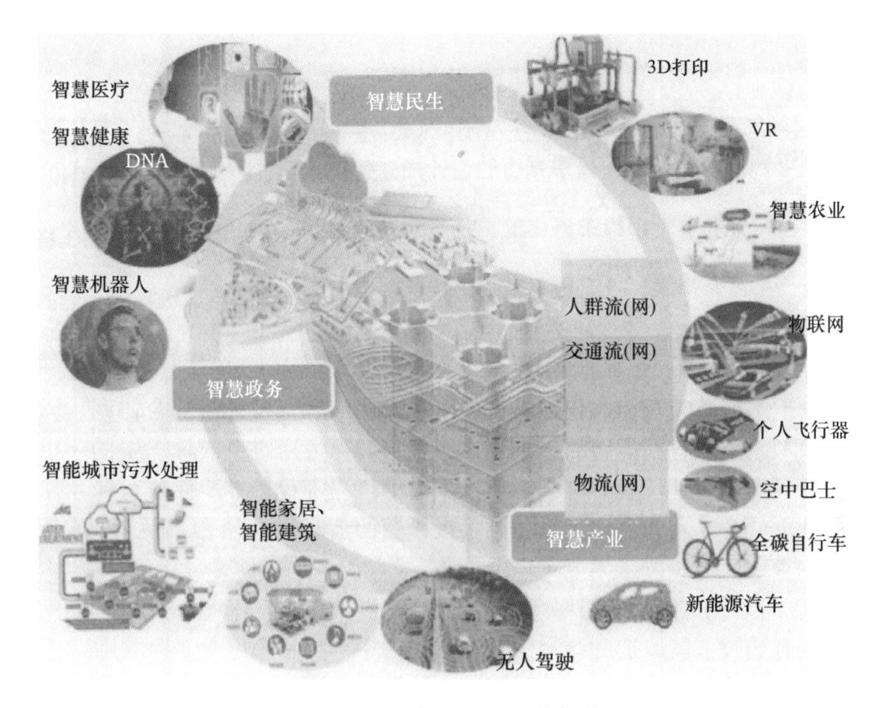

图 12-38 万物互联+万物智能

总结：

第一，5G 的“超级联结”使价值传输、大数据、AI 等新技术低成本简易武装到每个主体，使每个主体自适应性快速提高（因为系统的变化本质来源是主体的适应性）。

第二，主体的新集聚、多样性、流空间、积木、内部模型和标识等新规则在相互循环强化下，势必将涌现出一种全新的智慧城市。

第三，5G 将是各行各业融合创新的催化剂，而 5G 时代城市则成为巨大的创新孵化平台，以“5G 智慧城市”作为平台，个人创业的爆炸式时代将真正到来——这是托夫勒（Alvin Toffcer）在《第三次浪潮》中明示的观点。

回过头看，我们旧的智慧城市的设计规则是从上而下的，讲究顶层设计，但是新的规则将是自主进化的，从下而上的设计；旧的规则是一次性工程——沦为交钥匙工程，但是新的规则是自组织演化能够多次迭代的；老的规则是“中心控制式”的智慧为主，而新的规则则是在追求“中心控制”的同时更讲究“分布式”智慧，以“众智”为主；旧的规则以单项渐进创新为主，而新的规则是相互强化循环创新，5G 已成智慧城市构成的催化剂。

第十三章　集成与创新——智慧生态城市改造分级关键技术

一、建筑节能技术

建设生态城必须在相关理论的指导下先分解问题，再进行综合协调。所谓综合就必须考虑采取各类措施的成本和成效。比如绿色建筑星级标识中的一星、二星、三星标准，三星代表的是我国建筑节能的最高等级标准。而执行绿色建筑一星的标准也就意味着，要利用最基础、最便宜的节能技术。

1. 一星级的建筑节能技术

1）既有建筑节能改造与绿色建筑

在既有建筑节能改造和绿色建筑建设过程中，要贯彻以下 5 项原则。

第一，建筑的节能不仅要着眼于减少能源的使用，还必须考虑尽量采用低品质（低能值转换率）的能源。这样建筑整体的能效就会更高。比如南方地区的绿色建筑首先要考虑的就是通风；在北方地区，建筑首先要考虑朝向和通过窗户加强太阳能光热利用。这样，用最低品质的太阳能，带来很高的能效（图 13-1）。南方地区通过建筑的通风设计利用新鲜空气在室内的流动，把人产生的热量带走，这就是最基础也是最高效的能源利用，而这些技术一点都不高深。两千年前我们的老祖宗在建筑设计中就广泛采用过此类方式。也就是说，要尽可能多利用低品质的能源，比如地热能、太阳能、风能和生物质能等，应该先于复杂的技术设备应用。

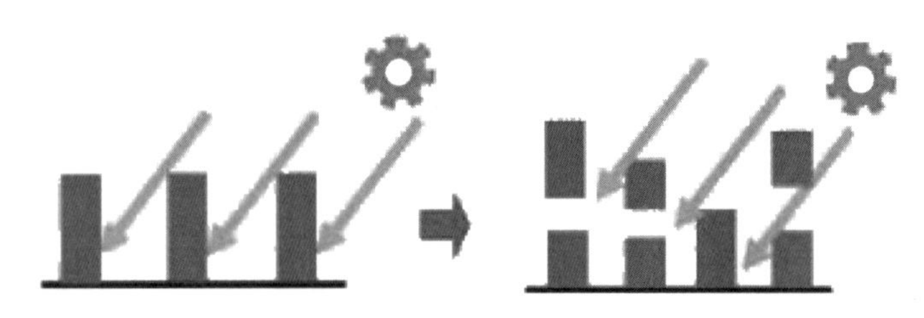

图 13-1　立面更改增加自然采光

第二，在建筑设计中尽可能应用简单技术，如通风、外遮阳等，达到能源节约的目的。居住区设计要从建筑排列方式和外形设计上注意通风，形成风道，让建筑的每一个房间都能享受无污染空气的流通（图 13-2）。徽派的建筑中通常有一个非常窄的天井，它是做什么用的呢？夏天的时候，狭窄的天井起到拔风的作用，就像烟囱一样，把热空气带走，使得房间更凉快。所以说绿色建筑并不是代价高的建筑，在南方绿色建筑设计就应把通风、遮阳这两项低成本技术作为最主要的节能手段。

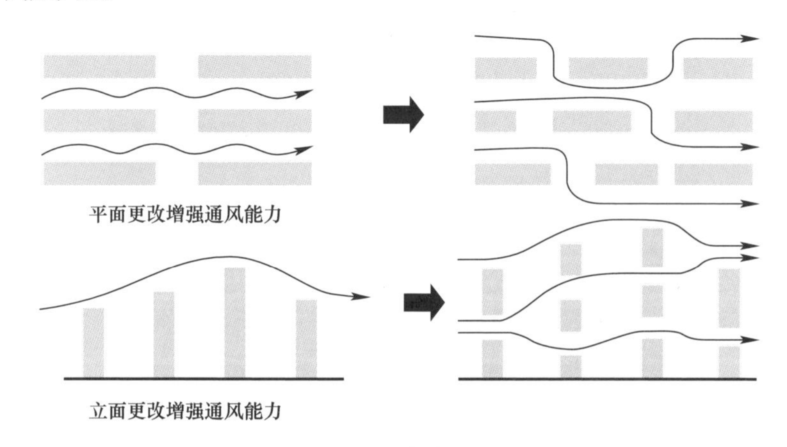

图 13-2 自然通风

第三，采取利用低品质能源进行建筑整体性或基础性调温，而高品质的能源如电力、煤气等，进行局部性、精细性调温，作为绿色建筑设计的通则。比如深圳建科院报告厅设计成自然通风，平时基本可以不开空调，只有在特别炎热的夏季，在通风降温的基础上，再采取座位空调的送风，来增强建筑内的舒适度，平均下来能耗就比普通建筑要低得多。现在有些建筑采用玻璃幕墙全封闭式，夏天太阳一晒，尽管将空调开足，也难以降温。据测算，北方建筑夏季 1 扇窗子就相当于 1 个 400W 的电灯泡，10 扇窗子就是 4000W，要用 5000W 以上的空调能量才能抵消。如果建筑采用外遮阳方式，就可以减少 90％以上的射入建筑物的太阳能热量及所需的制冷能耗。对这些最基础的问题，我国仍有许多建筑师并不熟悉，建筑物业管理者也不了解，从而在我国许多城市形成了不少“能源杀手式”的建筑，这是非常可惜的。

第四，建筑可以成为能源产生的单位。

时任美国能源部长的朱棣文曾到住建部来谈建筑节能合作，他抛出一个计划——根据伯克利大学所做的科学研究，全世界的屋顶如果全部刷成白色，就可以完全抵消太阳照射产生的温室效应。他建议中国和美国一起，把所有的屋顶都刷成白色。但我认为，中国的建筑与美国不同，美国的住宅 80％是一两层建筑，而中国 80％以上住宅是多层和高层建筑，建筑顶部的空间非常有限。现在有三种选择：其一是学美国人把屋顶刷成白色，反射太阳光，从而达到为地球降温的目的；其二是把屋顶做成绿色屋顶花园，发挥保温、遮阳和雨水收集利用的综合节能作用；其三是在屋顶上安装太阳能热水器、太阳能光伏板，成为能源产生的场所（图 13-3）。如何开发利用屋顶空间资源，应该先把这三种方案进行深入比较研究，到底是哪一种方案好。美方也认为非常有道理，表示还要再认真研究。

图 13-3　可再生能源建筑应用

第五，从单一产能建筑走向集合。

欧美发达国家的城市化进程已经基本完成，在任何一个城市都难以看到脚手架、难得兴建一幢新建筑。而我国的城市化仍处在快速发展之中，拥有巨大的建筑市场，全世界 40%的建筑在我国建成。世界上最大的塔吊公司的总裁曾经说过，世界上一年需要的塔吊机是 1.6 万台，其中 1 万台的需求来自中国。我国每年要建成上千个万人小区，应抓住如此大规模的建设的机遇，把这些小区设计成分布式能源系统来综合考虑建筑群的节能问题。

实际上，太阳能、地热能、风能、电梯的下降再生能等都可以用来发电，应该把这些能统一利用起来。比如利用太阳能光伏发电板聚能发电、太阳能聚热，用光导管导进太阳光用于地下车库直接照明等。可以把垃圾集中起来，产生沼气，然后再带动微型的燃气轮机运转。屋顶风力发电、污水热泵、水源热泵、海水热泵、地源热泵等，可以利用的可再生能源还有很多，完全可以组成一个新的能源体系。这样一来，建筑群所构成的小区不仅是用电的单位，还是清洁能源的发生器（图 13-4）。

2）绿色照明

绿色照明方面，半导体（LED）照明再配上太阳能就是最佳的组合之一，可以节电 80%，而且寿命可以大大延长，LED 与目前最高效的荧光灯相比，寿命可以高出 50 倍，效率高出 6 倍以上，这些都可以产生非常明显的节能效果（表 13-1）。

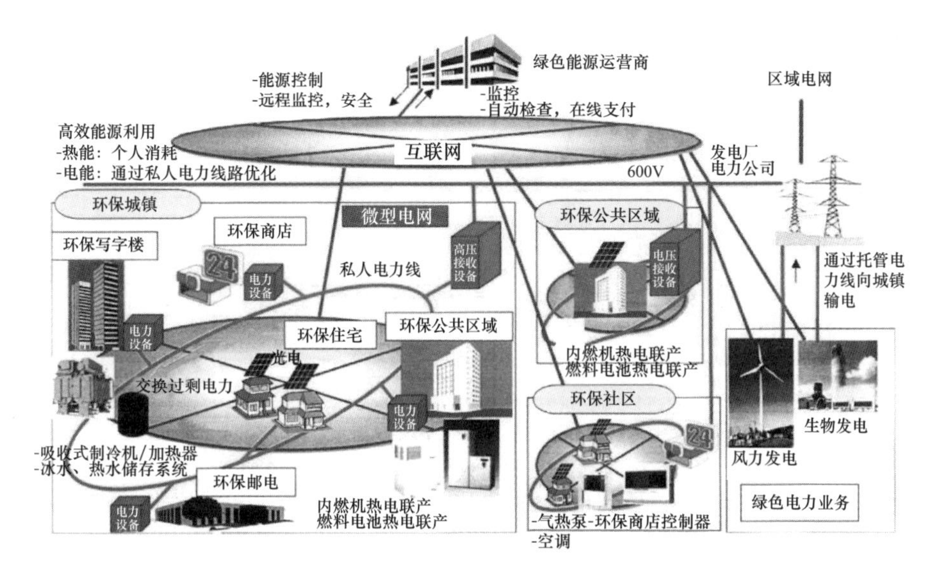

图 13-4　提供绿色能源服务的生态园区示意图

LED 与白炽灯和荧光灯照明比较　　表 13-1

	白炽灯	荧光灯	LED
使用寿命（h）	1000～1500	8000～10000	25000～35000
常见功率规格（W）	15～60	5～50	1～200
典型效率（lm/W）	10～15，取 12.5	50～60，取 55	60～70，取 65
系统光输出总计（lm）	150～900	250～3000	60～14000
前期成本（美元）	0.25	3.5	25～35，取中值 30
节能估算（600lm 光通量）			
使用 6 万 h 的耗电量（kW・h）	2880	654.5	553.8
供电成本 [0.15 美元/(kW・h)]	432	98.17	83.07
使用 6 万 h 使用需要的灯泡	40	6	2
使用 6 万 h 灯泡的等同费用	10	21	60
6 万 h 照明全部费用（美元）	442	119.17	143.07

3）公共建筑能耗监测与评比

建立公共建筑的能耗测评体系，不仅能促使公共建筑之间引发节能减排成就的竞争，而且也可以为全社会的建筑节能带个好头。深圳现在已经把 200 多个公共建筑纳入在线测评的范围，实时监测这些建筑能耗的高低变化情况。到年终进行考核，评选出全市十大最节能和十大最不节能的公共建筑，并由政府对十大最不节能的建筑进行强制节能改造，这样几年循环下来，公共建筑的能耗就会显著下降（图 13-5）。

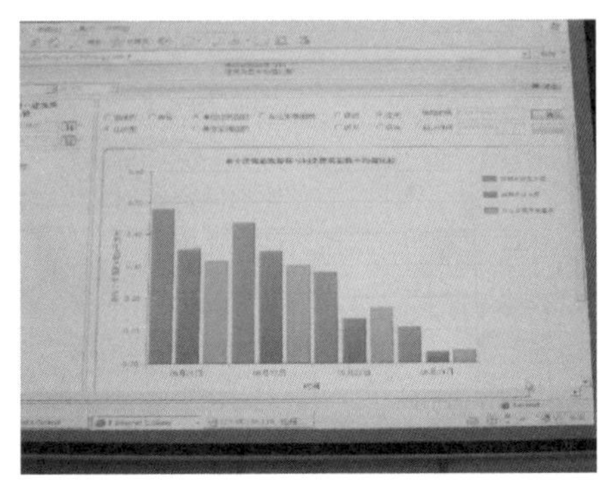

图 13-5　公共建筑能耗动态监测

从能耗水平来讲，我国的建筑节能有两个薄弱点：一是北方地区建筑的供热计量改革，北方地区建筑的供热能效水平远比发达国家低，每个供热季每平方米建筑能耗是 20kg 标准煤，而发达国家只要 5～6kg；二是公共建筑的能效水平比发达国家低一半。我国公共建筑的空调系统问题非常突出，比如上海有一栋建筑经过监测发现比其他的建筑能耗高出 6 倍，一查发现是管子接错了，这种大毛病只有通过能耗监测才能发现。

我国的民用建筑能耗比发达国家民用建筑能耗低很多，原因主要是发达国家民用建筑 90%都采用集中空调，只要一个房间住了人，整个楼宇的空调系统就要启动，那样浪费就很大。而我国 90%的民用建筑采用的是分体式空调，每个房间分别装空调，哪间住人就开哪间的空调，这是一种微观上效率不高，但宏观上高效能的空调系统模式。所以从某种意义上说分体式空调大范围降低了我国建筑能耗。但是我国的公共建筑包括商场、政府大楼用的还是集中式空调，所以必须采用在线能耗监测、能效审计、公开评比的办法来大力促进建筑节能和改造。

4）建筑太阳能一体化应用

广东南部太阳能资源非常充足，高出德国南方 1/3 以上，太阳能使用也非常普遍。在我国阳光充足的地方，应该大力推广太阳能与建筑一体化的应用（图 13-6）。现在太阳能产品的价格较低，再过几年技术还将出现突破性的发展，价格也将随之跳水。金融危机前，太阳能光伏组件的原材料单晶硅价格是 400 美元/kg，金融危机之后的价格是 50 美元/kg，仅是之前价格的 1/8。这为太阳能光伏的大面积推广创造了前所未有的时代机遇。

5）屋顶与立体绿化

屋顶绿色加上立体绿化，能够大幅度地降低阳光直射所造成的热效应，提高空调能效。据测算，在炎热的季节，有绿化的屋顶和墙体与没有绿化的建筑能耗相差30%左右。

图13-6 建筑太阳能一体化应用

6）从建筑外遮阳走向社区

在广州等一些南方城市已经从建筑的外遮阳走向社区的外遮阳。一些社区通过采用薄膜遮阳方式和种高大乔木结合水蒸发等办法使整个社区建筑降温（图13-7、图13-8）。

改变原来的表面肌理

低于平面建筑

低于平面的硬质铺地户外活力空间

仿生遮阳伞的区位与尺度

阴影范围

仿生遮阳伞与GUM的关系

图13-7 从建筑外遮阳走向社区

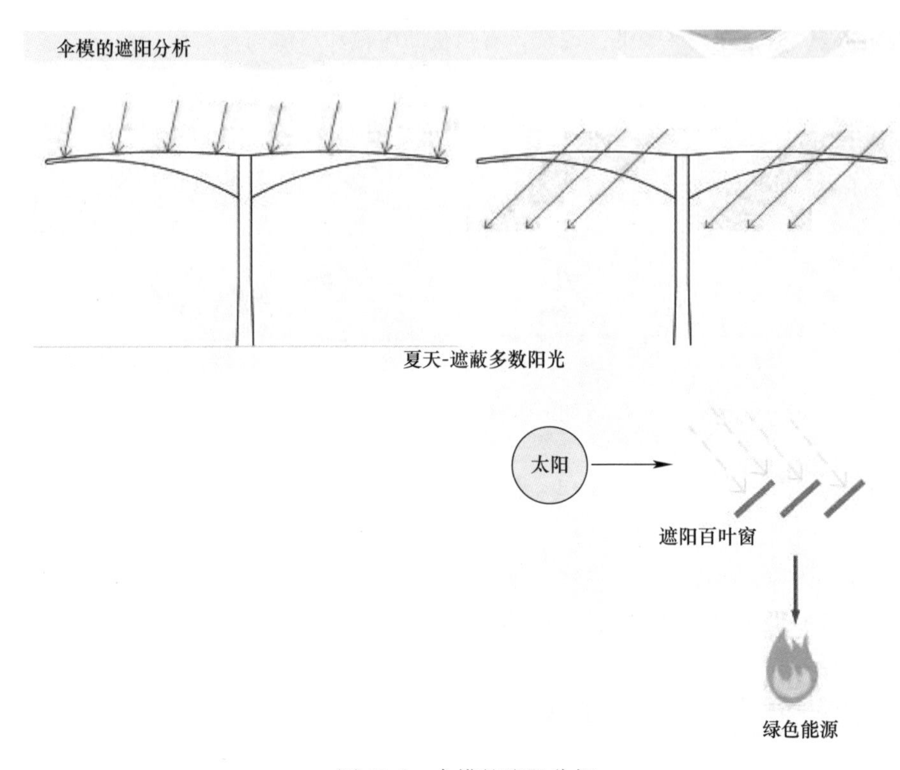

图 13-8 伞模的遮阳分析

2. 二星级的建筑节能技术

1）延长建筑寿命

日本提出建“百年建筑”的口号，即建筑的最低寿命至少达到 100 年，并以百年建筑为标准来要求建筑质量、建筑结构、建筑能耗、建筑材料等能经得起 100 年以上的考验。实际上百年建筑的概念就是绿色建筑。在发达国家，建筑设计最低的寿命是 80 年，100 年以上的建筑比比皆是，这些国家非常讲究建筑设计、建筑材料和后期的运营维护，这些都是非常节能的。因为建筑少更新、少拆毁就是一种有效的节能节材形式，所以我国要出台发展百年建筑的政策，把现在住宅的设计寿命从 50 年改成 100 年，从而可成倍提高建筑的能源和材料使用的效能（图 13-9）。

2）推行建筑配件化

我国建筑施工整个过程产生的建筑垃圾占城市垃圾的 30%以上，住宅的二次装修也造成了很大的浪费，因此有条件的城市第一步必须要推行全装修。据测算，一旦推行全装修，全国每年可以减少 300 亿元价值的资源消耗，二氧化碳气体的排放也可以大幅度减少。我国毛坯房的供应比例之高是世界上少有的。如果在深圳试行全装修，绿色建筑二星级就有条件达到。全国还没有任何一个城市这样做，万科地产已宣布其开发的所有住宅都做成全装修。

图 13-9 青岛百年建筑红房子

第二步就是在全装修的基础上，推行建筑的构件化和配件化。用现代技术精密制造的建筑构件来组装建筑，建筑的施工速度会大大加快，也能节约大量的材料和能源。据估计，采取配件化的企业与采取传统生产方式的企业相比，前者可节约20%能耗，节约水耗63%，节约木材87%，每平方米产生的垃圾量减少90%，没有垃圾，工地变得非常整洁，噪声影响也大大降低。用科技的手段和科学的施工管理，完全可以实现节能的目的（图 13-10、表 13-2）。

图 13-10 传统装修方式与全装修比较（一）

图 13-10　传统装修方式与全装修比较（二）

配件化与传统施工比较　　**表 13-2**

统计项目	配件化项目	传统项目	相对传统方式
每平方米能耗（kg 标准煤/m^2）	约 15	19.11	约－20％
每平方米水耗（m^3/m^2）	0.53	1.43	－63％
每平方米木模板量（m^3/m^2）	0.002	0.015	－87％
每平方米产生垃圾量（m^3/m^2）	0.002	0.022	－91％

3）高级别绿色建筑普及

美国加利福尼亚的州长施瓦辛格几年前曾提出该州绿色建筑的计划，规定所有财政补贴的建筑都要达到绿色建筑的标准，其中 30％是高级别的绿色建筑。如果城市中 1/3 以上的建筑达到高级别的绿色建筑标准，整个城市的能耗就会大幅度下降。我国的一些建筑师非常崇拜美国的 LEED 认证，但就连美国的能源部长都认为 LEED 认证具有商业化的成分，铂金级的 LEED 认证费用不少于百万美元。但经专家实测，其真实节能率仅为 50％。由此可见，此系统并不完全适合我国。有些 LEED 的标准也不现实，它不是节能为先，比如商业建筑里摆几个古董，也可以加分。很显然这是后工业社会的标准规范，与解决我国的急迫性问题仍存在明显脱节现象（图 13-11）。

所以我国还是要走本土化的、适合中国国情的绿色建筑发展道路，不要盲目地崇拜国外的商业化运作的标准。我国绿色建筑非常注重的是节能、节材、节水和室内空气质量，而不是那些后工业化华而不实的内容。

3. 三星级的建筑节能技术

1）被动式建筑、超低能耗建筑

德国人最早提出被动式节能建筑的概念并用于实践。被动式节能建筑的概念是什么呢？人在建筑中的活动，包括洗衣服、用电器，都会产生热能，把这些都利用起来，再加上良好的保温围护结构，就可以使建筑冬季达到不用主动用能加温的效果，建筑就成为零能耗建筑了（图 13-12）。

图 13-11　高级别绿色建筑普及

图 13-12　被动式建筑

我国也有超低能耗建筑，节能率达到 90%以上，基本上不消耗额外的能量。比如，一些建筑设计能使凉爽的西南风在夏季穿过街区，并因经过水面而加强其降温效果，而在冬季，合理的建筑形态将寒冷的东北风抵挡在外（图 13-13）。

2）可再生能源多角度利用

另一类三星级技术是将多种可再生能源有机组合，形成互补效应，这就需要通过高超的设计来实现。不同的可再生能源性能差异极大，但如果经过预先的精密系统设计，就能使多种可再生能源间实现互补利用。太阳能、风能、地热能、沼气能等，这些可再生能源由于波动性大而且谐波成分高往往不被电力部门所接受，因为这些能源都是间歇型能源，受自然条件约束很大。但现在由于智能微电网技术的发展，这些在技术上都不是问题了（图 13-14）。

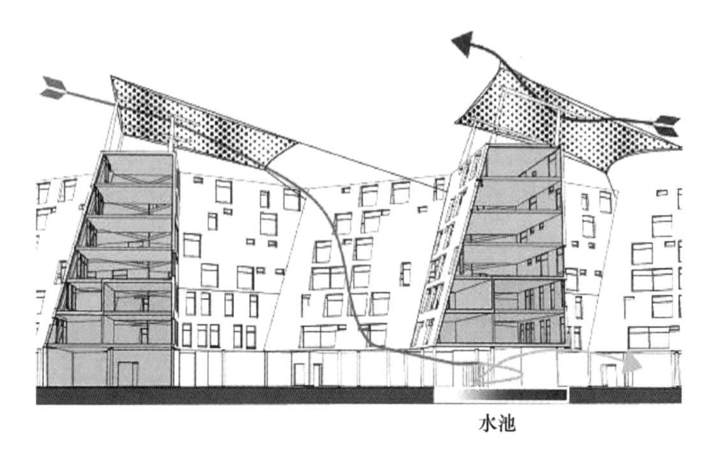

图 13-13　自然通风降温

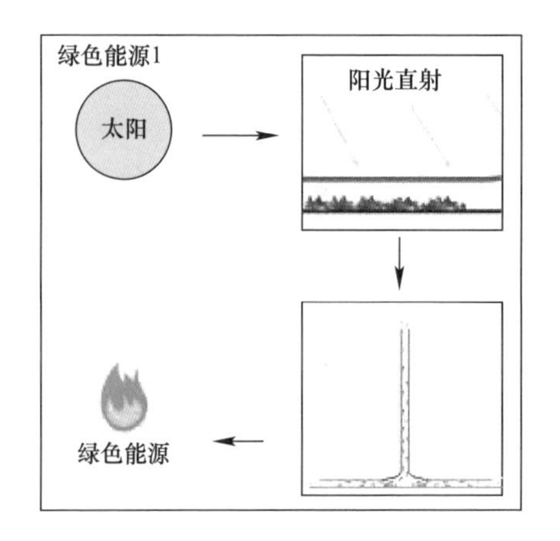

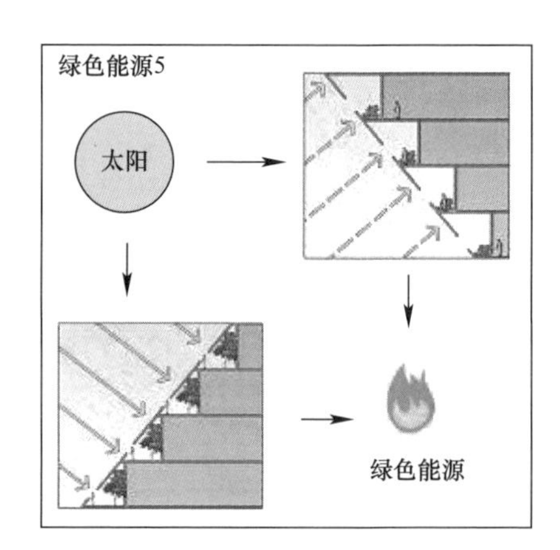

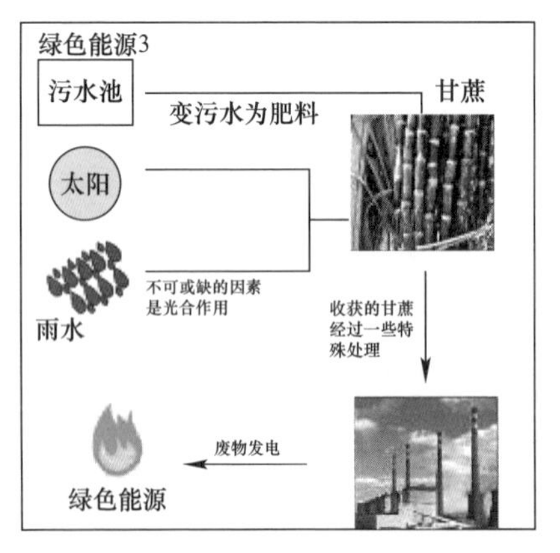

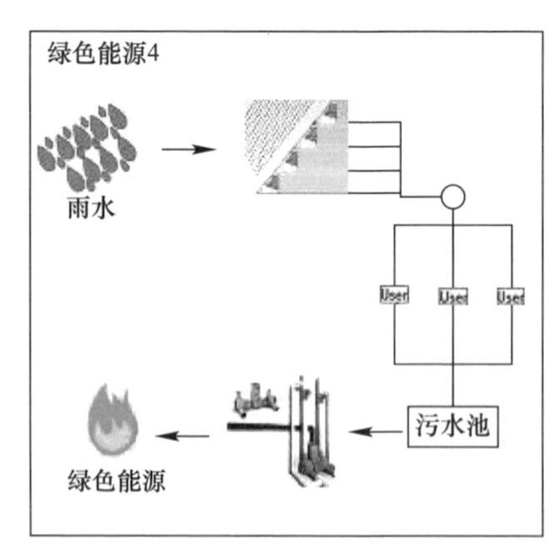

图 13-14　可再生能源多角度利用（一）

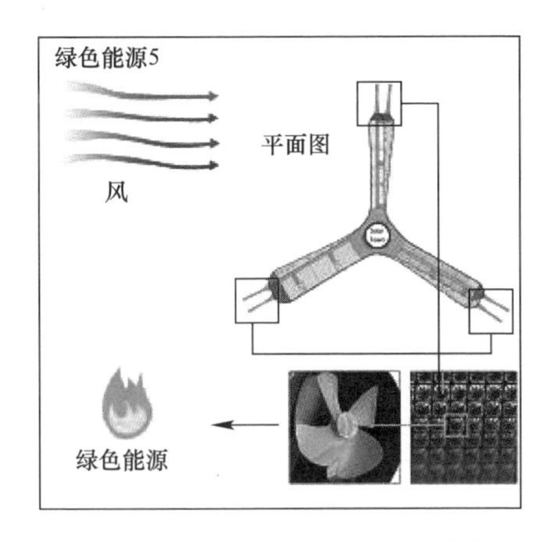

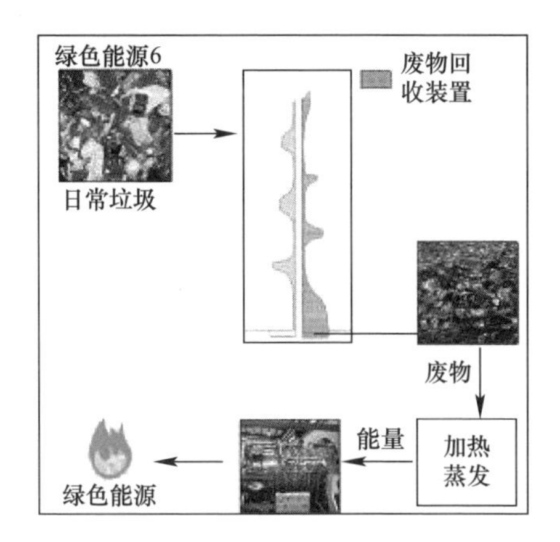

图 13-14　可再生能源多角度利用（二）

3）分布式能源小区

比如分布式能源加上电动汽车、电动自行车，只需要加载蓄电池，插在电路里面就可以带来两大好处，一是使得因引入可再生能源不稳定的微电网变得更加稳定，二是把逆变器产生的干扰波吸收掉（图 13-15）。我国电动自行车保有量现在已达到了 1.2 亿辆。深圳因没有山坡而且紧凑度高非常适宜发展电动自行车，应尽快将原有的自行车道恢复，允许电动自行车上路。但电动自行车的速度不要太快，国外一般电动自行车的速度约在 35km/h 之内。对于高密度城市，任何交通工具的选择都要考虑空间的节约，而电动自行车占有的空间仅为小汽车的 1/20，应大力提倡。

我国大部分地区的地下空间是水平状的岩石层，这些地质结构是很好的蓄能空间，冬天把冷源存储在地下，夏天再释放出来，地下空间就成了一个免费的可再生能源存储空间。长三角地区有一个特点，就是冬天的供热和夏天的制冷用能是可以平衡的，为地下的储能创造了很好的条件，所以宜在长三角地区大量推广这种储能方式。

图 13-15　分布式能源＋新能源汽车＝“零排放小区”（一）

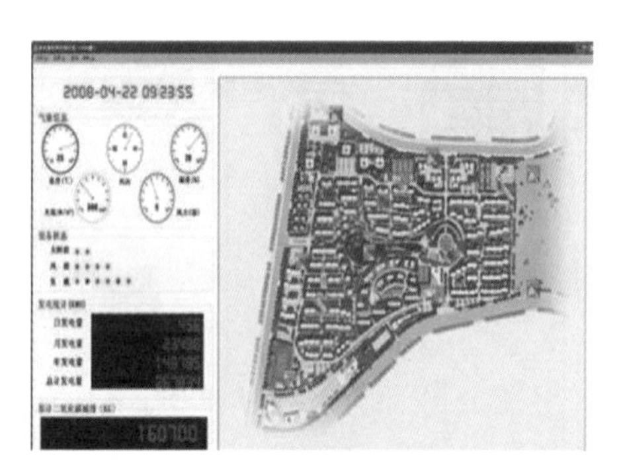

图 13-15　分布式能源＋新能源汽车＝“零排放小区”（二）

4）可再生能源在单栋建筑上的综合利用

建筑设计师们要学会把多种可再生能源组合在一幢建筑上，并且在建筑、小区（建筑群）、街区、城市等多层次形成多种能源系统，达到多种可再生能源互补利用，进而实现建筑和社区零能耗的目的，甚至可以生产出额外的电力来（图 13-16）。

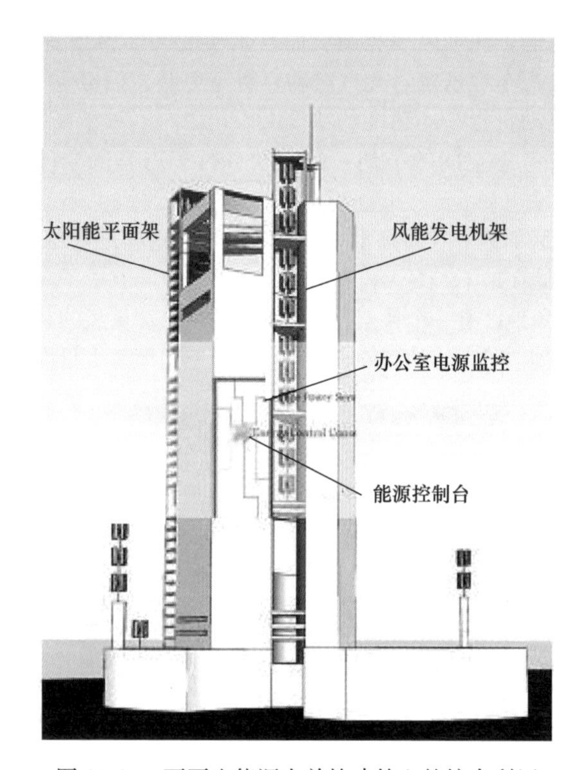

图 13-16　可再生能源在单栋建筑上的综合利用

二、绿色交通技术

绿色交通是城市中仅次于绿色建筑的另一个节能减排重点领域。

机动化带来两个问题：污染空气，让阴霾天气发生频率增加。有人告诉我，20 世纪 80 年代，深圳的阴霾天气每年只有 8 天，20 世纪 90 年代每年有 80 天，20 世纪末至 21 世纪初增至每年 100 多天，阴霾天气发生频率成倍地增长。香港的情况类似，20 世纪 70 年代基本没有阴霾天气，80 年代阴霾天气发生频率开始上升，到了 21 世纪初发生频率呈指数级数上升（图 13-17）。导致阴霾天气发生的因素主要有两方面：一是城市规模大了之后会形成“锅盖效应”，妨碍了空气的正常对流，等于把细小的灰尘、二氧化硫等各种有机废气都罩在这个锅盖底下，加剧了空气污染；二是机动车交通对有毒有害气体的“贡献”从原来对城市空气污染总量的 20%逐渐上升到 70%～80%。与此同时，机动化导致交通能耗占全社会的能耗比例将从目前的 15%增长到 30%以上。建筑和交通的能耗都是刚性的，城市建设失误所产生的能耗也是刚性的，三者结合产生的能耗将是巨大的。而产业的能耗将随着原材料价格上升和二氧化碳排放税征收，企业会自行进行技术创新和节能改造，从而导致产业的能耗急剧下降。而前三者的能耗是刚性的，一旦形成是短期内没有办法解决的。

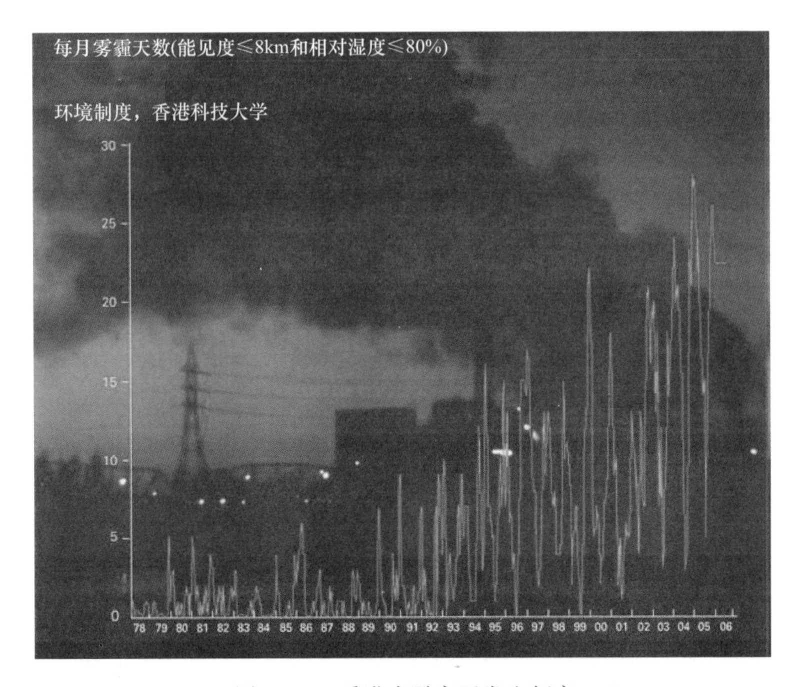

图 13-17　香港有霾害天发生频率

1. 一星级的绿色交通技术

1）安全畅通的自行车道与步行道

各种绿色交通方案中一个最简单的解决方案就是恢复自行车道。吴良墉先生主持完成的深圳原来的城市设计方案中，所有机动车道边上都单独设有自行车道，但在实施过程中被取消了。福田中心区早期的方案中也有自行车道，但在评审中引来哄堂大笑，当时的评委们说现在都是什么年代了，还骑自行车，结果取消了设计中的自行车道，近几年才恢复。实际上，自行车是迄今为止世界上最绿色、最环保的交通工具。

国外的街道上分为公交车道、自行车道、小汽车道，很多西方城市对私家车进行严格限制，市民可以拥有小汽车，但开出去处处不方便。比如在巴黎要去某个地方，如果是开私家车，因到处都是单行道，到目的地需要 2.5h 的话；乘公交车前往，因公交车有专用道就非常快，1h 就可到目的地；如果骑自行车可能更快，骑 45min 就可到达。在一些欧洲国家自行车使用率不降反升，如荷兰，自行车的使用率达到了 40%，且每年还在不断地上升（图 13-18）。荷兰的总统和首相也经常骑自行车。在荷兰，管理部门把街道两旁的栅栏都打开了，行人与自行车可随处通行。他们认为自行车和步行是绿色的，而机动车是非绿色的，为什么绿色的交通方式还非得让非绿色呢？而前几年在我国北方有的城市甚至还有提议，主张机动车撞了人是白撞的，这种独尊机动车的旧习一定要纠正过来。

图 13-18　荷兰绿色交通

2）立体步行系统

立体步行系统接驳公交站点和住宅小区，使行人在街道上下、楼宇之间全部能够走得通（图 13-19）。曾有一个规划师说，我国沿海城市学习了香港高容积率的反面经验。中国香港地区的建筑容积率非常高，人住在这些住宅区里像是住在暗无天日的鸟笼中一样。但香港地区建设了楼宇间四通八达的步行道，这个好的经验内地沿海城市规划师却没有学到。

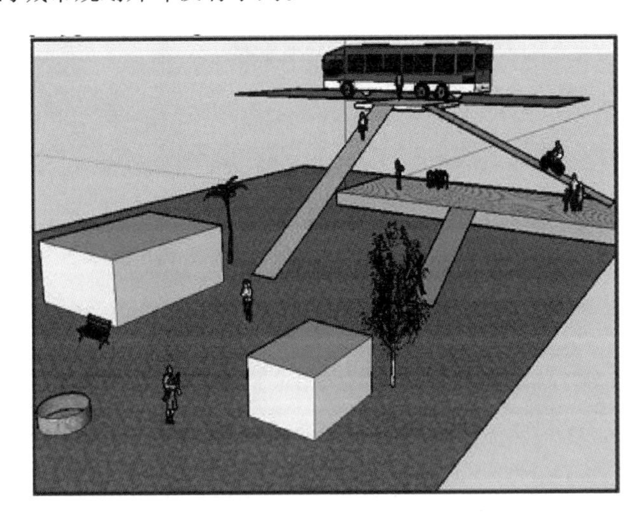

图 13-19　立体步行系统

3）屋顶楼宇间交通

屋顶和楼宇间交通能减少大量交通能耗，为什么不可以在楼与楼之间建一些桥梁通道呢？如深圳中心区和上海陆家嘴金融区高层建筑都很多，但塔楼间的交通却没有联结成体系，这在发达国家被认为是不可理解的（图 13-20）。

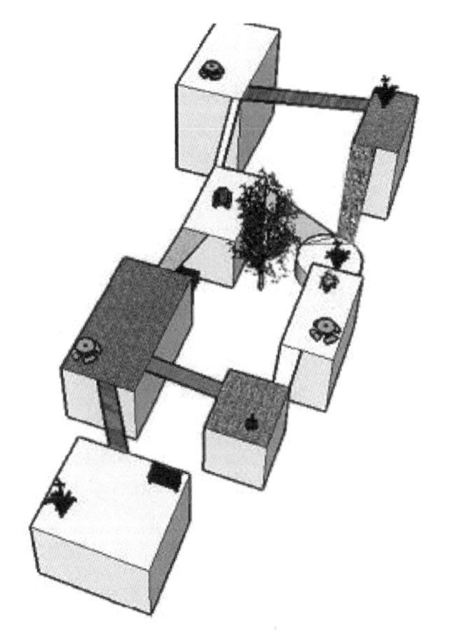

图 13-20　屋顶交通

4）交通导向的发展模式（TOD）

TOD 即公共交通导向型发展模式，是一种从全局进行规划的土地利用模式，为城市建设提供了交通建设与土地利用有机结合的新型发展模式。TOD 的发展模式强调全面对土地进行规划，首先设地铁站，在地铁站辐射半径内的交通通过公交来实现，而公交车站又能够与自行车道系统联结起来。把地铁与快速的公交回路、自行车线路叠加在一起，三者可以实现无缝换乘。政府可以把地铁站辐射范围内的土地预先征用控制起来，通过拍卖回收一部分土地增值收益。交通可达性的提高可以让土地成倍增值，回收的增值可以补贴地铁的建设，可占到地铁投资的 50%～60%。

TOD是美国规划师发明的，但在美国这个实行土地私有化的国家发展得并不好，但这种发展模式在实行土地公有制的我国完全有条件实施（图13-21）。

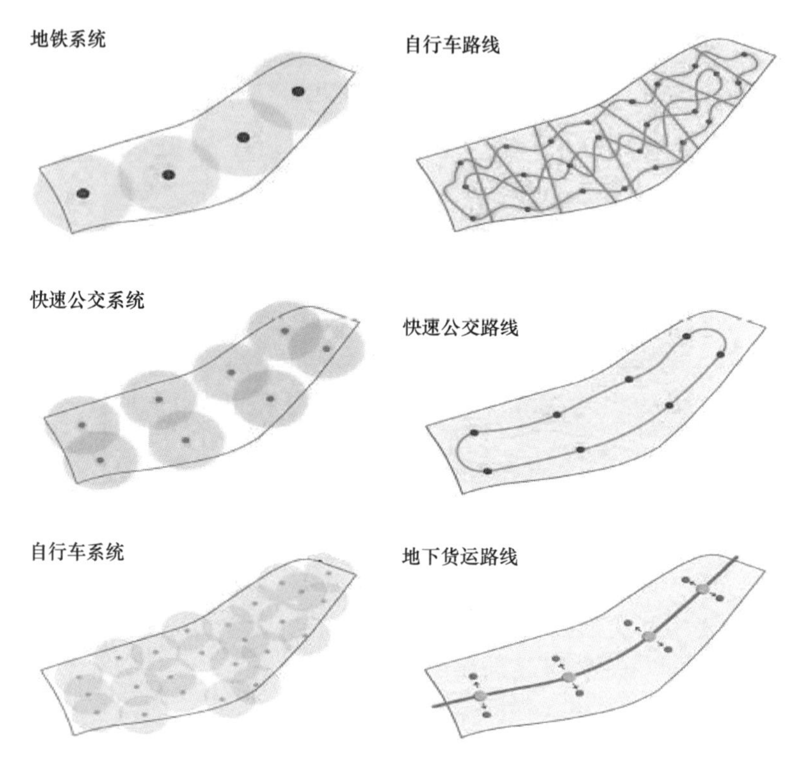

图13-21 公共交通导向型（TOD）发展模式

推行TOD模式应将各种交通工具联系得非常紧密，有利于机动车与非机动交通之间的方便换乘。城市规划最重要的两个着眼点，一是土地利用，二是可达性。作为规划部门来讲，最重要的工作是把土地的利用和交通紧密结合起来，城市综合交通规划千万不能给其他任何一个部门去编制。从国家部门的职能分工来讲，交通部门负责车辆的运行和城市间的交通，根本不涉及城市规划，城市交通的规划、设计、建造都是由城市规划和建设部门来负责的，应认真负责地承担起来。

TOD发展模式不仅把公共交通系统与土地利用进行了合理组合，还可以使地铁这种大规模投资建设得到回报，同时可增加“地铁上盖区”的社会就业岗位。比如香港任一个新区的地铁口周边区域内就解决了很多人的就业问题，最高可达70%。倡导土地的高密度利用，有利于大规模发展电动自行车交通和出租自行车。自行车与地面快速公交系统（BRT）和地铁等大容量公共交通的衔接要精心设计，处处体现人性化，就可以达到生态化的效果。

5）BRT与“双零换乘”

我国城市的BRT发展取得了很大的进展，但BRT车辆设计和换乘枢纽设计等方面还比较粗糙、缺乏人性化。而在真正实行“公交优先”的城市，如巴西的库里蒂巴等城市，对这两者就进行了精心设计，公交车的车门很大，乘客上下车都很方便、快捷。区间的交通衔接也很方便，从BRT车辆出来后，就在同一站口等候区间公共车即可，一般都是一票到底，换乘可实现“零代价、零空间”（图13-22）。

图13-22 BRT与“双零换乘”

而我国一些城市，从地铁出来如果要坐公交车需要走很远一段路，有许多上下楼梯，本地人常晕头转向，外地人更是搞不清楚，如果拎着行李换乘更是不方便。把公共交通发展好，要人性化，方便民众才是真正的“绿色”。

6）道路和停车场绿化

城市的道路和停车场一定要广泛绿化，由于缺少高大乔木遮阴，夏天停放在停车场的车辆车厢里的温度极高，要用车再开空调降温极其耗能，而道路和停车场绿化就能起到非常好的降温节能和吸收废气的效果（图13-23）。

图13-23 道路及停车场绿化

2. 二星级的绿色交通技术

1）直线电机新型地铁

直线电机地铁的优点是爬坡能力强，转弯半径小，车辆底盘低（图 13-24）。地铁如果改成直线电机型，挖掘机（盾构）直径可从原来的 5m 减少到 4m，地铁建设挖掘量可减少 30%以上，整个工程造价可以降低 1/4 以上，节约投资和节能的效果都非常明显。车辆运行的电气控制系统也相对简单，在此基础上还可以发展出中低速的磁悬浮轨道交通。

图 13-24　直线电机新型地铁

2）交通需求管理

对特大型城市而言，仅增加道路资源和推行公交优先仍然不能解决交通拥堵，必须对交通需求进行控制，应在城市繁华地段划出一定区域，减少停车位，提高停车费，增加公交专用道，对进入此区域的小汽车收费用于绿色交通的发展。像上海一直坚持车辆牌照的拍卖，与北京相比，同等规模的大城市，上海私家车的保有量增长速度要低得多。在对交通需求进行控制的同时，还应号召大家骑自行车上班。实践证明，自行车（包括电动自行车）占用空间仅为私家轿车的 1/20，在狭窄的街道通过能力强得多，应大力提倡。

3）与可再生能源相结合的电动车供电系统

比亚迪是我国目前最大的电动车生产商，北方也出现了很多山寨版的电动车生产商。如果把住宅的太阳能光伏发电与汽车充电结合起来，白天电动车可以停放在有太阳能发电系统的住宅下免费充电。深圳可以把电动车的生产优势和城市基础设施建设结合起来，合理设置充电桩，在坪山和光明新区可以尝试率先实施。

4）无线城市、移动服务系统

无线城市中手持电脑可以在城市的任何一个角落实现无线免费上网，这种上网方式边际成本几乎为零，上网速度也很快，目前国产的技术完全可以做到。正因为便捷的可视通信、高容量的无线信息传递，方便市民采用家中上班的工作模式可替代一部分见面交流和上班交通流量。这样，我们可以做到“多用信息、少用能源”来减少城市整体能源的消耗。通过无线网络可以做到菜单式的服务，可以进行网购，优化物流系统，还可以提高城市人居的舒适度（图 13-25、图 13-26）。

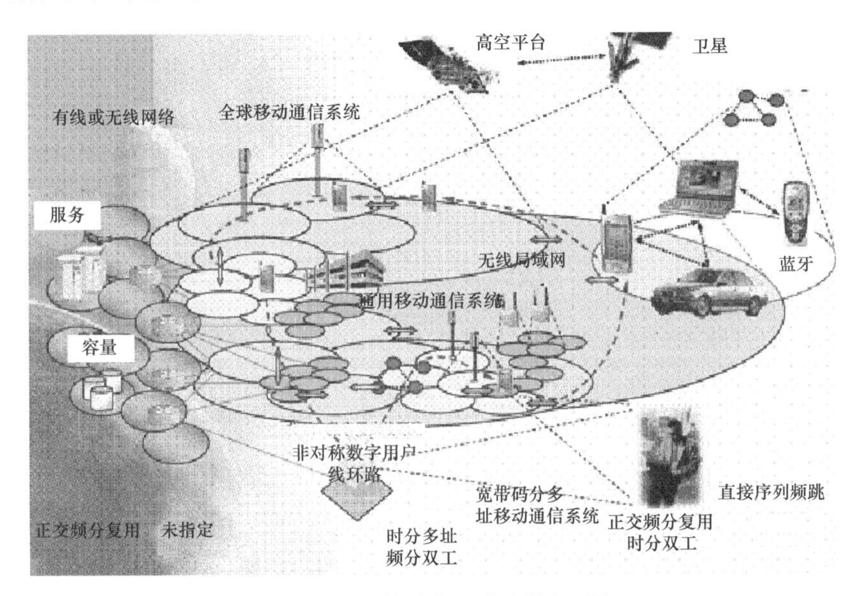

图 13-25 无线城市、移动服务系统

图 13-26 无线城市的意义：多用信息、少用能源，发展物流

3. 三星级的绿色交通技术

1）中低速磁悬浮、PRT

三星级的绿色交通技术中有两项是非常重要的。

一是中低速磁悬浮，有非常大的发展潜力。未来公交要空中化，需要在大型的楼宇中设立停车站，一般车辆线路穿过楼宇噪声和震动都会很大，还有污染。而中低速的磁悬浮基本没有这两项负面影响。

另一个是 PRT（Personal Rapid Transit），这是一种新型个人快速轨道交通系统。一座 1000 万人的城市，一般同时出行的也就是近百万人，如按欧盟的标准，每千人 500 辆汽车，该城市就要设计 500 万辆汽车的道路、停车场（家庭所在地、商店、工作地点都要考虑停车），其结果是城市的空间资源浪费极大，成本极高。而 PRT 一般使用空中轨道，不占用地面空间。PRT 车厢一般是 6～8 座的，占地小，非常轻便。使用者可以通过点击按钮，系统自动载人到目的地，不存在交通堵塞的问题，很个性化，但又是公共交通。这种模式是当前唯一可以在便捷性、舒适性方面可与私家车相竞争的公共交通工具，已经在美国几个校园中应用，马斯达生态城也正在规划采用该系统。PRT 交通系统较好地解决了城市空间有限性和交通能耗的问题（图 13-27）。

图 13-27　中低速磁悬浮、PRT

我国正处在城市化的中级阶段，在城市改造过程中也可以采用 PRT 系统。通过不同运输模式成本的比较，可以看出 PRT 这种新型交通工具的理论运力可以达到每小时 1 万～2 万人，其运量实际上比轻轨还大，成本却比轻轨低约一半（表 13-3）。

不同运输模式的运力和成本比较　　**表 13-3**

模式	运力单向每小时载客（1000 人）		成本（百万美元/英里）
	理论	预计	
M3 磁悬浮，双向	12～18	8～12	25～40
重轨	6～90	6～50	175～200

续表

模式	运力单向每小时载客（1000 人）		成本（百万美元/英里）
	理论	预计	
轻轨	2～20	1～10	50～70
APM-市内			100～120
APM-机场			100～150
BRT 配电通道	0.5～16	1～11	14～25
PRT 单向	3.6～43	1～9	20～35
PRT 双向	3.6～43	1～9	30～50

2）交通综合解决方案

可以通过整体优化设计，把 BRT、PRT、轻轨等各类交通工具综合利用，达到最优的公共交通网络。在瑞典的斯德哥尔摩的哈姆贝新区（Hammarby Sjöstad），通过综合设计公交网络，私家车的拥有量减少了 50%，大大节约了能源（图 13-28）。

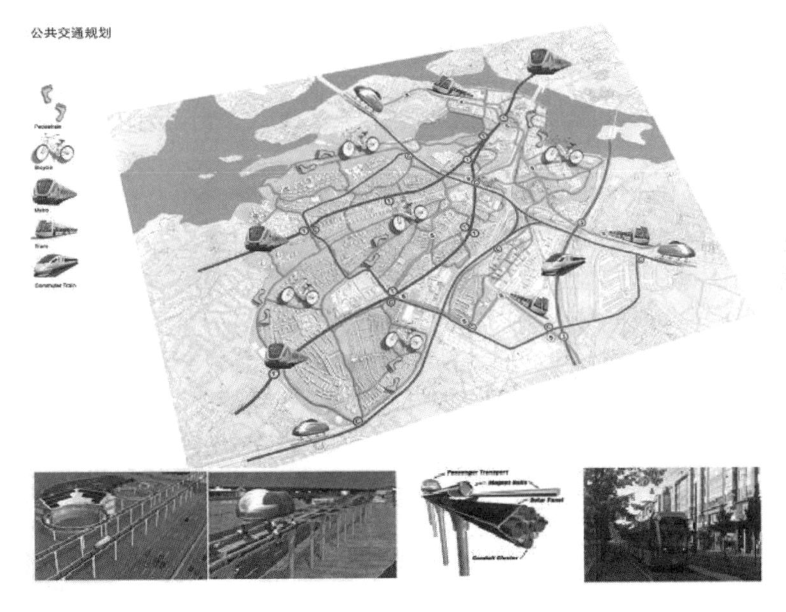

图 13-28　斯德哥尔摩的交通综合解决方案

三、水生态系统技术

健全的城市水生态系统不仅可以达到节能和削减污染物的目的，而且对提升城市生活质量具有不可替代的作用。俗话说，“城不在大，有水则灵”。但如果一泓臭水，城市生态环境就差极了。

1. 一星级的水生态系统技术

1）雨污分流管网系统与中水回用

在深圳等降雨量较大的南方城市，优化水生态方面最重要的措施就是进行雨污分流的管网建设，其次是中水的回用。雨污分流管网建设必须从城市规划编制开始，把雨水和污水分开来收集，这是最基础的工作。污水和雨水管网的建设必须与新区道路的建设一起实施。

老城和小区改造也要进行雨污分离，这方面应是政府主导，要通过地理信息管理技术进行严格控制。城市水务集团作为政府控股的公司，要明确通过精细化管理、财政以奖代拨补助的办法规定每年管网改造必须要达到的目标。

2）节地型的污水处理设施

深圳在这方面做得非常好，把一些水处理设施放到了地下，有些污水处理厂曝气池都实现了加盖，甚至有的还在上面铺草种花，并研制出一些设施来吸收沼气气体等。这不仅消除了影响居住在周边百姓生活的臭气，而且还使曝气池上方的空间得到了利用。有些地方不一定要铺设长距离的管网输送污水，小型集装箱式的深度处理装置就可以把污水处理体系优化。

3）分散式污水处理厂

还有一种污水处理方式就是分散式的污水处理厂。在污水处理厂规模问题上深圳过去是有教训的，应该按照国际水协的通用规定，对污水处理厂规模适度控制，一般污水处理厂处理能力 30 万 t 的规模就足够了。像重庆利用世界银行贷款项目建成处理能力高达 100 万 t 的污水处理厂，这种做法是不可取的。世行鼓励通过它们的贷款建设污水处理能力 200 万 t 的污水处理厂，污水的输送管道长达 30km，需要加 8 个大气压才可输送，能源的消耗比一般污水处理厂的能耗高出 3 倍，世行这样的做法被人批评是纯粹为了追求贷款规模。

污水处理厂建设应按照国际水协提出的“适度规模、合理分布、深度处理、就地回用”的原则进行系统布局设计。每个污水处理厂覆盖 50 万人的居住组团是合理的，污水经过深度处理，达到一级 A 的标准，出来就是中水，可以用来就地回用。这方面新加坡的经验值得借鉴，新加坡把雨水收集、海水淡化、污水再生循环利用结合起来，把从马来西亚调来的水大部分做成瓶装水返销到马来西亚和其他东南亚国家。

2. 二星级的水生态系统技术

1）雨水收集系统

对深圳这样的缺水城市来说，雨水收集系统非常重要。通过收集、沉淀处理，雨水可以用来浇灌、花草绿化和冲厕所等，这样大约可以节约用水量的 30% 左右（图 13-29）。

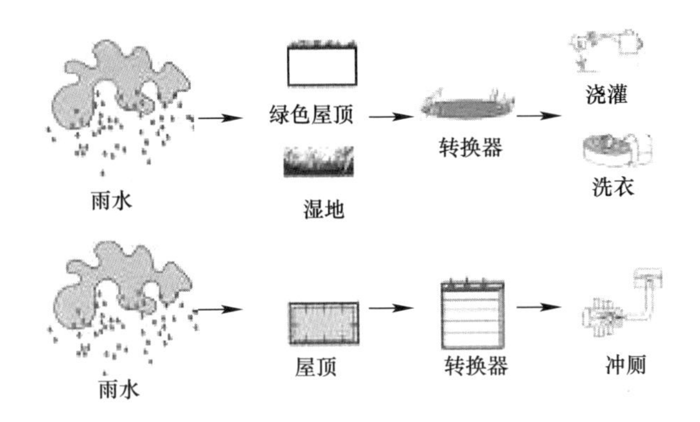

图 13-29　雨水收集

在城市节水方面有一个著名的案例。20 世纪中叶，美国纽约市由于人口膨胀，用水非常紧张，当时政府考虑采用远距离调水的办法来补充年 10 亿 m^3 的用水缺口，要铺设很长的管道，耗资 100 多亿美元，每年还需要大量的维护费用和水资源费。当时有水专家提出建议，只需把纽约的抽水马桶进行更新，将传统 6L 冲水量的抽水马桶改成 3L 的，用水缺口问题就可以解决。结果政府只投入了 10 亿美元的改造资金，就解决了用水缺口问题。

深圳的年降雨量达 2000m^2 左右，其雨水收集系统比纽约的节水潜力更大，近期不需要通过节水器具的更换，只需要通过雨水收集和适度提高水价就可以达到节水目的。现代气象科技已经能够做到精确预报何时下雨、雨量多少、水质怎么调节、水位会涨多少等，所以城市雨洪利用也较容易做到。

2）灰色水与黑色水分离

生活中的灰色水包括居民住宅和单位办公楼中厨房用过的水、洗衣机出水、洗澡水，用专门管道输送到建筑物的地下水池，每个立方只需 1 元钱的成本就可以变成中水，再用此中水来冲马桶。这么一个简单的系统，就可使生活用水量减少 30%。把雨水的收集、节水器具的推广、灰色水和黑色水分离综合起来，节水率就可以大大提高，而不再需要昂贵的远距离调水工程。

3）水系生态化改造

深圳河经过多年反复治理，不仅水生态修复效果不理想，而且改造后的河道景观丑陋难看。一些地方通过改善原来的水利系统，使得河流和人能进行非常亲密的接触，水生态的条件大大改善，河流变成非常美丽的景观，成为城市里最漂亮的风景线。法国人在巴黎宣言中的第一句话就是把塞纳河还给热恋中的情人，现在塞纳河两岸呈现浪漫的景象。如果河道两旁修很高的防洪坝，市民不能亲水，就不能形成城市水景观和优化水生态（图 13-30）。

图 13-30　水系的生态化改造

4）膜技术

膜技术包括反渗透膜和生物膜两种。通过膜技术，污水的处理能耗和成本都已明显下降，可以把污染的水变成中水，再进一步变成可循环利用的三类水，而成本已大大削减，每吨 2 元人民币的成本就可以做到（图 13-31）。此外，还可以利用可再生能源来进行污水的处理，使能耗进一步下降。

5）低冲击开发模式（LID）

低冲击开发模式是指城市与水生态系统和谐共存，城市可以从建筑物屋顶开始蓄积雨水，然后居民区蓄水，再到小区蓄水，再加上停车场蓄水，再到街道蓄水池功能的发挥，然后城市主干道两边储水沟蓄水。通过这样层层截流、层层蓄水，可以做到 50mm 以内的降水量，城市地面不发生溢流、没有积水，这种就是非常好的生态化开发模式（图 13-32）。

广州大学城内的水系统总面积达 13 万 m²，如果设计得不好，则只有 7.9 万 m²。设计建设单位把大学城内的河流、湖泊与大学城人工构筑的蓄水系统有机结合在一起，充分体现了低冲击的理念。下雨的时候，大学城内完全可以做到不用调节

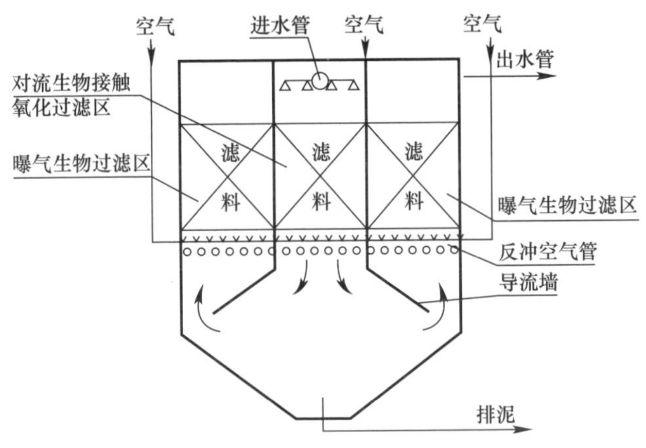

图 13-31　膜技术水处理

水位，街道上的泥沙和污染物也不会冲到河网里去，这就是低冲击开发模式。这种模式所采用的技术并不是很复杂，深圳在每一个小区都应该推广。瑞典的马尔默“明日之城”是著名四大国际生态城之一，道路设计采用了简单有效的技术，紧临河流湖泊的道路每隔 100m 就有 $10m^2$ 左右的微型人工湿地公园。这些小公园是下雨初期前 30min 地表水中脏东西的净化过滤系统，里面长满了能够吸收泥沙和氮氧化合物的花草树木，雨水在这里经过多次循环，得到充分沉淀和吸收，水中的 COD 含量可降低 60%～70%，水变清了后再通过出口流回河道或湖泊（图 13-33）。

低冲击开发模式中还包括渗透型停车场，渗水型路面与整个地下水系统联通起来，可渗透的面积约占城市建成区总面积的 40%左右（图 13-34）。

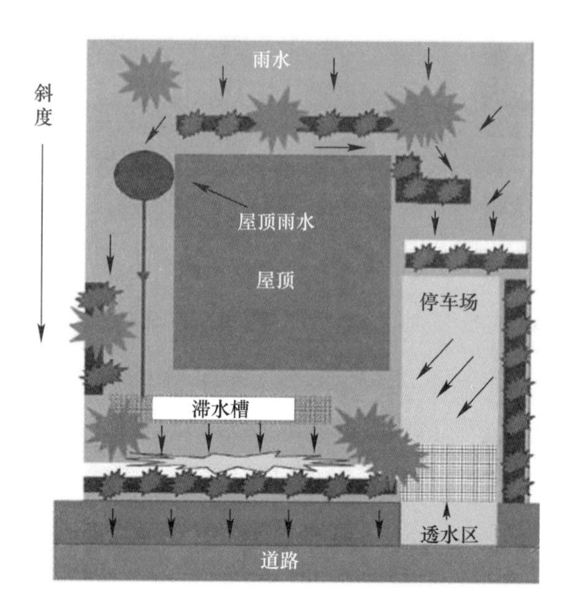

图 13-32　低冲击开发模式

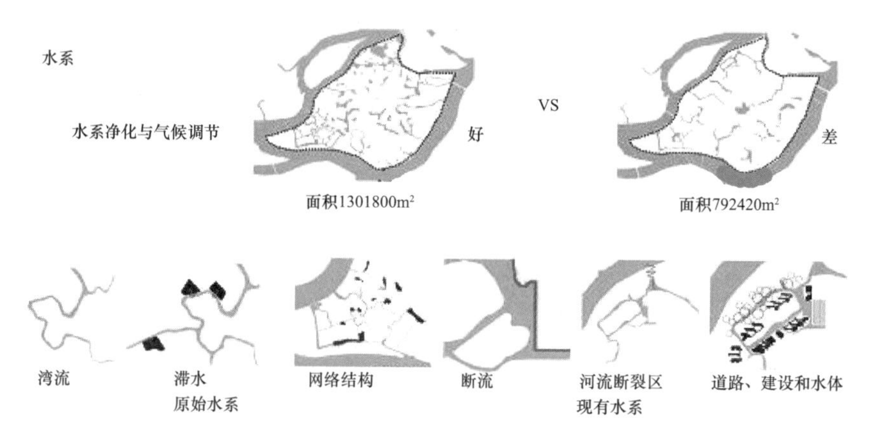

图 13-33　水系净化与气候调节

3. 三星级的水生态系统技术

1）非工程式洪水管理系统

一些地方在应对洪水威胁方面存在认识上的误区，盲目采用工程方式来对抗洪水，在河道两旁筑起高高的堤坝，强调达到 100 年甚至是千年一遇的抗洪标准。这种纯工程方式对河道生态和景观造成极大的破坏，同时由于盲目加高河堤容易导致城市内涝式洪水灾害加剧。而非工程式洪水管理方式，不再把洪水看成是应拒之门外的猛兽，而是通过对河道进行生态化改造，恢复沼泽、湖泊和湿地

图 13-34　渗透型停车场和渗水型路面

等扩大城市河道纳洪能力。同时，河道两旁平时可作为市民休闲的场所和观光胜景。一旦当高于城市河道纳洪能力的洪水来临时，可采取疏导的办法，及时预警、转移居民或督促市民上楼就可以化解，因为洪水滞留的时间很短。在这方面，巴西的库里蒂巴市和法国的巴黎市都有着成功的经验可以借鉴（图 13-35）。

图 13-35　库里蒂巴市的治洪理念

2）不同水位置入公园和再生能源的防洪堤设计

根据水位的变化，采取适当的设计策略。在低洼地方种植大量的植物，成为一个完善的湿地生态系统。夏季微风又能从建筑间的缺口中流动，为周边建筑带来凉意。涨潮的时候，水体一部分被蓄积起来，在落潮的时候用于带动涡轮发电，另一部分通过管道通向地面，降低路面温度。一些收集起来的雨水也被蓄积在此，用于当地的建筑工业和能源生产。同时通过海产养殖得到清洁生产的淡水和海鲜。比如深圳的红树林生态修复工程不仅要注重种植面积的扩大，而且可以在海堤下面设计一些管道，利用涨潮的水压发电，使防洪堤既成为绿化公园又是一个可再生能源的发电系统，这个堤坝的设计就绿色生态了。

3）节地型生态化污水处理

在加拿大推广的有生命力的水处理装置（Living Machine），在温室里面种了各种各样的水草植物，有些植物能够高效降解氮氧化合物，有些草木还能够吸收并降解重金属化合物和磷等元素，形成一个有机的污水处理系统，虽然建造成本比常规的高一些，但不用消耗任何能源和化学品，运行的成本比常规的要低得多。由于处理过程没有臭味，这样的水处理系统在当地还成为旅游景点。加拿大的污水处理思路非常值得我们生态城仿效（图 13-36）。

图 13-36　节地型生态化污水处理

四、垃圾处理技术

1. 一星级的垃圾处理技术

分类收集、卫生焚烧、卫生填埋。垃圾处理一定要贯彻 3R 原则，即减量、再利用、循环（Reduce，Reuse，Recycle）。首先把垃圾严格分类减量化，然后将不可分离的厨余垃圾等专项生物处理成肥料，最后再循环重新利用。与垃圾填埋方式不同，这是一种城市处理垃圾的正确方法。

2. 二星级的垃圾处理技术

严格分类收集、循环利用、厨余垃圾就地降解。把工业垃圾进行收集，有机废料做成有机肥料，采取自我循环的方式建立起整个垃圾处理系统。把生活垃圾中的废旧塑料、报纸、玻璃瓶全部进行分类、回收，剩下不可回收的厨余垃圾就地降解（图 13-37）。在日本，家庭处理厨余垃圾的机器体积就像一个小的冰箱，鱼骨头、剩菜饭等厨余垃圾放进去，3 天以后开始降解，5 天就变成了颗粒状的肥料，肥料可用来种花草。日本这种小型分散化的垃圾处理方式非常值得我国城市学习借鉴。

图 13-37　厨余垃圾就地降解

现在还有些新的技术在发展之中，例如，自然界的白蚁专门吃木头，白蚁体内的细菌能把木头纤维素降解成能源和有机肥。通过现代基因嫁接技术，培养出超级细菌也可以用来降解塑料。在这方面华大基因研究团队已经研究成功。

3. 三星级的垃圾处理技术

1）分区真空管道收集，就地降解利用

在北欧一些城市小区采用真空管道输送系统处理垃圾，所有家庭的垃圾都通过真空管道分类输送，每栋建筑旁都有分类回收口，真空管道每天抽送数次（图 13-38、图 13-39）。但这种真空管道输送系统造价非常昂贵，维护运行成本也非常高，使用起来能耗又较高。因此，采取什么样的方式处理垃圾，才不会造成更高的能耗，也是值得深思的，我们不应盲目去推广不适宜中国国情的技术。

图 13-38　垃圾分散循环利用与有机降解

图 13-39　分区真空管道收集垃圾

2）电弧等离子体垃圾处理

电弧等离子体垃圾处理的工作原理是在一个密闭空间里，通过强大的电弧，使空气电离产生等离子体，然后在另一个缺氧的密闭空间里，城市固体废料（MSW）就在这里面分解，此外还有焦炭、石灰石，产生的等离子体对它们进行超高温加热（图 13-40）。在无氧化的条件下，垃圾混合物中的无机物迅速玻璃化，最后产生的无害熔渣可作为建筑材料。最为重要的是，高温可分解固体废料中的有机分子。在有氧条件下，分解能产生大量的二氧化碳；若在无氧的条件下，固体废料中的有机物就会转化为氢气和一氧化碳的混合物，这种混合物可以像天然气一样作为一般汽轮引擎的能源，其中的氢气进一步纯化分离，则可以作为单独的燃料。对这种气体混合物作进一步的处理，降低其中污染物质的含量，如极少量的氮化物和二氧（杂）芑等直接进入涡轮机或释放到大气层中。理论上，通过气化将垃圾转成能源，垃圾处理将会是一个既环保又利润丰厚的良性产业。从理论上计算，1t固体垃圾蕴含的能量是同质量煤的1/3～1/2，这足够支撑一个垃圾处理场能量使用❶。

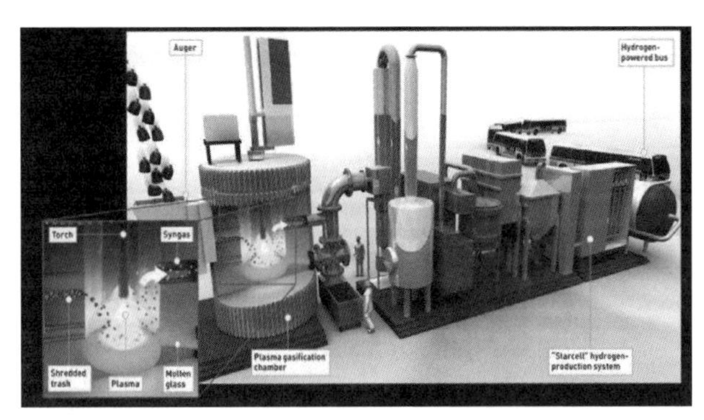

图13-40　电弧等离子体垃圾处理城市绿化与绿道

五、城市绿化

1. 一星级的城市绿化

城市绿化最基础的就是平面绿化，要点线面相结合进行绿地建设，充分利用城市街角、路边、社区的各类空间进行绿化，丰富绿化的层次。

2. 二星级的城市绿化

二星级的城市绿化包括立体绿化、屋顶绿化、道路封闭式绿化、高架桥、构筑物绿化、绿地生态化改造等，通过这些手段达到城市美化的目的。我国很多城市中道路两边的树都比较小，树荫没有接到一起对路面起遮阳作用，这是很遗憾的事情。新加坡在这一方面的做法值得借鉴，新加坡的园林部门特意挑选了树冠非常大的一种树种，道路两边的树冠在道路上方对接，不仅形成林荫大道的特色景观，更重要的是，柏油马路寿命由此可以提高数倍。这是因为，夏季太阳直射会使柏油马路软化翻浆，导致道路三年就要维修一次，如果有树冠遮阳，柏油马路的路面温度可以降低约20℃，使用寿命就可大大提高。新加坡的高架桥中间留有一条缝隙，有利于阳光照射到高架桥下面的空间，就使其变成了一个花草植物

❶ 电弧等离子体垃圾处理新技术已在日本、美国等国家得到应用，如日本北海道Utashinai城的等离子体垃圾处理设施和美国佛罗里达州中部的ST Lucie地区筹建的垃圾处理厂等。

茂盛的公园。所有构筑物都尽量进行立体绿化，已有绿地也进行生态化改造，改造成能够自我循环的、动植物能够和谐相处的绿地系统，这比简单地铺设大草坪景观要美丽得多，也符合人类喜欢多样化的天性（图 13-41～图 13-43）。

图 13-41　屋顶、立面、所有公共构筑物的立体绿化

图 13-42　屋顶绿化

3. 三星级的城市绿化

三星级的城市绿化，要在不同的层面，采取不同的景观绿化，充分体现多样

化、生态化的原则。再发展下去，可以朝“都市农庄”的目标迈进，“都市农庄”把一部分建筑的顶部，或者向阳的一面做成有机物的生产基地，在城市中实现有机物的循环利用（图 13-44）。

图 13-43　新加坡道路、立交桥绿化

图 13-44　新型都市农庄

三星级的城市绿化应抛弃传统功利主义和人类中心主义支配并与工业社会伴生的“机械美学”，这种审美观念崇尚充分“享受丰富的物质、大地景观人工化即为美”。这种观点认为自然环境充其量只是给人类提供美的素材并没有美的价值。人类社会进入生态文明之后，必将引起美学观念的转变，城市美学也将从机械美学转向生态美学，这种新美学是以丰富多样的生物（包括人类）与其生存环境的协调共生所展现的美，是以生命之间、人工构造物与自然之间的相互依存、相互支持、互惠共生和复杂自组织进化为基础的，展现出自然界的生物多样性与人类最大的构筑物——城市之间的相互嵌入共生共荣和谐共处，以及社会风尚与外在形象的和谐统一，包括了自然生态学、人工生态美和社会生态美三方面的统一。简而言之，应在遵循凯文·林奇的五要素绿化景观优化要点的基础上形成生态城的和谐景观。凯文·林奇提出在城市的五个节点上，一定要达到绿化美化、景观化的目的。在路线上纵向展开城市景观；在边缘即城市的轮廓线、天际线上采取立体或平面与自然融合的绿化方式；在节点即路与路、路与河、路与林，相互交叉之处进行充满自然情趣的设计；在区域内部展开别具匠心的城市景观；在标志方面安排有空间感染力的构筑物与自然物，这样城市就会变得更加美妙。我国的传统园林艺术，遵循虽为人工，师法自然，宛若天成的原则，其本身就蕴含了生态环保的理念（图 13-45～图 13-49）。

图 13-45　路线——纵向展开的城市景观

图 13-46　边缘——城市的轮廓线、天际线（立体或平面与自然的融合）

有人问杭州的地标是什么，众人都会回答说是保俶塔，那里几千年的绿化和景观设计为这一杰出地标映衬了三个层次，水面、百年老树组成的树林和耸立在宝石山上的古塔共同构成了杭州最美妙的标志，这个地标形体并不是很大，但是很有层次感，水面、树林、建筑等形成了非常和谐的组合。

图 13-47 节点——路与路、路与河、路与林，相互交叉之处

图 13-48 区域——内部展开的城市景观

图 13-49 标志——有空间感染力的构筑物与自然物

4. 绿道为生态文明领航

绿道是一个新生事物，我们如何更好地来认识和推广它？先行国家的经验表明，绿道的规划建设，能够促进可持续的发展。当前我国正面临着城镇化与机动

化同步推进的情形，这将带来城市蔓延、交通拥堵、空气污染等方面的危机。在这样的情形下如何坚守净土？这就需要创造应对的措施，探求一种人人喜闻乐见的绿色交通新模式，绿道建设是实现这一目标的有效途径。

1）绿道建设能促进可持续发展

第一，绿道有利于生态环保。它涵养水源、净化空气，特别能大幅降低当前非常棘手的 PM2.5 污染浓度。如果说城市中有更多的人利用绿道，减少汽车的出行，就可以把 PM2.5 降低到很低的程度。我国城市自行车出行曾经达到 80%甚至 90%，为什么现在降到 20%都不到呢？因为许多骑自行车的人认为跟着汽车后面骑行，在呼吸汽车废气的环境之下不利于人体健康。这是导致绿色出行降低的核心问题。而绿道正是避开机动车道的新绿色通道，是恢复自行车骑行乐趣和益处的新途径（图 13-50）。

图 13-50　美国东海岸绿道

第二，绿道有利于增进民众健康。现在此外，绿道还能减少城市的热岛效应。现代城市正在遭遇越来越严重的热岛效应。因为我国城市形态都是高密度的，每平方公里约为 1 万人，容易引发热岛效应。以北京为例，2001 年，热岛效应导致最高温与最低温的温差达到了 8℃，使用大量的空调反而会加剧中心区的热岛效应，形成恶性循环。绿道建设将破解热岛效应问题，能够大幅度降低建筑对人居环境的破坏（图 13-51）。

“三高”的攀升速度居世界前列，有的城市高达 1/4 的人都患有“三高”等慢性疾病。如果通过提供便捷而又赏心悦目的绿道来使人们能到一个身心放松的绿色空间健身、交流、郊游、散心，能够在紧张的都市生活与宽松安静的乡村之间找到一处心灵与身体都得到恢复的地方，这就是绿道促进健康的功能。现在城市中有许多健身房和昂贵的高尔夫俱乐部，但这些中心和俱乐部不对低收入者开放，而绿道是人人能够用得起的，它是一种老少皆宜、贫富平等的公共健身设施，一种社会公平的载体，甚至越是贫穷的人，越可以更多地利用绿道（图 13-52）。

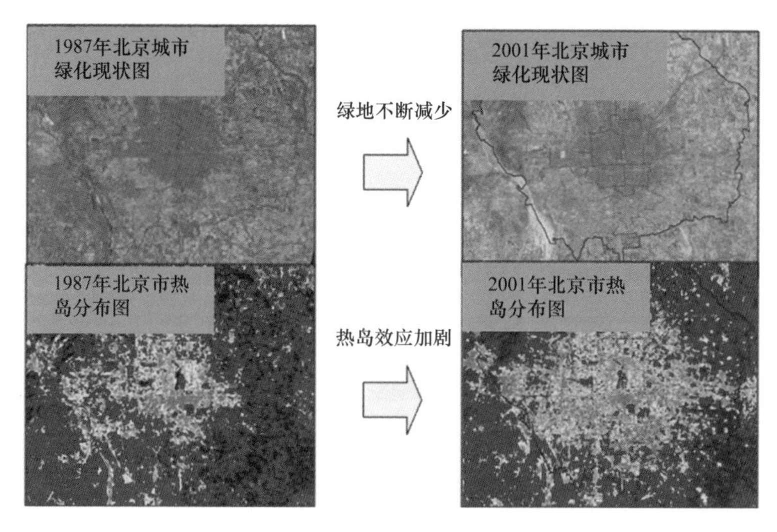

图 13-51 绿地减少将加剧北京热岛效应

图 13-52 都市中的绿道

第三，绿道有利于保护和利用文化自然遗产（图 13-53）。绿道将文化自然遗产、生态保护区、公园绿地等串起来、联起来、围起来。“串”“联”“围”，就是对当地的景点、文化自然遗产以及其他不可再生资源恰如其分的、有效的保护形式，而且使这些景点的服务功能大大扩散，使这些平常藏在深山、躲在乡下的资源可进、可观、可游、可学，使人们认识到自然环境对于城市现代化的均衡互补作用。在城镇化一往无前的进程中，坚守住这些宝贵的自然和历史文化资源意义重大。这些资源的价值随着城市化的推进会不断地增值，有了这样的认识就可以提高人们保护不可再生资源的积极性和有效性。以前对文化和自然遗产等不可再生资源采取严防死守，但还是抵挡不了破坏。只有把这些资源让人民群众时时刻刻关注，时时刻刻利用的时候，才会有效地发挥好群众的监督和社会的监督。这就是为什么那些可游、可进的设施，那些对公共开放程度最大、公众能够无成本进入的文物古迹，比那些荒野深山的文物更易保存的原因。这就是民众的力量，也是通过民众的普遍监管，使这些不可再生的资源得到低成本的利用。通过一种让人民群众可游、可看的方式达到资源高级利用开发的目的，从而取代传统开山炸石等低级的破坏性开发模式。

图 13-53　绿道与文化自然遗产相结合

第四，绿道有利于创造就业，增加农民收入。绿道建设，带动了乡村游、景点游、生态游、健身游。事实证明，凡是绿道沿线的农家乐收入都比其他地区农户的收入高很多，这不仅增进了城市民众的幸福，而且福及乡村民众。通过绿道这座桥梁，那些城里人看不到的、梦寐以求的乡村生活和景色展现在人们面前。这对我们下一代的生活和教育都带来莫大好处，促使他们认识自然，关爱自然，保护自然（图 13-54、图 13-55）。

图 13-54　绿道与乡村游

图 13-55　瓜果、荔枝绿道成为农民致富之道

第五，绿道有利于推动节能减排。从城内交通来看，绿道连接地铁等公共交通，起到了分流作用。从城外交通来看，绿道连接港口、码头、铁路、公路客站，起到沟通连接的作用。从绿色交通来看，自行车道、电动自行车道，都可以利用风电以及太阳能发电，可以为电动自行车充电，这就形成一个可再生的绿色环保、零排放绿色交通。老年人若是骑电动车、助力车、自行车也需要绿道。住房和城乡建设部有 80 多岁的院士，天天都在用电动自行车。我国将很快迎来一个急剧化的老年社会，绿道建设是在为老年社会作准备，只要配上可供电动助力车充电的可再生能源充电桩，老年人就可以充分享受绿道新鲜空气和阳光（图 13-56）。

图 13-56　绿道与公交系统换乘

第六，绿道有利于缓解交通拥堵。自行车的空间占用率只有小汽车的 1/20，一条宽度为 3～5m 的自行车道，1h 的通过流量相当于或者超过双向八车道 40m 宽的机动车道。很少有人想到绿道能分散机动交通的奥妙之处。绿道在初步建设时期往往处于游玩休闲阶段，但是真正到了绿道高级时代会取代一部分机动

车道的作用。只有当绿道充分被人们使用的时候，只有当绿道上充满着匆匆而过的上下班人群的时候，绿道才算成熟。英国伦敦的绿道建设力度非常大。有些地方绿道非常窄，就1m宽，但是骑自行车的人非常密集。这种阶段就比较成熟，人们像使用家常器皿那样习惯地使用绿道，而不是偶尔去点缀它。

据统计，电动自行车能源消耗不及小汽车的1/10。如果以公交车作为一个单位，小轿车是8.1，摩托车5.6，电动自行车0.75。电动自行车能耗只是摩托车的1/8，是小汽车的1/12。可以想象得到，这种零排放、新能源且能够利用可再生能源的交通工具，能够在绿道中欢快地跑起来。如果在绿道中划出1m宽作为电动自行车的专用道，将来城市交通拥堵情况可能会大幅度下降，也为人民群众提供了多样化的交通条件。英国伦敦花巨资每年建设巨量的自行车道，花了整整5年的时间，开辟出来600km的自行车道（图13-57）。广东用2年时间建设了几千公里的绿道，这再次证明了我国具有可以集中力量办大事的体制，只要决策正确，只要基于科学决策，我们就可以集中力量做好生态文明建设，为人民群众谋福祉。

图13-57　英国伦敦600km市内自行车道

第七，绿道有利于促进体制和科技创新。绿道是保护最宝贵的遗产资源、文化资源的管理创新，让人民群众贴近这些遗产，守望这些遗产，最后达到保护这些遗产的目的（图13-58）。绿道是落实区域规划、实现资源共享、环境共保的新载体。区域规划和城镇体系规划具有四种功能：环境共保、资源共享、支柱产业共树、基础设施共建。在“四共”之间，绿道起了一种有效的联结和载体作用。区域规划原来是没有实施载体的，但是我们现在有了。绿道又是扩大应用可再生能源、推动绿色交通、科技创新的新途径。风力发电、太阳能发电都是不稳定的，但是这种不稳定的电力被大量用于电动自行车充电，它就变成稳定、可靠的了。

图 13-58　采用新型钢结构的跨立交口绿道桥

2）实现绿道建设自身可持续的要点

既然绿道有这么多的好处，那么如何科学理性地把绿道规划建设得更好？

第一，绿道建设要依据法定规划，实施法定规划。省绿道与省域城镇体系规划相重合，除了其他重大基础项目以外，要把绿道摆进去。最近国务院批复广东省城镇体系规划的时候就提到，绿道与县市域村镇体系相重合。道路是连接人居环境点、人们所向往的集聚点的连线，这和市域及省域城镇体系规划相一致。因此，省绿道、市绿道、县绿道，这个多级的绿道都是有规划的依据。在城市中，绿道要与城市的总体规划、绿地规划、控规相融合，这就产生了都市绿道、市郊绿道。省绿道、市绿道、县绿道、城市绿道、市郊绿道等不同功能的绿道是依据不同的城市法规来实施的。绿道连接各级人居点，形成了新的交通网络，分流原来拥堵的机动车网络，降低污染，促进人们采用绿色交通的方式，把原来跟着汽车尾气后面跑而消失了的自行车需求恢复出来，并增长起来（图 13-59～图 13-63）。

图 13-59　绿道与高速公路绿化隔离带相结合

图 13-60　乡间绿道

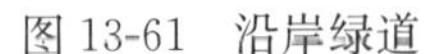

图 13-61　沿岸绿道

图 13-62　沿河绿道

图 13-63　沿海岸线绿道

第二，绿道立项、用地变通节俭。绿道的项目要综合变通。比如高速公路两边 30 多米宽的绿化带白白闲置，如果在绿化带内开辟一条 2m 宽的、人可以进、可以游玩的绿道来，对这个绿化带既是一种保护，但是又不影响使用。可以说是不砍一棵树把绿道建起来。甚至，绿道仅有 1m 宽也可以设计建设，可将去的绿道留 1m 宽，来的绿道再有 1m 宽，中间是树。我们可以利用农村、耕地保护区的机耕路建设绿道。机耕路建设国家有拨款，基本农田建设、机耕路就是绿道。用地方面，绿道建设可以租地不征地，可以利用棕地、利用退耕还林的地、利用原有乡镇企业的用地，可以利用污染土地的改造项目，甚至绿道可以穿越原来的垃圾堆，只要把垃圾堆封闭起来、栽上树，而且可以成为呈现生态景观的绿道。我们不能仅满足于把绿道用地作为建设用地征用，绿道是一种绿色的开发方式，完全可以用租用解决。

第三，绿道的选址要科学合理。绿道的选址，首先还是为了通行便捷，为人们游玩所用。绿道的利用率越高越好，所以应该用绿道把城市环绕起来，阻挡城市的蔓延，减少城市灰色地带。要做到“三环”和“四沿”：环湖、环山、环景，以及沿河、沿路、沿线、沿岸，这些都是绿道建设常见的选址。

所谓“四借”，首先就是借茶马古道（图 13-64）。道路，是人类社会最古老的创造，在城市之前就有了，尽管那些城市随着兵荒马乱湮灭好几遍，但是道路一直存在。在我国的广袤大地上，有大量的茶马古道，将这些宝贵的茶马古道利用起来，成为绿道的观赏景观和游客的思古兴趣之所在，当人们走在茶马古道改建的绿道上的时候会有与一万年前的祖先走在同一条路上的自豪感。人类生生不息，但只有善待环境，才能给我们的子孙后代继续存在的空间。

图 13-64　茶马古道及其驿站

其次是“借乡间小道、林区防护道”（图 13-65、图 13-66）。道路是人走出来后又被人类所利用的，这是亘古不变的真理。但是有了小汽车之后，就违背了这些真理，造成了环境污染，使人们患上严重的三高病。而绿道建设符合生态文明的要求。

再次是“借公园绿地”（图 13-67、图 13-68）。城市传统公园绿地，包括英国的海德公园，禁止自行车进入，我觉得是不合理的。大型公园中应该修建可通达的自行车道，让人们可以方便地穿过公园，分流交通，使自行车可进入的城市空间大大增加。有许多地方的公园绿地禁止自行车进入与穿过，是没有道理的。城市的空间是否允许进入，应该是按照人们采用的交通方式是否绿色来确定，即有没有带来空气污染、会不会消耗能源和产生噪声来衡量。通过实际测算，小汽车占用空间最多，消耗能源最多，排出废气最多，而自行车则相反。所以应该让自行车可以自由地奔驰，让小汽车处处受到限制，绿色出行就形成了。现行的城市规划应该变革，不应对自行车设立那么多禁区。我主张开放公共绿地，开放一般的公园，让绿色交通能够通畅无阻。

图 13-65　绿道与林区防火道相结合

图 13-66　绿道与乡间小道相结合

第四，绿道建设要因地制宜。在线路的选择上，不开山、不砍树、不填河，也不把原来的道路取直，有一定的弯曲兴许更好（图 13-69）。在道路的用材方面，因地取材，用废砖、废石和建筑废料循环利用。深圳是建筑垃圾全国试点城市，建筑垃圾被大量就地使用在“绿道”建设上。在树种的选择方面，多用本地的树种并采用多样化的设计，使人们乐意在绿荫中间嬉戏。我们要尊重自然的智慧，自然为当地选择了这些气候适应性的树种。我们要顺应自然界的淘汰，适者生存，又何必引种一些外地的、非常昂贵的、经常要浇水的、维护费用非常高的树种？领导者不应该有过分的树种偏好，避免浪费。

图 13-67 绿道与公园绿地相结合

图 13-68 保留绿道中间的树

第五，要进行绿道的维护监督和属地公开。上有省人大条例，立法并依法管理，下有乡规民约，利于民且管理动力源于民。例如浙江武义县俞源村的绿地就管得非常好（图 13-70）。这个村有一个由乱石岗堆成的山，祖先立碑禁止老百姓在村后面的山上砍树拔草，一棵草、一棵树都不能动。明代设定的乡规民约现在还被遵守着。由于水土保持得很好，这里几百年来没有发生过泥石流。所以，只有使老百姓觉得绿道对下一代、对大家的生存健康有好处，上面的法律和下面的乡规民约才可以相互对接有效执行。再加上考核要专业化、数字化、公开化。可通过评比各地的绿道的使用量与建设管理水准，评谁的树长得最好、谁的利用率最高、谁的服务最周到、谁的事故发生最少，开展一场绿道友谊竞赛，管理上的友谊竞赛。

图 13-69　树林中的绿道

3）提高绿道规划水平若干重点

第一，“师法自然”的设计（图 13-71、图 13-72）。绿道规划水平有若干重点。绿道是一种反工业文明的做法，是生态文明的有效载体。生态文明是周而复始的，中国五千年的文明，我们的老祖宗就遵循“师法自然”的真理。古代的智慧教育人们怎样与自然和谐相处。我国在一万五千年前就进入了定居的农耕文明时期，我国的每一个村落都可以追溯到千百年前。人们在几千年的定居生活中与自然和谐相处，积累了无数智慧。这些智慧汇集起来就是“师法自然”。通过师法自然的设计，用过去原始的生态文明来唤起现代生态文明。绿道的景观设计要与现代城市僵硬的景观形成反差，现在城市车道设计笔直，像一个小型飞机跑道，没有任何人对之有兴趣。越是现代化的城市，市民越是向往自然。这也是乡村旅游潮兴起的原因。

第二，绿道要具备多样复合的交通功能。绿道必须设计成为现代的汽车交通分流的慢行系统，从而减少交通拥堵与污染排放，实现城市的机动化转型（图 13-73）。

图 13-70　武义俞源村

图 13-71　与自然环境和谐的标志物

第三，“平面立体”相融合的绿化布局。绿道绿化设计一定要花草灌木合理搭配，特别注重道旁高大乔木的培植，形成浓郁的树荫，为老百姓遮阳挡风，让使用绿道的人呼吸新鲜空气（图 13-74、图 13-75）。据统计，乔木每一片树叶每年可以吸附空中的灰尘达到几十到上百毫克，可有效降低 PM2.5、PM10 尘埃。

图 13-72 “师法自然”的苏州园林建筑

图 13-73 具备多样复合交通功能的绿道

第四，“乡土化”与“数字化”相结合的监督管理体制。对绿道的运行、安全保卫和维护保养进行严格的监督管理。用 GPS 定位和遥感技术为绿道配以非常高效的数字化管理控制（图 13-76）。

第五，使用可再生能源充电的租用电动助力车。山西有一个规定，60 岁以上的老年人可以凭借老年证租用公用自行车。电动自行车体积非常小，又是零排放的新能源车辆，适合在绿道上行驶（图 13-77）。我国电动自行车拥有量是世界上所有国家电动自行车的总和，我国一年生产 3000 万辆电动自行车，现在的使用者达 1 亿多人。如果在绿道空间允许使用电动助力车，绿道的使用者数量会上一个数量级，城市小车交通会大大地缩水。

图 13-74　高大乔木下的绿道

图 13-75　平面立体相融合的绿道

第六，配置宜人的休闲设施。因为绿道是为人而建，不是为车而建，这就需要绿道处处可以休息，处处可以观光，处处可以赏景，处处可以休闲放松、遮风避雨。而且，在设计上尽可能采用中国元素，注重废物利用，就可以创造一个人人向往的、各个阶层平等的、老少皆宜的好去处（图 13-78、图 13-79）。

图 13-76 “数字化”监督管理

图 13-77 电动自行车及充电设备

图 13-78 绿道旁的休闲设施

文化驿站

集装箱驿站

湿地驿站

标识系统

绿道交通换乘

自行车租赁点

图 13-79 与绿道相配套的休闲设施

总之，绿道是具有明显生态、社会和经济效益的“最优内需”。好的内需，其生态效益、社会效益和经济效益同时具备。如刺激小汽车下乡，就具有经济效益，但缺生态效益。但是绿道同时具备三个效益，所以应该得到最大力度的鼓励和推广。在城镇化中期，当城市日益受到污染、家用汽车迅猛增长的时候，绿道开辟出小汽车不能进入的道路。建设高速公路是小汽车引导型的，建设高架桥也只有小汽车能行驶。但是建设绿道，只有绿色交通才能通行，这就是反美国式城市蔓延的做法。我们需要记住美国人的教训，美国因为采用了高速公路引导型的城镇化道路，一个美国人消耗的汽油量相当于五个欧盟人。绿道是基于城乡统筹的“新生事物”，规划、建设、管理都必须本着“创新”的意识来遵循“高效节俭”的原则，将一切可以利用的利用起来，一切可以借用的都借用起来。同时，绿道也是当地百姓的“幸福”工程。应充分调动全社会的积极性，“因地制宜”、科学规划、分级负责、连线成网、有序推进。绿道建设无止境，绿道规划无止期，建立好绿道主干道还有支干道等，要形成树叶状的交叉复合的绿道网络。这样才会使人们越来越热爱绿道，越来越多地使用绿道，符合我国的生态文明观的绿色交通才会有希望。

六、城市规划与设计

1. 一星级的绿色规划与设计

1）贯彻四线，严格保护历史和自然遗产

城市规划用紫线把历史街区和历史建筑保护住，用绿线把绿地控制住，用蓝

线把水系统、水源保护地保护住，用黄线对两种类型的公共投资所引发的周边土地价值明显变动区域进行管制，比如垃圾转运点、垃圾处理场、公交车停车站、污水泵、污水处理场站等用地范围应尽早确定并长期固定不变。

2）土地混合使用

我国城市规划工作者长期以来被传统的分区规划的思想所主导。将工作、生活、休闲和交通等功能分区截然分开，所以现有开发区的模式并不是理想的人居模式，而是工业化大生产的旧模式，不是为提高人的生活质量设计的，是为工厂设计的，所以这类城市就会形成严重的钟摆型交通，开发区一到下班就显得非常萧条，城市空间效率利用很低。应实行土地利用功能的适度混合，只要噪声、废气的排放能够达到标准，在建筑容积率（开发强度）一定的条件下，允许用户将有关联的项目放在同一地块上，例如，大学与住宅，商贸展览与宾馆饭店等；同时，还应倡导混合用地和绿色建筑的综合拍卖价评估或挂牌经营（图 13-80）。

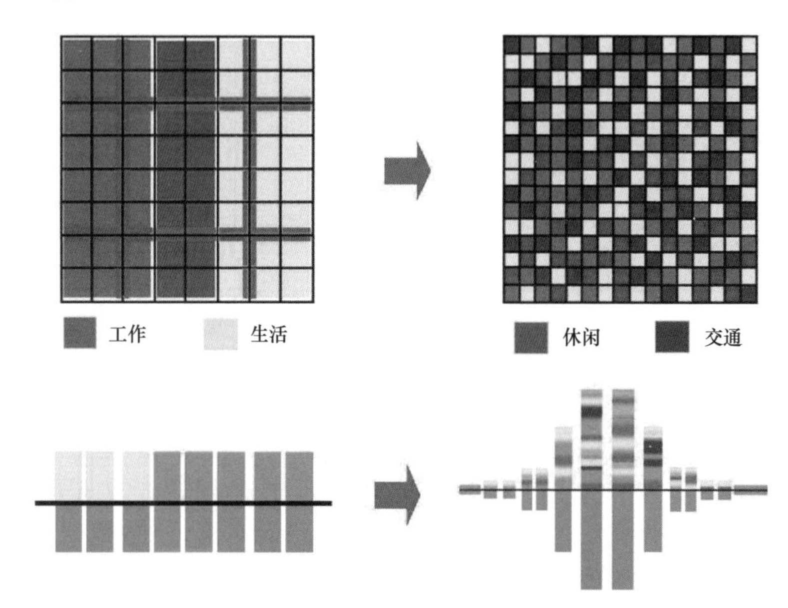

图 13-80　从平面复合到立体功能复合

2. 二星级的绿色规划与设计

1）地下空间综合开发

日本通过立法规定，15m 以下的地下空间为全民所有，通过精心设计，日本的地铁可以做到多层（图 13-81）。而在我国，管道、地铁、地源热泵、深层的能源利用等还没有形成系统地规划，地下空间难以综合利用，必须通过地下空间的整体设计来实现地下空间的综合开发。

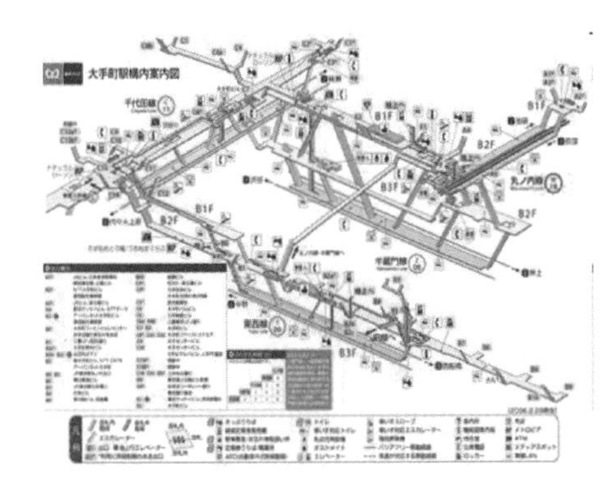

图 13-81　日本地铁站

2）立体社区

在立体社区的构想中，社区中的不同的功能单元建筑复合使用并相互连接。没有关联的建筑通过在空间上重新组合和排列，通过步行道把它们串通，变成功能纵向混合的建筑，形成多样化混合使用的社区。这样社区就变得非常有活力，城市就业的均衡性、交通的能耗、交往的空间等也可大大地改善。实际上，把居住、商业功能的建筑重新组合，加上走廊，就等于节地节能的立体社区。

3）旧城改造填充式开发

在土地资源非常稀缺的深圳，实行旧城改造填充式开发，可以节地，节能，造就城市独特的景观。填充式的建筑，即在两个房子之间，加建一个混合用途的建筑，再加上可再生能源的应用和立体农场的开发，这样把原有的建筑进行扩张和逐步改造，使原有的社区变得非常的绿色、生态和人性化，使人们的居住空间更加美好（图 13-82）。

3. 三星级的绿色规划与设计

绩效规划。政府部门要逐步实行绩效规划（Performance zoning）。对于一幢建筑，除了考察容积率、绿化、高度等传统开发因素外，还要考察废气、废水、噪声等必须低于许可标准，在此基础上可以允许业主调整建筑用途，这就是一种以生态环境绩效为原则的规划管理新方法。这种绩效规划将大大地调动建筑功能自主性的调整，同时又不会妨碍社区的正常生活，通过市场的力量把土地的混合利用往前推进了一大步。

生态城市规划的作用：一是明确城市的定位，比如深圳的光明新区、坪山新区，由原来工业区转变成一种生态的新城区；二是要把山水、景观、树林、绿地、交通科学理性地进行安排和均衡布局；三是把项目按照一星、二星、三星标准循序渐进地进行优选安排；四是协调建设时序，科学推进；五是要把这些节能环保绿色生态的设施进行协同联结。由此可见，生态城市的规划本质上起着沟通、联络、发挥城市整体生态、经济、社会三重效益的作用。只有这样我们才能够从绿色建筑开始，到生态规划节点，再到整个系统的优化。这样，城市才可以成为一个生态的、绿色的、环保的、宜居的人类栖息场所。

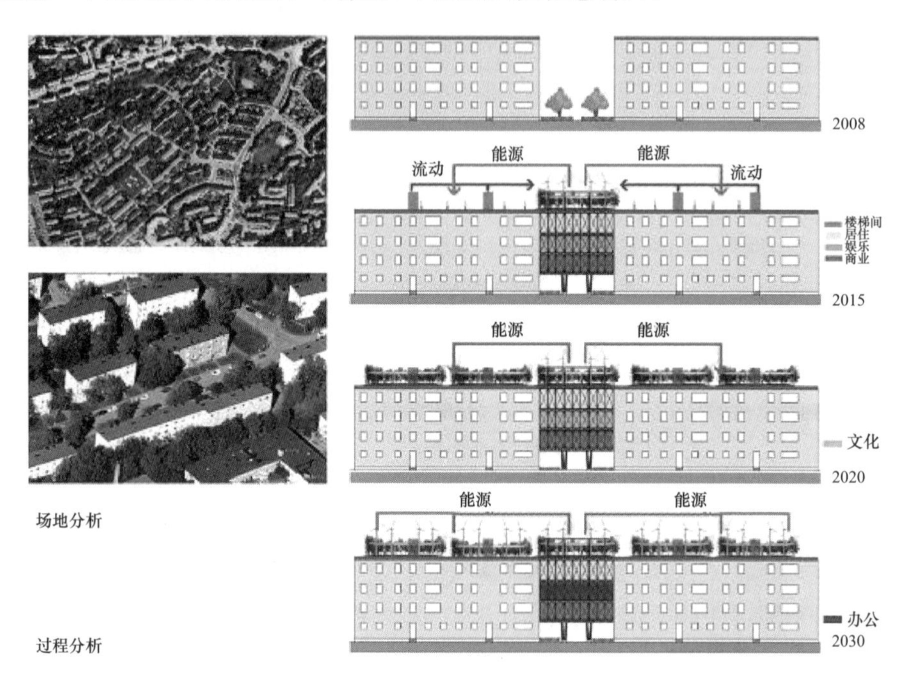

图 13-82　旧城改造填充式开发

第十四章　改造与循环——既有城市的生态化改造与微循环重建

一、微循环变革趋势：城市发展思路的转型

人居环境科学的发展有两种思路：一是整体论。长期以来我们试图从整体上、宏观上、高层上来对人居环境进行系统地设计、对各种资源进行整合。这种思路并没有错，因为我们缺乏以复杂科学的方法来对人类聚居的模式进行整体地、系统地把握与分析。另一方面，应立足于组成城市的最基本元素——人与人和人与物微观行为分析。复杂科学告诉我们一个真理，即一个自组织系统为什么会产生转型、涨落和演进等现象？组织机制是根植在这个系统中最基础的元素，也就是人居环境中人的能动性，人与人之间的相互作用，这些作用导致了城市特定的演进轨迹，这是理解人居环境科学的另一个着眼点。所以宏观与微观这两种研究思路都不能偏废，该学科的发展趋势是在于宏观的整合协调与微观的能动性分析相结合，在于人的积极性的涌现，系统才会涌现。

由此可见，复杂科学为我们研究人居环境科学提供了两方面的思路：一是宏观上的系统性；二是微观上的能动性。正因为考虑到微观上的能动性，可以设想，正步入生态文明新世纪的中国城市人居环境的发展历程中有一个不可缺少的环节，就是重建微循环。城市作为一种人类的聚居模式，脱胎于农耕文明，从诞生之日起就是与自然环境相联系的。但是，仅 300 年的工业文明发展却导致了城市与自然隔离，对生态环境的冲击及与自然对抗。从某种意义上看，城市已成为破坏大自然的一种最暴力的推土机。人居环境科学研究应着眼于以人为本，以自然为本，这两者是融合的，是不可区分的。

“21 世纪必将是技术多元化的时代”❶，在低碳生态城市建设过程中，城市建设问题的解决除了需要有丰富的理论知识和必要的原则作为支撑外，最终还需要借助行之有效的技术方法体系。低碳生态城市建设以微循环系统方法与技术作为指导，是未来低碳生态城市实践发展有力支撑和必然趋势。

二、城市微循环重建技术体系

微循环理念是在工业文明的大循环即长距循环的背景下反过来注意生态文明

---

❶ 参见：吴良镛．国际建筑师协会第 20 届世界建筑师大会：北京宪章［R］．1999.

的微循环，即短距循环。微循环理念是低碳生态城市建设的新理念，同时也需要各项技术来提供支持。

当前人类文明从工业文明开始走向生态文明，在工业文明时代许多城市化的历史教训是值得深思的：一是城市低密度蔓延使得耕地的丧失和整个生态环境的变化；二是迷恋巨大尺度的构筑物或“大变”的政绩观；三是非常明晰的功能分区所造成的石油危机、空气污染、拥堵等缺陷；四是废弃物的长距离处理。低碳生态城市建设所提出的，就是在构建微循环技术体系的基础上将城市建设和生态环境保护、资源的合理开发利用相结合，从城市规划的各个层面建立相对完善的技术体系。

微循环理论体系庞大，从某种意义上讲，城市建设各领域的技术提升都涵盖在微循环框架中，城市是复杂的巨系统，任一要素任一形式的自我提升与改进都符合“微”的概念。微循环体系的建立体现低碳生态既是目标又是过程。本章所提及的各个微循环技术和方法，只是现阶段该微循环体系所侧重的研究内容方向，随着研究的深入，微循环体系无论是从微观还是宏观层面上都会进一步得到拓展。微循环是一个长期的量变到质变的发展过程，其特征是逐步渗透和改进，以逐步推进中国各类城市的低碳生态化转型。

低碳生态城市的微循环技术体系主要包括：微降解、微能源、微冲击、微更生、微交通、微创业、微绿地、微医疗、微农场和微调控等方面。这 11 个微循环既相互关联，同时又包括各自不同内容体系。其中微降解是对城市废弃物实施源头降解的有效处理办法，其目标是降低各种城市垃圾对城市生存和发展的影响；微能源是一种将能源消耗和能源供应结合为一体的能源循环系统，这种新型的能源集成系统着眼于能源的就地采集和就地循环使用；微冲击是提倡将城市建设对当地生态环境的影响减小到最低，目前对微冲击的研究主要集中在尽可能少地干扰地表和地下水系的模式来规划建设城市，对城市物理环境、生态环境的低影响技术也可纳入低冲击的范畴；微更生的核心理念是城区的有机更新，是指在传承城区历史文化、场地记忆和保证可持续发展的基础上，通过实现每一片区域发展的相对完整性，促进城市整体环境得到改善；微交通的发展目标使人们的日常出行避免钟摆式的长距离交通，取而代之的是便捷的“微出行”交通模式，城市快速路、主干道、次干道和支路具备合理级配，构建更为便捷、宜人的次干道、支路及以下道路路网，确保连接合理，促进绿色出行；微创业一般泛指以较小的成本进行创业，或者在细微的领域进行创业，具有投资小、见效快、可批量复制或拓展特点的就业模式；微绿地主要包括就近、分散、设计合理的小型公园绿地、屋顶绿化、立体绿化、行道树等，缓解城市热岛效应，提升空气质量；微医疗主要包括市民自组织的保健体系、社区医院与家庭医生、全科医师与网络诊断等方面，要从重医疗到重预防转变，并恢复中医传统，减少慢性病开支，以迎接老年社会的需求；微农场体现了都市农业的多重功能，如欧洲都市农业的勃兴

（个人农庄），既能满足市民回归自然的愿望，又能缩短食品生产链，确保食品安全，同时就地就近生产农业食品还可减少碳排放，并结合城市空地和建筑绿化创造宜人环境；微调控体系主要是建立数字化的低碳生态社区，通过对各微循环信息资源的搜集和整理，实现每个专业管理部门对城市的动态调控。

各微循环技术体系涵盖了城区规划方法技术、能源规划和利用、水资源利用、垃圾处理利用、生态环境保护、绿色建筑、政策管理体系及技术等方面。低碳生态城市的建设需要从这八个微循环的角度出发，既需要对各个微循环分别考察，同时也要化整为一，从整个低碳生态城市的建设角度出发，将低碳目标与各微循环相融合，以达到城市建设低碳生态的目标。

三、城市微循环重建策略

1. 微降解

当前，必须十分关注城市要按照自组织的原理来重建失去的环节，也就是对废弃物的降解。现代城市为什么和自然严重对立？简言之，在自然界中生产、消费、降解三个环节是平衡的。正因为自然生态作为一种恒久存在的自组织系统这三者是均衡的，所以本质上是一种生生不息的循环系统（图 14-1）。这种循环系统就使得大自然在没有城镇化之前，可以承载众多种类生物生存和繁育。人类历史中农耕文明长达数万年甚至更悠久并没有对大自然造成多大的破坏。但是短短的 300 年城镇化和工业化就造成了大气环境突变、能源的枯竭和生态的毁坏。残酷的现实迫使我们进行这样的思考：为什么人类创立的最大构筑物城市忽视了建立降解者？比如说生活垃圾、污水、工业废弃物等，如果像自然界那样一切都可以再生循环利用起来，不需要通过大型的三废处理工厂花大本钱进行处理，城市就不会成为毁灭自然生态的推土机了。如果每个城市社区和基本细胞——家庭和工厂自身能够对废弃物进行降解、产生微循环，城市对大自然的冲突就可消除或减少。就废弃物而言，把垃圾资源化进行分类，再通过市场化进行回收利用，是实现“3R”原则的必由之路。现在西方有些专家向我国推荐那种投资非常庞大的集中式生活垃圾真空处理系统。即在城市的地下建设巨大的管道输送系统，然后用真空输送的方式将垃圾定期推到垃圾处理厂，这些设备看起来机械化程度高，非常的宏伟，也符合一些地方领导大工程偏好的思想。但这类系统的另一面是投资

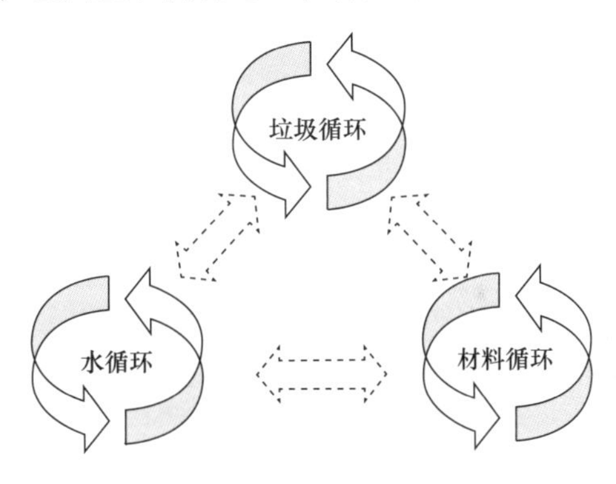

图 14-1　生态三循环模

大、能耗高、对维护和管理要求高。目前我国的很多城市还未实现垃圾分类，如果盲目推广应用这类系统时一旦发生管道堵塞以后怎么清理也将是个棘手的难题。所以，我国的垃圾处理模式应该建立在分类的基础上，尽可能把有用的东西分类回收，再将有机垃圾和厨余垃圾收集后就地降解，就地回收，尽可能实现资源的循环利用。再比方说水资源循环，只要将建筑产生的废水分成灰色水和黑色水，灰色水是可利用的水，指的是厨房、洗衣机和洗澡的废水再加上雨水收集，并通过简单的生化处理，$1m^3$ 水处理成本低于 1 元人民币，然后循环用于冲马桶。冲便以后变成黑色水，再经城市污水管网收集或小区污水处理装置就地处理回用于绿化，这样就可以节水 30%以上。北京市区的年均缺水量约为 5 亿 t，通过这种方式节水可以节约 6 亿 t 以上。如果北京有一半建筑实行灰色水和黑色水分离和中水回用，大规模的调水工程就可以节省投资了。

在污水处理方面，世界银行给我国开出的药方往往是建大规模的集中式污水处理厂（图 14-2）。即一个城市建立一个大型污水处理厂，用管网把所有的污水输送几十公里到大型污水处理厂，再将尾水往江河湖海里一排了事。这就要求在污水长距离传输的过程中间要加压输送，所有的污水管道要耐高压密封，沿路污水进入管网也必须加压才能泵入，结果排污系统极其昂贵费能。实践证明，这种“福特式”污水集中处理模式的弊端已经暴露无遗。国际水协曾对此类错误的策略进行过批判并认为城市污水系统应分散高效地进行科学布局设计（图 14-3）。日本 20 年前实施的 STCC 碳系载体生物滤池技术，每天能够处理 5000～10000t 的污水处理系统，占地很少，可以建在地面之下（图 14-4）。与集中式的污水处理设施相比，采用此技术投资造价低，能耗和运行成本也很低，结构也非常简单，污泥量只有传统污水处理方式污泥产量的 1/2，而寿命可达 20 年以上。此外，来自美国获奖的“阿科蔓”（AquaMats®）的水生态技术着眼于在水体中建立起完整的生态系统，有利于氮、磷在食物链中逐级消化传递，并最终带离水体。阿科蔓生态基上的微生物对有机物的降解非常充分，污泥量比传统技术减少 70%以上。这正是基于阿科蔓生态基的表面积达 $250m^2/m^2$，是湿地和天然植物 $5m^2/m^2$ 的 50 倍❶。这些“小型化”污水处理系统的原理非常简单，并不属高科技，只需加以精心设计，系统就能“无人运作”。如果每个社区单元都采取污水就地收集和处理、就地回用的做法，城市的污水处理成本就会大大降低。由此可见，应在我国现有的城市集中处理设施基本建立的基础上，再采用分散式的循环降解办法来拾遗补阙，优化系统的整体可靠性，这种共生式废弃物显然符合生态文明时代城市发展观。

---

❶ 参见：McNeil R J. 阿科蔓水生态系统处理技术［EB/OL］. http://www.doc88.com/P-43841888287.html.

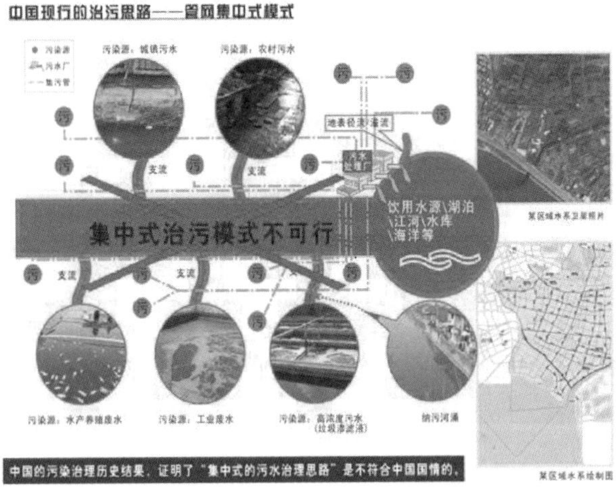

图 14-2　集中式污水处理模式

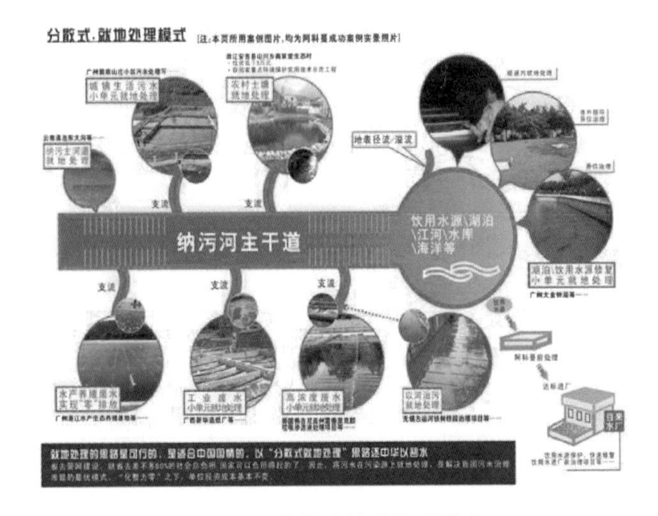

图 14-3　分散式就地处理模式

2. 微能源

这种新的能源系统与建筑一体化设计建造，着眼于能源的就地采集，就地循环使用。这与大家所熟悉的现代大能源系统是完全不一样的。推广微能源系统能使建筑的形式从单纯的耗能转为产能。如果把风电、太阳能光伏与建筑一体化进行设计与建设，就可使得发电端和用电端直接联系，这样可以把传统“发电—输送—变电—用户”模式70%的输电消耗减除了。尽管当前太阳能光电转换的效率还不足20%，但是要扣除传统集中发电系统的高线损，整体效率还是很高的，因而发展潜力巨大。再比如说电梯下降能利用可以节能50%，我国建筑电梯使用量

图 14-4　STCC 系统合肥一中项目应用

仅为世界平均水平 1/2，发达国家的 1/10，发展潜力巨大。城市生物质燃烧发电，地热能与地质储能等都可以与建筑、小区一体化规划进行建设。我国大多数的地质都是片层的岩石结构，这种岩石结构按照国外地质学家的观点来讲是属于最好的储能物质结构。把夏天建筑物制冷所产生的热量储存到地底下，冬天再释放出来，可实现全年建筑能源的平衡利用。在此基础上，通过分布式的能源规划，把风能、太阳能、电梯的下降能、垃圾的沼气化发电等与建筑和小区的设计组合起来，并用微智能电网联结调控，再加上家用电动车的储能缓冲，就构成了城市微能源系统（图 14-5、图 14-6）。

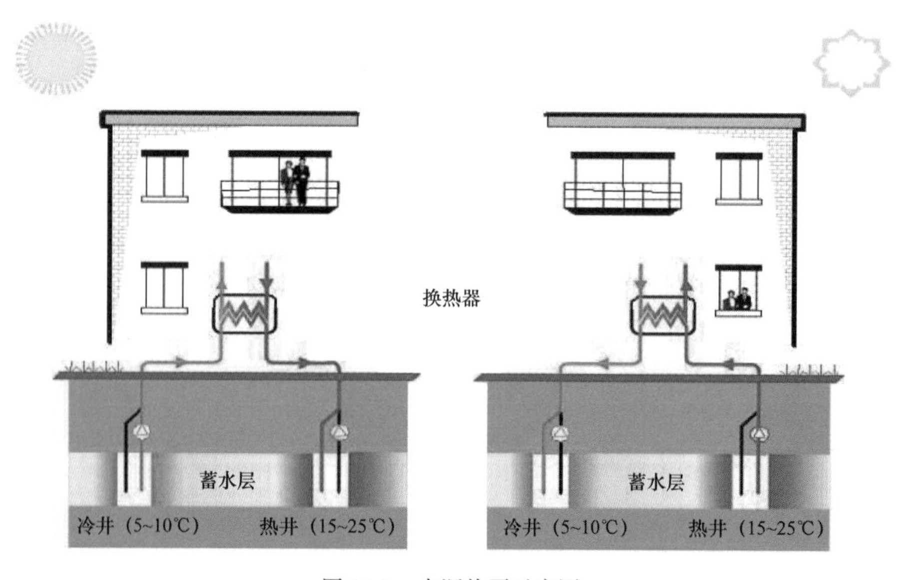

图 14-5　水源热泵示意图

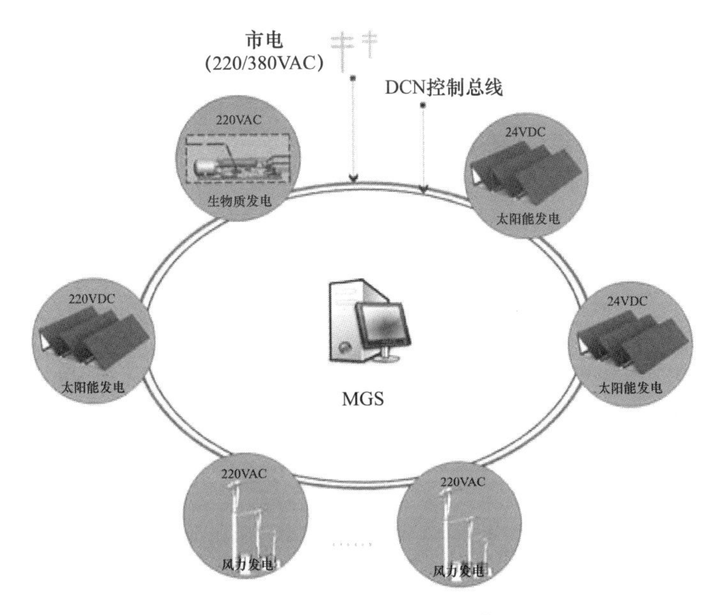

图 14-6　MGS 微电网系统

被动式太阳房已经在乡村得到应用，太阳能光伏和光热组合的建筑在我国已经成为潮流（图 14-7、图 14-8）。如果我国建筑屋顶有 10%被利用为光伏发电，就可以产生相当于 2 个三峡水电站的发电能力。如在建筑屋顶上实现光电和光热应用，把覆盖屋顶的材料改为可光电或光热的材料，太阳能可以非常高效地在建筑中得到利用。我国太阳能热水器就因为能效高而省钱深受老百姓欢迎，当前我国使用量已占全世界的 70%，每年节约的能源约 2000 万 t 标准煤，减少的碳排放量相当于一个小规模国家的碳排放量（图 14-9、图 14-10）。

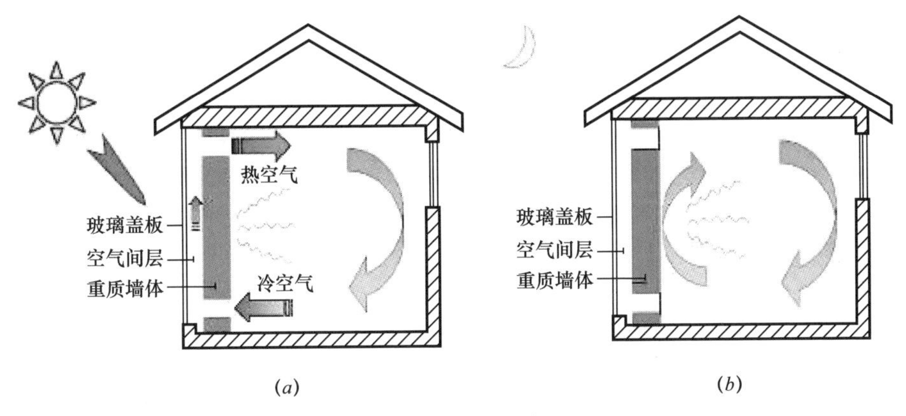

图 14-7　被动式太阳房（一）

(a) 冬季白天；(b) 冬季夜间

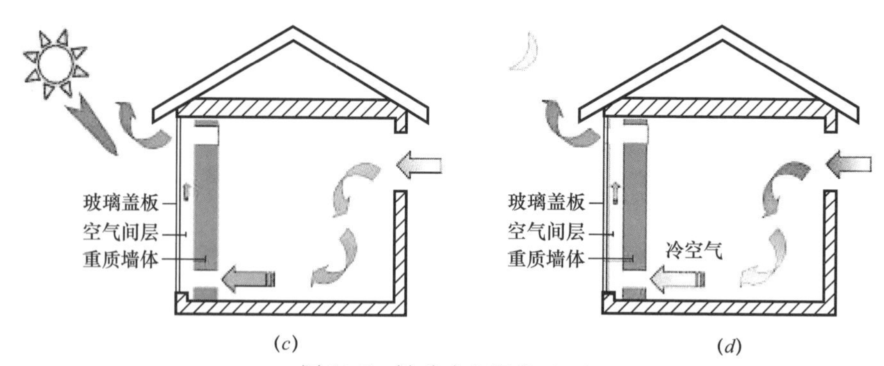

图 14-7　被动式太阳房（二）

（c）夏季白天；（d）夏季夜间

图 14-8　太阳能光电建筑一体化

图 14-9　太阳能热水器

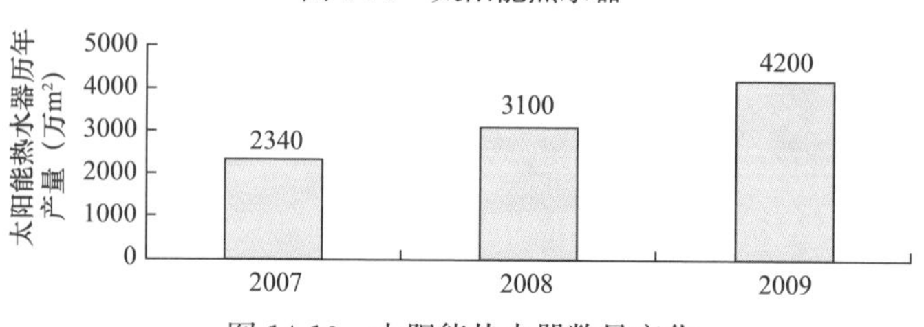

图 14-10　太阳能热水器数量变化

3. 微冲击

微冲击是城市与生态基质的共存之道，指的是城市规划建设模式尽可能不改变地表水的径流量分布，不干扰原有的生态敏感区，尽可能使地表透水，也就是说尽可能少地干扰地表和地下水系的模式来规划建设城市（图 14-11）。如果城市中大多数工厂、商店、办公楼和居民小区都能实现雨水收集、节水和污染水的零排放，整体上城市就能与周边原有的水生态系统和谐相处。城市低冲击模式的水循环原理与传统给排水规划设计模式不一样。传统的给排水规划要求的是城市雨水积水排得越快越好。微冲击原则就不一样了，城市降雨以后，首先屋顶储水，建筑储水，小区再储水，溢满出来再进入街道地下沟储水，然后再溢到城市排水系统。一般 50mm 的降雨，街道可看不到积水。城市就像一个自然生态系统，有效地吸收雨水，要过几十分钟，甚至更长的时间，才会产生地表水的溢出而且很少挟带泥沙和污染物。传统的城市只是一个不透水的水泥构筑物，往往只要 20mm 的降雨街上就满是积水，而且初期排水中 COD 含量非常高的污水对自然水系生态造成严重冲击。这就是一种干扰极大的城市建设模式。反之就被称之为低冲击开发模式（Low Impact Development）。这就要求传统的给排水规划设计进行变革，使雨水尽可能地收集使用并与地下水系及建筑用水相互循环使用，每一级排水都是不直接相连的，只有溢满出来才连接排放。

图 14-11　低冲击开发模式

但这种微冲击的思路显然是经过大工业生产模式洗礼的城市规划师们难以接受的。这里有一个被中止的反面典型，就是深圳的“大截排”方案（图 14-12）。几年前，深圳市政给排水与水利合并成立水务局，首任局长是学水利学的（不少水利学者往往偏爱“大工程”），他提出要在深圳市实施“大江大河式的治水方案”。计划在城市的下面挖一条 35km 长的巨型的隧道，把原来分散布局的 9 个污水处理厂取消 7 个，然后把污水雨水集中收集输送到珠江口经简单处理后直接排放。这个系统仅设计就花了 2000 多万元，用了 2 年多时间。但论证结果是这个大截排的方案是不中用的。第一，污水雨水大截排以后怎么样使水资源循环利用？如果把水从珠江口再打回来循环利用就浪费能源了。第二，大截排之后深圳河上游就没有补水了，深圳河和深圳湾靠什么来维持原有的水生态功能？第三，这么多的污水集中在管网里可能会产生沼气堆积在城市管道中，一点火就会爆炸，如何防范？第四，巨大的污水量要在珠江口排出去，对附近海湾的水生态将产生巨大的冲击，是原有水生态不能承受的。

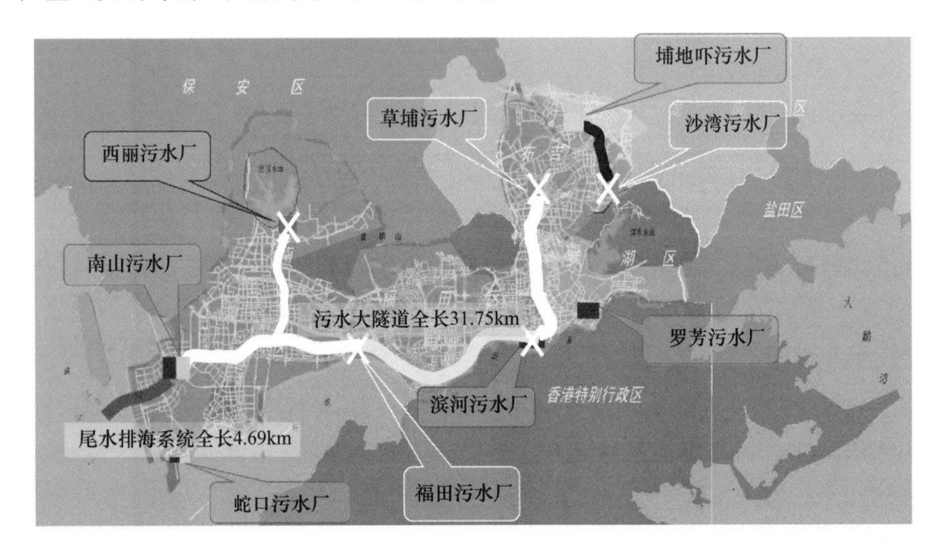

图 14-12　被终止的深圳“大截排”方案

国际水协总结发达国家几十年的污水治理经验教训提出“十六字方针”：“适度规模、合理分布、深度处理、就地循环”。修建城市污水处理系统，首先要适度规模，认为单个处理厂日处理能力 20 万～40 万 t 是足够的，不能片面追求单个污水处理厂的规模，否则污水收集输送系统投资庞大。第二，合理分布。污水处理厂服务区范围应就近 20 万～50 万人口，可节约管网投资，而且系统的可靠性也会提高。第三，深度处理。倡导将处理工艺从中国的“一级 B”转向“一级 A”。“一级 A”处理出来的就是可循环利用的中水，再流经自然湖泊、河流、湿地净化后就可达到Ⅲ类水的标准。Ⅲ类水体是直接可以作为饮用水的水源。第四，就地回用。就近补充地下水、地表水，并实现水资源的就地循环利用。这“十六字方针”体现了部分微冲击的概念，但还有改进的余地。事实上，当人类关注那些大工程的时候，或者用大生产模式来设计城市污水处理和排水的时候，就把城市水资源自组织的循环体系完全摒弃了。单纯认为工程越大越好、越集中越好，其实是违背了城市自组织发展规律的。这就是一个应当引以为鉴的反面例子。

4. 微更生

倡导旧城有机更生，不仅能避免大拆大建，延长建筑的使用寿命，促进建材的循环使用，从而达到节能减排的目的，而且也是保护城市历史街区和历史文脉的基本通径。城市是一种文化的容器，历史与未来是共生的。20 世纪 80 年代吴良镛先生倡导的“有机更生”[1]——北京菊儿胡同（图 14-13）及上海的新天地、鞍山小区的微改造和丽江地震后重建，都已获得成功。城市史已证实，对历史文化遗产的保护和传承在欧洲这些国家已经成为城市发展的可持续资源。日本学者在战后也提出社区魅力再造的计划，至少有 7 个城市的社区实现了由下而上的动员，居民参与，恢复了许多历史与生态景观，创造出有影响力、归属感和独特的社区文化和空间形态[2]。像欧洲这样的城市比比皆是，而且这类城市的魅力在全球化时代正与日俱增。

图 14-13　北京菊儿胡同与云南丽江老城

5. 微交通

现代城市交通体系应确保市民在住所与工作场所之间的交通循环畅通与低能耗低排放。传统的城市交通理念只注重大交通系统的建设，如高架桥、宽马路、快速环线、立交桥、地铁等。事实上，这些“大交通”的大量建成并投入使用没有缓解城市拥堵，反而使城市适应了汽车出行而使市民陷入越来越严重的尾气污染和拥堵之中。城市内部有限的空间对交通来说是非常稀缺的资源，越是紧凑的城市其交通资源越紧缺，那就要按照交通工具的空间利用效率和生态化的程度重新进行布局。微交通工具，比方说自行车的空间使用效率高于私家车 20 倍，理应把更多的空间和道路资源划给自行车（图 14-14）。现在恰恰相反，许多城市机动车道正在日益侵占自行车道和步行道。例如，原来上海马路非常窄，骑自行车

---

[1] 参见：http://60.chinavisual.com/index.php/2009/09/1996-2009-39-1/.

[2] 西村寿夫．再造魅力故乡——日本传统街区重生故事［M］．王惠君译．北京：清华大学出版社，2007.

上下班比现在开私家车到达的时间并不晚多少，因为自行车的空间利用率比私家车高得多。现在全国适用老年化的电动自行车使用量已超过亿辆，任何国家部委都没有给予扶持，但电动自行车的使用已是星火燎原，谁都难以阻挡，而它百公里能耗只有私家车的零头，而且不排放任何废气。香港的步行系统穿街入楼，非常方便。步行系统的效率很高。蚂蚁在狭窄复杂的蚁巢通道中通行为何不会拥堵？道理就在蚂蚁之间相互之间能同步运动而不相互干扰。这也是人类城市智能交通应加以模仿的对象之一。

图 14-14　地铁站口的自行车停放点

比较各种机动化工具的能耗，可以看出不同机动化工具的能耗差异极大。尤其是电动自行车的能耗只有摩托车的1/8，小汽车的十几分之一（表14-1）。由此可见，在支持电动汽车发展的同时更要扶持电动自行车的发展。在大中城市发展电动自行车比发展电动汽车意义更大，关键在于电动自行车不仅能耗低，而且其空间利用效率是电动汽车的20倍。如果再与可再生能源相结合，通过太阳能充电桩为电动自行车充电，就可以实现“零碳”交通。未来的电动自行车结构还可以制造成卡片式的，相互之间可以密集排列，进一步减少停车所占的空间（图14-15）。正因为顺应了绿色交通和老年化社会的历史潮流，我国电动自行车虽然缺乏国家公共政策的扶持，但是近年来产量却突飞猛进（图14-16）。

各种机动化工具能耗比较　　　表 14-1

机动化工具	每人每公里能源消耗（以公共汽车单车为1）
自行车	0
电动自行车	0.73
摩托车	5.6
小汽车	8.1
公共汽车（单车）	1

续表

机动化工具	每人每公里能源消耗（以公共汽车单车为1）
公共汽车（专用道）	0.8
地铁	0.5
轻轨	0.45
有轨电车	0.4

图 14-15　充电桩与卡片式自行车

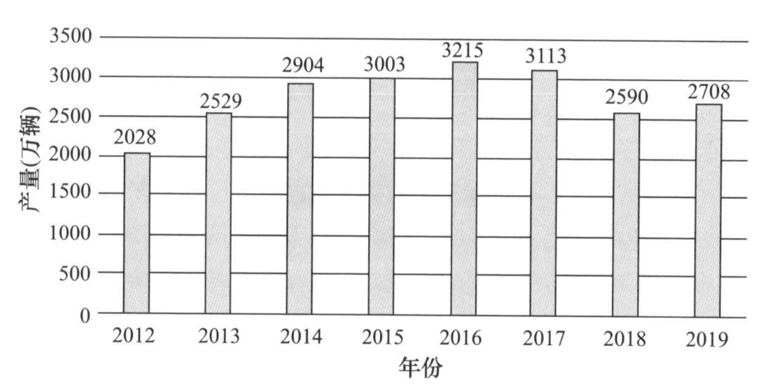

图 14-16　中国电动自行车产量变化趋势

6. 微创业

健康的城市化的关键是充分就业。而微创业不仅指大量有效的非正规就业，而且也包括SOHO等在家就业的新模式。科学技术的迅猛发展以及计算机模拟，信息处理传输的革命（例如云计算等）使得科技人员的个人创业已成为全球风潮。无线城市与高速信息网已使得人类交往空间越来越虚拟化。当前我国许多城市都在推行无线城市和创业型城市。新加坡提出创业无定所，就是在所有的居住区创业办公司，只要不干扰居民的生活，没有人投诉，公司注册地可以在住宅里。像美国硅谷发展初期，几乎所有的大公司都诞生于简陋的私人车库。城市混合空间的经济活力来源于知识结构空间的合理化，人类头脑中非编码的知识要比可编码的知识强大几百倍。也就是凡是能够讲出来的、写成书的、传输到网上的只是人类头脑中知识存量的2%，更多的知识需要通过面对面讨论，头脑的风暴共振，才会有效交流，进而产生新的知识。所以尽管信息网络非常发达，大学和研究机构还是需要的，讨论和争论还是无可代替的。对城市的小摊小贩和跳蚤市场的容忍与引导已经成为世界城市管理的潮流，我们再也不能因管理方便采取一刀切来忽视城市多样化真实生活场景的建立和扼杀市民的创业机会。

简·雅各布斯在她的名著《美国大城市死与生》中告诫我们：城市规划的首要目标是城市活力，城市规划必须围绕促进和保持活力来做文章。

（1）为了城市活力，规划必须最大限度地催生和促进大城市的不同地区中的人及其使用功能的多样性；而要实现城区功能的多样性，必须同时满足四个条件：必须有两种以上主要使用功能；小街区；不同年代的旧建筑的同时存在；足够的人口密度。

（2）为了城市活力，规划必须促进连续的街道邻里网络的形成，它是城市孩子们可以安全健康地成长、大人们可以交流的公共空间，是和谐社会的基础空间结构。

（3）为了城市活力，规划必须打破对城市物质和社会结构有破坏作用的真空边缘带，它们往往由功能单一的设施和机构所造成。只有这样，才能建立市民对大城市和城市分区的认同感和归属感。

（4）为了城市活力，规划必须通过为原居民的就地脱贫和发展创造条件，来实现城市贫民区的脱贫，而不是靠阉割手术式的、集中安置和大规模拆迁来解决，那样只能使贫民区从城市的一个地方扩散或移植到另一个地方，治标不治本。

（5）为了城市活力，规划必须珍惜和呵护已经形成的基于功用多样性的城市区域，避免某种强势功能排斥其他有共生关系的弱势功能，导致其向功能的单一化趋势演化。

（6）为了城市活力，规划必须彰显反映城市功用的城市视觉秩序，而不是形式主义的、与功能不符或者有碍功能的城市化妆。

7. 微绿地

水蒸发所产生的热能微循环和分布均衡性对城市宜居性非常重要，为什么热岛效应会导致大城市中心温度比其郊区要高出好几度？因为大城市中心往往缺乏植物和地表水蒸发来降低地表温度，光照、通风不畅、空调排气、汽车及人类密集活动所带来的能耗所产生的热量使热岛效应越来越严重，并形成了恶性循环。与此同时，紧凑式的城市会放大各种人为和自然的灾害。就近、分散、合理设计布局的小型公园绿地已成为不可替代的城市居民娱乐空间和避灾场所。从美化景观到节能减排，屋顶、立体绿化（图14-17）、行道树、小公园已成为克服城市热岛效应的主力军。新加坡李光耀资政曾有一个小发明，就是在高架桥中间开一个口子，让阳光从狭缝中照射下来，高架桥底就可建成美丽的小型公园，植物长得非常的茂盛，造就了许多宜人的街心花园。人类创造了很多高技术，但是一些传统的低技术低排放模式常被忽视了，很少有人考虑到微绿化可以产生巨大的减排效应。

图 14-17　立体绿化

8. 微医疗

即市民自组织的保健体系使医务人员与社区居民发生大量经常性的信息循环沟通。首先，高质量的社区医院能成为就近为居民服务的家庭医生。其次，全科医师与现代化的网络诊断相结合，就可以使社区医院具备大医院那样的化验诊断能力，减少误诊。据日本方面报道：使用现代化的物联网技术，在抽水马桶中安装特殊的传感器，能使日常社区医生及时记录和分析特定病患者的病情变化并及时进行救治。再次，从重医疗到重预防，弘扬中医廉价而且能治“末病”的优势，减少慢性病开支，迎接老年社会的保健和医疗需求，应成为我国的重要国策。最后，从医院治疗走向社区治疗，也是减少城市交通流量，实现节能减排的策略之一。我国老年社会能否健康演进在一定程度上就取决于这种社区疾病预防和城乡社区层次医患之间微循环模式的建立。

9. 微农场

城市中的微型农场已成为废水、粪便和其他有机垃圾循环利用的重要基地。除此之外，这些星罗棋布的小型农场还为现代城市带来了众多利益：

一是，应对食品卫生日益严重的危机。福特式大生产体系使食品生产加工和运输销售的链条越来越长，环节越来越多，信息的不透明度越来越高，伪劣食品造成的健康危害就越大。那么什么是微农场的概念呢？比如说现在北京有许多单位在郊外建立一个农场，农产品生产过程都是没有施用农药和化肥的，然后专供本单位职工小范围食用。这种生产供应方式是点对点的，食品质量非常容易监督。从低碳角度来讲，硅谷许多“绿色的公司”，他们自行约定主要食品来源范围不能超过 200km，这已经成为“低碳生活”的新风尚。在都市里建一些这类农场可行吗？答案是完全可行。这些都市农场采取现代化的水循环系统，不需要化肥农药，产出的是健康食品，安全是可以保障的，土地利用是高效率的（图 14-18）。据美国世界观察研究所的研究，在城市中集约化种植蔬菜，只用了农村机械化种植不到 1/5 的灌溉水和 1/6 的土地。[1] 二是，微农场使城市风景更加多姿多彩。由于微农场可以同城市绿化有机地结合来修复“混凝土丛林”生硬的外观。微农场造就赏心悦目的楼宇景观和楼顶花园，与楼宇绿地相结合的植物工厂，还可作为城市居民寻找田园之乐，品味自然野趣的好去处，也是学生们学习生物知识的好场所。三是，微农场带来了绿荫，减少热岛效应和温室气体排放量，同时还可净化城市机动化所带来的有毒空气环境。四是，创造就业岗位。据联合国开发计划署估计，全世界有 8 亿人在从事城市农业，主要在亚洲。其中 2 亿人生产的食物主要是为了市场销售，而绝大多数是为了自家食用[2]。

图 14-18　都市农庄

10. 微调控

一个“善治”的和谐社会无疑基于基层政府能否与市民直接沟通、微循环无

[1] 参见：世界观察研究所. 2007 世界报告——我们城市的未来［R］. 全球环境研究所译. 北京：中国环境科学出版社，2007：6，48.

[2] 参见：世界观察研究所. 2007 世界报告——我们城市的未来［R］. 全球环境研究所译. 北京：中国环境科学出版社，2007：6，48.

阻碍的社会。在这方面西方城市管理给了我们若干启示。

第一，“熟人社会”的低成本调控。欧美中小城市的市长往往是由市民选举产生的兼职性职务，一般没有市政建设管理的决定权，但是大城市的市长与中国一样，都很强势，为什么这样呢？小城市、小社区因为是“熟人社会”，市民之间知根知底，社会的管理成本可以做到很低。所以欧美中小城市的政府一般没有正式的公务员，市长也只是象征性地收交通费作为兼职报酬，其主要工作是聘请像住宅小区的物业公司相似的市政企业为城市市政保洁绿化、保安等方面的工作，所以它们的城市政府都是非常微小的政府。

美国东北部一个5万多人口的小城，市长是位颇富有也很忙碌的商人，自愿报名申请并通过激烈竞选担任了一市之长。他的市政府在一座极普通的5层写字楼的第三层，包括接待室只有3间办公室，其余各层的房间则是该市完全以商业模式操作的各种公司，如供电、煤气、自来水、通信、交通、市政、环保等，还有部分企业的办公室。警察、税务、法庭、邮政、民政等部门倒有自己的办公处，但规模均十分小，甚至有点寒碜。因为银行、商业、工厂、文化传媒和土地基本为私有，政府除教育、卫生和市政等公益事业外也不存在直接参与市场的职能，因此州市政府均不设管理经济、金融、商贸、土地资源和工业的机构部门，更没有什么文化局、广电局、招生办、招商局、烟草局或城管局之类的政府机构，质检、审计、交易监督、信用资质认证，甚至连高考之类的事务都由民间或非政府组织负责实施。市政府由市长和他的3个部下组成，一个助理兼秘书，一个接待员兼办事员，还有一个办事员兼打字员。没有副市长、办公室主任、处科室领导，甚至没有司机，每人都自己驾车，规格气派比我国城市的街道办事处乡镇政府要逊色许多。市民有事可随时去市政府面见市长或向他秘书预约接待时间。市长及市政府严格按市民委员会（因城市较小未建市议会）做出的决议办事，遇有重大事项、花大钱事项或特殊事项，立即会召开市民会议讨论表决。市长本人的薪酬、办公费用也由市民会议确定（市长薪酬还不及他在本人企业收入的零头）；市长（包括全美任何级别的官员）的薪酬可在网络上随意查得。而我国现在一个镇级政府的公共经费仅够人头费，管理成本很高。

所以，在中小城市或者城市社区，应在城市管理上采用尽可能低的成本来维持城市的日常管理和实现可持续发展，再加上现代社区信息网络的建设，就可使得市民与政府之间有一个非常低成本的相互交往、相互交流渠道。政府的起源就是市民的保姆，在这种意义上讲，良治基于信息微循环基础上的对城市社区微调控。❶ 政府不能管太多，不能老是想着疾风暴雨式的大行动和“一年一小变，三

---

❶ 参见：联合国．全面审查联合国及其各基金、方案和专门机构内的治理和监督情况：第二卷治理和监督的原则及做法（草案）[Z]．2006．

年一大变”，要倡导润物无声式微调控。

第二，城市的地理空间可以用现代数字技术来分割成许多微空间，实现微空间定位与城市管理的系统整合和高效化（图 14-19）。城市在现代化过程中必然会派生出许多专业管理部门，这些专业都有独特的服务功能、技术和管理法规，但是都必须落到一个微空间上。这个微空间的管理实效可以通过数字城市系统来整合，利用 GPS、GIS 这些系统的整合，使得对每一个专业管理部门，对城市任何一个空间的管理效率都能做出评价，再加上社会舆论据各专业部门管理效能的公开监督，从而促使政府部门之间开展提高交通的竞争压力。这样的城市整体管理效率就会逐步提高。这两条是很值得我们在创新管理上加以创新推广的。

图 14-19　城市网格化管理

要重建城市的微循环，需要制定一些激励政策来引导。例如，通过评选国家园林城市、可再生能源示范城市、节水型城市、绿色交通城市、环保模范城市，再上升到中国人居环境奖，再到生态园林城市。而且每个牌子附有一定的中央财政奖励政策或分开表彰激励。中央纠风办明确提出不能乱发牌子，所发每块牌子必须要严格考核，同时要定期进行复查，各类奖项之间也要有相互关联作用，这样一步一步引导城市政府科学理性地向前迈进，逐步重建城市微循环（图 14-20）。

总之，我国已经从城镇化初期进入中后期的特殊阶段，应从前期注重 GDP 的数量型城镇化转向社会效应、生态效应和经济效应并存的质量型城镇化。在这个转型过程中，我们要遵循自组织的理念，摈弃初期广为流行的疾风暴雨式的

“大开大发”“大拆大建”，推行微降解、微能源、微冲击、微更生、微交通、微绿地、微调控等新理念，重建城市的微循环，这将成为城市规划创建和管理的新原则，也是“两型社会”建立的重要基石。未来将会怎么样，就取决于我们现在的所作所为。

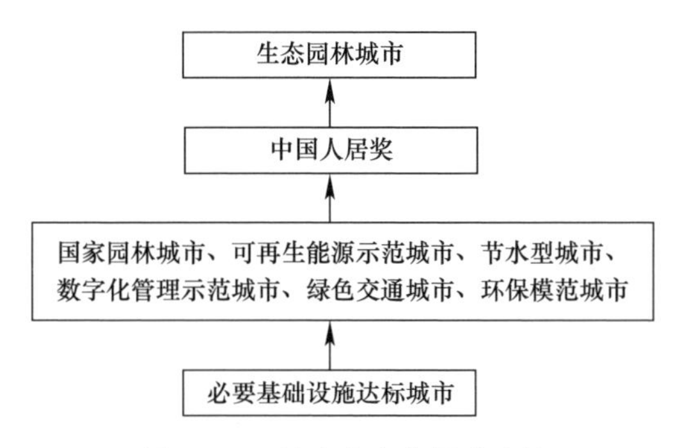

图 14-20　城市生态化提升路径

四、筑波生态科技城对北京疏解非首都功能的启示

党中央决定疏解北京非首都功能是具有深远历史意义的重大决策部署。如何在当今时代背景下成功建设高起点高标准的卫星城，需要探索一条与传统新城建设理念所不同的全新的道路，即在建设过程中需要思考：找准体制机制改革的前进方向、提高经济环境质量、促进区域社会协同协调发展、预防“大城市病”等问题。邻国日本 20 世纪建立首个非“卧城”的国家级科技新城筑波市的探索在设立背景、建设目标、选址等多方面与北京非首都功能疏解有较高的相似度，因此其成功的发展经验与失败的教训都值得北京借鉴。本节着眼于筑波经验与教训的启示提出建议，为北京疏解非首都功能助力建言。

日本筑波市❶是日本著名的科学研究和知识中心，是日本政府 1963 年设立的中央直辖型国家级战略目标城市。筑波现有人口约 23 万，拥有 300 多家研究机构和 2 万多名研究人员，聚集了全日本 31%的国家和民间研究力量，是典型的知识密集型城市，也是日本最具国际化特色的科技新城。其位于首都东京东北约 60km 处，紧邻日本第二大淡水湖霞浦湖，建设之前土地开发程度较低且地形平坦。是一个水资源丰富、生态环境优良、发展空间充沛、资源环境承载力强的优良新城选择地（图 14-21、图 14-22）。新城的目标：一是疏解非首都核心功能；二是国际尖端的科技中轴据点城市；三是建设环保宜居田园城市。2005 年提出要建设全球模范的低碳低能耗科学城、教育和科研相结合的园林生态城、国际战

❶ 原称“筑波研究学园都市”，1987 年立市，称筑波市。

略综合特区。自1968年开始在筑波开展新城建设至1993年基本建设成熟为止，其花费的预算就已超过2万亿日元，到2003年累计支出2.57万亿日元，主要来自国家财政支持，其中研究教育机关建设占66%；公务员宿舍建设占3%；基础设施及公共服务设施建设等占31%。按人头分摊，每个筑波新城居民平均需要中央财政投资1000多万日元（以同时期汇率及购买力估算，约等于人均60万～80万元人民币），用于新城基础设施、科研机构补助和公用设施建设。

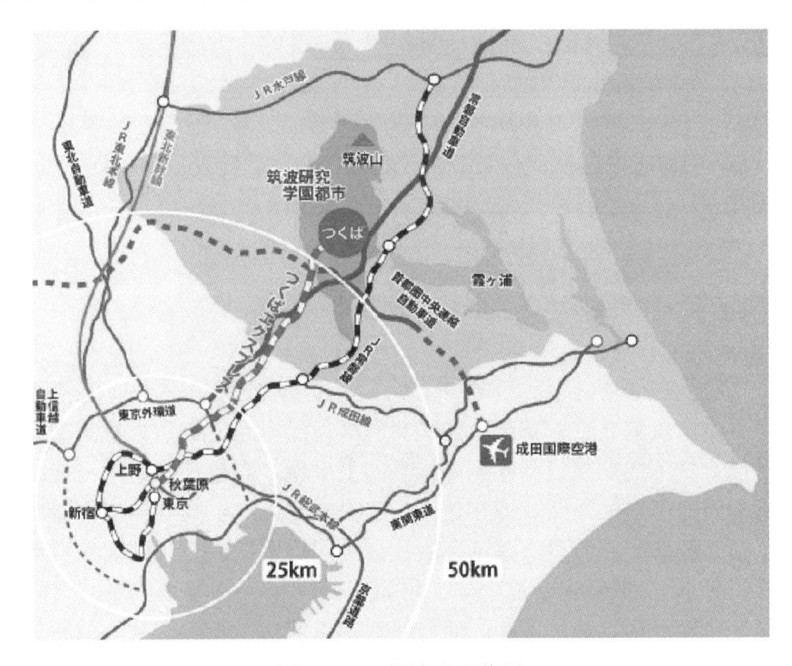

图14-21　筑波地理位置

图14-22　筑波市鸟瞰图

国内就筑波研究学园都市的相关研究已有不少，如从筑波的生活性公共设施内容和空间布局角度，认为其生活性公共设施类型层级丰富，规模指标相对较高，具有社区化特征，各类设施布局特征具有显著差异，值得国内高技术园区借鉴（吕斌，2015）；也有从科技型城市的类型角度分析将筑波归类为政府主导型科技新城（申小蓉，2006），并将此作为筑波的一个主要有利因素（白雪洁，2008）并进行分析（庞德良，2012）；还有的分析借鉴了筑波的产学研合作经验（张锁柱，1999）、立法经验（郭胜伟，2007；刘芹，2008）；同时也有人指出筑波研究学园都市存在建设缓慢（乌兰图雅，2007）、公共交通基础设施不足等问题（何玉宏，2011）。现有的这些研究主要是从较为单一的切入点为我国高新科技园区的建设提供经验借鉴，仍缺乏结合时代背景和建设目标进行总体优劣分析，因此本节将在现有研究的基础上，综合考量筑波研究学园都市50多年建设过程中可供借鉴的失败教训和成功经验。

1. 筑波科技城值得吸取的失败教训

筑波研究学园都市是日本建设的首个拥有完整的城市基础设施和自我发展机制的自立型新城，与此前建立的大量“卧城”性质的新城有本质不同，因此经历了漫长的探索和不断修正（都市基础设施建设公团，2002）。其失败的教训主要体现在体制机制不够完善、公共基础服务设施建设迟缓、公共社会管理经验不足三个方面。

1）体制机制不够完善

首先，土地私有导致征地困难，造成了分散式结构和蔓延的城市形态。筑波研究学园都市先后经历了4版总规，尽管各版总规一直强调紧凑的空间形态，但由于规划确定的建设用地征用非常困难，城市只能向四周蔓延式发展，城市的格局被迫由分散式征地造成的自然蔓延来决定，且同时出现了部分未规划先建设的违规建设，最终规划服从了现实，也奠定了城市较为分散的结构和蔓延的城市形态基调（图14-23），分散和蔓延的城市形态也直接导致城市内部交通严重依赖私家车，最终就成了小汽车依赖型的城市。因此城市没有实现土地集约、空间紧凑、交通高效的主要原因是土地私有制导致的征地困难，与规划科学性相关性较弱，也是规划无力解决的。这说明土地制度和城市规划应该具有相容性，如果土地不是公有，新城规划就很难实施，这跟很多经济学家的观点大相径庭。

其次，协调机构缺乏足够的权威也是规划实施走样、进度滞后的重要原因。为使筑波研究学园都市的建设顺利进行，日本政府联合9个国家部门特别成立了“研究学园都市建设推进本部”，由内阁总理大臣任总指挥，各部门的事务次官任常务官员。后改为国土交通大臣任总指挥，因级别降低，难以协调其他部门进行重大的决策，大大影响了新城的建设进度。

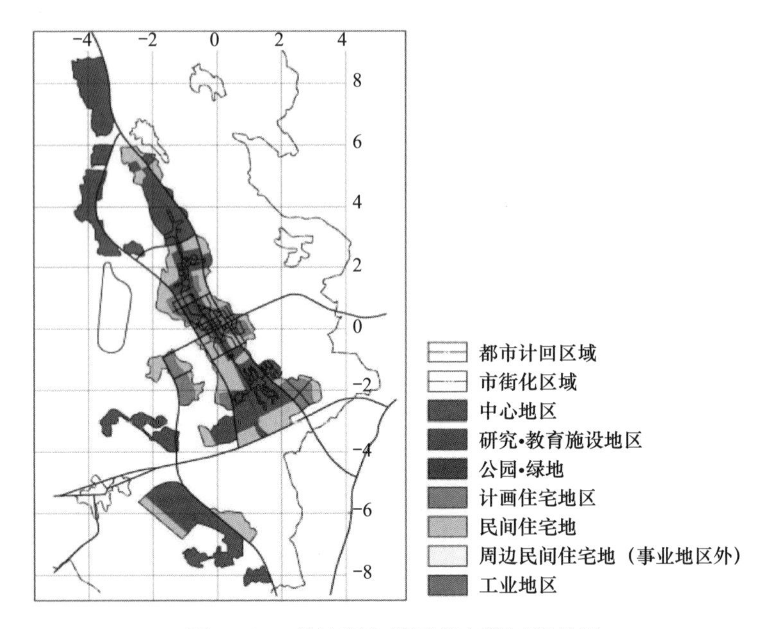

图 14-23　筑波研究学园都市第四版总规

再次，城市政府管理机构确立过晚。从早期的国家机构人员随迁新区以来，筑波研究学园都市的上下水供给和处理、废弃物处理、治安消防、养老、殡葬等一系列市政服务均只能由当地的 6 个原生村落一同协调提供，十分低效。此外，在城市用地、住宅、城市景观、区域文化发展等各方面的建设与审批均需要交由中央审批决策，缺乏一个为当地提供高效市政服务的主体。缺少城市政府的职能也是筑波早期建设迟缓的重要原因。直到开始筑波建设 24 年后的 1987 年 11 月才合并原有行政编制正式建市，将原先的国家战略筑波研究学园都市正式更名为筑波市，才有了“制度自主权”，成为日本唯一以合并村镇和原有行政编制为一城市的例子。

2）公共基础服务设施建设迟缓

首先，新城与主城之间的快速交通一波三折、建设迟缓。筑波与东京之间的快速轻轨（TX 快线）是 1978 年就开始规划建设的，后在建设过程中出现征地困难与沿线部分居民反对等问题，使原定的路线发生一定变化，不仅改道绕远，部分路段还必须进入地下，使建设预算由原先的 6000 亿日元上升到 8000 亿日元，直到 2005 年才建成这段来往筑波与东京市中心的总长约 58.3km 的轻轨，使东京与筑波的时空距离由 2h 减少到 45min，且可以直接与东京市内的地铁网无缝接驳，从东京的中心出发而不是边缘出发，这对科研人员出行带来了便利。从表 14-2 可以看到轻轨开通的 10 年内，沿线人口均呈上升趋势，与附近其他区域下降的人口趋势成鲜明对比，由此可见，若其能在早年顺利建成，筑波与东京市中心的紧密联系可使筑波人口、经济等各方面发展呈现另一番景象。

TX 沿线 3 市人口变化与比较　　　　**表 14-2**

市名	常住人口			
	2005 年 8 月 1 日	2015 年 3 月 1 日	增减数	增减率
筑波市	199855	221702	21847	10.9%
筑波未来市	40247	48272	8025	19.9%
守谷市	53887	64211	10324	19.2%
TX 沿线合计	293989	334185	40196	13.7%
TX 沿线以外	2693761	2581859	−111902	−4.2%
茨城县总人口	2987750	2916044	−71706	−2.4%

其次，基础设施建设忽视了城市人口的需求。1971 年人口仅 9000 人左右的樱村（筑波原生村庄之一）原属纯农业区域，1980 年急速增至 34500 人，成为日本人口最多的村庄（图 14-24）。从当时缺乏建立自立型新城经验的政府角度来看，并没有应对全方位问题的充足经验，随着大批原城市人口的入住，纯农村体制的樱村完全无法提供相应的配套设施和服务，如食品和日用品供应严重不足、垃圾处理能力不足只能在原定的小学建设地上填埋处理等，多年后才逐渐解决。

图 14-24　筑波市樱村景色

3）公共社会管理经验不足

首先，优惠政策不明确，人口的聚集并非一帆风顺。就搬迁机构的确定，日本政府经历了很长时间的讨论和博弈，最后确定了九大部委下属共计 43 家科研单位。在搬迁单位确定之后，不少职员并不愿意放弃在东京的便利生活转而居住在未开发的筑波新城，因此为了提高其转移的积极性，新建住宅按照当时的最优资源建设并加大住宅面积，并按照其在东京的工资水准提高 8%作为优待补助。如果此类优惠政策早定的话，可能有更多机构主动报名迁入筑波。从当时设立新城的目标之一疏解东京人口这一点来看，筑波的人口至今仍只有约 23 万，而东京人口从1963年的1050万增长为2016年的1365万，人数增长十倍于筑波的人口规模，可见分流东京人口的目标并没有实现。

其次，民间力量参与滞后。从1963年开始建设至1980年城市框架基本形成的17年间，仅有通过行政力量促成的43家国立科研机构入驻筑波，全部是由国家主导的国有科研机构，民间没有参与。在1985年的世博会成功举办之后，通过世博会带来的声望，才开始有大量民间机构进驻筑波，城市进入了以“官＋民”方式扩大和充实城市功能的时期，此时仍是以官办为主。在2005年轻轨开通之后，城市发展进入了活力十足的“官退民进”的阶段，入驻筑波的民办机构第一次超过了官办机构，这个过程花费了40多年。经验表明：任何一个科技新城必须是官民联动、双轨齐下才能有效推进。

再次，迁入机构核心能力与相关性不强。最初迁入筑波的43家科研机构直属于9个部委，相互之间沟通薄弱，在迁入早期并没有很好的发挥集聚效应，在创新驱动发展、科技成果转化上与同时期的硅谷不可同日而语。这个问题在进行国立机构公司法人化改革、合并，以及相关交流机构多年的努力下才慢慢解决，逐渐联合入驻的民间力量形成了现在日本最为领先的航空航天、环境技术、新兴产业创成、农业食品科技、纳米材料等高科技领域的产业集群。

采用了维护成本过高的“真空垃圾收集系统”，并最终废弃。作为当时最为先进的垃圾收集系统之一，曾经是筑波市引以为豪的城市名片之一，该系统耗能大、投资大维护非常困难，逐渐成为筑波市的负担，最终于2009年正式停运。筑波原来规划设计中工业文明痕迹较重。工业文明是一种沉重的思维负担，它越成功，带给城市运营的负担也越重。如集中式冷暖气供应体系也导致了耗能非常大，维修非常困难，一旦损坏整个新城就要停止运行。

2. 筑波科技城值得借鉴的成功经验

尽管有许多不足，作为日本的国家战略目标城市，筑波市的建设投入了整个日本自明治时期以来积累的所有城市规划建设经验和智慧，筑波的建设历史也是整个日本城市规划建设历史和发展过程的一面镜子，有一些成功经验值得借鉴。主要体现在完善的法制机制、协调的区域社会发展管理、领先的生态城市建设理念、以人为本的文化教育传承。

1）完善的法制机制

1970年颁布了专门针对筑波研究学园都市建设的《筑波研究学园都市建设法》。为筑波市量身制定的《筑波研究学园都市建设法》特设为国家层级法律，拔高立法层级体现出日本政府将筑波发展视为事关日本在未来科技和经济发展的核心竞争力的战略决策。该法全文仅4章共计13条，但该法明确规定了筑波研究学园都市设立的目的、开发范围和开发主体、规划建设的决策和执行机构及其职责、资金来源等便于城市建设顺利进行的条款。在《筑波研究学园都市建设法》的指导下，形成了《筑波研究学园都市建设计划大纲》《筑波研究学园都市公共公益事业整备计划概要》《筑波研究学园都市转移机关转移计划概要》《研究学院地区建设规划》等操作性极强的法律，使国土空间规划、建设、审批、监督流程中的每一个步骤均有法可依，各级政府遵照法律法规而不是行政命令来管理土地使用与城市开发建设。

2）协调的区域社会发展管理

首先，“先政府、后民间”的筑波新城建设模式比“先民间”的关西文化学术研究都市更为优越。日本政府在同时期先后启动了东京附近的筑波研究学园都市和京都附近的关西文化学术研究都市的建设，但是其发展轨迹完全不同。后者发展初期缺少政府财力和政策支持，仅依靠民间力量进行城市建设，而民间力量在城市初期建设方面活力不足，导致研究机构集聚速度过低；此外，没有统一强有力的行政机构统筹规划，管理上存在严重内耗，效率低下。从筑波和关西两座新城的发展轨迹可以看到，政府对资源的集中调配效率在新城建设初期远高于民间，特别是有“举国”控制力的国家而言。

其次，协会助推，通过学术交流机构的活跃打破学术交流沟壑，促进高新产业集群的集聚。1976年政府牵头设立“筑波研究学园都市研究机关联络协议会”，以“促进产学官研究机构的相互合作与交流”为目标，大量吸收日本各地的科研机构，通过民间力量推动进入筑波。1999年成员机构高达103个，政府只能调配43所科研机构搬迁至新城，但是研协可以促进100多所机构入驻筑波。此外还成立了信息提供、技术服务、人才培养派遣等在丰富多元的领域为各机构和社会团体提供服务的企业型学术交流机构。在这些学术交流机构日益活跃的背景下，原本存在沟壑壁垒的各学术机构逐渐加强沟通，并联合民间力量形成了现在日本领先的各高新技术产业集群，为技术立国的日本提供了强力支撑。

再次，顺利举办世博会，为筑波的城市建设、发展、对外开放提供了重要的机遇（图14-25）。将筑波研究学园都市推向世界，是日本政府当时的国家重点项目之一，因此才积极申报了1985年的筑波世博会。当届世博会以“人类、居住、环境和科技”为主题，持续了半年之久，总入场人数超过了2033万人，超额完成了2000万人的目标。世博会的举办作为一个契机促进了各种必要基础服务设施的建设，筑波研究学园都市的知名度和评价也随着当届世博会的成功举办而达到了高峰，会后国内外企业大量入驻，外籍员工也大量入职，大大促进了城市的对外开放。1999年筑波国际会议中心落成，频繁的国际会议更为筑波带来了大量的国际新理念、新技术，也让大量的外籍研究人员来到筑波工作，现在一共有5000名外国籍研究人员在该市工作学习，很多是参加会议以后或受会议影响留下来的。

图 14-25　筑波世博会纪念公园

3）领先的生态城市建设理念

首先，确立节能减排目标，以补贴强制执行节能。2007 年确立到 2030 年，人均碳排放比 2006 年下降 50%，达到每人每年 5.15t 二氧化碳的减排目标，在此基础上打造智慧之城、流畅之城、科技创新、环境教育共同发展并让市民微笑的绿色城市。2004 年仅公共场合铺设的太阳能板就可年减排 180t 二氧化碳。由于在工业和能源这两方面已经有了诸多减排措施，所以筑波将重点放在居民生活排放领域，即建筑和个人交通领域必须至少贡献 70%的减排份额。2010 年 4 月起，300m^2 以上建筑新建或翻新都必须强制执行节能，且对此提出多样化的补贴政策，市内大部分居民都采用了各种节能技术对住宅进行了改造，城市生态进一步得到了加强，新城愿景提出来的机遇和目标也可望达成（图 14-26）。

图 14-26　节能住宅

其次，人车分流，让市中心也有了安全的休闲、游憩、娱乐空间。人车分流在筑波得到了完美实施，自中心城区起往南北延伸纵贯筑波中轴线总长超过 7km

的人车分流城市慢行走道系统，合理利用了原生地高低差。过街天桥、小型公园除了将筑波大学、筑波市中心商业区、国际会议中心、市民图书馆、综合医院、邮局、银行、居住区、综合交通接驳中心等重要设施和区域连接之外，更是将筑波的5个大型公园全数连通。在市中心区域高于路面打造了一个人行平台，让所有相关设施在统一高度设立接口，行人可以在市中心各个设施之间自由行走，不受汽车影响，这个空间也是各种活动的绝佳场所（图14-27），下层空间既不闭塞又具景观多样性。更为重要的是，一旦因极端气候原因出现历史罕见洪涝灾害时，四通八达的架空人行道能维持城市主要的交通等功能，从而成为“韧性城市”的典范。

图14-27　人车分流高台一角

再次，共同沟的建设。共同沟即地下综合管廊，筑波率全日本之先于1971年建设了一期7.4km的共同沟，这最大达到高4.8m、宽7.2m的地下空间里，埋设了输电线、电话线、网线光纤、电视信号线、上水管道、供暖管道等城市管缆，将许多需要经常维护更换的中小口径管缆集中在沟内安放，是日本的所有新城中共同沟最长的，至今仍是筑波的一张城市名片。

4）以人为本的文化教育传承

首先，保留当地文化与田园风观。在筑波不仅有现代化的建筑，也保留、修缮了大量古老传统的建筑和历史痕迹明显的古街，这些看得见的历史文化与不远处的田园元素和现代化的时尚城市元素互相融合、交相辉映，形成了“看得见山，望得见水，记得住乡愁”的人与自然、现代科技和谐发展的城市，国际城市规划界的先进理念在筑波得到了较好的体现（图14-28、图14-29）。

图 14-28　筑波传统建筑

图 14-29　筑波大学

其次，教育科技立市。筑波市是日本教育改革的排头兵，是日本迎接科学技术革命和教育改革的时代需求，为实现高水平的研究和教育建立的一个基地。教育改革的核心是以东京教育大学为主体合并多所院校建立的筑波大学，由筑波大学在市政府的支持下主导市内所有可动用资源进行全方位教育改革。2012 年起率全球之先进行的小中一贯制特色教育，减少传统科目授课时间，主力推进全新的教育科目“筑波方式”教授新时代所需人才必备技能，强化环境、职业、历史文化、健康安全、科学技术、国际理解、福祉与健康心理共计八方面的学习，以培养世界性人才为目标进行教育改革。

3. 北京疏解非首都功能可借鉴的教训、经验和建议

日本筑波研究学园都市作为日本的国家级战略目标城市，投入了大量的财力和智力，从诞生到发展至今有很多成功与不足的经验。这些经验是北京市在疏解非首都功能值得借鉴的，可以少走很多弯路。但并非其所有经验都适用北京卫星城，应当依据政体差别、时代背景和实际建设需求，选取一些适用的经验。

1）顶层体制机制建设与改革

首先，卫星城建设协调机构的高规格与务实运行是关键。每个卫星城都需要有相应规格的组织协调机构，并在领导小组下面设立若干个协调小组和专家咨询委员会，例如以发改委牵头的总体发展规划、机构搬迁和立法工作协调小组；以国土规划委牵头的城乡规划、基础设施建设、住房政策等工作协调小组；以财政局牵头的优惠政策制定、财政专项扶植和财务监管协调小组；以交通委牵头的城际快速交通建设协调小组等，确保决策力度和资源调配的高效、务实。筑波经验表明，协调机构的级别和稳定性会从体制层面直接影响决策和建设落地的速度和效率。

其次，临时协调机构是通过行政力快速形成指挥力量，持续的影响力需要通过立法来确保。新城建设中有很多不确定性和矛盾，全都交由临时协调机构通过行政力来协调解决将会对建设的一贯性和效率产生重大影响，参照筑波的成功经验研究出台北京卫星城建设条例，以立法形式明确各卫星城设立的目的、发展方向、开发范围、开发主体、规划建设的决策和执行机构及其职责、资金来源等。

宜采取“官民并举”的新区发展道路。一方面北京市有相当多急待用地扩张的国有科研机构需要迁离首都异地建设；另一方面，高水平的国有科研机构作为卫星城的奠基者能发挥基础性研究技术源和创新公共品的作用，这对吸引民营科技创新企业入户卫星城有着重要的影响。

2）社会公共管理建设

首先，搬迁集聚的企业与科研机构既要高端前沿，又要注重相互的协调性，以利于形成集群效应。要充分吸取筑波研究学园都市在选择搬迁机构仅注重数量、部委间平衡、学科交流少关联性弱的教训，对于从市区迁入卫星城的企事业机构，不可“多多益善”，而是应该“精挑细选”，建议尽快制定适合于各卫星城发展前景的科技产业发展纲要，重点吸收高成长性、带动性和强相关性、从业人员密集和需要一定占地的航空航天、新材料、人工智能、生命科学和超级计算机等方面的国有科研院校和央企，使它们有序集聚，尽快形成技术创新集群，对相关民间力量形成持续吸引力。

其次，对于搬迁到卫星城的机构和随迁职员，应给予明确的优惠激励政策并保持连续性。优惠政策主要包括事业单位人员工资补贴、住房面积、单位原有土地房产转让和财政搬迁重建专项补贴等。这些举措将提高搬迁机构和随迁职员的积极性，避免因低效搬迁导致的“资源浪费”和建设进度延缓。新区还要有比老城同等甚至更优质的公共资源和优惠政策，以集聚人才、调动建设者的积极性。

3）生态科技城市规划建设

首先，卫星城的基础设施要贯彻绿色低碳循环的理念，防止“伪绿色”。城市基础设施应当改变以大为好的“工业文明”思维，这些大型集中的公共基础设施未来将会成为城市的巨大负担，在某种程度上是反绿色、反生态的。城市所有废弃物的处理新理念应强调“微循环”，更灵活、更紧凑、小型化的“微循环”技术不仅会帮助城市实现真正的绿色生态和可持续发展，而且这也是使卫星城具有减灾防灾和抗御风险的韧性城市的主要途径。

其次，连接各卫星城和首都的快速轨道交通需尽快启动建成。这不仅可以成功集中疏解北京非首都功能，为北京“瘦身”，也可让卫星城利用北京的巨大的人才供给和投资高地的能量实现快速发展。值得指出的是，日本筑波城中央财政投入达人均 60 万～80 万元人民币（我国财政部曾测算每个城市人口需投入 24 万元左右财政资金用于公用事业投资是相对合理的）。

最后，卫星城应注重空间紧凑、用地综合和绿色生态的建设规划。“快速建设”理应是在科学规划的前提之下的，要避免只求快不求精的大拆大建、大挖大填、大引大排等工业文明的传统策略，应在保持城区建设空间紧凑、用地综合、职住平衡和街区活力的基础上，避免形成“摊大饼”式分散蔓延的城市形态。

总之，北京疏解非首都功能要全面贯彻“创新、协调、绿色、开放、共享”的新发展理念，充分吸取先行国家新城建设正反两方面的经验教训，精心规划和建设，抓好这个“无中生有”的良好机遇，才能建成国际未来城市的典范之城。

第十五章　融资与监控——生态城市实践过程的财政与评估

国内外生态低碳开发融资和实施的经验表明，生态低碳的成功开发需要长期广泛的公共干预。在中国，目前虽然推动低碳生态开发的融资和实施机制仍在完善中，但政府正在采取多项重要政策措施，以提供可持续的融资框架，协调并调动公共部门和私有部门的资金资源支持低碳生态开发。市政财政体系也在调整中，目的是建立创收机制和浮动计划，以便更加直接地支持地方政府在低碳生态开发、基础设施和各方面服务中的职责。另外，商业和政策性银行部门正在践行中国银行业监督管理委员会（以下简称“中国银监会”）2012年发布的《绿色信贷指引》，为推动低碳生态开发提供“绿色信贷”服务。国际金融机构也正在通过一系列的金融工具和政策手段引导低碳生态开发。

历史上，地方政府一直是中国城市开发融资和实施的主体。在这一过程中，他们面临着各种具体问题，这些问题在低碳生态开发融资和实施时仍然存在，包括：

（1）需要确定满足地方市场需求的开发解决方案。

（2）资金不足。主要的融资渠道包括财政预算、中央政府转拨款项、银行部门的有限贷款。然而，对资金的需求远大于此。

（3）缺少针对低碳生态开发的具体融资机制。

（4）财政体系对土地出售收入的过度依赖，并以“土地财政”维持地方政府的正常活动。

（5）对地方政府绩效的评估主要以GDP增长速度为基础，导致基础设施和房地产投资与经济需求不匹配，以市场为基础的各种机制在基础设施建设、自然资源高效使用管理方面的应用机会有限，这反过来又限制了使用效率。

（6）地方政府从商业银行部门筹资的能力有限，导致投资最佳基础设施技术的机会有限。

（7）地方政府征税权力有限，限制了地方预算及投资最佳基础设施技术的机会。

传统上，地方政府利用城市开发投资公司（UDIC）克服这些问题。UDIC模式为地方政府提供了从资本市场贷款并快速开发基础设施的公司治理结构。他们被视为受《中华人民共和国公司法》约束的政府背景公司，其一般职能包括：

（1）融资平台。UDIC从多个渠道为城市基础设施开发筹资，通过转贷或直接投资为基础设施项目提供资金。

（2）公共资产投资商。UDIC以市政府或国有资产管理部门授权投资代理的身份运营，在自身授权范围内经营和管理资产，并负责保持资产的价值。

（3）土地开发代理。许多UDIC对地方政府分配的城市规划区域内的土地实施前期开发和管理。

（4）项目赞助商/业主。UDIC资助并拥有城市优先基础设施项目。在此方面，UDIC负责项目的投资、施工、管理和运营。

另外，随着中国民间房地产开发商的增长，给开发过程注入了新的活力。在低碳生态开发过程中，各项技能、专业知识、资金资源的协调和调动是地方政府当前面临的主要挑战。

因此，城市需要为形成的规划方案提供开发的财务可持续性和开发实施的潜在资源，以及最适当的开发组织和实施安排。这就意味着需要确定低碳生态开发所需的公共、民间和其他非政府组织机构，并明确它们各自的角色和职责。

本章对下列问题进行探讨：

（1）财务评估需求，包括全生命周期成本核算、成本效率分析，以协助确定可持续解决方案。

（2）经济评估，在评估过程中确定项目涉及的所有外部因素（不管是积极还是消极的）。

（3）低碳生态开发的国际筹资渠道。

（4）低碳生态开发的国内筹资渠道。

（5）低碳生态开发的建设流程和PPP模式的应用。

（6）低碳生态开发的监控和评估流程。

一、投资评估

1. 财务评估

2012年中国银监会发布《绿色信贷指引》，成为中国低碳生态开发最重要的筹资举措之一。该指引针对中国银行部门的贷款实践，包括政策性银行、商业银行、农村合作银行及农村信用合作社。该指引的宗旨是指导所有银行机构从战略角度推行绿色贷款，以加大对绿色、低碳和循环经济的支持，降低环境和社会风险，提高环境和社会效益。据中国银监会统计，截至2013年6月底，21家主要银行机构的未偿还绿色贷款总计达到了4.9万亿人民币，预计这些贷款可以节约3.2亿t标准煤、10亿t水、7.2亿t二氧化碳、1013.9万t二氧化硫、464.7万t化学需氧量、256.5万t一氧化氮、42.8万t氨氮。

支持这一绿色融资需要一个强大的评估流程，把项目财务效益和更广泛的经济环境效益视为决策流程的基础。为成功筹资，由银行界制定的评估和管理这些贷款的评估流程，需要变成项目生态低碳规划评估流程不可分割的一部分。

该指引步骤1到步骤5中，已经明确提出了一个评估流程（图15-1）。该流程包括低碳生态前景确定、低碳生态战略推广、低碳生态选项分析评估及低碳生态规划制定。支持这一流程是评估的一部分，同时需要明确项目的财务和经济效益，从而为潜在融资机构提供证据，吸引其参与到项目的融资活动中。

下面将概述财务分析的定义，并提供经济分析范例。

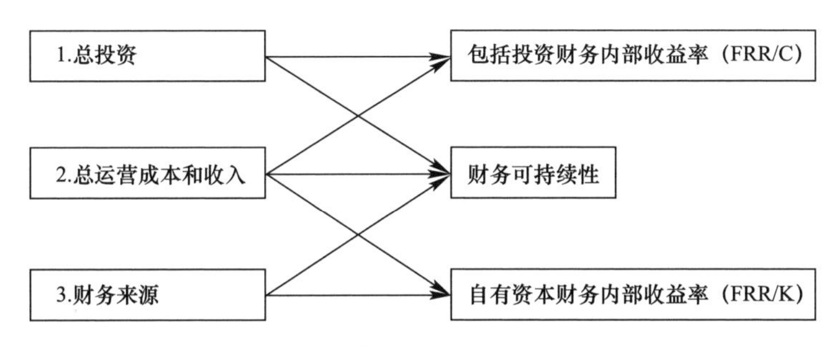

图15-1　财务评估流程

低碳生态开发财务分析包括一系列关键要素，需要在项目评估过程中一一列出（图15-1）。本节将重点介绍主要评估项目的定义及主要财务绩效指标的计算，包括投资财务内部收益率（FRR/C）、自有资本财务内部收益率（FRR/K）及相应的财务净现值（FNPV）。最终，财务分析应得出一个反映下列内容的现金流汇总表：

（1）投资收益、净收入经营能力（以维持投资成本），不考虑融资方式；

（2）除经营成本和有关利息以及流入额收益外，权益资本收益（已全部缴清的情况下，流出额中有私人投资商自己的权益）、三个层面上（地方、区域和中央）的国家出资额、偿还的财务贷款。

分析过程中需要解决的主要技术问题包括：

（1）选择投资期：针对项目的未来趋势，对项目现金流的预测值应与其经济使用寿命适应，并且其寿命长度应足够承受其在中期/长期内可能产生的影响。为项目全生命周期评估方法提供了基础。

（2）确定总成本：参照投资成本总额（包括土地、建筑、许可证、专利等）和经营成本（包括人员、原料、能源等）。

（3）确定总收益：开发项目将从房地产销售和物业管理中获得收益。该收益将根据提供的服务量预测值和财务分析经营收益的相对价格确定，不包括与增值税（VAT）有关的收益，且只有向投资商征收时，才包括其他间接税。另外，还包括其他补助（来自其他部门的转拨款项等）。

（4）确定年终剩余价值：长期负债和长期资产（如建筑和机械）等投资都有剩余价值，同时考虑投资的具体项目。

（5）应对通货膨胀：项目分析过程中，通常会采用可比价格，也就是说会根据通货膨胀调整价格，但价格在基准年内是固定的。另外，在分析资金流量的过程中，当前价格可能更合适，但还有每年都要有效遵守的名义价格。

（6）财务可持续性：应证明在项目投资期内资金来源（包括收款及任何类型的现金转拨款项）应与每年的支出持续保持一致。

（7）选择适当的贴现率：主要概念是资本的机会成本。在此方面，我们建议按照中国人民银行的标准，并参照一些基准确定贴现率。

（8）如何计算财务净现值（NPV）及财务收益率（FRR），以及如何将其用于评估。这两个指标均将用于投资和投入资本的计算。

通常，贷款人员和金融机构利用财务收益率判断未来的投资效益，这还有助于确定政策性银行或绿色贷款供应商优惠贷款的联合融资率。无论何时，地方政府都应意识到项目的净财政负担，并应确保项目即使在联合融资的情况下，也不存在因缺乏现金而停止的风险。若财务收益率非常低，甚至是负的，也不一定意味着项目与低碳生态开发的目标不符。对于财务表现不佳的项目，良好的经济效益可以帮助其获得政策性银行或绿色贷款供应商的资金支持。下面重点介绍经济评估。

2. 经济评估

通过经济分析，可以帮助评估项目给地区、区域或国家带来的经济效益。经济分析针对整个社会（区域或国家），而不像财务分析，只是针对计划或基础设施的业主。经济分析在财务分析（投资效益，不考虑资金来源）的基础上，总结了财务分析未考虑的各种效益和社会成本。它包括财务分析中采用的市场价格向会计价格（修正因市场不完善而扭曲的价格）的转变，考虑了财务分析中未考虑的各种效益和社会成本（因为这些不会产生实际的支出或收入，比如环境影响或再分配效应）的外部影响因素。因此，经济分析的具体步骤如下：

第1阶段——财政修正

在这一阶段，会确定经济分析的两个新元素：受财政因素影响的市场价格的“财政修正”值和转变因素值。市场价格包括税收、补助及一些转拨款项，可能影响相对价格。虽然有些情况下很难估算税后价格，但可制定一般规则修正上述扭曲值：

（1）CBA（Cost-Benefit Analysis，成本-收益分析）考虑的投入产出价格应扣除增值税及其他间接税；

（2）CBA考虑的投入价格应为直接税的总额；

（3）应忽略发放给个人的纯转拨款项，比如社会保障金；

(4) 有些情况下将间接税/补助用于修正外部因素。

典型的例子就是征收能源税可以阻止对外部环境产生的不利影响。这种情况或类似情况下，在项目成本中包含这些税是合理的，但评估中应避免重复计算（比如避免在评估中既计算能源税又计算外部环境成本）。如果税的计算在整个评估过程中不占重要地位，其计算往往不需要太准确，但整体仍需要保持一致性。

第 2 阶段——外部因素修正

这一阶段的目标是确定财务分析中未考虑的外部效益或外部成本，比如环境影响产生的成本和效益、节约的能源、减少的温室气体排放量、为交通部门节约的时间及为卫生部门拯救的生命等。有时即使很容易确定成本和效益，也很难对其进行评估。参考低碳生态开发有关的物质环境效益的量化方法，可以通过市场价格或非市场价格方法将效益流货币化。

第 3 阶段——市场价格向会计价格转变

本阶段的目标是确定市场价格向会计价格转变的转变因素表。项目审查人员应检查项目发起人是否考虑了项目财务成本和效益以外的社会成本和效益。在下列情况，除财政或外部因素影响外还需要做到这一点：

(1) 由于市场不完善导致投入产出的实际价格扭曲；

(2) 工资与劳动生产率无关。

第 4 阶段——不同时期的贴现成本和效益都必须贴现

确定经济分析表后，对财务分析实施贴现流程。投资项目经济分析过程中的贴现率（社会贴现率），试图反映如何根据当前效益和成本估算未来效益和成本的社会观点。资本市场不完善时（实际上通常如此），这可能会与财务贴现率不同。贴现率由金融机构在提供绿色信贷时提供。

第 5 阶段——经济收益率计算

价格扭曲修正后，即可计算经济内部收益率（ERR）。选择适当的社会贴现率后，即可计算经济净现值（ENPV）和效益成本比（B/C）。经济内部收益率（ERR）和财务内部收益率（FRR）之间的区别是，前者采用商品和服务的会计价格或机会成本，而不是不完善的市场价格，而且尽可能包括外部社会和环境因素。由于现在考虑外部因素和影子价格，对于大多数投资财务内部收益率（FRR/C）较低或为负值的项目，其经济内部收益率（ERR）却为正值。对每个经济内部收益率（ERR）低于 5%或经济净现值（ENPV）为负值且贴现率达到 5%的项目，应予以仔细评估，甚至否决。这同样也适用于效益成本比（B/C）低于 1 的情况。但有时也有例外，如果有重要的非货币化效益，也可以接受经济净现值（ENPV）为负值的情况，但必须加以详细说明，因为这样的项目对中国低碳生态开发政策目标的贡献甚微。

二、低碳生态开发的融资方法

中国房地产开发一般由公共机构、民间机构和非政府组织参与，采用股票、债券和资产方式在国内及国际市场融资，推进项目开展，有商业和开发目的的国内外银行与地方、省、国有企业和国际组织合作，提供开发项目资金，支持国家的快速城镇化进程。

中国与世界其他地区的经验已经表明，低碳城市开发需要长期广泛的公共干预。在中国如果没有政府主导的激励政策支持可持续筹资机制，低碳生态城市开发基本上是不可能的。

1. 能源与交通的低碳融资方法

从项目融资的角度来看，能源行业已经发展出一系列工具与方法，运用在国内外的具体实践中，希望通过融资支持面向未来的低碳能源转型。这些能源行业的丰富经验为项目的绿色融资奠定了基础。目前有多种方式筹集资金，如通过税收优惠利用政府资源，让消费者直接支付他们选择购买绿色能源所增加的成本。政府通过节能专项资金、定向优惠融资方案、退税和必要的价格改革等政策，以激励节能产业的效率提升。

除了上述激励方案外，建筑节能和集中供热突出了建立适当标准的重要性：如绿色建筑标准，并引入针对所有市政服务能源消耗的统计体系。一般情况下，能效和低碳融资，根据所处的不同领域和面临的具体问题，必须克服多种阻碍。

在此背景下，值得关注的是碳融资机制的经验和潜力，有必要构建融资工具以促进低碳解决方案。《京都议定书》提出了碳金融的基本概念。在《京都议定书》之外，碳市场也存在着兴起的可能性。碳金融涉及碳市场减排量的交易。为了减少碳排放所产生的增量成本，各种融资工具应运而生。清洁发展机制就是其中之一。清洁发展机制是发展中国家碳融资的主要形式，而中国通过清洁发展机制在各行各业减少碳排放方面具有丰富的经验，包括废弃物处置、能源、交通和林业等领域。

在很大程度上，碳市场已经发展成为《联合国气候变化框架公约》和《京都议定书》的一部分，与发达国家温室气体减排义务一样具有法律约束力。发达国家可以通过国内行动履行这些义务，如税收和补贴，以及基于市场的机制，如碳排放贸易。此外，他们还可以通过清洁发展机制注册发展中国家项目，满足温室气体减排义务的要求。

中国已建立了世界上最大、最具活力的清洁发展机制项目。清洁发展机制支持城镇周边的低碳投资，包括节能、垃圾填埋和潜在的可再生能源，如太阳能、生物质能和风能。这几类清洁发展机制项目大约占中国所有清洁发展机制项目的不到10%。对于要注册清洁发展机制的项目，需要满足一定的条件。在中国，项目首先需得到指定国家机构的批准。清洁发展机制规则要求：第一，与基准对比，降低温室气体排放；第二，与基准相比有额外的低碳节能措施。清洁发展机制管理系统采用审查和批准减排量化方法，提供工具来评估额外性和其他技术要求，并为注册项目建立规则和程序，发放核证的温室气体减排量或碳信贷。清洁发展机制的基线和监测方法是减排量的计算标准，并且所有批准方法都公布在清洁发展机制网站上，供所有项目开发商使用。不同行业的清洁发展机制项目也不尽相同。

废弃物管理：从全球来看，废弃物管理是城市地区清洁发展机制项目中最具吸引力的项目。清洁发展机制是帮助国家寻找补充资金，以应对不断增加的废弃物管理挑战，尽管在很大程度上资金主要用于抑制填埋气和甲烷的排放（有时也叫“甲烷溢流”）。因为甲烷和填埋气对全球变暖的影响较大。除了回收利用，所有的废弃物项目都要避免将甲烷排放到大气中，转而通过燃烧将其转化成二氧化碳，与甲烷相比，二氧化碳的全球变暖影响只有5%。

能源行业的减排活动大致划分为应用可再生能源与提高能源效率。在城市环境中，可再生能源投资的范围可以从较大的外围风力资源、垃圾焚烧能源或太阳能装置，到高度分散的分布式能源，如屋顶太阳能发电装置。提高能效措施分能源需求方措施和能源供应方措施。供方能源效率的提高主要包括火电厂、热电联产、热能及电能的传输和分配的技术改进。需求方能源效率的提高包括减少市政服务、建筑集中供热等。中国有许多清洁发展机制项目是集中供热项目，涉及通过余热给住宅和商业用户供暖或供应热水等。由于建筑部门的项目分散、多变，发展清洁发展机制项目存在难以测量实际节能效果的挑战。

减少交通行业排放量的措施分为以下几类：

（1）减少单位燃料燃烧释放的二氧化碳；

（2）减少每公里的能耗量；

（3）减少出行距离。

尽管私家车已成为发展中国家大部分城市碳排放增长的主要原因之一，但目前交通行业仍很少有清洁发展机制资助。虽然也有少数经批准的交通减排方法，但交通项目仅占注册清洁发展机制项目总数的0.1%。成功的案例包括快速公交等公共交通系统的建设、提高燃油效率，以及公交运输系统的能效改善。在中国，重庆和郑州有两个快速公交系统项目目前正按清洁发展机制进行。

“全市域方法”碳融资是为了降低跨部门寻找碳减排机会的难度而设计的方法。这样做是为了更好地将清洁发展机制项目规划与正常的城市规划和管理流程相匹配，从而专注于提供城市服务。全市范围内的清洁发展机制项目或城市总体规划的项目有助于减少交易成本，优化总碳融资收入。通过运用跨行业或全市域的融资方法实施清洁发展机制，将会让城市改变许多常规方法，而采用减少温室体排放量的新方法。

自20世纪80年代后期，中国排污权交易取得了相当大的进展。排污权交易实施的领域包括大气污染（主要是二氧化硫）和水污染（主要是化学需氧量）。天津、北京和上海建立了三个国内碳排放交易体系。天津气候交易所已成为中国石油天然气集团公司资产管理有限公司、天津产权交易中心和芝加哥气候交易所之间的合资企业。这个交易所同北京环境交易所和上海环境能源交易所，旨在推动各种不同的环境权交易。然而，在缺乏强制性碳减排、碳限额约束的情况下，市场对国内产生的碳排放额度的需求非常低，只依赖于自愿交易。在中国，碳排放交易系统的进一步发展依赖于以下制度的完善：一是建立碳限额机制，以激励需求；二是统计核查与信息公开机制，解决诸如定价、市场监管、测量-报告-核查（MRV）等问题。

中国碳市场的发展分为三个阶段。初期，通过清洁发展机制项目参与国际碳市场交易，但是仅作为需求的提供方，非真正意义上的独立市场，该形式的交易规模逐年递减。第二阶段是国内自愿减排交易，即企业购买自愿减排量进行碳中和为主要市场活动，具有自愿属性，交易规模有限。第三阶段以2013年7省碳交易试点启动市场交易为起点，形成强制与自愿并存的阶段。待全国市场启动后，将进入强制碳交易市场阶段。

2011年，国家发展改革委下发《关于开展碳排放权交易试点工作的通知》，批准北京市、天津市、上海市、重庆市、广东省、湖北省和深圳市7省（市）开展碳排放权交易试点，7个试点市场相继启动。在交易市场内，减排成本高的企业可以通过购买其他企业富余碳排放权配额或自愿减排量的方式，从而以最低成本完成减排目标。同时，碳债券、碳资产证券化和碳基金等碳金融衍生产品也可以在市场内进行交易。截至2017年9月末，7个碳排放交易试点省市共纳入控排企业和单位接近3000家。各地陆续推出了碳配额场外掉期、碳配额远期、碳债券、碳配额回购等试点，交易工具和产品日趋丰富。7个地方的试点，在总量控制、配额分配、排放数据的监测、报告和核查等方面积累了大量宝贵经验，为全国碳市场的推出奠定了基础。2017年12月，国家发展改革委发布《全国碳排放权交易市场建设方案（电力行业）》，标志着全国碳排放交易体系的启动。目前相关基础建设工作正在推进中。建设全国碳排放权交易市场，是利用市场机制控制和减少温室气体排放、推动绿色低碳发展的一项重大创新实践。中国的碳市场发展还在起步阶段，市场发展还存在产品定价尚在探索、市场价格发现功能缺失、控排企业缺乏参与积极性等诸多制约因素。

2. 国际金融机构生态低碳发展工具

许多不同国际金融机构提供了多种低碳生态开发融资工具，包括：

（1）世界银行集团提供许多不同的融资工具，可覆盖与低碳投资相关的增量成本和风险。世界银行集团提供从传统投资贷款（国际复兴开发银行和国际开发协会的贷款）和全球环境基金赠款到创新贷款方案，如绿色债券或风险担保。

（2）世界银行还通过新成立的气候投资基金提供具体的碳融资工具和融资，如清洁技术基金。通过过去30年的实践，世界银行在全球和中国开发应用这些工具方面具有丰富的经验。国际复兴开发银行投资贷款已在中国横跨众多行业的项目中得到应用。全球环境基金赠款帮助开发创新的解决方案，大多集中在城市、能源、运输等行业。

（3）世界银行贷款基金有两种基本的运作类型：投资运作和开发政策运作。投资运作提供资金（国际复兴开发银行在中国的贷款形式）给政府，以支付众多行业中的经济和社会开发项目的具体支出。开发政策贷款向政府提供放开的直接预算支持政策和制度改革，旨在实现一系列具体的开发成果。迄今为止，开发政策贷款工具尚未在中国使用。投资贷款、信贷和赠款可为许多活动提供融资，旨在创造必要的物质和社会基础设施，以减少贫困和营造可持续开发。在过去的20年里，投资运作平均占世界银行全球投资组合的75％～80％。绝大多数投资贷款或者是专用性投资贷款，或者是行业投资和维护贷款。适应性规划贷款及学习创新贷款等新工具最近已经出台，旨在鼓励创新并提供更灵活的资金使用方式。针对借贷人的具体需求，世界银行还提供其他信贷工具，如技术援助贷款（主要支持咨询服务、能力建设和培训）、金融中介贷款（主要集中在金融机构），以及应急救援贷款（支持自然灾害后的恢复）。

（4）全球环境基金（GEF）成立于1991年里约可持续发展会议期间，为全球环境效益项目提供增量成本融资。这笔拨款计划本来是联合国开发计划署、联合国环境规划署和世界银行之间的合伙计划，但现在通过10家机构提供支持。近年来，全球环境基金已承诺每年提供约2.5亿美元，主要是用于授予符合资格的国家，作为联合国气候变化框架公约的财务机制。

（5）碳伙伴基金（CPF）旨在支持通过购买碳信用额度而减排的项目。其目标和业务模式是基于准备大规模的具有潜在长期高风险的投资需求，需要买家和卖家之间持久的伙伴关系，以支持在一个不确定的市场环境下的长期合作。根据中央公积金计划，预计将扩大和拓宽清洁发展机制的范围，同时2012年后将产生长达10年的碳信用额。

（6）气候投资基金（CIF）是2008年创建的气候基金。该基金的目的是通过多边开发银行和国家的协作努力来弥补融资和学习差距。气候投资基金由捐助国和受援国代表，以及来自联合国、全球环境基金、民间社会、土著民族和私营企业的观察员共同管理。中国是气候投资基金会的一员，但并未通过清洁技术基金进行项目融资。气候投资基金由清洁技术基金和战略气候基金两个信托基金组成，每一个都有具体的范围和目标以及自身的治理结构。清洁技术基金（CTF）

促进投资，提倡清洁技术。通过清洁技术基金，国家、多边开发银行和其他合作伙伴如果同意某一国家投资计划，可通过 CTF 帮助、部署和转让具有显著潜在温室气体减排的低碳技术。清洁技术基金意味着变革，采取清洁技术投资，并按比例出售给参与的受援国。清洁技术基金提供有限的补助、优惠贷款，以及每个项目 5000 万美元和 2 亿美元的部分风险担保，以帮助各国增加清洁技术创新，旨在改变一个国家的发展途径。战略气候基金（SCF）作为首要基金，主要用于具有推广潜力的新型标杆项目。改革行动主要针对某一特定的气候变化挑战或行业。战略气候基金下的目标项目包括林业投资项目（FIP）、应对气候变化试点项目（PPCR）和低收入国家可再生能源扩张项目（SREP）。

（7）低碳城市国际金融公司工具。国际金融公司（IFC）是世界银行集团成员之一，也是全球最大的开发机构，专注于发展中国家的私营企业。国际金融公司提供直接债务和股权融资，从其他渠道通过企业联合组织调动资金，并提供咨询服务。应对气候变化是国际金融公司的战略重点。国际金融公司在气候变化方面的具体工作包括：行业投资，如可再生能源和清洁技术；捐助者支持的优惠贷款，以帮助减少感知风险和成本，但往往阻碍私人投资者从事环保项目；咨询服务，帮助实现气候友好型运作；通过国际金融公司的环境和社会政策建立可持续发展标准。国际金融公司还建议政府营造一个促进低碳发展的投资环境。在中国，国际金融公司着重于以下具体的气候变化和低碳发展计划：市场驱动的解决方案，创建和展示当地银行减缓气候变化的融资能力，如中国公用事业能源效率融资项目。下一步计划将重点放在小型和中等规模企业的能源效率融资上，支持小型可再生能源项目，促进工业用水效率的提高和废水回收。可再生能源：通过投资可再生能源生产商和它们的制造供应链来支持可持续能源行业，减少电力成本。新能源管理技术服务：促进新技术配置，其中商业通常被认为是高风险配置。政策推动的低碳方法：补充世界银行的气候变化计划，加强激励措施，通过政策和监管改革选择低碳方案。

（8）世界银行多巨灾债券发行计划。响应其成员国需求，世界银行制定了多巨灾债券发行计划，允许政府使用一个标准框架，购买负担得起的条款参数保险。根据测得的严重程度，在自然灾害事件发生后不久，就会支付参数保险。该多巨灾债券发行计划包括以下主要内容：对自然灾害的风险保险便于进入国际资本市场；确保获得即时的流动资金以应对紧急救济和灾后重建；支持多种结构，包括不同地区的多种风险（地震、洪水、飓风和其他风暴）。

3. 国内金融机构的绿色贷款

中国银监会发布的《绿色信贷指引》的介绍，为一系列金融机构在中国提供绿色贷款提供了依据（表 15-1）。

提供绿色信贷的国内银行和在华外资银行　　　表 15-1

受访中国金融机构名称	受访金融机构性质	受访中国金融机构名称	总部	英文名
国家开发银行	政策性银行	花旗银行	美国	Citigroup Inc（Citi）
中国进出口银行	政策性银行	法国农业信贷银行	法国	Credit Agricole Corporate and Investment Banking（Credit Agricole）
中国工商银行	大型商业银行			
中国农业银行	大型商业银行	汇丰集团	英国	HSBC Group（HSBC）
中国银行	大型商业银行	荷兰国际集团	荷兰	ING Group N. V.（ING）
中国建设银行	大型商业银行	伊诺乌贝贝亚银行	巴西	Itau BBA S. A.（Itau BBA）
交通银行	大型商业银行	摩根大通	美国	JPMorgan Chase & Co（JPMorgan）
华夏银行	股份制商业银行	瑞德银行集团	日本	Mizuho Bank Ltd（Mizuho）
招商银行	股份制商业银行	标准银行集团	南非	Standard Bank Group（Standard Bank）
浦发银行	股份制商业银行			
兴业银行	股份制商业银行	渣打银行	英国	Standard Chartered plc（Standard Chartered）
北京银行	股份制商业银行			

1）国家开发银行

国家开发银行近年来每年都出台环保及节能减排贷款工作指导意见和工作方案；针对产业结构调整和淘汰落后产能出台了钢铁、电力行业、燃煤电厂升级改造等开发评审指导意见；针对开发利用新能源等方面出台了生物质发电、太阳能光伏发电等开发评审指导意见。

国家开发银行侧重鼓励节能减排项目、环境保护类项目，支持国家产业规划领域中自主创新、产业结构优化、能源资源节约、生态环境保护等领域的中小企业，优先考虑国家产业结构调整政策鼓励的行业，在贷款审查、承诺、发放和贷后各个阶段的政策均涵盖了环境和社会影响。

2）中国工商银行

中国工商银行 2012 年制定印发了 54 个行业（绿色）信贷政策，通过行业信贷政策认真贯彻国家宏观和产业政策及标准，制定行业绿色信贷标准与环境风险管理要求，并将其作为全行行业信贷政策的核心要素，指导和推动全行信贷“绿色调整”；制定和完善了绿色信贷领域政策，优化绿色信贷分类标准，完善公司贷款环境风险分类与管理，建立和完善环境和社会风险防控体系；积极支持生态保护、节能减排、清洁能源和资源综合利用等绿色信贷项目，限制“两高一剩”行业，退出落后产能企业。

中国工商银行绿色信贷适用于各类信贷及非信贷融资业务，并将绿色信贷标准和要求嵌入信贷业务流程中，即在信贷业务调查、评估授信、审查审批、合同签订、贷款发放、贷后管理等各个环节均有明确的绿色信贷内容和指标。同时工商银行依托环保监测信息、媒体报道以及贷后管理等平台，建立了环境与社会风险的监测、识别、控制与缓释制度，有效防范环境和社会风险。

3）中国农业银行

中国农业银行目前已制定下发房地产、公路、钢铁、水泥、造纸、风电及肉类、乳品等31个行业信贷政策，实施区别对待、分类管理，严控“两高一剩”行业、涉及环境和社会风险问题的客户和项目审批，积极支持以绿色环保、清洁能源、循环经济等为重点的“绿色工业”“绿色农业”和第三产业发展。

中国农业银行注重将可持续政策融入信贷业务调查、审查、审批、贷后管理等各环节，范围涵盖固定资产贷款、流动资金贷款等传统信贷产品，同时该行在承兑业务、信用证、投资理财及其他金融服务产品方面也强调坚持绿色信贷理念。

制定分类标准将相关行业客户划分为支持、维持、压缩、退出四类，并制定了严格的客户和项目准入标准。对不符合准入条件的客户和项目，原则上不予信贷支持。

4）中国银行

中国银行2010年制定了《中国银行股份有限公司节能减排信贷指引（2010）》，积极支持清洁能源和节能环保产业发展，重点支持节能减排工程项目建设；信贷资源向节能减排效应显著的地区和企业倾斜；严格控制对“两高”行业中不符合国家节能减排要求的企业新增信贷，加快退出落后产能项目信贷；将清洁能源和节能环保作为积极支持战略性新兴产业的重点。

中国银行可持续政策适用于各类信贷业务，如项目贷款、银团贷款、流动资金贷款、贸易融资等。中国银行可持续政策不仅应用于贷款业务，在国际结算、资金业务等方面也适用。

筛选标准包括：国家有关部门制定的各行业的能耗、物耗及排放等环保指示；《产业结构调整指导目录》《外商投资产业指导目录》《淘汰落后产能企业名单》等标准；监管部门制定的《绿色信贷指引》等标准；该行制定的授信政策。如该行钢铁行业贷款政策中鼓励循环经济和节能减排工艺技术；限制支持重要环境保护区和风景名胜区、严重缺水地区、特大城市的钢铁企业；新建项目必须落实环保审批手续，并且综合能耗、水耗、排放、水循环率等指标达标。

5）中国建设银行

建设银行在其行业或区域信贷政策中，将绿色信贷标准作为一项重要内容；在如电力、钢铁、水泥、平板玻璃、有色金属等行业信贷政策中，将环保等指标作为准入的底线标准。

中国建设银行信贷政策中关于环境和社会风险的内容适用于所有信贷业务。短期融资券、中期票据、企业债等信用类债券业务包销等则参照执行。

以“环保不达标一票否决”作为授信审批的五项基本原则之一，也是筛选授信客户或项目的基本标准。该行对污染企业实行名单制管理，这些企业包括国家有关部门公布的对环境污染治理挂牌企业、需要淘汰落后产能企业、流域限批企业等存在环境污染问题的企业。要求各级分支行不得受理审批对其新增授信业务。在贷后环节，如果发现客户或项目未能及时落实环保要求、取得环保评价批复，或被国家环保部门列入违规处罚名单等，该行将根据客户或项目实际情况，采取压缩授信、收回贷款等措施，督促客户积极整改，同时实时调整风险分类。

6）交通银行

交通银行根据《交通银行“绿色信贷”工程建设实施办法》（交银办〔2008〕29号），截至2012年针对50个具体行业制定绿色信贷应用要求，信贷资产覆盖率达到95%以上。交通银行绿色信贷政策适用于贷款等全部授信业务。

《绿色信贷政策指引》对钢铁、有色金属、造纸等高污染、高能耗行业制定了严格的准入标准；环境和社会表现不合格的红色、黄色两类客户全部纳入名单制管理。

7）华夏银行

华夏银行通过制定全行年度信贷政策，大力发展以“节能、减排、循环经济”为主题的绿色信贷业务，严控对“两高一剩”行业和环境违法企业的新增融资；制定了专门的行业绿色信贷指导意见，出台了钢铁、煤炭等具体行业信贷政策；每年针对各分行年度信贷业务制定区域信贷政策。

所使用的筛选标准包括《产业结构调整指导目录》、慎入行业或禁入区域名录、客户环境表现黑名单、预警信息等。

8）招商银行

招商银行下发了《绿色信贷政策》《关于开展绿色金融业务营销的指导意见》《关于加强高耗能、高污染行业信贷风险管理的指导意见》《关于加强对重污染工艺和高污染、高环境风险产品企业贷款管理的通知》《关于进一步加强“两高一剩”重点行业信贷管理的通知》，实施提高准入标准、提高审批层次、进行限额管理等措施，制定了48个行业信贷政策，包括节能环保行业等8个绿色行业信贷政策。

按一定筛选标准来识别不予以授信的客户或项目，如《产业结构调整指导目录》《外商投资产业指导目录（2011修订）》《2010年重污染工艺与环境友好工艺名录》《“高污染、高环境风险”产品名录（2010年修订版）》《2010年工业行业淘汰落后产能企业名单》以及各类产业政策等。

9）浦发银行

浦发银行每年制定下发业务经营风险偏好策略和年度信贷投向指引，对信贷业务提出行业、区域以及产品投向上的政策指引；该行正式下发了《上海浦东发展银行社会和环境风险管理试行办法》。

浦发银行在加大支持节能减排、循环经济、环保产业等绿色经济发展的道路上已形成“五大板块、十大创新产品”。“五大板块”包括能效融资、清洁能源融资、环保金融、碳金融和绿色装备供应链融资。“十大创新产品”包括国际金融公司能效贷款、法国开发署绿色中间信贷、亚行建筑节能融资、合同能源管理未来收益权质押贷款、合同能源管理保理融资、碳交易（CDM）财务顾问、国际碳保理融资、排污权抵押贷款、绿色 PE 和绿色债务融资工具。

项目融资必须符合我国法律法规、淘汰落后产能的产业政策，与法国开发署、国际金融公司合作开展的能效项目融资除了上述要求外还必须在国际金融公司和法国开发署确定的《排除清单》之外。

10）兴业银行

兴业银行制定并印发了《环境与社会风险管理政策》，并在全面风险管理战略中专门制定了《环境与社会风险管理子战略》，作为兴业银行环境与风险管理的纲领性文件；每年制定行业的信用业务准入细则，按照细分领域拟定节能减排业务信贷准入标准、技术标准，主要包括电力、化工、节能环保等节能减排重点行业；将行业知识和业务技能逐一标准化，建立了绿色金融认证体系，对绿色信贷逐笔认证，并进行“可测量、可报告、可核查”的环境效益测算。

兴业银行可持续政策的适用范围覆盖全行所有信贷业务，包括公司贷款（如节能减排项目贷款、排放权金融业务，其中项目融资适用赤道原则作为环境与社会风险管理工具）、零售业务（如低碳信用卡）、资金业务（如绿色理财）、金融租赁（如绿色租赁）、信托业务等。此外，在内部绿色运营方面也通过内部环境管理体系加强环境绩效管理。

按年度制定信用业务投向准入细则，其中分行业明确禁止介入不符合国家政策、环保不达标、审批手续不齐全的项目；加大对存在较大生态危害性的行业、项目和企业的环境违法信息的审慎关注义务，原则上审慎介入存在环境违法行为、发生重大安全生产事故或存在征地拆迁补偿纠纷、劳资纠纷等负面事件的企业及项目；对于适用赤道原则的项目融资，要求股东环境守法背景良好，具备较强的环境与社会风险管理意识和管理能力。同时兴业银行在信贷系统中对政府职能部门公布的存在闲置土地行为的开发商、存在重大环保风险的企业、列入各地政府淘汰落后产能的企业等其他类似情形的客户进行预警，禁止办理业务。

11）北京银行

北京银行每年下发授信业务指导意见，制定了包括节能环保行业在内的 11 个行业政策，强调坚持“环保一票否决制”原则，对高耗能、高污染、高排放企业和不符合国家产业政策、未按规定程序审批或核准的项目，不提供任何形式的授信支持。对污水、重金属、废气排放风险较高，或处于淘汰落后产能边缘的企业，原则上不提供授信支持。在风险可控前提下，加大对节能减排和合同能源管理企业（EMCO）和项目的信贷支持力度。重点支持十大重点节能工程建设、循环经济发展、城镇污水垃圾处理、重点流域水污染治理、节能环保能力建设等项目和企业的信贷资金需求。北京银行还制定了《北京银行信贷项目建设用地管理程序》（京银风发〔2008〕675号）、《北京银行社会与环境保护管理规定》（京银风发〔2009〕14号）、《“中国节能减排融资项目贷款”（CHUEE项目）管理规定》（京银公发〔2010〕184号）、《节能贷操作规程（试行）》（京银公发〔2011〕416号）等一系列文件，不断完善绿色信贷政策体系。

北京银行可持续政策适用范围覆盖了信贷业务调查、审查、审批、贷后管理等各环节和全部授信业务以及日常的一些内部管理活动。同时，北京银行也已形成绿色信贷品牌，即在其“小巨人”项下特色产品中除根据企业不同发展阶段的三大核心基本产品包外，还推出与“科技北京、人文北京、绿色北京”相对应的“科技金融、文化金融、绿色金融”三大行业特色产品包。在绿色金融方面，不仅包括早期与中投保合作推出世行二期项目贷款，还包括与国际金融公司推出中国节能减排融资项目贷款（CHUEE项目）以及“节能贷”特色金融产品方案。

使用的筛选标准包括：国家产业政策，《产业结构调整指导目录》，国家发展改革委公布的《行业生产经营规范条件》、淘汰落后产能企业名单、行业资质认定名单、行业资质认定名单、环保不达标企业名单等公告。

4. 开发融资创新

世界银行绿色债券项目是此类低碳生态开发融资创新的典型案例，在中国发行市政债券即可实现这一创新。世界银行绿色债券从固定收益投资者那里筹集资金，支持世界银行为符合条件的项目提供贷款，比如旨在通过低碳生态开发缓解气候变化或帮助受影响的人适应气候变化的项目。该产品的目的是满足特定投资者对旨在为气候变化应对项目提供资金支持的AAA级固定收益产品的需求。自2008年以来，世界银行已经发行了约40亿美元的绿色债券（图15-2）。

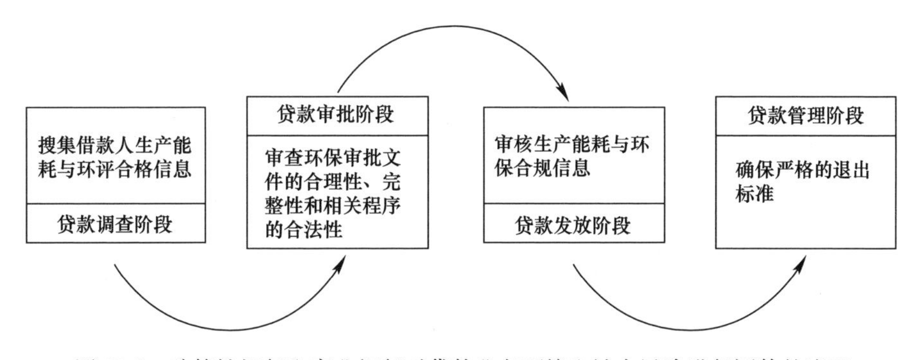

图15-2　政策性银行和商业银行对贷款业务环境和社会风险进行评估的流程

世界银行绿色债券发行流程中采用的项目筛选标准和合格评定标准，可直接转用到中国的类似项目，具体包括：

（1）太阳能和风能设施安装；

（2）支持可显著减少温室气体排放的新技术；

（3）修复旨在减少温室气体排放的发电厂和传输设施；

（4）提高交通运输效率，包括燃料转换和公共交通；

（5）废物管理（甲烷排放）和节能建筑施工；

（6）通过重新造林并避免乱砍滥伐减少碳排放。

适应气候变化的合格项目案例如下：

（1）防洪（包括重新造林和流域管理）；

（2）提高食物安全，实行抗病害的农业系统（降低乱砍滥伐的速度）；

（3）实施可持续的森林管理，避免乱砍滥伐。

三、建设流程

低碳生态开发的建设流程主要有四大部分：发展规划、建设施工、项目运营和资本运营。由于工作内容广泛且复杂，因此涉及的参与主体数量众多，包括：专业基础设施建设商、专业咨询公司、专业基础设施运营服务提供商、地产开发商、土地投融资机构、公共事业运营商、各级政府、科研与咨询机构、大学、非政府组织等。而且，这些参与方性质多样，有私营部门，有公共部门，还有公私性质兼有的（图 15-3）。

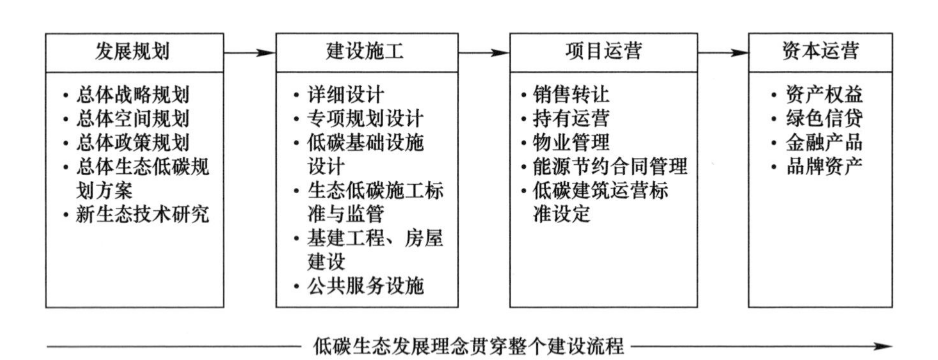

图 15-3　生态低碳城市建设实施流程

低碳生态开发建设过程的关键是协调好各个参与主体的工作内容和利益关系，因此可引入 PPP 模式（Public-Private Partnership，即政府和社会资本合作，最早由英国在 1992 年提出）。PPP 模式反映公私合作的产权关系，如共享收益、共担风险和社会责任，特别是在基础设施和公共服务，如邮局、医院、监狱、学校等，是一种所有权关系。PPP模式作为有效地吸引国内外私有资本参与基础设施建设的创新途径，在全世界范围内已经得到广泛的应用（图15-4）。

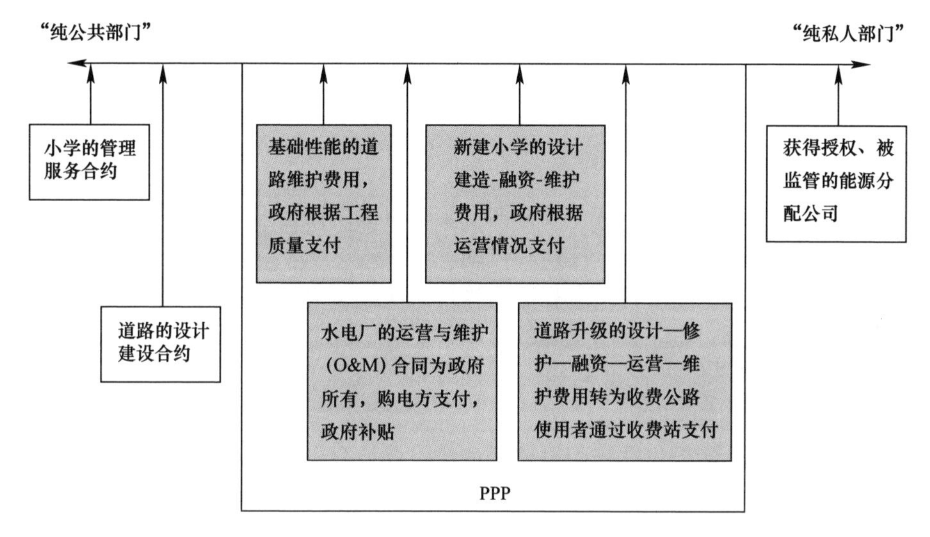

图15-4　从“纯公共”到“纯私人”，私人部门参与建设的各种模式

在使用PPP模式进行低碳生态开发建设中，不同性质的参与方所侧重的建设内容也相应不同。一般来说，公共部门主要负责低碳生态建设中的总体发展规划、详细规划，整合各专项规划，同时还组织相关大学和专业科研机构对碳减排技术进行研究。在遵从低碳生态开发的理念和运用低碳生态技术与设施的前提下，私人企业部门主要从事具体的施工建设，在建设完成后，与相关公共部门一起对项目进行运营与管理（表15-2）。

PPP的参与模式　　**表15-2**

模式类型	企业主导	公私部门责任相同	公共部门主导
参与主体	承担公共或私有项目发展责任，贯彻与实施低碳生态开发准则	兼具公共及私有项目发展责任	承担城市发展的综合责任，制定总体低碳生态规划
参与主体业务能力需求	基建施工项目，房地产开发项目，低碳能源和技术的应用	良好的政府关系，投资经验，基建及房地产开发经验的整合、绿色低碳建筑运营与管理、能源节约合同管理	主导产业发展，构建融资平台，制定绿色信贷标准，控制总体发展，复合持久的区域经营

续表

模式类型	企业主导	公私部门责任相同	公共部门主导
适用低碳生态城市发展阶段	建设施工	项目运营、资本运营	发展规划，新碳减排技术研究
应用项目	传统的基建项目，小尺度物业开发	片区综合开发	战略性城市片区发展

四、监控与评估

生态低碳开发的评估流程主要分四大步骤：确定评估准则，诊断生态低碳开发中的问题，公众意见咨询，反馈和行动。

需要注意的是，这个评估流程不是执行一次就结束了。因为生态低碳城市的建设是一个不间断过程，其所依托的生态、经济、社会等背景也在变化中，所以生态低碳开发的评估流程也应是一个连续的、反复执行和不断修正与更新的过程。

同时，生态低碳开发评估与以往城市建设评估有一个不同之处，即重视对公众建议的听取和分析。让公众和不同的社会团体参与进来，不仅体现了生态低碳开发以人为本的理念，还能够培养大众和整个社会的环境保护意识，同时可以避免以往城市建设中因为生态环境、土地规划和建筑用途等问题产生的社会矛盾。

在生态低碳开发的监控和评估流程中，最重要的是建立一个评估生态低碳开发的指标体系，单一用经济发展的指标来衡量生态低碳开发的成功与否是远远不够的。参照相关研究成果（如仇保兴主编的《兼顾理想与现实——中国低碳生态城市指标体系构建与实践示范初探》），生态低碳开发评估指标体系基本包括四个方面：经济发展、社会进步、个人消费及能源利用、环境保护（图 15-5）。

生态低碳开发评估原则包括：

（1）全面性：社会、经济、环境的全方位评估。

（2）层次性：针对 3～15km^2 的生态低碳开发，评估体系分为两个层次：一是对开发范围内的系统评估；二是对上位系统在低碳生态城市建设方面的影响评估（例如，与其他系统的对接与统筹，对上位系统的能源与环境的依赖，与上位系统之间经济、社会、信息等要素等互动）。

（3）阶段性：按照“短期现实目标、中期优化目标以及远期理想目标”实现程度给予阶段性的评估。生态低碳城市建设是一个长期的过程，因此用一次评估指标体系和程序去衡量最终的建设成果是不太可行的。要通过多次的评估流程和不断更新评估指标体系，来体现生态低碳城市建设的进步过程，同时在每一个评估阶段末期积极地推进下一阶段的建设。鼓励渐进的、持续的建设方式。

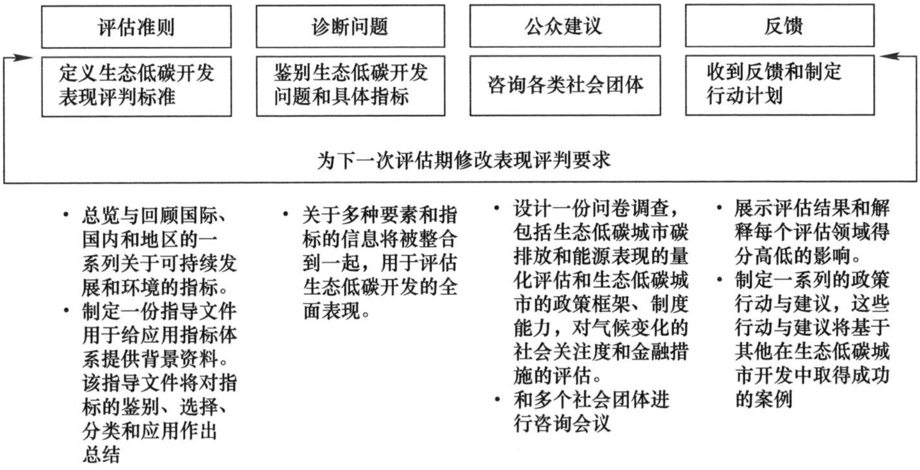

评估准则

定义生态低碳开发表现评判标准

诊断问题

鉴别生态低碳开发问题和具体指标

公众建议

咨询各类社会团体

反馈

收到反馈和制定行动计划

为下一次评估期修改表现评判要求

- 总览与回顾国际、国内和地区的一系列关于可持续发展和环境的指标。
- 制定一份指导文件用于给应用指标体系提供背景资料。该指导文件将对指标的鉴别、选择、分类和应用作出总结

- 关于多种要素和指标的信息将被整合到一起，用于评估生态低碳开发的全面表现。

- 设计一份问卷调查，包括生态低碳城市碳排放和能源表现的量化评估和生态低碳城市的政策框架、制度能力，对气候变化的社会关注度和金融措施的评估。
- 和多个社会团体进行咨询会议

- 展示评估结果和解释每个评估领域得分高低的影响。
- 制定一系列的政策行动与建议，这些行动与建议将基于其他在生态低碳城市开发中取得成功的案例

图 15-5 低碳生态开发的监控与评估流程

(4) 积极性：管理部门要体现积极推动和倡导原则。该原则主要体现在两个方面。一是自愿原则，达到生态低碳城市的评估指标要求不是强制性的，而是遵从自愿自发原则，管理方起到的是鼓励和支持的作用；二是改进原则，评估主要看重的不是最初的基础和最终的建设成果，而是衡量改进或提升程度的大小，基础差而提升程度大的比基础好而改进程度小的更具有积极性。该原则强调的是“在现有基础上的改进程度”的评估。

第十六章　韧性与安全——基于韧性城市的安全城市策略初探

习近平总书记视察北京通州新城时，曾明确指出通州新城要建设成为绿色城市、海绵城市、智慧城市。这三种城市为什么非常重要呢？这三类城市都体现了安全、生态、宜居的特点，只是实现途径不同。“绿色”采用的是微循环的办法，告别大工业文明时期类似勒·柯布西耶的阳光城市那样的城市建造方式。“海绵”意味着城市处处都可以渗透、积存、净化、循环，化整为零地处理雨水，城市像海绵一样富有弹性。“智慧”城市利用各种新技术，比如人工智能、地理信息系统、物联网和大数据等，对城市的问题进行实时发现、运算传输、纠正执行和反馈等四环节构成一个闭环。以往只能通过经验估算的决策流程，在新技术面前都可以做到定量、实时、精准的管理。更为重要的是，这三种新模式是基于提高人的生活品质而设计的未来城市的三大途径，也是减灾防灾、增强城市安全的主渠道。

一、“新不确定性”威胁城市安全

习近平总书记在城市工作会议上指出：“无论规划、建设还是管理，都要把安全放在第一位。”城市如果不安全，一切归零。北京这样的国际大都市，将面临众多前所未有的不确定性。这些不确定性源自以下几个方面：

第一，极端气候变化影响。对局部出现超历史极值的极端气候，如果用传统的工具去衡量，用承载力办法去估算，通常是无效的。像我们经常说超过百年防灾标准，一般必须要有千年的数据。而且我们现在依据的“百年”是过去的百年，过去的百年中工业文明对地球的影响并未达到极值，尚未出现极端气候。但是未来我们要应对极端气候，极端气候有一个特点，即轻易就会突破千年一遇的数据。现在美国、日本都把要应对的灾害提高到超千年。在2011年3月11日南日本特大海啸灾害发生之后，该国学术界经过深刻反思，制定了“两段海啸设立制度”，将几十年到100年发生一次的海啸设定为Ⅰ级海啸，可以用堤坝等构造物来抵御；而将发生频率低的最大级别海啸设定为Ⅱ级，只能用避灾减灾计划来应对。实际上，传统城市安全设计中经常使用的承载力公式在面临极端气候等不确定性时就已经失效了。

第二，现代城市的高机动性。城市现代化，某种意义上说就是交通工具高速化，但高机动化就意味着高危险性，即许多难以预计的灾害会来自高机动性。比如美国“9・11”的恐怖袭击就是利用高机动性的工具摧毁了纽约的世贸中心。1995年，日本一个极端宗教组织放置了两罐沙林毒气在地铁里面，整个东京就瘫痪了。几年前，伦敦的公交系统一辆公交车爆炸，整个伦敦就瘫痪了。由此可见越高机动性的城市就越具有脆弱性。

第三，新技术的快速涌现。例如，人工智能、物联网，特别是人工合成生命，这些都是颠覆性的新技术，也称之为“奇点技术”。这些新事物爆炸性地涌现也隐藏着爆炸的脆弱性。比如说华大基因前几天已经宣布三五年内可以合成任何生命。一旦恐怖分子掌握了这些技术，传统的安全防线就都失效了。互联网对这些新技术的传播起了很大的作用，高爆性炸药、小型核武器的制作和烈性毒药的合成方法都可以在互联网上找到。又譬如，未来的城市必然要推广无人驾驶汽车，但无人驾驶的汽车一旦被黑客操纵就会横冲直撞变成灾害之源。这些高技术及其传播方式都带来了新的城市安全的不确定性。

第四，全球化引发的外部干扰。经济社会的全球化带来的消费需求、原料、资本和能源供应等方面的波动、金融市场的波动、人口大规模的迁移，这些都会造成全球化时代新的城市脆弱性。比如说我国2017年底就遭遇了前所未有的“气荒问题”，仅仅中亚一个供气合同受影响，不到10%的天然气量的减少，系统就变得非常脆弱。民众和政府对这些问题都没有做好准备。现在很多欧洲的城市变得脆弱，就是因为难民的问题。这些都是全球化时代带来的新的不确定性。

第五，互联网时代的脆弱性。许多高科技产品本身也是脆弱性产生的新源头，“万物互联”也意味着危险互联。正如习近平总书记强调的那样：“城市系统越来越复杂，社会风险越来越集中在大城市。”现代大城市往往高度国际化，它的不确定因素比别的地方更高，它必须对全世界开放，而同时它又是一个土地利用非常紧凑的城市，人口规模越大，空间形态结构越复杂，各种脆弱性也越容易叠加。

不确定性是现代城市最难对付的风险因素，《黑天鹅》的作者在书中写道：“黑天鹅总是在人们料想不到的地方飞出来。”传统的手段，比如说放大冗余的老办法在黑天鹅面前就很难奏效了。因为很多黑天鹅式灾害破坏程度轻易超越了千年纪录，将城市生命线安全冗余放大到抵御200年、300年一遇的灾害就意味着巨大的浪费。增强城市的韧性不能采取简单的放大冗余的办法。第二种传统手段是编制预案。针对经常性事件，即过去历史上频繁发生又具有相对确定性的灾难，编制预案是行之有效的。如果真的是不可预计的事件，预案可能一点用处都没有。比如说，十多年前吉林化工厂爆炸，大量化学品流入松花江。

危机发生后人们去找预案，发现预案并没有此类应对策略，因为这件事超越了以往经验能够提供的想象力，没有人能预料到它会在这种情况下，以这类化学品泄漏的形式发生灾难。再比如日本的福岛核事故，也没有编制过的预案能帮上忙，结果造成了巨大的灾害。可见传统预案无法应对黑天鹅式风险，现代城市将来可能遇到的脆弱性事件恰恰可能是前人没遇到过的，预案的方法在许多方面也注定无效。人类社会正面临着因为城市复杂性带来的无穷无尽的、爆炸性的不确定因素，这些不确定因素来自众多方面，用传统的方法难以解决。

二、城市综合防灾

在全球气候变化背景下，自然灾害风险还在进一步加大。极端天气气候事件的时空分布、发生频率和强度更高，各类灾害的突发性、异常性、难以预见性日显突出，自然灾害已经成为制约我国经济社会发展的重要因素之一，城市综合防灾具有极其重要的意义和紧迫性。

1. 城市防灾管理机制

中国防灾减灾工作是在国家减灾委员会及各级政府的统一领导下，分类别、分部门的管理机制，即每个灾种或几个相关灾种由一个或几个相关部门负责，并根据灾害产生、发展和结束的各个环节，参照各职能部门的功能实行分阶段管理。

2. 城市综合防灾规划

1）城市灾害主要类型（表 16-1）

城市灾害主要类型与内容　　表 16-1

类型	主要内容
地质灾害	地震、山崩、滑坡、泥石流、地裂缝、地面沉降、水土流失、土地荒漠化、土壤盐碱化、土壤污染
地震灾害气象及衍生灾害	4 级以上破坏性地震、地震谣传、断层威胁、洪涝、干旱、台风、暴雨、雷电、冷害、高温、连阴雨
环境灾害	水污染、大气污染、有毒有害物质泄漏、核辐射
农林生物灾害	流行性传染病、有害生物、森林火灾
人为或技术事故	火灾、爆炸、建筑物坍塌、城市生命线系统事故

2）城市灾害主要特点

多灾种：自然灾害、人为事故灾害、人为故意灾害。

全过程：灾前防灾、灾时保障、灾后重建。

多手段：规划防灾、工程防灾、管理防灾。

3）城市防灾主要问题与对策（表16-2）

城市防灾主要问题与对策　表16-2

灾害类型	主要问题	对策
地质灾害	现状城区已建在地质灾害区 已批总体规划未作地质灾害评价	拆除处于高发地质灾害地段构筑物，辟为绿地； 加固易发地质灾害地段构筑物基础，补作地质灾害评价
气象灾害	标准偏低，抗灾能力弱；标准过高，成为摆设；标准不协调，不能有效抗御灾害	研究地形地貌同洪水、潮汛相互关系，合理确定城市整体和各组团设防标准； 根据地区暴雨强度公式与水文情况确定各组团排涝标准，建设部门同水务部门相互协调
疏散通道与避难场所	如何布局疏散安全通道，如何布局避难场所	根据地形地貌、水系、建设用地布局情况划分防灾分区，分布贯穿本区与连通分区的疏散通道； 结合中小学、大型公共绿地、广场布局避难场所
生命线系统	设施备用容量小，抗灾能力弱；管线老化、易受破坏；设施处于地面上，易被破坏	增大容量，提高抗灾强度； 设施与管线地下化，合理开发地下空间；建立管线共同沟； 采用强度高、韧度高的管线材料
城市竖向	不考虑地形起伏、河道弯曲，盲目追求平、直、宽，不惜劈山填河	依山就水形成合理城市道路网，除主干路外道路依据地形自然布置； 道路断面采用复合式断面，减少土石方量，形成本地独特空间

4）城市综合防灾优化原则（表16-3）

城市综合防灾优化原则　表16-3

合理选择与调整建设用地	•在城市用地布局规划，特别是重大工程选址时尽量避开灾害易发地区和灾害敏感区，并留出空地 •分析评估城市用地的灾害与灾度，制定设防标准，合理分配防灾物资 •调整老城用地布局，使老城居住、公建、工业等主要用地最终完全避开防灾不利地带
优化城市生命线系统	•提高城市生命线系统自身抗灾能力 •城市用地规划、设施布局、组织管理与生命线系统相协调，增强抗灾能力
强化防灾设施建设与运营管理	•灾害监测网、堤坝、消防、人防、应急避难场所等设施建设 •综合布局防灾设施，注重防灾设施的功能复合、平灾结合，发挥综合效力
完善城市综合救护系统	•规划中合理布局急救中心、血库、防疫站等救护场所，发挥灾时急救、灾后防疫功能 •合理布置救护系统，使其分布在地质稳定、洪涝安全区域

5）城市防灾规划内容及工作方法

预先设立科学、规范的城市防灾减灾规划是减轻灾害、安排好灾民生活的一个重要条件。一般情况下，城市综合防灾规划主要包括以下四项基本内容：

现状分析系统

分析城市灾情风险，摸底城市现状防灾资源、提出防灾工作中的现存问题；设定城市综合防灾规划的总体目标（社会目标、经济目标、环境目标等）。

风险评估系统

根据灾害类型、破坏性、强度、频率、易损性等因子，划分灾害风险等级，预测 5 年、10 年、20 年以内可能发生灾害的种类、地点、规模和等级，预测潜在损失，列出关键防护设施及防护等级。

规划决策系统

确定各单灾种的规划措施（包括工程性措施和非工程性措施），对规划措施进行评估（包括投资经济性评估、生态环境影响评估、历史文化遗产保护影响评估等），确定各单灾种规划措施的优先性，制定各个防灾计划项目的实施与管理措施。

实施更新系统

根据规划方案明确实施措施（资金来源、日程安排和负责部门），分批逐步建立情报收集、疏散避难、物质保障、金融服务、医疗救助等体系；制定实施反馈机制，动态调整防灾规划，使之同城市道路交通规划、公共服务设施规划、市政设施规划及绿地系统规划等协调，共同发挥作用（图 16-1）。

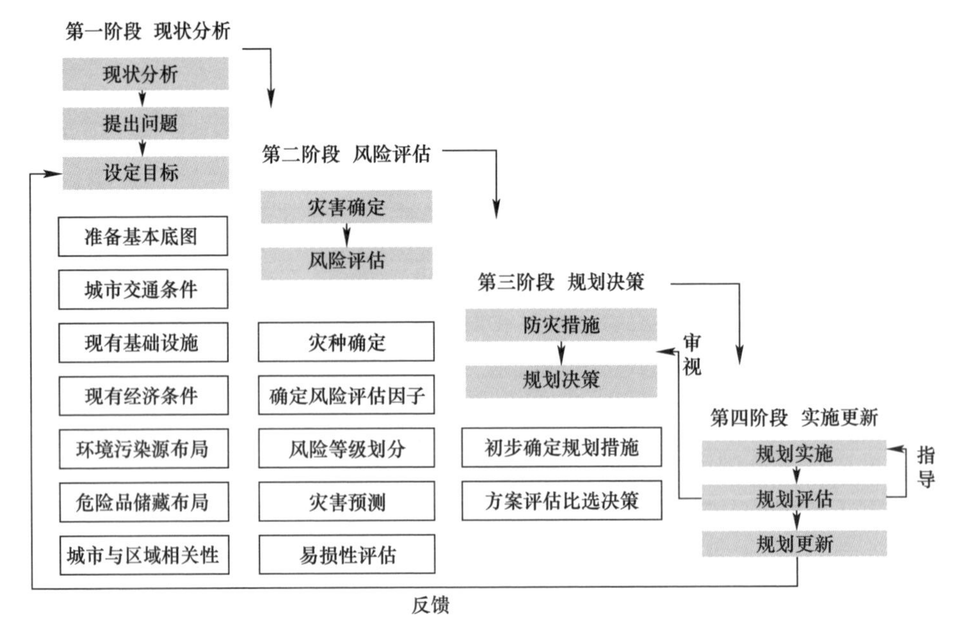

图 16-1 城市防灾系统规划步骤

6）城市防灾规划各阶段主要任务（表 16-4）

城市防灾规划各阶段主要任务　　表 16-4

灾害类型	主要问题	对策
•基于城市安全防灾的城市功能布局优化 •明确城市安全防灾空间设施布局原则，并对重要设施进行安排 •进行城市重要生命线系统规划 •布局城市重要防灾工程设施 •提出城市的应急性机构及跨部门的合作机制 •提出城市安全专项规划编制的目标和原则	•进行城市安全防灾空间安全单元划分 •安全防灾空间单元安全设施系统规划（道路、消防、医疗、避难场所、物资储运与运输、治安、指挥等系统） •安全防灾空间单位基础设施系统规划 •基于安全防灾的规划控制指标校核	•进行灾害风险评价，明确各自危险的特点和潜在后果 •确定减灾策略，在对灾害风险认知的基础上，确定首要任务，并提出避免和减少灾害负面影响的可能方法，最终确定防灾减灾规划和实施的策略 •采用综合法进行设施的布置与布局 •制定防灾减灾分析规划与实施措施

3. 城市防灾应急管理机制

应急管理亦称应急准备或灾害准备，是指为了应对突发灾害进行的一系列有计划、有组织的管理控制过程，主要目标是预警应急事件、应急救援、控制城乡灾害扩大化局面、减少损失并迅速恢复常态。作为一种“非常态管理”，其既是一种危机管理更是一项长期挑战，建立危机转化机制，从危机中发现漏洞，消除危机隐患是这项工作的重中之重（图 16-2）。

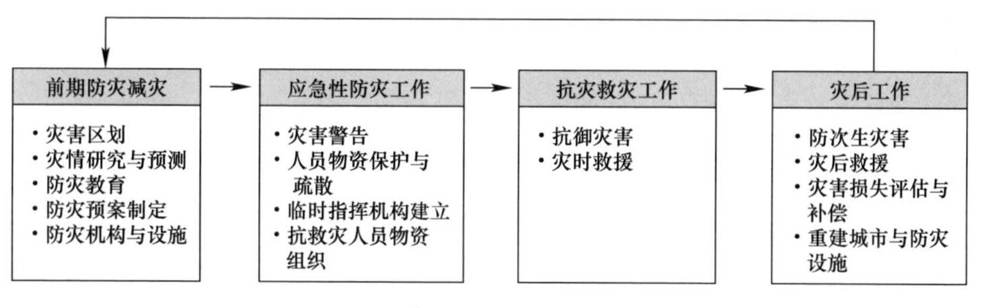

图 16-2　城市防灾应急管理步骤

三、“韧性城市”是应对黑天鹅式风险的必然选择

为什么要用韧性城市来应对黑天鹅事件？20 世纪 70 年代中期，澳大利亚经济学学者写了一本书《弹性城市：应对石油紧缺与气候变化的新途径》，讲的就是应对世界能源危机的城市方案。这本书基于 1973 年阿拉伯国家联合起来石油禁运事件造成的影响。危机发生后短短几天内全球油价暴涨，直接造成许多城市

停摆，但是作者发现有的城市完全没有受到影响。这些城市的特点是：第一，不是石油能源依赖型城市；第二，有多种能源供应渠道，石油只占一小部分；第三这些城市有多个本地能源供给系统，能基本自给自足。凡是符合这三个条件的城市在石油危机面前都能维持运转。于是这位作者提出了能源韧性城市的概念，从此韧性城市就成为应对黑天鹅事件的有力手段，导致研究韧性城市的文献爆炸性地涌现。

“国际韧性城市联盟”在 20 世纪 90 年代末提出韧性城市概念范畴，其首要的内容为“结构韧性”，包括四个方面：一是技术韧性，即城市生命线的韧性，指的是城市的通信、能源、给水排水、交通、防洪和防疫等生命线基础设施要有足够的韧性，以应对不测风险；二是经济韧性，即当外部经济形势急剧变化的时候，或某种原材料供应停摆的时候，城市还能够运转自如；三是社会韧性，当大的事件来临时，城市社会和民众保持冷静不恐慌、不放大危险；四是政府韧性，政府在任何情况下都能服务市民，率领民众抗击灾难，维持职能运行，指挥落定。

韧性城市的第二个层面为“过程韧性”。一个城市系统面对黑天鹅式灾害时第一个阶段是“维持力”，即维持系统的主要功能不变，一般性的灾害来临时城市可以照常运转；第二个阶段是“恢复力”，即城市遇到大灾害，系统已经崩溃，具有韧性的系统可以很快恢复，功能达到原来城市功能的 85%～90%；第三个阶段是“转型力”，即城市在恢复的过程中总结灾害带来的经验和教训，转型提升，下一次面临同样灾害时维持力更好、恢复力更强。一个可借鉴的例子是日本神户市，该市于 1995 年遭遇了超级大地震后，重建的后神户就是一个典型的韧性城市。第一，神户整个城市分为多个组团，每个组团中都有一套独立的供水、污水处理、能源供应设施，并且都有一定比率的冗余。如果再次遇到极端灾害，某个组团失效后的职能可以被其他组团自动承担。第二，所有的居民 300m 之内就可以找到避灾场所。从社会组织上神户提出“三加三”：一是每个家庭储备可满足 3 天需求的水、食物和药品；二是社区避灾中心可以维持整个社区居民 3 天的吃住；三是在市民最容易到达的公园建立城市级的避灾中心，可以提供周边市民生存 3 天所需的物品。也就是说，遇到特大地震，这个城市可以在 9 天之内自给自足。

韧性城市的第三个层面是“智慧韧性”。智慧韧性由四个部分组成：一是感知系统，对所有发生的事情都可以全面感知，及时充分地获得数据；二是运算系统，通过人工智能依据某一特定的模型进行快速运算，即用大数据和机器运算的办法瞬间用多种不同的方案解答原先难解的问题；三是执行系统，系统将指令送达相应的城市执行机构，精准地解决问题；四是反馈系统，对执行结果的实时反馈，反馈后再进行感知，如此一来即可以形成闭环控制。如果城市的每种生命线、每个主体、每个建筑、每个社区都接入这套系统，及时感知一切危险信号，对信号进行判断，随后执行和再反馈，那么这个城市的脆弱性都会明显下降。智慧韧性系统可以做到对各种突发事件更加定量的、快速的、精准的、实时的调控。用智慧的办法可以把各类异质子系统管理协调得更好，这就是韧性城市的三个层面内容。但现代科技也常会将民众引入歧路，对新技术的迷信也会造就新的城市脆弱性。

IBM曾经在芝加哥搞了一个“城市大脑”项目，把众多城市运行数据输入数据中心，民众和企业都可以用这些数据，但必须上传自己拥有的数据。这个大脑是根据美国麻省理工学院的著名教授福雷斯特（J. W. Forrester）写的《城市动力学》(*Urban Dynamics*）这本书创立的，把芝加哥编成1600个方程式进行运算，但是实际的城市运行何止1600个方程式？实践结果证明这种集中算法毫无用处。但是近年来大数据和人工智能技术的快速发展，IBM又重新在美国的波特兰市用6000个方程式对波特兰进行模拟运算。实验唯一有效的结果是系统证明了：“当市民走路走多了，肯定有减肥效用。”这个结果被议会耻笑，花费了6000万美元就得来这样一个近乎荒唐的结论。由此可见，我们不能迷信基于大数据和机器运算的高效性。人类在进化过程中，中枢神经进化出两个系统：快速系统和慢速系统。快速系统具有瞬时反应功能，谁要是感到附近有人正挥手向他袭击，这个人第一反应是反手阻挡，而不是经过大脑运算后才去应对，这是人类千万年间进化出的生存本能；慢速系统也叫深度运算系统，像IBM发明的城市大脑就是基于将一切问题都作深度处理，这种方法对人这个单体都不适用，更何况比人复杂好几万倍的城市。有一些新技术，一旦我们错误地运用了，反而会将城市变得更脆弱、更易崩溃失效。

四、基于复杂适应理论的韧性城市规划思路

这也意味着韧性城市到底怎么建设？用什么方式去建设？我们给出的方法论是用复杂适应系统（CAS)。CAS属第三代系统。第一代系统论是由控制论、信息论和一般系统论构成，也叫“老三论”，强调任何一个系统内部信号的处理、反馈和调节等对系统结构性能的影响。到20世纪60年代中期的时候出现了第二代系统论，称为“新三论”，由耗散结构理论、突变论和协同论等构成。第二代系统论解决了第一代系统论无法解释的众多不确定性问题。这两代系统论都非常注意系统内在的结构、信息反馈回路和各种非线性因素的影响，但也因为很少关注系统主体的能力和功能而捉襟见肘。福雷斯特教授写的《城市动力学》用的是第一代系统论，他认为每一个系统的状态都可用一组数学方程来表达描述。这一理论根本的错误在于：作为城市基本主体——人的能动性是无限的，当不同类型的人的能动性发挥出来并相互混沌作用时，所有的方程式都无效了。方程式只能描述系统中无差别节点的运行规律，但人及由人构成的团体却是千差万别的适应

性主体。

正因为此，20世纪90年代有一群诺贝尔奖获得者，包括物理学家、生物学家组成了新的研究团体，在美国的新墨西哥州建立了“圣塔菲研究所”，专门研究第三代系统论——复杂适应系统。“适应”就是指系统每个主体都会对外界干扰做出自适应反应，而且各种异质的自适应主体相互之间也会发生复杂作用，造就系统的演化路径和结构。到了20世纪末，主要发起者霍兰教授做了一个圣塔菲所建立十年的著名报告《隐秩序》，即系统主体的复杂运动和自适应性造成了隐秩序。从此，复杂适应理论走向应用。基于这一新理论，韧性城市规划内容可粗略性地作以下描述：

第一，系统主体。复杂适应理论侧重于系统主体对外界干扰的自适应行为及其规律，各类主体在环境变化时所表现出的应对、学习、转型、再成长等方面的能力，也就是系统的韧性之源。主体的适应能力及能动性对系统结构的影响是隐在的，但却是主导性的。现代城市系统的主体有哪些？一是市民，市民是最基础、具有能动性的主体；二是建筑，城市的空间是由建筑构成的；三是社区，是人、网络和建筑复合的子系统；四是城区，是社区集成的组团；最后是城市整体甚至区域。系统主体是具有不同层级的，每一层级的主体都应该有其独特的能动性和自适应性范围。城市的韧性来源于各类、各层次主体的素质和能动愿望。《城市弹性与地域重建》一书的作者，日本专家林良嗣、铃木康弘曾明确提出：“只要提升居民个人的素质即可决定减灾的成败。……在灾害现场，要求人们在不确定信息的基础上开展合理的避难行动。”

第二，多样性。任何一个生态系统具有越多的物种和生境，就越具有韧性，越能抗干扰，这是常识。例如城市中水处理不能只有一种模式而应在用户室内、建筑、社区各个层面都分别采用不同的技术和设施对污水进行多层次处理回用，这样一来，不仅水的循环利用率会成倍提升，而且系统会变得具有高韧性。事实证明：分布式、去中心化、小型化并联式等绿色生态城市常用的生命线新模式就比传统城市那种大规模化、中心控制、串联运行旧模式更具有多样性和韧性。我国北方的蒙古族饲养绵羊、山羊、牛、马和骆驼这五种家畜，其原因在于每种家畜喜欢吃的草不同，这既可以避免对草原造成过度的负担，又可以在不可预测的天灾面前保持韧性。

第三，自治性。即城市内部不同大小的单元都能在应对灾害的过程中具有自救或互救的能力，能依靠自身的能力应对或减少风险。而且城市的各类单元的构造是大大小小嵌在一起的，由层层叠叠的有类似结构的子系统构成。比如北京传统的四合院就可视为一种基本单元，如果传统四合院中某间房子着火了，人们可以跑到天井避险。几个四合院组成一个弄堂或街坊，一家遭灾全体出动救助。这种就近、迅速响应的自治性机制一般能将众多的小灾险消除在萌芽状态。日本许多城市居民家里都备有“救急包”，而附近的街区公园有“应急站”，城市还设立若干大型“应急中心”，这样一来，该城市就具有强大的“自治性”能力。近期北京大兴一场火灾却死了 20 多人，就是该居住单元自治性不足造成的。

第四，冗余。现代主流经济学追求系统的运行效率，也造成了“剑走偏锋”式的脆弱性。任何现存的复杂系统必然内含“无用之用”的部分，只有在系统遭遇重大灾害威胁时，“无用”部分如同系统的“预备队”发挥决胜作用。在荷兰阿姆斯特丹市建有浮动的水上建筑。该市大部分区域是低于海平面的，如果千年一遇的暴风来袭，海水倒灌，一部分建筑可以“水涨屋高”浮起来，人在里面会很安全。所以城市任何生命线的设计中都必须要有微观的冗余量。这些生命线运行的“冗余能力”在平时看起来似乎多余，但在灾害时却能发挥重要的调剂功能。微观冗余越多，主体自适应能力越强，由主体构成的子系统就越强，进而城市整体的韧性就会越好，这当然也受成本效益的限制。

第五，慢变量管理。许多城市脆弱性是“温水煮青蛙”造成的，在潜移默化、不知不觉的过程中对风险习以为常地淡化了。所谓智慧系统，即人类日常觉察不到的，智慧系统可以通过积累性计算察觉和警示民众。我们要学会管理灰犀牛式的缓慢来临的风险因子和外在的影响因素带来的临界突变式灾难。此类慢变量风险突出表现在房地产市场和地下燃气管网等几个方面。2014 年，我国台湾高雄市发生了因燃气管网泄漏引发的爆炸事件，整条街路面都被掀起，民众死伤惨重，城市也因而陷入混乱。燃气管网的陈旧老化是个“慢变量”，人们难以警觉，但智慧系统就能揭示警告。

第六，标识。标识在复杂系统中的意义在于提供了主体在灾变环境中搜索和接受信息的具体实现办法。人们通过标识来区分各种不同主体的特征，以便高效地相互选择，从而减少因系统整体性和个体性矛盾引发的雷同性和信息混乱。一个简单的例子是为何消防员、救生员都必须着装鲜明，以便民众求助。另一个例子是为什么很多人对流感有免疫性而有些人却没有？因为病毒入侵后人体内 T 细胞会判断哪些是外来的有害入侵者，并将其打上“标识”，然后白细胞再加以识别后将病毒吃掉。但是有一类病毒对人类危害很大，例如艾滋、癌症、SARS、乙肝等，它们是先进入人体细胞，利用正常细胞进行 DNA 复制，T 细胞便识别不出这是外来的侵入者。合理的标识系统能将城市所有危险的东西都打上标识。比如人脸识别技术可甄别哪些人有犯罪记录、哪些人是恐怖分子嫌疑人。“标识”是非常有用的信息管理工具，如果标识在系统里运用成熟，那么主体的能动性就会增强，系统主体在灾害发生时能准确辨别什么是脆弱的、风险的，或安全的、避灾的。

韧性城市研究仍然是个新而且并不成熟的学科，不少这方面的研究方向都仅仅指向城市生命线的韧性、城市某个部门或子系统功能的韧性。而对于灾害事件对城市的基本主体的生活质量的影响，并没有直接去描述和评价，这也是长期以GDP和经济增长为中心的城市发展模式所造成的误区。事实上，城市如果遭遇灾害，就会对市民的生活质量（QOL）产生影响。韧性城市作为韧性系统其维持力、恢复力和转型力等都可以从QOL的视角进行定性和定量两方面表达。灾害来临时，城市QOL值的降低比率越小，且功能恢复时间越短，即QOL值降低的时间积分值越小，城市的韧性就越好。而且，QOL函数呈现“补偿型”，即某个较低的因素可以由其他较高的因素来弥补。

在资源、环境和费用等外部条件的制约下，能长期维持QOL值的稳定或增长就等于具有可持续性（这与绿色发展具有一致性），经历灾害而损失的剩余生命和QOL值总值降低幅度越小的城市，就越具有韧性。这样一来，对生活环境和灾害应对能力发生变化时相应QOL指标的变化构建模型，就可以确定城市韧性相关的目标值（安全度），并探索确保该目标值所需的政策。

小结：

第一，必须要用韧性城市来分析和应对现代面临的各种脆弱性。

第二，韧性城市的内容、分类、过程、作用等都要根据现代城市承担的职能进行深入研究。

第三，CAS系统理论在韧性城市设计中应用广泛。虽然我们研究的是韧性城市，但是实践的方向都是绿色、生态、智慧、宜居的现代化城市，这两者是相互协同的。

第四，必须坚持“以人民为中心”来提出韧性城市评估和对策建议，防止落入“以增长为中心”的工业文明时代减灾防灾的旧框框之中。

传统防灾思维企图建造一个巨大的“拦水坝”，希望将各种不确定性拒之城外，那就只是幻想，应基于每个城市主体的能动性来设计安全城市。坚持使用第三代系统理论，跳出第一、二代系统论的局限，才能开拓韧性城市研究的新途径。

第十七章 深度与质量——我国城镇化中后期面临的挑战与对策建议

经历了30多年快速城镇化，我国已经正式进入了前所未有的“城市时代”，不仅80%以上的国民收入、财政税收、就业岗位和科技创新成果产生于城市，而且空气和水体污染、交通拥堵、贫富分化、地震飓风灾害等也发端于城市。“深度城镇化”的立意不仅是为缓解“城市病”、开拓有效投资的新领域、补偿前30年“速度、广度城镇化”所带来的“欠账”，中后期更为重要的是着眼于城镇化内在的规律，使我国城镇转向“内涵式”发展道路，顺利进入绿色发展新阶段，避免先行国家城市化的各种刚性缺陷，最终为实现中华民族伟大复兴中国梦增添动力。

一、城镇化中后期的若干“新常态”

1. 城镇化速度将明显放缓

由于我国历史上属于典型的传统农业大国，与主要依靠移民来推进城市化的“新大陆”国家相比，其城市化速度的拐点肯定要提早许多（有研究指出我国城镇化峰值可能发生在65%左右，而不是新大陆国家的85%以上）。另外，诺瑟姆（Ray M. Northam）大国模型也支持我国在“十三五”期间，城镇化速度可能会进入拐点期。由此可以简单推测：“十三五”期间，我国年均城镇化平均速度可能在0.7%～0.8%之间，比“十一五”“十二五”期间年均城镇化速度1.3%将低近0.5个百分点左右。这意味着与前几个五年计划期间相比，“十三五”期间从农村进城人口每年将减少700万～800万。

2. 机动化将强化郊区化趋势

截至2014年底，全国共有机动车数量2.64亿辆，每百人机动车拥有数为19.3辆。据初步测算，“十三五”期间我国每百人平均拥有车辆将从20.6辆提高到26.0辆。与此同时，高速铁路里程将从2.2万km增加到3.4万km。高速公路总里程数也将从12.0万km增加到16.2万km。再加上城市空气污染、高房价等问题在短期内难以缓解，这些因素都将增强城市居民沿着高铁、高速公路、地铁延伸线逐步迁居到城市郊区的意愿。这种趋势一方面会助推郊区化现象，使耕地保护的难度加大，另一方面会由于城市人口密度下降，而使交通能耗和建筑能耗快速上升并呈现刚性增加的态势。

3. 城市人口老龄化快速来临

由于长期坚持“一对夫妻一个孩子”的政策，我国人口老龄化速度比西方大国来得更快。据有关部门统计，2013 年全国 60 周岁以上的老年人口已达 2 亿多人，预计到 2035 年将达 4.5 亿人。与此同时劳动力价格逐年上升，以建筑业为例，每年劳工工资上升幅度都在 30%左右。值得指出的是，随着全球化和经济转型的深入，绝大多数转型国家都出现了劳动力外流和人口减少的明显趋势，（联合国数据）东欧整体人口在近 20 年转型期间减少了 23%，远超西欧各国的人口减少速度。主要原因不外乎是：适合的就业岗位减少、贫富分化、青年人不愿生育、企业家和知识分子移居海外谋发展等。除此之外，我国外流人口加剧的原因还多了逃避空气污染、食品安全、资产保值、子女教育等其他方面。这引发了少数专家发出“警惕中国人口断崖式下跌”的呼声。除此之外，基于我国大多数地区“家族村落聚居”特点和“乡村记忆”的恢复，“回家养老”将会推动城乡人口双向流动，这与人多地少、农耕文明历史悠久的国家（如日本、法国、荷兰等国）城市化中后期趋势有相似之处。

4. 住房需求将持续减少

我国目前人均住房面积约为 35m²，已接近日本、法国等高人口密度国家的水平。更为重要的是，随着近 20 年快速城镇化的进程，我国每年新建的住宅和建筑面积高达全球的 40%以上。但随着城镇化速率进入拐点期和全国城市住宅空置率的持续上升（截至 2015 年底，我国一线城市住房平均去库存化周期已超过 10 个月，三线城市则在 30 个月左右，个别城市高达 50 多个月），住房刚性需求将呈明显下降趋势。这一方面会引发房地产及其相关行业的衰退，另一方面也不可避免地会加剧房地产泡沫风险和经济长期通缩的压力。

5. 碳排放国际压力空前加大

前几个五年计划期间，我国消耗了全球约 40%的水泥和 35%的钢铁，近年来我国排出的温室气体总量约已达美国和欧盟的总和，人均排放也早已跨越世界平均线。经验表明，任一国碳排放强度总是与城镇化和工业化进程密切相关的，我国已宣布碳排放峰值约在 2030 年才可能“封顶”。“十三五”期间是国际社会要求我国降低碳排放压力最大的时期。据联合国提供的数据，20 世纪末全球平均建筑能耗高达全社会能耗的 32%、交通能耗达 28%，并呈现持续上升的态势。

从国际经验来看，实施产业的低碳化、绿色化战略的主角一般是企业家，政府只负责提供外部激励与碳交易市场。而交通与建筑低碳措施却需要政府有预见性地规划和有力地组织实施方能奏效。

6. 能源和水资源结构性短缺将持续加剧

从能源结构来看，我国人均拥有的煤、石油和天然气储量仅为世界平均水平的 60%、7.7%、7.1%。以煤代气代油将是“十三五”期间乃至将来都必须坚持的基本策略。而且由于治理空气污染的迫切需要，各地区在进行能源结构的调整，即需要大量的天然气来取代传统的生活、工业、取暖的燃煤，这无疑会大大加剧原本就短缺的天然气供求关系。由于“十三五”期间机动车数量仍处于上升期，我国石油进口依存度还将持续攀升。

从水资源来看，我国人均占有量约为1700m^3（2011年数据），低于世界平均水平，空间分布也十分不均。从用水量来看，农业用水约占61%，工业用水约占24%，城市居民用水约占13%。20世纪以来，我国城镇化率提高了十多个百分点，城市用水人口增长53.8%；而城市用水量仅增加了11.5%，近五年来，城市的年供水量基本稳定在500亿m^{3}左右。从国际城市化经验来看，我国城市用水量已趋于稳定，不可能大幅上升。但由于我国正处于水污染的高发期，再加上水生态修复周期漫长，水污染“局部好转、整体恶化”的基本态势在“十三五”期间也难以根本扭转。长期以来兴修水库等水利工程所造成的水蒸发量显著增加对水生态系统积累性损害也正在呈现。再加上气候变化引发的极端干旱、极端降雨也将会持续加剧。突发性污染引发的水安全事件、水质性缺水和极端气候引发的短期结构性缺水将会成为影响我国城市运行的大概率事件。

二、城镇化中后期要解决的主要问题

1. 城市空气、水和土壤污染

从国际经验来看，先行国家在经历城市化中后期时，都不约而同地出现了空前严重的空气、水和土壤污染，这些污染的成因复杂、成分多变、治理成本高昂、周期很长，不少先行国家民众至今仍然饱受这三大污染之痛。由于我国长期坚持城市人口的紧凑式发展和工业化引领城镇化，这三种污染再加上日益严重的“垃圾围城”现象，对城市人居条件、投资环境和民众健康的负面影响会更大。除此之外，由于“十一五”“十二五”期间对农村建设用地控制政策摇摆不定、法制观念薄弱，造成了不少城郊“小产权房”盛行，“以租代征”占用了城郊大量耕地。以北京市周边为例，通过遥感监测，近几年来北京周边（包括河北、天津部分地区）未批已建的开发用地高达上千平方公里，形成了小产权房和工业项目的“包围圈”，一定程度上阻塞了城市风道，加剧了北京的雾霾。

2. 小城镇人居环境退化、人口流失

从最近一次人口普查结果分析，我国居住在小城镇的人口比率比十年前下降了10个百分点，约有1亿人口从小城镇迁往大城市。调查表明，人口流动的主要原因按次序有以下几种：让子女接受良好教育、工作机会与收入、资产（主要是房产）保值、医疗水平等。发达国家人居环境最优的往往是小城镇，而我国小城镇则普遍存在环境污染、管理不善、人居环境退化、就业不足等方面的问题。如果这些问题不能在近中期有所缓解，可能会引发更严重的大城市人口膨胀问题，而作为农业社会化服务基地的小城镇的衰退也会影响我国农业现代化进程。

3. 城市交通拥堵严重

由于人均拥有小轿车量的快速增加（已从“十一五”期末5938万辆增加到

“十二五”期末15000万辆），我国城市交通拥堵正在全面爆发。严重拥堵已从沿海城市向中西部城市蔓延，从早晚高峰转向全天候，从超大城市向中等城市扩散。全国城市平均车速已从“十一五”期末30～35km/h下降到“十二五”期末20～25km/h。随着车辆保有量持续增加，城市道路面积又由于空间结构的限制难以同步增加，“十三五”期间预计会出现更为严重的城市交通拥堵问题，低车速还将进一步加剧城市空气污染和城市的正常运行及应急通行能力。

4. 城镇特色和历史风貌丧失

作为全球四大文明古国，我国绝大多数城市都有长达2000年的悠久历史。但与发达国家历史遗存和传统风貌保存良好的情况相比，我国多数历史文化名城、名镇正在丧失自己特有的建筑风格和整体风貌。城市空间肌理趋向平庸和“千城一面”，一部分城市已成为国外“后现代建筑师们”的试验场。大批“大、洋、怪”的公共建筑以高能耗、高投入、低使用效率浪费了宝贵的公共资源，并侵蚀了这些城市昔日独特的传统形象，割断了历史文脉的传承。决策者“崇洋媚外、崇高尚大”等不良风气并未得到有效遏制。

除此之外，“城乡一律化”的新农村建设模式与错误的“建设用地增减挂钩”政策，正在快速毁坏承担乡土文化传承的传统村落，这不仅会明显损害我国的文化软实力，也会毁坏发展乡村旅游的不可再生的宝贵资源。

5. 保障性住房积压与住房投机过盛并存

“十二五”期间我国每年投入大量的财政资金建设各类保障房和推行棚户区改造（每年平均约700万套左右）。解决了大量低收入群体的住房问题，也消除了积累多年的城市“脏乱差”问题。但随着这种“从上到下布置任务式”的建设模式积累运行，其弊端也日益显现：一方面部分基层政府为了完成任务或增加投资，将保障房项目安排在缺乏配套设施的远郊区；另一方面由于随着地方政府配套资金的日益短缺，本该同步建设的配套设施迟迟上不了马。更为重要的是由于低收入者往往缺乏“空间自由移动的能力”，必须紧靠工作岗位安置居住。这样一来，保障房空置现象就越来越严重了。据地方统计，青岛市白沙湾社区已建公租房3800套、限价商品房6253套，只收到不到350套的申请。河南省已建成的保障房有2.66万套空置超过一年，陕西省计划建210万套保障房，但已建成91万套中空置超10万套，云南2.3万套保障房被闲置……与此同时，由于缺失财产税、空置税、多套住房消费税等工具，我国城市住房占有悬殊和投机、投资比重一直居高不下。其结果是一方面不少低收入家庭住不起房，另一方面却有大量房屋空置积压。更为重要的是，由于一些地方政府错误的政绩观和投资模式，部分地区大规模的“空城”“鬼城”正在呈现，而且有越演越烈之势。

6. 城市防灾减灾能力明显不足

随着人口向城镇集中，大城市（特别是城市群）所面临的风险也在同步增加。哥伦比亚大学国际地球科学信息网络中心（CIESIN）研究表明，在全球633个大城市中，有450个城市约9亿人口暴露在至少一种灾害风险之中。实践证明，城市难以有效规避各种不确定性因素，而且风险发生时，城市所遭受的社会经济损失往往也随着城市规模等级的扩大而增大。我国更是如此，随着前几个五年规划的实施，我国城市普遍长了“块头”，但防灾、减灾能力却减弱了。例如，近百毫米甚至几十毫米的中等暴雨就出现长时间的街道积水。煤气和地下管网油气爆炸也屡见不鲜，地震、泥石流、飓风等造成的损失也越来越惨重。这一方面与我国城市主要领导干部任职时间过短、考核机制不科学导致只注重地面不注重地下工程有关，另一方面也与城市“摊大饼式扩大”造成空间集中度过高和防灾减灾投资体制过散、条条分割有关。尽管国家有关部委2016年启动了“海绵城市”和“综合管廊防灾减灾和地下空间综合”示范城市等财政补贴项目，但城市防灾减灾仍然需要整体规划与建设，否则只能是“按下葫芦浮起瓢”。

三、城镇化中后期的基本对策建议

1. 稳妥进行农村土地改革试点，防止助推郊区化

由于“十三五”期间是我国大城市郊区化活力最高的时期，为保证城市的紧凑式发展和节约耕地，首先必须正视和有效克服农村建设用地入市式改革可能存在的负面效应，并使其服从于、服务于健康城镇化。建议总结推广浙江、上海等地的经验，对农村建设用地入市进行总量控制（一般在当地农地征用过程中，留给农村集体组织的农村建设用地约占被征用地总量的7%～10%）。此举也可防止未被征用土地的远郊乡村以“农村建设用地入市”而可能出现遍地城镇化的恶果。其次，要依据城市总体规划，将城郊永久性农地和生态用地划定为绿线控制范围，并作为拟订的城市发展永久边界线，严格进行管理。再次，要及时修编《村镇规划建设管理条例》，加强农房规划管理，及时依法清理“小产权房”和“以租代征”滥占耕地的违法建筑，切实防止我国城市低密度发展危及未来粮食和能源安全。

2. 以“韧性城市”为抓手整合资源，提高城市防灾减灾水平

国际韧性联盟（Resilience Alliance）将“韧性城市”定义为“城市或城市系统能够消化并吸收外界干扰（灾害），并保持原有主要特征、结构和关键功能的能力”，并依次形成了城市的技术韧性、组织韧性、社会韧性和经济韧性四个基本要素。其中“技术韧性”又称为“工程韧性”，是指城市基础设施对灾难的应对和恢复能力，如建筑物的庇护能力，交通、通信、供水、排水、供电和医疗卫生等基础设施和生命线的保障能力。而后几种“韧性”则指的是城市政府、市民组织、企业面对灾难时的应对能力。由此可见，提高我国城市防灾减灾水平首先要科学编制增强城市韧性的防减灾规划，依次从建筑、社区、基础设施、城市、

区域全面进行防减灾设计与建设。其次要整合现有的海绵城市（LID）、生态城市、共同沟示范城市、城市防洪、城市新能源、城市抗震和智慧城市等工程，一方面可防止相互冲突抵消“韧性”，另一方面，尽可能利用现代科学技术和通信设施，以“非工程措施”结合必要的工程性修建来增强城市防减灾能力。再次，及时颁布《城市地下空间利用管理法》，这不仅可有效增强城市“韧性”和节约土地，而且也能扩大有效投资、改善城市人居环境。

3. 大力发展绿色交通、树立正确的“机动化”观念

长期以来，我国各地曾经片面地推行诸如大力建设城市立交桥、高架桥，倡导汽车消费，拓宽城市街道，压缩和取消自行车道，禁止电动自行车通行等错误的政策，以至于造成了当前各大城市交通拥堵、空气严重污染的局面。要不失时机地纠正以前各种错误，首先要树立城市交通需求侧管理的理念，全面提高停车费、开征拥堵费、拍卖或限制小轿车车牌等措施。其次是扩大城市步行区、全面推行步行日、党政领导干部带头倡导自行车（包括小排量电动自行车）出行、推行“可步行”城市、普及公共租用自行车等；与此同时，要加快公共交通建设步伐，放宽城市地铁和轨道交通建设的限制条件，全面加速城际间轨道交通规划建设速度，推广各种公共交通的“无缝对接”和“双零换乘”，取消节假日高速公路免费通行等。

欧洲人口密度与我国相似的城市如巴黎和伦敦城市轨道密度分别为 1.91km/km^2 和 1.28km/km^2。而我国轨道交通运营里程最长的上海市路网密度为 0.56km/km^2，仅为巴黎的 30%。由此可见这方面的投资潜力巨大，预计仅“十三五”期间就可达 3 万亿元的投资额。

从“大交通”的角度看，据国外 20 世纪的一项研究显示：从能效来说，火车每吨公里的能耗为 118kcal，大货车为 696kcal，中小汽车（家用）是 2298kcal；从用地效率来看，单线铁路（每公里）比二车道二级公路少占地 0.15～0.56hm^2；复线铁路（每公里）比四车道高速公路少占地 1.02～1.22hm^2；复线高速铁路（每公里）比六车道高速公路少占地 1.22hm^2。这说明普通铁路和高铁运输比高速公路要节地、节能得多，比航空运输节能量更大。由此可见，人多地少、资源相对稀少的我国应大力发展高铁来替代高速公路或航空运输运力，此举应作为长期坚持的战略方针。

4. 改革保障房建设运营体制，降低房地产泡沫风险

自古以来，城市居民的幸福程度是由生活在城市底层的民众的居住状况决定的。近些年，党中央、国务院大力推行棚户区改造和保障房建设的确是抓住了我国城市的本质问题。但传统“从上而下”的建造模式也积累了众多的问题，已经到了必须让市场机制发挥配置此类资源更大作用的时候了，这就首先需要改革保障房建设运行体制，学习欧盟各国动员低收入群体自发开展合作建房的经验。出

台相关法规和扶持政策，变政府建、政府管为民众自己合作建、政府监管扶持的新模式。其次，在过渡期间可以成本价收购积压的商品房作为保障房源，并逐步转“补砖头”式修建保障房为“补人头”式补贴低收入者租房款。再次是扩大“棚户区改造”的范围至城市危旧小区、城中村等，对这些旧房进行抗震加固、改善配套的同时，应兼顾节能减排、雨水收集利用、中水回用等方面的改造。这方面改造既能起到扩大投资、节能减污、改善人居的多重效益的作用，也有利于从城市细胞——建筑层面增强“韧性”。

除此之外，还要综合运用信贷和税收等工具逐步压缩部分城市的房地产泡沫。建议先出台空置税和多套住宅消费税以精准遏制投机、投资性住房需求。对城市居民购买第三套住房必须全额交付购房款，降低房地产的金融杠杆率。对空置率较高的城市，要严格监督、逐步消化。对那些继续“寅吃卯粮”新形成的空城要果断追究地方党政负责人的责任。

5. 全面保护城镇历史街区、修复城镇历史文脉

城市历来被称为“文化容器”，而作为城镇文化之根的历史街区更是“文化容器”的基色。修复城镇的历史街区，不仅能恢复城市特色、树立民族文化自信心，而且还有助于民众借鉴节能减排的传统智慧、扩大城市投资机会、助推旅游业发展等的复合效用，但也要防止“建设性破坏”。首先需要严格划定城市历史街区、重点文物保护单位的紫线范围，并设置界石接受民众监督，与此同时还要扩大虚紫线即建筑风貌协同区管制范围。其次是全面推行城市总规划师制度，形成行政首长与技术负责人的相互制约关系。并以专门法规的形式健全城市规划管理委员会制度，以少数服从多数的方式减少决策失误。再次，学习欧洲各国在快速城市化过程中的有益经验，全面强化现有的国家城市规划督察员制度。赋予下派驻城的督察员有权列席各类规划决策会议、举行听证会、上报并中止错误的“一书两证”等方面的权限。总之，这些制度的健全是防止行政官员“有权任性”自由处置不可再生的历史文化遗产所必需的制约措施。全国现有 100 多个历史文化名城，500 多个历史文化名镇，如每条历史街区财政“以奖代补”投入 1 亿元，至少可启动上万亿元的有效社会投资。

6. 推行“美丽宜居乡村”建设，保护和修复农村传统村落

作为一个传统的农业大国，保护好传统村落具有发展乡村旅游业、开发名优农副产品（一村一品）、降低全社会养老负担、保护历史文化遗产、增强民族文化软实力和优化国民经济整体韧性等方面不可替代的作用。首先，必须改革“城乡建设用地增减挂钩试点办法”，代之以城镇空间人口密度管制为主的耕地保护监控新模式。其次，要明确规定撤销合并村庄必须经由省级人民政府批准，除城镇近郊和草原、沙漠地区之外，其余地区严格禁止合并村庄，或推行所谓的“城市社区”强迫农民并村上楼。再次，除了完善传统村落保护规划之外，还必须由

专门的学术委员会对传统村落的文化遗产、传统民居、自然景观、特色农村产品、风俗节庆等方面的资源价值进行定期评估，对排名位次显著上升的村庄给予一定的奖励。更为重要的是，要在此基础上以“以奖代拨”为手段，促进地方政府广泛推行以保护和修复传统村落为重点的“美丽宜居乡村建设”活动，走出一条以乡村旅游结合“一村一品”培育的农村农业现代化新路子。仅以全国75万个自然村落中1/10的村落在“十三五”期间进行改造为例，中央政府投入2000亿元就可以启动至少2万亿元的总量投资。

7. 研究编制城镇群协同发展规划，完善高密度城镇化地区的空间管治

经过30多年快速城镇化，我国已经形成了大约几十个高密度城镇化地区，但由于缺乏相应的城镇群协同发展规划编制办法，分属于不同行政主管的城镇政府“各自为政”“搭便车”的行为普遍存在，造成了生态资源破坏、垃圾围城、水污染加剧、空气质量恶化、“断头路”、产业结构雷同等问题普遍存在。要研究出台城镇群协同发展规划编制与管理办法，主要解决：人力与物质资本共享、环境污染共治、基础设施共建、支撑产业共树、不可再生资源共保等协同发展课题。尤其值得指出的是，要尽快将“四线管制办法”扩大到整个高密度城镇化地区，切实有效地开展文化和自然遗产等不可再生资源的保护利用，以及空气、水、土壤污染的共同治理等紧迫性的任务。今后所有以城市为对象的各类表彰命名都必须以空气、水、土壤污染治理的实际成效作为评奖表彰的基础条件，促使基层政府加快治污工程和产业结构调整计划的实施。

8. 对既有建筑进行节能、适老改造，加快推广绿色建筑

住宅商品化改革以来，我国人均住房面积快速增加，仅城镇住宅与公共建筑面积就高达200亿m^2，除了“十二五”期间在大中城市强制推广建筑节能之外，之前建成的建筑单位能耗都相当高（约为发达国家2～3倍）。更为重要的是随着人民群众对居住面积的追求逐步转向居住品质，建筑能耗将稳步上升。据城镇化先行国家的经验，最终的建筑运行能耗将占全社会能耗的35%左右。而住宅节能改造之后，节能率可普遍提高至65%，据粗略统计每年可减少约5亿t标煤以上的建筑能耗。

从应对老年化的角度来看，我国城区大部分的老年人生活将来还必须通过居家养老加社区服务来解决。但前阶段所建的多层住宅绝大多数缺乏电梯和按老年生活所需的特殊卫生间等必备设施。与美国80%住宅为独栋别墅不同的是，我国城镇化住宅绝大多数为多层或高层公寓，个人无法进行节能和养老方面的改造，必须由地方政府牵头组织实施。我国尚有约5千亿元左右的住房公共维修基金沉淀在各级财政和房管局账户中，应积极发挥作用。

从扩大投资的角度来看，若以每平方米节能、适老改造费用为200元计（地震烈度高的地区还必须增加抗震加固改造），投资总额可高达4万亿元，如改造

期为8年，每年可新增投资约5000亿元以上。与此同时还可以学习新加坡的成功经验，即对居住场所离年迈父母较近的子女（一般为1km）给予一定额度的个人所得税优惠，再加上以我国传统中医针、灸、砭、汤、药和现代精准网络医疗诊断相结合的社区养老养生服务体系的建设，就可以大大降低全社会的养老负担。

值得指出的是，加快发展绿色建筑对我国健康城镇化有着特殊意义。据欧盟建筑师协会统计，从建筑的全生命周期来看，绿色建筑（据《绿色建筑评价标准》GB/T 50378定义：绿色建筑是指建筑全寿命期内，最大限度地节约资源"节能、节地、节水、节材"、保护环境和减少污染，为人们提供健康、适用和高效的使用空间，与自然和谐共生的建筑），能够比一般的节能建筑额外贡献高达50%节能率和30%节水率。

"十三五"期间是我国绿色建筑全面推广的关键时期，明确要求各级财政补贴的建筑必须全面达到国标二星级以上绿建标准，这就需要绿色建筑知识在民众中的大普及和列入党政干部必备培训项目。除此之外，利用网络、大数据等现代科技手段助推绿色建筑的设计、建造和营运就成为当务之急了。

9. 对小城镇进行人居环境提升改造

我国共有2万余个小城镇，3亿多进城人口在小城镇生活和就业。从农业现代化的角度看，小城镇是为周边农村、农民、农业服务不可替代的总基地。未来五年可选择4000个重点镇进行节能减排和人居环境的改造。中央和省财政对每个镇"以奖代拨"形式补贴1000万元，共400亿元投入就可带动至少4万亿元的总投资规模。更为重要的是，许多在大城市难以推广的新能源汽车（农用车）、"三网合一"新网络技术，风电、太阳能与小水电结合的新能源供电模式，大城市名牌医院、名校下乡将卫生院和中小学校改造成为高质量的分院、分校等新举措都可以在试点镇先行推广，从而形成"农村包围、融合城市"的新态势。发挥此类"绿色小城镇"示范作用，既能减少区域空气污染，又能在体制障碍较小的城镇中率先推广新技术和新模式。

10. 全面推进智慧城市建设

经过近十年的探索和实践，我国初步形成200个左右以格网式管理为基础的智慧城市建设模式。这一模式采取了互联网+绿色建筑、互联网+绿色社区、互联网+城市基础设施等形式，从搭建公共信息平台入手，运用云计算、大数据和物联网等新技术来有效治理现有的各类城市病、提升政府社会管理效能、为"大众创业、万众创新"提供便利，并使各类"互联网+"模式融入城市经济社会组织，从而起到有效治理"城市病"、创新社会治理模式、增强城市活力和可持续发展动力等成效。推行智慧城市建设，是一场城市间相互学习、友好竞赛并逐步升级的活动。"十三五"期间，智慧城市建设将覆盖大部分城市和部分重点镇，至少可形成约 5 万亿元的投资规模，并将对经济结构转型产生巨大的推动作用。

总之，未来 5～10 年是我国城镇化能否避开先行国家城市化弯路、超越“中等收入陷阱”、落实新型城镇化规划的关键阶段，也是治理前一阶段“广度、速度城镇化”所带来的各种“城市病”最有效的时期。除此之外，以上 10 个方面的策略如能贯彻实施，至少可以产生 30 万亿元的新增投资，与传统“铁、公、基”投资不同的是，这些新增投资具有良好的经济、生态和社会效益，将对增强国民经济活力、韧性和实现可持续发展起到不可替代的促进作用。

参 考 文 献

［1］ 艾乔. 基于GIS的风景区生态敏感性分析评价研究［D］. 重庆：西南大学，2007.

［2］ 白雪洁，庞瑞芝，王迎军. 论日本筑波科学城的再创发展对我国高新区的启示［J］. 中国科技论坛，2008（9）：135-139.

［3］ 蔡海生，林建平，朱德海. 基于耗地质量评价的鄱阳湖区耕地整理规划［J］. 农业工程学报，2007（5）：75-80.

［4］ 陈国先，徐邓耀，李明东. 土地资源承载力的概念与计算［J］. 四川师范学院学报（自然科学版），1996（2）：66-70.

［5］ 陈念平. 土地资源承载力若干问题浅析［J］. 自然资源学报，1989（4）：371-380.

［6］ 陈雪明. 美国加州城市规划管理体制和总体规划导则［J］. 北京规划建设，2004（5）：81-82.

［7］ 陈勇. 生态城市：可持续发展的人居模式［J］. 新建筑，1999（1）.

［8］ 陈幼松. 数字地球——认识21世纪我们这颗星球［J］. 百科知识，1999（1）：24-25.

［9］ 丁国胜，宋彦. 智慧城市与"智慧规划"——智慧城市视野下城乡规划展开研究的概念框架与关键领域探讨［J］. 城市发展研究，2013（8）：34-39.

［10］ 丁健. 关于生态城市的理论思考［J］. 城市经济研究，1995（10）.

［11］ 丁敏生. 生态导向下的城市总体布局研究［D］. 苏州：苏州科技学院，2007.

［12］ 杜鹰. 中华人民共和国可持续发展国家报告［R/OL］. 2012-06-04. http:/www.gov.cn/gzdt/2012-06/04/content_2152296.htm.

［13］ 段春青，刘昌明，陈晓楠，等. 区域水资源承载力概念及研究方法的探讨［J］. 地理学报，2010，65（1）：82-90.

［14］ 泛华集团. 智慧生态城市规划技术集成［Z］. 2012.

［15］ 范冬萍. 突现论的类型及其理论诉求［J］. 科学技术与辩证法，2005（4）：51-52.

［16］ 郭沫若，闻一多，许维通，等. 管子集校［M］. 北京：科学出版社，1956.

［17］ 郭胜伟，刘巍. 日本筑波科学城的立法经验对我国高新区发展的启示［J］. 中国高新区，2007（2）：94-97.

［18］ 郭艳红. 北京市土地资源承载力与可持续利用研究［D］. 北京：中国地质大学（北京），2010.

［19］ 韩沐群. 建设用地地质灾害危险性评估的意义和作用［J］. 甘肃科学学报，2003（S1）：15-17.

［20］ 何玉宏，谢逢春. 制度、政策与观念：城市交通拥堵治理的路径选择［J］. 江西社会科学，2011，31（9）：209-215.

［21］ 贺业钜. 考工记营国制度研究［M］. 北京：中国建筑工业出版社，1985.

［22］ 贺业钜. 中国古代城市规划史［M］. 北京：中国建筑工业出版社，1996.
［23］ 扈万泰，Calthorpe P. 重庆悦来生态城模式——低碳城市规划理论与实践报索［J］. 城市规划学刊，2012（2）：73-81.
［24］ 黄传岭. 区域发展中的人口承载力和适度人口分析［D］. 南京：南京师范大学，2007.
［25］ 黄光宇，陈勇. 论城市生态化与生态城市［J］. 城市环境与城市生态，1999（12）.
［26］ 黄肇义，杨东援. 国内外生态城市理论研究综述［J］. 城市规划，2001（1）.
［27］ 孔彦鸿，桂萍，董柯.《生态城市总体规划导则》编制研究［J］. 建设科技，2011（15）：34-38.
［28］ 黎晓亚，马克明，傅伯杰，等. 区域生态安全格局：设计原则与方法［J］. 生态学报，2004（5）：1055-1062.
［29］ 李德仁，邵振峰，杨小敏. 从数字城市到智慧城市的理论与实践［J］. 地理空间信息，2011（6）：1-5，7.
［30］ 李德仁. 数字城市＋物联网＋云计算＝智慧城市［J］. 中国新通信，2011（20）：46.
［31］ 东浩. 基于“生态城市”理念的城市规划工作改进研究［D］. 北京：中国城市规划设计研究院，2012.
［32］ 李金海. 区域生态承载力与可持续发展［J］. 中国人口·资源与环境，2001（3）：78-80.
［33］ 李鸣. 生态文明背景下低碳经济运行机制研究［J］. 企业经济，2011（2）.
［34］ 梁鹤年. 西方文明的文化基因［M］. 北京：生活、读书、新知三联书店，2014.
［35］ 梁娟，叶漪. 中小城市生态宜居城市建设探讨——以怀化市为例［J］. 安徽农业科学，2012，40（8）：4653-4654，4657.
［36］ 刘芹，张水庆，樊重俊. 中日韩高科技园区发展的比较研究——以中国上海张江、日本筑波和韩国大德为例［J］. 科技管理研究，2008（8）：122-124，130.
［37］ 刘友多. 福建省森林生态区位重要性功能定位研究［J］. 华东森林经理，2008（3）：55-60.
［38］ 龙宏，王纪武. 基于空间途径的城市生态安全格局规划［J］. 城市规划学刊，2009（6）：99-104.
［39］ 娄伟，李萌. 低碳经济规划：理论·方法·模型［M］. 北京：社会科学文献出版社，2011.
［40］ 马克明，傅伯杰，黎晓亚，等. 区域生态安全格局：概念与理论基础［J］. 生态学报，2004（4）：761-768.
［41］ 梅军. 黔东南苗族传统农村生产中的生态智慧浅析［J］. 贵州民族学院学报：哲学社会科学版，2009（1）.
［42］ 门苗苗. 大连市水生态价值评价及水循环经济应用研究［D］. 大连：大连理工大学，2006.
［43］ 莫霞. 控制性详细规划阶段引入“生态型控制”的探讨［C］//规划创新：2010 中

国城市规划年会论文集. 中国城市规划学会，重庆市人民政府，2010.
[44] 聂艳，周勇，于婧，等. 基于GIS和模糊物元贴近度聚类分析模型的耕地质量评价 [J]. 土壤学报，2005 (4)：551-558.
[45] 宁越敏，等. 上海城市地域空间结构优化研究[M] //谢觉民. 人文地理笔谈：自然·文化·人地关系. 北京：科学技术出版社，1999.
[46] 庞德良，田野. 日美科技城市发展比较分析 [J]. 现代日本经济，2012 (2)：18-24.
[47] 钱学森. 一个科学新领域——开放的复杂巨系统及其方法论 [J]. 城市发展研究，2005 (5).
[48] 钱跃东. 区域大气环境承载力评估方法研究 [D]. 南京：南京大学，2011.
[49] 仇保兴. 从绿色建筑到低碳生态城 [J]. 城市发展研究，2009 (7).
[50] 仇保兴. 复杂科学与城市规划变革 [J]. 城市发展研究，2009 (4).
[51] 仇保兴. 共生理念与生态城市 [J]. 城市规划，2013 (8).
[52] 仇保兴. 构建韧性城市交通五准则. 城市发展研究，2017 (11).
[53] 仇保兴. 简论我国健康城镇化的几类底线 [J]. 建设情况通报，2013 (8).
[54] 仇保兴. 理解城市工作的“一尊重、五统筹”[J]. 城市发展研究，2016 (1).
[55] 仇保兴. 绿道为生态文明领航 [J]. 风景园林，2012 (6).
[56] 仇保兴. 全球视野下的城镇化模式思考 [J]. 中国财经评论，2013 (1).
[57] 仇保兴. 深度城镇化——“十三五”期间增强我国经济活力和可持续发展能力的重要策略. 城市发展研究，2015 (7).
[58] 仇保兴. 生态城改造分级关键技术 [J]. 城市规划学刊，2010 (4).
[59] 仇保兴. 生态城市使生活更美好 [J]. 城市发展研究，2010 (2).
[60] 仇保兴. 实施生态城战略三要素 [J]. 住宅产业，2010 (4).
[61] 仇保兴. 太阳能的广义性 [J]. 能源世界，2008 (11).
[62] 仇保兴. 我国城市发展模式转型趋势——低碳生态城市 [J]. 城市发展研究，2009 (8).
[63] 仇保兴. 我国城市水安全现状与对策 [J]. 给水排水，2013 (11).
[64] 仇保兴. 我国低碳生态城市建设的形势与任务 [J]. 城市规划，2012 (11).
[65] 仇保兴. 现状、问题、对策——中国生态城发展之回顾与展望 [J]. 城市发展研究，2011 (11).
[66] 仇保兴. 新型城镇化从概念到行动 [J]. 建设情况通报，2010 (7).
[67] 仇保兴. 智慧城市的创新原则与基本步骤 [J]. 城市发展研究，2012 (11).
[68] 仇保兴. 智慧地推进我国新型城镇化 [J]. 城市发展研究，2013 (2).
[69] 仇保兴. 重建微循环 [J]. 城市发展研究，2011 (4).
[70] 仇保兴. 城市规划学新理性主义思想初探——复杂自适应系统 (CAS) 视角 [J]. 城市发展研究，2017 (1).
[71] 仇保兴. 城镇化的挑战与希望 [J]. 城市发展研究，2010 (1).
[72] 仇保兴. 传承与超越 [J]. 城市规划，2011 (4).

［73］ 仇保兴．加快实施生态城市发展的总体思路［J］．城市规划学刊，2007（5）．
［74］ 仇保兴．紧凑度与多样性2.0版［J］．城市规划，2012（8）．
［75］ 全增嘏．西方哲学史［M］．上海：上海人民出版社，2000．
［76］ 上海市城乡建设和交通委员会，上海市城市综合交通规划研究所等．上海市第四次综合交通调查报告［R］．2010．
［77］ 申小蓉．关于科技型城市几个问题的思考［J］．四川师范大学学报（社会科学版），2006（3）：42-46．
［78］ 沈刚．生态城市规划中的生态敏感性分析和生态适宜度评价研究——以浙江省安吉县生态城市规划为例［D］．杭州：浙江大学，2004．
［79］ 沈清基．城市生态与城市环境［M］．上海：同济大学出版社，2012．
［80］ 沈清基．智想生态城市规划建设基本理论探讨［J］．城市规划学刊，2013（5）：14-22．
［81］ 施恬．从低碳经济的特点看我国经济发展的路径选择［J］．企业经济，2011（3）．
［82］ 宋永昌，由文辉，王祥荣．城市生态学［M］．上海：华东师范大学出版社，2000．
［83］ 孙钊．生态城市设计研究［D］．武汉：华中科技大学，2012．
［84］ 屠梅曾，赵旭．生态城市：城市发展的大趋势［N］．经济日报，1999-04-08．
［85］ 汪劲柏．城市生态安全空间格局研究［D］．上海：同济大学，2006．
［86］ 汪先永．把环境优势转化为发展优势［J］．北京支部生活，2013（3）：21．
［87］ 王崇锋．生态城市产业集聚问题研究［M］．北京：人民出版社，2009．
［88］ 王缉慈，等．创新的空间［M］．北京：北京大学出版社，2001．
［89］ 王如松．高效·和谐：城市生态调控原则与方法［M］．长沙：湖南教育出版社，1988．
［90］ 王如松．建设生态城市急需系统转型——“2009国际生态城市建设论坛发布宣言”发言［N］．中国环境报，2009-06-11（2）．
［91］ 王思雪，郑磊．国内外智慧城市评价体系比较［J］．电子政务，2013（1）：92-100．
［92］ 王祥荣．生态与环境：城市可持续发展与生态环境调控新论［M］．南京：东南大学出版社，2000．
［93］ 王友贞．区域水资源承载力评价研究［D］．南京：河海大学，2005．
［94］ 翁季，应文．生态区位视角下的地域风貌保护与传承研究——以山地地貌类型丰富的四川省为例［J］．城市规划，2010，34（6）：84-88．
［95］ 乌兰图雅．日本筑波研究学园城市模式的构建及启示［J］．天津大学学报（社会科学版），2007（5）：439-442．
［96］ 吴斌，赵延军，王力岩．环境资源价值分析［J］．中国环境管理干部学院学报，2004（2）：10-14．
［97］ 吴良镛．国际建筑师协会第20届世界建筑师大会：北京宪章［R］，1999．
［98］ 吴人坚等．生态城市建设的原理和途径——兼析上海市的现状和发展［M］．上海：复旦大学出版社，2000．

[99] 吴伟. 企业技术创新主体协同的系统动力学分析 [J]. 科技进步与对策，2012 (1)：91-96.

[100] 吴兴率. 试论武夷山区苗族民居中的生态智慧 [J]. 怀化学院学报，2008 (4).

[101] 伍蠡甫. 欧洲文论简史 [M]. 北京：人民文学出版社，1995.

[102] 伍蠡甫. 现代西方文论选 [M]. 上海：上海译文出版社，1983.

[103] 夏建国，李廷轩，邓良基，等. 主成分分析法在耕地质量评价中的应用 [J]. 西南农业学报，2000 (2)：51-55.

[104] 夏军，张水勇，王中根，等. 城市化地区水资源承载力研究 [J]. 水利学报，2006 (12)：1482-1488.

[105] 许文雯，孙翔，朱晓东，等. 基于生态网络分析的南京主城区重要生态斑块识别 [J]. 生态学报，2012，32 (4)：260-268.

[106] 薛进军. 低碳经济学 [M]. 北京：社会科学文献出版社，2011.

[107] 杨荣金，舒俭民. 生态城市建设与规划 [M]. 北京：经济日报出版社，2007.

[108] 佚名. 生态城市建设的深圳宣言 [J]. 城市发展研究，2002 (5)：78.

[109] 尹海伟，徐建刚，陈昌勇，等. 基于 GIS 的吴江东部地区生态敏感性分析 [J]. 地理科学，2006 (1)：64-69.

[110] 余春祥. 可持续发展的环境容量和资源承载力分析 [J]. 中国软科学，2004 (2)：130-133，129.

[111] 俞孔坚，乔青，李迪华，等. 基于景观安全格局分析的生态用地研究——以北京市东三乡为例 [J]. 应用生态学报，2009，20 (8)：1932-1939.

[112] 俞孔坚，王思思，李迪华，等. 北京市生态安全格局及城市增长预景 [J]. 生态学报，2009，29 (3)：1189-1204.

[113] 俞孔坚. 生物保护的景观生态安全格局 [J]. 生态学报，1999 (1)：10-17.

[114] 郁鸿胜. 城市人口承载力，多大才合适？[N]. 解放日报，2012-07-31 (014).

[115] 袁天凤，张孝成，邱道持，等. 基于 GIS 的重庆市丘陵山地耕地质量评价与比较 [J]. 农业工程学报，2007 (11)：101-107，292.

[116] 岳梅樱. 智慧城市实践分享系列谈 [M]. 北京：电子工业出版社，2012.

[117] 张汉宇. 水资源在生态城市规划建设中的利用 [D]. 南京：南京农业大学，2008.

[118] 张京祥. 西方城市规划思想史纲 [M]. 南京：东南大学出版社，2005.

[119] 张锁柱. 日本产、学、研合作的主要途径 [J]. 日本问题研究，1999 (4)：199 (4)：17-22.

[120] 张晓佳. 城市规划区绿地系统规划研究 [D]. 北京：中国林业大学，2006.

[121] 长沙市规划信息服务中心. 2010 年长沙市交通状况年度报告 [R]. 2011.

[122] 赵兵. 基于 GIS 技术的汶川县生态敏感性分析 [J]. 西南大学学报（自然科学版），2009，31 (4)：148-153.

[123] 赵继龙，徐娅琼. 源自白蚁丘的生态智慧——津巴布韦东门中心仿生设计解析 [J]. 建筑科学，2010 (2)：19-23.

[124] 赵勇健，吕斌，张衔春，等. 高技术园区生活性会共设施内容、空间布局特征及借鉴——以日本筑波科学城为例［J］. 现代城市研究，2015（7）：39-44.
[125] 中共中央国务院. 国家新型城镇化规划（2014—2020年）［R］. 2014.
[126] 中国21世纪议程管理中心，可持续发展战略研究组. 发展的基础——中国可持续发展的资源、生态基础评价［M］. 北京：北京社会科学出版社，2004.
[127] 中国城市科学研究会. 中国低碳生态城市发展报告（2010）［R］. 北京：中国建筑工业出版社，2010.
[128] 中国城市科学研究会. 中国低碳生态城市发展报告（2011）［R］. 北京：中国建筑工业出版社，2011.
[129] 中国城市科学研究会. 中国低碳生态城市发展报告（2012）［R］. 北京：中国建筑工业出版社，2012.
[130] 中国城市科学研究会. 中国低碳生态城市发展报告（2013）［R］. 北京：中国建筑工业出版社，2013.
[131] 中国城市科学研究会. 中国低碳生态城市发展报告（2014）［R］. 北京：中国建筑工业出版社，2014
[132] 中国城市科学研究会. 中国低碳生态城市发展报告（2015）［R］. 北京：中国建筑工业出版社，2015.
[133] 中国城市科学研究会. 中国低碳生态城市发展报告（2016）［R］. 北京：中国建筑工业出版社，2016.
[134] 中国银行. 中国银行股份有限公司节能减排指引［R］. 2010.
[135] 中国银监会. 绿色信贷指引［R］. 2012.
[136] 中华人民共和国国家发展和改革委员会，中华人民共和国住房和城乡建设部. 绿色建筑行动方案［R］. 2013.
[137] 中华人民共和国住房和城乡建设部. “十二五”绿色建筑和绿色生态城区发展规划［R］. 2013.
[138] 中华人民共和国住房和城乡建设部. 绿色低碳重点小城镇建设评价指标（试行）［EB/OL］. ［2011-09-13］. http://www. mohurd. gov，cn/wjfb/201109/t20110928_206429. html.
[139] 周一星. 城市地理学［M］. 北京：商务印书馆，1995.
[140] 朱才斌. 基于生态优先的被市规划设计方法探讨——以烟台市开发区新区总体规划为例［J］. 城市规划学刊，2007（2）：106-108.
[141] 朱新宇. 城市生态环境保护与建设规划研究［D］. 大连：大连理工大学，2006.
[142] Common M，Stagi S. 生态经济学引论［M］. 金志农，余发新，吴伟萍，等译. 北京：高等教育出版社，2012.
[143] McNeil R J. 阿科蔓水生态系统处理技术［EB/OL］. https://www. doc88. com/p-43841888287. html.
[144] 阿尔伯蒂. 建筑论——阿乐伯蒂建筑十论：第九书［M］. 王贵祥译. 北京：中国建筑工业出版社，2010.

[145] 埃德加·莫兰. 复杂思想：自觉的科学 [M]. 北京：北京大学出版社，2001.
[146] 彼得·卡尔索普. 未来美国大都市：生态·社区·美国梦 [M]. 郭亮译. 北京：中国建筑工业出版社，2009.
[147] 彼得·圣吉. 第五项修炼 [M]. 张成林译. 北京：中信出版社，1999.
[148] 博奥席耶，斯通诺霍. 勒·柯布西耶全集（第3卷·1934—1938年）[M]. 牛艳芳，程超译. 北京：中国建筑工业出版社，2005.
[149] 查尔斯·狄更斯. 双城记 [M]. 石永礼译. 北京：人民文学出版社，1993.
[150] 查理斯·A. 弗林克，罗伯特·M. 西恩斯. 绿道规划·设计·开发 [M]. 余青，柳晓霞，陈琳琳译. 北京：中国建筑工业出版社，2009.
[151] 俄罗斯战略文化基金. 工业技术或成为“大规模杀伤性武器”! [R]. 2011.
[152] 恩格斯. 劳动在从猿到人转变过程中的作用 [M] //自然辩证法. 北京：人民出版社，1971.
[153] 盖尔曼. 夸克与美洲豹——简单性和复杂性的奇遇 [M]. 杨建邺，李湘莲，等译. 长沙：湖南科学技术出版社，1999.
[154] 格朗特·希尔德布兰德. 建筑愉悦的起源 [M]. 马琴，万志斌译. 北京：中国建筑工业出版社，2007.
[155] 汉诺-沃尔特·克鲁夫特. 建筑理论史——从维特鲁威到现在 [M]. 王贵祥译. 北京：中国建筑工业出版社，2005.
[156] 简·雅各布斯. 美国大城市的死与生 [M]. 金衡山译. 南京：译林出版社，2006.
[157] 卡尔·波普尔. 科学发现的逻辑 [M]. 沈阳：沈阳出版社，1999.
[158] 凯文·凯利. 失控——全人类的最终命运和结局 [M]. 北京：新星出版社，2010.
[159] 克里斯蒂安·诺伯格-舒尔茨. 西方建筑的意义 [M]. 北京：中国建筑工业出版社，2005.
[160] 理查德·瑞杰斯特. 生态城市伯克利：为一个健康的未来建设城市 [M]. 沈清基，沈贻译. 北京：中国建筑工业出版社，2005.
[161] 理查德·瑞吉斯特. 生态城市——建设与自然平衡的人居环境 [M]. 王如松，胡聃译. 北京：社会科学文献出版社，2011.
[162] 联合国. 全面审查联合国及其各基金、方案和专门机构内的治理和监督情况：第二卷 治理和监督的原则及做法（草案）[Z]. 2006.
[163] 联合国环境规划署. 迈向绿色经济：实现可持续发展和消除贫困的各种途径 [R/OL]. 同济大学译. 2012. http://www.unep.org/greeneconomy/GreenEconomyReport/tabid/29846/language/en-US/Default.adpx.
[164] 萨根，德鲁彦. 被遗忘的祖先的阴影 [Z]. 1964.
[165] 施瓦布. 希腊古典神话 [M]. 曹乃云译. 南京：译林出版社，1995.
[166] 世界观察研究所. 2007世界报告——我们城市的未来 [R]. 全球环境研究所译. 北京：中国环境科学出版社，2007.

［167］ 斯皮罗·科斯托夫. 城市的形成：历史进程中的城市模式和城市意义［M］. 单皓译. 北京：中国建筑工业出版社，2005.

［168］ 斯威布. 希腊神话与传说［M］. 楚图南译. 北京：人民文学出版社，1959.

［169］ 托马斯·库恩. 科学革命的结构［M］. 金吾伦，胡新和译. 北京：北京大学出版社，2003.

［170］ 西村寿夫. 再造魅力故乡——日本传统街区重生故事［M］. 王惠君译. 北京：清华大学出版社，2007.

［171］ 伊恩·伦诺克斯·麦克哈格. 设计结合自然［M］. 黄经纬译. 天津：天津大学出版社，2006.

［172］ 伊利亚·普利高津. 确定性的终结［M］. 湛敏译. 上海：上海科技教育出版社，1998.

［173］ 约翰·H. 霍兰. 隐秩序——适起性造就复杂性［M］. 周晓牧，韩晖译. 上海：上海科技教育出版社，2000.

［174］ Abu Dhabi Urban Planning Council. Planning for Estidama. A Supplement to Development Review Applications to Address the Community Pearl Rating Requirements［R］. 2010.

［175］ Allwinkle S，Cruickshank P. Creating Smarter Cities：an Overview［J］. Journal of Urban Technology，2011，18（2）：1-16.

［176］ Altoon R A，Auld J C. Urban Transformations：Transit Oriented Development &The Sustainable City［M］. Images Publishing Dist Ac，2011.

［177］ Atkins. Environmental Impact Assessmentin China［R］. 2012.

［178］ Baeumler A，Ijjasz-Vasquez E，Mehndiratt S. Sustainable Low-Carboncity Development in China［R］. International Bank for Reconstruction and Development/International Development Association or the World Bank，2012.

［179］ Barbier E B. The Role of Natural Resources in Economic Development［J］. Australian Economic Papers，2003，42（2）：253-272.

［180］ Batty M，Axhausen K W，Giannotti F，et al. Smart Cities of the Future［J］. The European Physical Journal Special Topics，2012，214（1）.

［181］ Bauer M. Sino Urban Design-Matthias Bauer Defines and Explains the Practice of Urban Design in China［J］. Urban Design，2013.

［182］ Bentley I，Mcglynn S，Smith G，et al. Responsive Environments［M］. Routledge，1985.

［183］ Bertaud A，Malpezzi S. The Spatial Distribution of Population in 48 World Cities：Implications for Transition Economies［R］. ECA Region Working Paper. Washington，D. C.：World Bank，2003.

［184］ Bertaud A. Metropolis：a Measure of the Spatial Organization of 7 Large Cities［EB/OL］. 2001，https://www. researchgate. net/publication/238775276.

［185］ Braungart M，Mcdonough W. Cradle to Cradle：Remaking the Way we Make

Things [M]. North Point Press, 2002.

[186] Calthorpe P. Urbanism in the Age of Climate Change [M]. Island Press, 2013.

[187] Cannell M G R, Dewar R C. The Carbon Sink Provided by Plantation Forests and their Products in Britain [J]. Forestry, 1995, 68 (1): 35-48.

[188] Chmutina K. Building Energy Consumption and its Regulations in China [EB/OL]. 2010. http://www.asiagreenbuildings.com/3520/building-energy-consumption-and-its-regulatons-in-china/.

[189] Chung C J, Inaba J, Koolhaas R, et al. Great Leap Forward/Harvard Design School Project on the City [M]. Taschen, 2001.

[190] Commission for Architecture and the Built Environment. Creating Successful Masterplans [R]. 2004.

[191] Council on Tall Buildings and Urban Habitat (CIBUH). Tall Buildings in Numbers: Tall Buildings and Embodied Energy [EB/OL]. Issue Ⅲ. 2009. http://www.ctbuh.org/publications/journal/in-numbers/embodiedenergynote s/tabid/1211/language/en-gb/default.aspx.

[192] Cox J A, Hickman A J. Aggregated Emission Factors for Road and Rail Transport [R]. MEET Project: Methodologies for Estimating Air Pollutant Emissions From Transport, 1998.

[193] Cross Sector Group on Sustainable Design and Construction. Good Practice Guidance: Sustainable Design and Construction [R]. 2012.

[194] Deakin M, Al Waer H. From Intelligent to Smart Cities [J]. Intelligent Buildings International, 2011, 3 (3).

[195] Department for Communities and Local Government, London. Planing Practice Guidance for Renewable and Low Carbon Enerey [R]. 2013.

[196] Department for Transport (UK). Manual for Streets [R]. 2007.

[197] Department for Transport (UK). Transport Analysis Guidance: Webtag [R]. 2014.

[198] Deparment for Transport, Transport Analysis Guidance (TAG). The Air Quality Sub-Objective [R]. TAG Unit 3.3.3. 2013.

[199] Dittmar H, Ohland G. The New Transit Town: Best Practices in Transit-Oriented Development [M]. Island Press, 2003.

[200] Dowling D. Low Carbon Development Indicators-DFID [EB/OL]. Evaluating Development out Comes from Renewable Enerey, Sustainable Transort and Energy Efficieney Aid Projects. 2010.
http://r4d.dfid.gov.uk/output/193125/.

[201] Downton P F. Ecocity Definition [EB/OL]. http://ecopolis.com.au/cgi/blosxom.pl/? flaw=eco.

[202] Duany A, Speck J, Lydon M. The Smartgrowth Manual [R]. Mcgraw Hill,

2009.
[203] Duany Plater-Zyberk & Company，Smart Code V9. 2 [R]. 2003.
[204] Edwards L，Torcellini P. A Literature Review of the Effects of Natural Light on Building Occupants [R]. National Renewble Energy Laboratory，2002.
[205] European Union. Sustainable Development Indicators [EB/OL]. 2013. http://epp. eurostat ec. europa. eu/portal/page/portal/sdi/indicators
[206] Evangelou M W，Gantke V. The Overlooked Properties of Tress in Urban. Areas [EB/OL]. http://www. biotope-city. net/article/overlooked-properties-trees-urban-areas.
[207] Ewing R，Bartholomew K. Pedestrian-and Transit-Oriented Design [R]. Urban Land Institute，2013.
[208] Farr D. Sustainable Urbanism：Urban Design with Nature [M]. Wiley，2007.
[209] Friedman J. Planning in the Public Domain [M]. NJ：Princeton University Press，1987.
[210] Gaffron P，Huismans G，Skala F. Ecocity Book I，a Better Place to Live [Z]，2005.
[211] Gehl J. Cities for People [M]. Island Press，2010.
[212] Gehl J. Life Between Buildings：Using Public Space [M]. Island Press，2011.
[213] Giffinger R，et al. Smart Cities Ranking of European Medium-Sized Cities. Centre of Centre of Reginal Science [R/OL]. Vienna University of Technology，Vienna，Austria，2007. http://www. smart-cities. eu.
[214] Glicksman L，Lin J. Sustainable Urban Housing in China：Principles and Case Studies for Low-Energy Deign（Alliance for Global Sustainability Bookseries）[M]. 2007.
[215] Haase M，Amato A，Heiselberg P K. Climate Responsive Buildings in China [C] //Sichuan-Hong Kong Joint Symposium 2006，Chengdu，June 30-July 1，2006.
[216] Intergovernmental Panel on Climate Change. IPCC Guidelines for National Greenhouse Gas Inventories：Reference Manual [R]. 1996.
[217] International Association of Public Transport. Assessing the Benefits of Public Transport [R]. 2009.
[218] Joss S. Eco-Cities-a Global Survey 2009 [J]. WIT Transactions on Ecology and the Environment. 2010（129）：239-250.
[219] Ke J H. Special Issue：Ecological Civilization and Beautiful China [J]. Social Sciences in China，2013，34（4）：139-142.
[220] Klerks J. Shaping the High-Rise Framework：Tall Buildings Policies and Zoning [J]. CTBUH Journal，2009，3.
[221] Kristensen P E. Impact of Petroleum Costs & Energy Prices on Real Estate [R].

FIABCI, Bangkok, 2006.

[222] Kunz H, Koppelaar R, Raettig T, et al. Low Carbon and Economic Growth-Key Challenges [EB/OL]. 2011. http://www. iier. ch/pub/files/sun,07/31/2011-16:11/green growth dfid report. pdf.

[223] Llewelyn Davies. Urban Design Compendium [M]. Urban Design Alliance, 2007.

[224] Loew S. Urban Design Practice-an International Review [M] //Bauer M. Urban Design in Mainland China. London: RIBA. Publishing, 2012.

[225] Mario Cucinella Architects Srl. CSET, Centre for Sustainable Energy Technologies [EB/OL]. 2011. http://www. prog-res. it/projects/2011/06/cset/.

[226] Mcgranahan G, Satterthwaite D. Urban Centers: an Assessment of Sustainability [J]. Annual Review Environment Resource, 2003 (28).

[227] Mcharg I L. Design with Nature (Wiley Series in Sustainable Design) [M]. Wiley, 1995.

[228] Miller T. China's Urban Billion: the Story Behind the Biggest Migration in Human History [M]. Zed Books, 2012.

[229] National Association of City Transportation Officials. Urban Street Design Guide [M]. Island Press, 2013.

[230] Natural England. Green Infrastructure: Mainstreaming the Concept [R]. 2012.

[231] Office of the Deputy Prime Minister: London. Sustainability Appraisal of Regional Spatial Strategies and Local Development Documents. Guidance for Regional Planning Bodies and Local Planning Authorities [R]. 2005.

[232] Olivia Bina, Ausra Jurkeviciute, and Zhang Hui. Transition from Plan Environmental Impact Assessment to Strategic Environmental Assessment: Recommendations of the Project "Policy Instruments for A Chinese Sustainable Future" [R]. CHINA-EPI-SEA Paper No. 27_EN, Stockholm Environment Institute, 2009.

[233] Organisation for Economic Cooperation and Development. Urbanisation and Green Growth in China [R]. OECD Regional Development Working Papers, 2013.

[234] Palmisano S J. Ceos Deliver Remarks on the Economy and Stimulus Package [EB/OL]. 2009-01-28 [2012-08-08].
http://www. ibm. com/ibm/ideasfromibm/us/news_story/20090130/index. shtml.

[235] Pearce D W, Markandya A, Barbier E B. Blueprint for a Green Economy [M]. London: Earthscan Publications, 1989.

[236] Pearce D W, Barbier E B. Blueprint for a Sustainable Economy [M]. London: Earthscan Publications, 2000.

[237] Pridasawas W. Solar-Driven Refrigeration Systems with Focus on the Ejector Cycle [D]. Royal Institute of Technology, KTH, 2006.

[238] Register R. Eco-City Berkeley: Building Cities for a Healthier Future [M]. CA: North Atlantic Books, 1982.

[239] Ren X F. Urban China [M]. Polity，2013.
[240] Roger Evans Associates Ltd. The Urban Design Compendium 2 [R]. 2007.
[241] Schmitt G. Spatial Modeling Issues in Future Smart Cities [J]. Geo-Spatial Information Science，2013 (1)：7-12.
[242] Scholfield P H. The Theory of Proportion in Architecture [M]. London：Cambridge University Press，1958.
[243] Scottish Executive，Welsh Assembly Government，Department of The Environment，Northern Ireland. A Practical Guide to the Strategic Environmental Assessment Directive [R]. 2005.
[244] Shaw R，Colley M，Connell R. Climate Change Adaptation by Design：a Guide for Sustainable Communities [R]. Town and Country Planning Association，London，2007.
[245] Su M R，Chen L，Chen B，et al. Low-Carbon Development Patterns：Observations of Typical Chinese Cities [J]. Energies，2012，46 (3)：1796-1803.
[246] Suzuki H，Cervero R，Iuchi K. Transforming Cities with Transit：Transit and Land-Use Integration for Sustainable Urban Development [M]. World Bank Publications，2013.
[247] Suzuki H，Dastur A，Yabuki N，et al. Eco2 Cities-Ecological Cities as Economic Cities [R]. The Word Bank，2010.
[248] Thadani D A. The Language of Towns & Cities：a Visual Dictionary [M]. Rizzoli，2010.
[249] The Highways Agency (UK) and etc. Design Manual for Roads and Bridges (DMRB) [R]. 2013.
[250] Town and Country Planning Association，Department for Communities and Local Government，Natural England. The Essential Role of Green Infrastructure：Eco-Towns Green Infrastructure Worksheet [R]. 2008.
[251] Town and Country Planning Association. A Guide for Sustainable Communities [R]. 2004.
[252] Town and Country Planning Association. Developing Energy Efficient and Zero Carbonstrategies for Eco-Towns：Eco-Towns Energy Worksheet [R]. 2004.
[253] Town and Country Planning Association. Developing Energy Efficient and Zero Carbon Strategies for Ece-Towns：Eco-Towns Energy Worksheet [R]. 2009.
[254] Town and Country Planning Association. The Essential Role of Green Infrastructure：Ecotowns Green Infrastructure Worsheet [R]. 2008.
[255] Town and Country Planning Association. Towards Zero Waste：Eco-Towns Waste Management Worksheet [R]. 2008.
[256] Transportation Research Board. Transit Capacity and Quality of Service Manual，3rd Edition [R]. 2013.

[257] U. S. Census Bureau, Population Division, Current Population Reports, Series P20-481, Geographical Mobility: March 1992 to March 1993 [R].

[258] UK Urban Task Force. Towards an Urban Renaissance: Final Report of the Urban Task Force [R]. 1999.

[259] United Nations Development Programme. Human Development Report 2013 [EB/OL]. 2013. http://hdr. undp. org/en.

[260] United Nations Human Settlements Programme (UN-HABITAT). Planning Sustainable Cities. UN-Habitat Practices and Perspectives [R]. 2010.

[261] United Nations Human Settlements Programme (UN-Habitat). Streets as Public Spaces and Drivers of Urban Prosperity [R]. 2013.

[262] Van Der Ryn S, Calthorpe P. Sustainable Communities: a New Design Synthesis-for Cities, Suburbs and Towns [M]. New Catalyst Books, 2008.

[263] Wang T, Watson J. Sussex Energy Group, SPRU, University of Sussex, UK and Tyndall Centre for Climate Change Research. China's Energy Transition-Pathways for Low Carbon Development [R]. 2009.

[264] Whyte W H. The Social Life of Small Urban Spaces [M]. Project for Public Spaces, 2001.

[265] Williams A. The Emperor's New Clothes-Austin Williams Argues That Western Influences on China's Urban Development can be Both Positive and Negative [J]. Urban Design, 2013 (Summer).

[266] World Bank. China 2030-Building a Modern, Harmonious, and Creative High-Income Society [R]. 2012.

[267] World Bank. Urban China-Toward Efficient, Inclusive, and Sustainable Urbanization [R]. 2014.

[268] World Bank. Urban-Scale Building Energy Efficiency and Renewable Energy Project [R]. 2013.

[269] World Commission on Environment and Development (WCED). Our Common Future [M]. Oxford: Oxford University Press, 1987.

[270] World Green Building Council. A Review of the Costs and Benefits for Developers, Investors and Occupants [R]. 2013.

[271] WSP UK. Designing Streets [R]. 2010.

[272] Wu F L. China's Emerging Cities: the Making of New Urbanism [J]. International Journal of Urban and Regional Research, 2010, 34 (4): 998-999.

[273] Yanistsky O N. Social Problems of Man's Environment [J]. The City and Ecology, 1987 (1).

[274] Yanitsky O N. Cities and Human Ecology [M] //Social Problem of Man's Environment: Where we Lie and Work. Moscow: Progress Publishers, 1981.

[275] Yovanof G S, Hazapis G N. An Architectural Framework and Enabling Wireless

Technologies for Digital Cities & Intelligent Urban Environments [J]. Wireless Personal Communications，2009，49 (3).

[276] Zhou H C，Sperling D，Delucchi M，et al. Transportation in Developing Countries. Greenhouse Gas Scenarios for Shanghai，China [EB/OL]. 2001. https://escholarship.org/uc/item/6g7500dg#main.

[277] Zhou N，He G，Williams C. China's Development of Low-Carbon Eco-Cities and Associated Indicator Systems [R]. 2012.

[278] Zhu T，Lam K-C. Environmental Impact Assessment in China [R]. 2009.

[279] 都市基础设施建设公团. 筑波研究学园都市开发事业记录资料集. 2002.（日语）

[280] http://www.ibm.com/ibm/ideasfromibm/us/news_story/20090130/index.shtml.

[281] http://www.tianjinecocity goy sg.